2026 GUIDE

한국산업인력공단 시행

이륜자동차 정비기능사

- 출제 기준
- 필기응시절차
- CBT 응시요령 안내
- 바이크 도서

출제 기준

- ▶ **적용기간** : 2026. 1. 1 ~ 2029. 12. 31
- ▶ **직무내용** : 이륜 자동차 각 시스템(엔진, 전기장치, 섀시, 동력전달장치, 안전·편의장치, 프레임, 전기오토바이)의 구조 및 작동원리를 이해하고 각 구성품의 이상 유무를 진단 및 점검하여 정비하는 직무이다.
- ▶ **검정방법** : 필기 : 전과목 혼합, 객관식 60문항(60분) / 실기 : 작업형(3시간 30분 정도)
- ▶ **합격기준** : 필기·실기 100점 만점 60점 이상 합격

주요항목	세부항목	세세항목
1. 오토바이 엔진정비	엔진 본체 정비	1. 엔진 본체의 이해 2. 엔진 본체 점검 및 진단·검사 3. 엔진 본체 교환 및 수리
	2. 흡·배기 및 과급장치 정비	1. 흡·배기 및 과급장치의 이해 2. 흡·배기 및 과급장치 점검 및 진단·검사
	3. 연료장치 정비	1. 연료장치의 이해 2. 연료장치 점검 및 진단·검사 3. 연료장치 관련 부품 조정 4. 연료장치 교환 및 수리
	4. 냉각장치 정비	1. 냉각장치의 이해 2. 냉각장치 점검 및 진단·검사 3. 냉각장치 교환 및 수리
	5. 엔진 전자제어장치 정비	1. 엔진 전자제어장치의 이해 2. 엔진 전자제어장치 점검 및 진단·검사 3. 엔진 전자제어장치 관련 부품 조정 4. 엔진 전자제어장치 교환 및 수리
2. 오토바이 전기장치정비	1. 시동·충전 장치 정비	1. 시동·충전 장치의 이해 2. 시동·충전 장치 점검 및 진단·검사 3. 시동·충전 장치 교환 및 수리
	2. 점화장치 정비	1. 점화장치의 이해 2. 점화장치 점검 및 진단·검사 3. 점화장치 교환 및 수리
	3. 등화장치 정비	1. 등화장치의 이해 2. 등화장치 점검 및 진단·검사 3. 등화장치 교환 및 수리
	4. 전기·전자회로 분석	1. 전기·전자 회로의 이해 2. 전기·전자 회로 점검 및 진단·검사 3. 전기·전자 회로 교환 및 수리
3. 오토바이 섀시정비	1. 휠·타이어 정비	1. 휠·타이어의 이해 2. 휠·타이어 점검 및 진단·검사 3. 휠·타이어 교환 및 수리 4. 타이어 압력 조정
	2. 현가장치 정비	1. 현가장치의 이해 2. 현가장치 점검 및 진단·검사 3. 현가장치 교환 및 수리
	3. 조향장치 정비	1. 조향장치의 이해 2. 조향장치 점검 및 진단·검사 3. 조향장치 교환 및 수리
	4. 제동장치 정비	1. 제동장치의 이해 2. 제동장치 점검 및 진단·검사 3. 제동장치 관련 부품 조정 4. 제동장치 관련 부품 교환 및 수리
4. 오토바이 동력전달장치 정비	1. 변속기(수동, 무단, 자동) 정비	1. 변속기의 이해 2. 변속기와 클러치 점검 및 진단·검사 3. 변속기 관련 부품 조정 4. 변속기 교환 및 수리
	2. 차동장치 정비	1. 차동장치의 이해 2. 차동장치 점검 및 진단·검사 3. 차동장치 교환 및 수리
	3. 드라이브라인 정비	1. 드라이브라인의 이해 2. 드라이브라인 점검 및 진단·검사 3. 드라이브라인 교환 및 수리

출제 기준

주요항목	세부항목	세세항목
5. 오토바이 안전·편의장치 정비	1. 주행안전장치(에어백, ABS, TPMS 등) 정비	1. 주행안전장치의 이해 2. 주행안전장치 점검 및 진단·검사 3. 주행안전장치 교환 및 수리
	2. 편의장치(히터, 에어컨, 정속주행장치 등) 정비	1. 편의장치의 이해 2. 편의장치 점검 및 진단·검사 3. 편의장치 교환 및 수리
6. 오토바이 프레임정비	1. 프레임 변형계측 수정작업	1. 프레임의 이해 2. 프레임 점검 및 진단·검사
7. 전기오토바이 정비	1. 배터리·충전장치 정비	1. 배터리·충전장치의 이해 2. 배터리·충전장치 점검 및 진단·검사 3. 배터리·충전장치 교환 및 수리
	2. 직류전원장치·모터컨트롤러 정비	1. 직류전원장치·모터컨트롤러의 이해 2. 직류전원장치·모터컨트롤러 점검 및 진단·검사 3. 직류전원장치·모터컨트롤러 교환 및 수리
	3. 모터 정비	1. 모터장치의 이해 2. 모터장치 점검 및 진단·검사 3. 모터장치 교환 및 수리
8. 안전 및 법규	1. 관련 법규	1. 대기환경보전법령(이륜자동차 관련) 2. 소음·진동관리법령(이륜자동차 소음 허용기준) 3. 산업안전보건법령(작업안전관리 관련) 4. 자동차관리법령(이륜자동차관련) 5. 자동차(부품) 성능 및 기준에 관한 규칙
	2. 안전관리	1. 작업자 안전관리

본 문제집으로 공부하는
수험생만의 특혜!!

도서 구매 인증시

1. **CBT 셀프테스팅 제공**
   (시험장과 동일한 모의고사 1회)
   ※ 인증한 날로부터 1년간 CBT 이용 가능

2. **실기시험장 지정 교육기관 특별 안내**

※ 오른쪽 서명란에 이름을 기입하여
골든벨 카페로 사진 찍어 도서 인증해주세요.
(자세한 방법은 카페 참조)

NAVER 카페 [도서출판 골든벨]
도서인증 게시판

카페바로가기

도서 구매 인증서

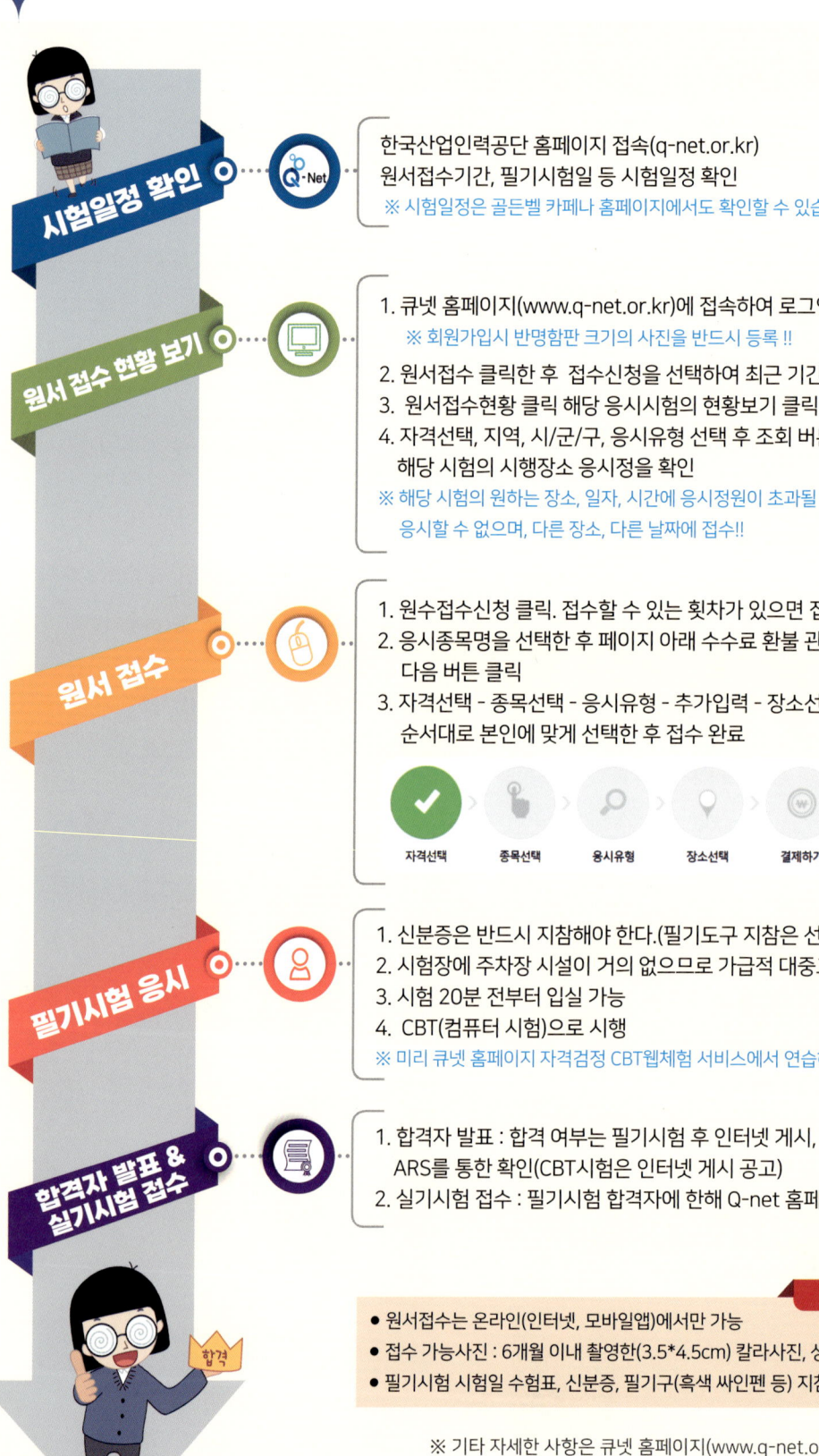

CBT 응시요령 안내

자격검정 CBT웹체험 서비스 안내
https://www.q-net.or.kr/cbt/index.html

① 수험자 정보 확인
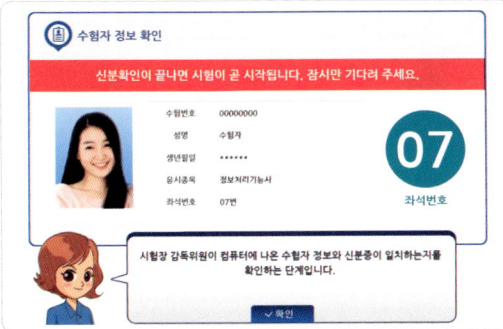

② 유의사항 확인
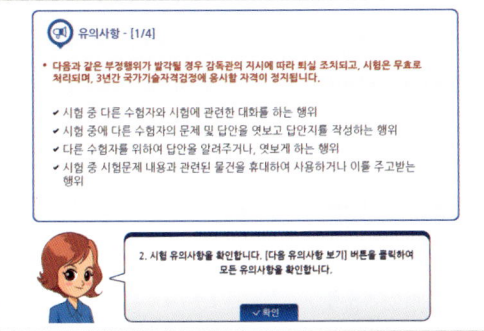

③ 문제풀이 메뉴 설명
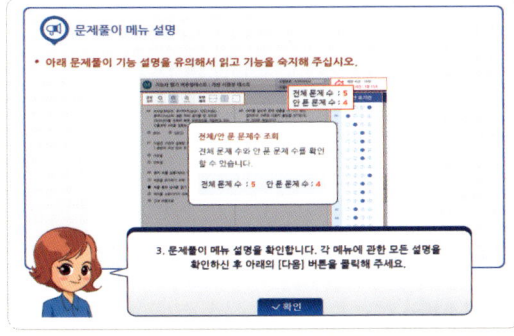

④ 문제풀이 연습
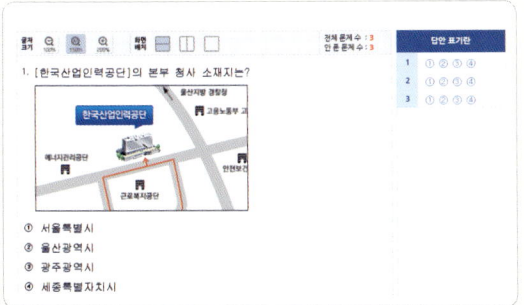

골든벨 CBT셀프 테스팅 바로가기
도서 구매 인증 시 시험장과 동일한 모의고사 1회를 CBT 셀프 테스트할 수 있습니다.

⑤ 시험 준비 완료
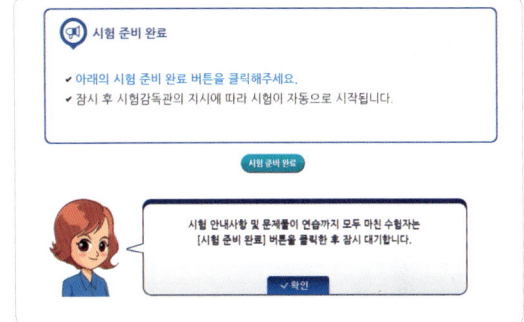

⑥ 문제 풀이
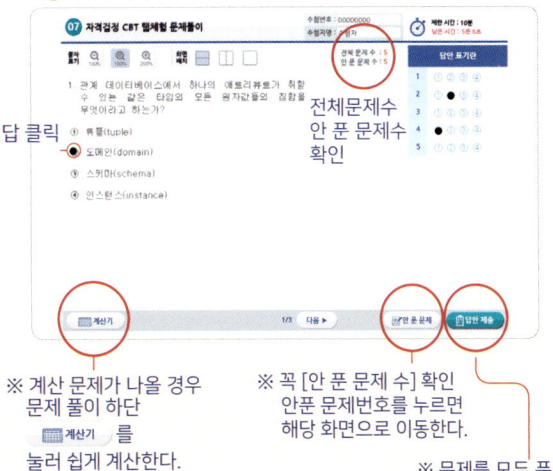

※ 계산 문제가 나올 경우 문제 풀이 하단 [계산기]를 눌러 쉽게 계산한다.

※ 꼭 [안 푼 문제 수] 확인 안푼 문제번호를 누르면 해당 화면으로 이동한다.

※ 문제를 모두 푼 후 [답안 제출] 클릭 이상없으면 [예] 버튼 클릭

⑦ 답안제출 및 확인
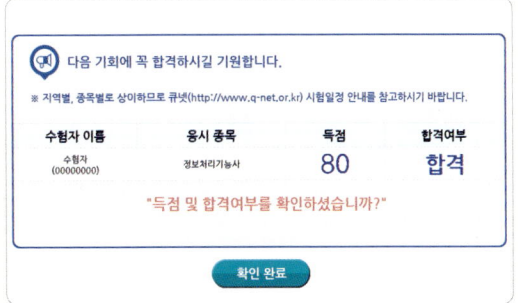

바이크 도서

바이크 엔진 A to Z

월간모터바이크 편역
신국판
정가 15,000원

바이크 따따부따

이순수 역
B5판
정가 17,000원

운전자가 손수 정비할 수 있는 책! 바이크의 장르, 엔진의 구조, 기통수와 실린더 배치, 크랭크 둘레, 피스톤&실린더, 연소실, 흡·배기의 구조와 원리, 밸브와 구동, 윤활 및 냉각, 흡기 및 연료, 배기·점화·전장·구동 계통 등으로 편성하였다.

엔진, 2·4행정 엔진, 가변 밸브 타이밍 기구, 전자제어 카브레터 및 연료분사장치, 흡배기, 배기가스 정화장치, 윤활·냉각계통, 점화 계통, 배터리, 1차 감속기구와 클러치, 변속기와 2차 감속기구, 자동변속기와 시동장치, 프레임의 역할·종류, 타이어, 서스펜션으로 편성하여 바이크의 구조와 작동 원리를 집대성하였다.

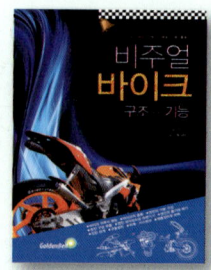

비주얼 바이크 구조와 기능

이순수
B5판
정가 20,000원

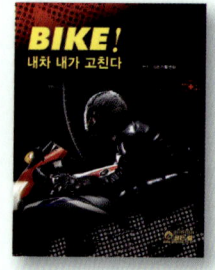

바이크! 내차 내가 고친다

GB기획센터
B5판
정가 15,000원

바이크 기본 구조의 각 기능에 대하여 일러스트와 사진으로 함께 이해하기 쉽도록 올 컬러로 편성하였다. 전자제어 스로틀, 트랜지스터 점화방식, 트랙션 컨트롤 시스템, 무단변속기, 유압 기계식 무단변속기, 듀얼 클러치 트랜스미션, 도난 방지 장치, 이모빌라이저, 에어백, 전자제어 ABS 등 첨단 시스템을 모두 수록하였다.

오토바이 구조 명칭에서부터 취급과 오너정비에 관련된 일반적인 사항, 정비방법 및 주의사항, 언제 어디서나 바이크 라이딩 테크닉 노하우 등을 바이크 매니아는 물론 누구나 이해하기 쉽도록 체계적으로 편성한 올 컬러판

오토바이 정비교본

대림자동차기술교육센터
A4판
정가 21,000원

모터사이클 스토리

안경윤
신국판
정가 18,000원

오토바이 정비에 관심 있는 분들을 위해 각 부문별로 기본 지식과 정비와 관련된 일반적인 사항, 정비방법 및 주의사항, 특히 중요한 내용은 체크포인트를 두어 이해하기 쉽도록 체계적으로 편성하였다.

시대를 주름잡았던 대표 모터사이클 모델들의 태생부터 숨겨진 역사까지 한 권으로 정리하였다. 1930년 이전 오토바이부터 2000년 이후 오토바이 총 63모델들을 소개하고 가장 긴 모터사이클 세계 일주 등 재미난 모터사이클 이야기를 소개하고 있다.

이륜자동차정비기능사 1300제

GB자격시험특위 편저

★ **불법복사는 지적재산을 훔치는 범죄행위입니다.**
저작권법 제136조(벌칙)에 따라 위반자는 5년 이하의 징역 또는 5천만 원 이하의 벌금에 처하거나 이를 병과할 수 있습니다.

합격! 즉결 심판을 위하여

마땅히 교통안전 생활의 한 축을 이뤄야 할 「이륜자동차정비기능사」 국가자격증이 탄생하였습니다. 필자 역시 이 분야에 몸담고 있으면서 내심 염원한 종목이었고, 때맞춰 수검자를 위해 필기 시험 문제를 골똘히 집필하였습니다.

오늘날 '이륜자동차'는 단순한 교통수단을 넘어, 실생활의 퀵 서비스 운송 역할, 나아가 스포츠와 레저 활동의 한 축으로 자리매김하고 있습니다.
아울러 이륜차의 성능과 안전을 담보하는 전문적인 「이륜차정비기능사」 인력 배출은 시대적 적기임에는 분명합니다.

수험서의 집필 방향은 '한국산업인력공단' 출제 기준에다 NCS 교재를 탐독하며, 출제 빈도가 높을 문제를 예측하여 해묵은 경험으로 '개발·발췌·엄선'하여 편성하였음을 고백합니다.

수검자의 학습 심리를 대입하여, 문제 파악의 숙지를 높이는 데 우선하였습니다. 즉, 문제를 열거하면서 각 장치별/난이도별/단계별 전개 방법 등을 적용하였습니다.
그리고 문제마다 가장 핵심적인 정답의 길잡이 해설(hint)을 빠짐없이 달았다는 것입니다. 한마디로 "술술 읽어 내려가기만 해도 붙는다"는 즉결 합격 전략이지요!

이 자격증을 잡으면 「이륜자동차정비」의 전문 인력으로서, 당당히 제도권 안으로 들어와 진정한 서비스 맨으로 우뚝 서게 될 것입니다.

끝으로 탈것 출판의 전당 (주)골든벨에서 출간한 인연을 소중히 간직하겠습니다.
감사합니다.

2025년 8월
GB자격시험특위

차례

01 이륜자동차 엔진정비
1. 엔진 본체 정비 — 8
2. 흡배기, 과급장치 정비 — 25
3. 연료장치 정비 — 28
4. 냉각장치 정비 — 31
5. 엔진 전자제어장치 정비 — 35

02 이륜자동차 전기장치정비
1. 시동·충전장치 정비 — 48
2. 점화장치 정비 — 55
3. 등화장치 정비 — 60
4. 전기·전자회로 분석 — 70

03 이륜자동차 섀시정비
1. 휠·타이어 정비 — 76
2. 현가장치 정비 — 81
3. 조향장치 정비 — 88
4. 제동장치 정비 — 92

04 이륜자동차 동력전달장치정비
1. 시동·충전장치 정비 — 48
2. 점화장치 정비 — 55
3. 등화장치 정비 — 60
4. 전기·전자회로 분석 — 70

05 이륜자동차 안전·편의장치정비
1. 주행안전장치(ABS, TPMS)정비 — 124
2. 편의장치(크루즈시스템, 난방)정비 — 130
3. 멀티미디어장치(오디오) 정비 — 135

06 이륜자동차 프레임정비
1. 프레임 변형계측 수정작업 — 142
2. 프레임 패널 정비 — 148
3. 프레임 방청, 방진 정비 — 152

07 전기이륜자동차 정비
1. 배터리 충전장치 정비 — 156
2. 직류전원장치 정비 — 167
3. 모터 정비 — 172

08 안전 및 법규
1. 관련 법규 — 178
2. 안전관리 — 210

09 실전 모의고사
제1회 모의고사 — 220
제2회 모의고사 — 226
제3회 모의고사 — 232
정답 및 해설 — 238

PART 01
이륜자동차 엔진정비

1. 엔진 본체 정비하기
2. 흡·배기 과급장치 정비하기
3. 연료장치 정비하기
4. 냉각장치 정비하기
5. 엔진 전자제어장치 정비하기

엔진 본체 정비

01 실린더의 연소실 체적이 60cc, 행정 체적이 360cc인 기관의 압축비는?

① 5 : 1
② 6 : 1
③ 7 : 1
④ 8 : 1

ε : 압축비, V_1=연소실 체적, V_2=행정체적,
$\varepsilon = (V_1+V_2)/V_1$
따라서 압축비 = 연소실체적+행정체적/연소실체적,
= 60+360/60 = 7

02 실린더의 지름이 100mm, 행정이 100mm인 1기통 기관의 배기량은?

① 78.5cc   ② 1273cc
③ 1000cc   ④ 785cc

배기량 = $(3.14 \times D^2/4) \times$ 행정,
= $(3.14 \times 10,000/4) \times 100 = 785cc$

03 지시마력이 50PS이고, 제동마력이 40PS일 때 기계효율은?

① 70%
② 80%
③ 125%
④ 200%

기계효율 = (제동마력/지시마력)×100,
= (40/50) × 100 = 80%

04 실린더헤드 볼트를 조일 때 회전력을 측정하기 위해 사용되는 공구는?

① 토크렌치
② 오픈 엔드 렌치
③ 복스렌치
④ 소켓렌치

토크렌치는 볼트나 너트를 조일 때 회전력을 측정하기 위해 사용되는 공구이다.

05 실린더 블록이나 헤드의 평면도 측정에 알맞은 게이지는?

① 마이크로미터
② 다이얼 게이지
③ 버니어 캘리퍼스
④ 직각자와 필러게이지

곧은 자 또는 직각자와 틈새 게이지(필러게이지)로 측정 점검한다. 측정방법은 실린더 헤드를 6개 방향으로 측정 점검한다.

06 4행정 기관에서 크랭크축이 1,000rpm일 때 캠축은 몇 rpm인가?

① 500rpm
② 1,000rpm
③ 1,500rpm
④ 2,000rpm

캠축의 회전수는 크랭크축 회전수의 1/2이다.

정답 01.③ 02.④ 03.② 04.① 05.④ 06.①

07 이륜자동차 엔진에서 실린더 보어가 의미하는 것은?
① 피스톤의 상하 운동 거리
② 엔진의 전체 길이
③ 실린더의 내경(지름)
④ 크랭크축의 회전 반경

> 실린더 보어는 피스톤이 움직이는 원통형 공간의 내부 지름을 말한다.

08 실린더 보어의 크기는 엔진의 어떤 특성과 가장 직접적인 관련이 있는가?
① 엔진의 냉각 효율
② 엔진 오일의 점도
③ 엔진의 소음 수준
④ 엔진의 배기량

> 보어의 지름과 행정(스트로크) 길이에 따라 엔진의 총 배기량이 결정된다.

09 실린더 보어의 내벽에 마모 또는 손상이 발생했을 때 나타날 수 있는 주요 문제점은?
① 엔진의 냉각수 누수
② 배터리 방전 가속화
③ 브레이크 제동력 약화
④ 압축 누설, 오일 소모량 증가

> 보어의 손상은 피스톤 링이 실린더 벽에 제대로 밀착되지 못하게 하여 연소 효율을 떨어뜨리고 오일을 태우게 한다.

10 실린더 보어의 마모가 심할 경우, 정비 방법으로 주로 사용되는 것은?
① 피스톤 링만 교체한다.
② 엔진 오일만 교환한다.
③ 오버사이즈 피스톤 및 피스톤 링으로 교체
④ 실린더 블록을 접착제로 수리한다.

> 보링은 보어의 지름을 넓히는 가공이고, 호닝은 내벽을 매끄럽게 다듬는 작업입니다. 이후 확장된 지름에 맞는 피스톤과 링을 사용한다.

11 실린더 보어의 표면에 크로스 해치 패턴이 형성되어야 하는 주된 이유는?
① 보어의 색상을 좋게 하기 위해
② 보어의 강도를 높이기 위해
③ 보어의 무게를 줄이기 위해
④ 피스톤 링이 실린더 벽에 안정적으로 밀착되도록 돕기 위해

> 크로스 해치 패턴은 오일을 머금고 있어 피스톤 링의 윤활을 돕고, 링이 원활하게 움직이도록 하는 역할을 한다.

12 이륜자동차 엔진에서 행정이 의미하는 것은?
① 실린더 보어의 지름
② 상사점에서 하사점까지 이동하는 거리
③ 엔진의 전체 폭
④ 크랭크축의 지름

> 행정은 피스톤의 왕복 운동 거리를 나타내며, 엔진의 배기량을 결정하는 또 다른 중요 요소이다.

13 롱 스트로크 엔진의 일반적인 특징은?
① 고회전 고출력에 유리하다.
② 주로 레이싱 이륜자동차에 사용된다.
③ 엔진의 길이가 매우 짧다.
④ 저회전에서 높은 토크(Torque)를 발생

> 행정이 길면 피스톤이 움직이는 거리가 길어져 연소 압력을 더 오래 받을 수 있으므로 저속에서 큰 힘을 내기 좋다.

14 숏 스트로크 엔진의 일반적인 특징은?
① 저회전에서 높은 토크를 발생
② 연료 효율성이 매우 낮다.
③ 고회전에서 높은 출력을 발생
④ 엔진의 길이가 매우 길다.

> 행정이 짧으면 피스톤의 왕복 속도가 빨라져 고회전 영역에서 더 많은 연소 사이클을 만들어낼 수 있어 고출력에 유리하다.

07.③ 08.④ 09.④ 10.③ 11.④ 12.② 13.④ 14.③

15 2사이클 엔진의 특징 중, 경량화 및 높은 출력 밀도에 유리하여 소형 이륜자동차, 스쿠터, 체인톱 등에 많이 사용되었던 이유는?

① 복잡한 밸브 구동 장치 때문이다.
② 크랭크축 1회전 당 1회 폭발하여 출력 빈도가 높기 때문이다.
③ 엔진 소음이 매우 작기 때문이다.
④ 연료 소모량이 매우 적기 때문이다.

> 2사이클 엔진은 폭발 빈도가 높고 구조가 간단하여 같은 배기량 대비 더 높은 출력을 내면서도 가볍게 만들 수 있다.

16 2사이클 엔진에서 윤활 오일이 함께 연소되기 때문에 발생할 수 있는 문제점은?

① 엔진 소음 감소
② 점화 플러그 수명 증가
③ 백색 또는 청색 매연 발생
④ 엔진 과냉각

> 윤활유가 연소되면서 흰색 또는 푸른색 매연이 발생하며, 이는 불완전 연소와 함께 연비 저하의 원인이 된다.

17 2사이클 엔진의 일반적인 특징으로 옳지 않은 것은?

① 4사이클 엔진에 비해 구조가 비교적 간단하다.
② 같은 배기량일 때 4사이클 엔진보다 출력이 높을 수 있다.
③ 4사이클 엔진보다 연비가 좋고 배기가스가 깨끗하다.
④ 진동이 상대적으로 적고 반응성이 빠르다.

> 2사이클 엔진은 윤활 오일이 함께 연소되고 행정 중 배기 포트가 열려있을 때 일부 연료가 새어 나갈 수 있어 연비가 낮고 배기가스에 유해 물질이 더 많다.

18 2사이클 엔진에서 흡입된 혼합기가 크랭크 케이스를 거쳐 실린더로 이동하는 과정을 무엇이라고 하는가?

① 배기 과정   ② 압축 과정
③ 소기 과정   ④ 연소 과정

> 소기는 2사이클 엔진에서 흡입된 새로운 혼합기가 실린더 내의 잔류 배기가스를 밀어내고 채워지는 과정을 말한다.

19 2사이클 엔진이 4사이클 엔진에 비해 소음이 크고 진동이 불균일할 수 있는 주된 이유는?

① 연료의 종류 때문이다.
② 냉각 방식 때문이다.
③ 폭발 행정의 빈도가 높기 때문이다.
④ 배기가스 정화 장치 때문이다.

> 잦은 폭발과 윤활 오일 연소, 그리고 밸브가 없는 구조는 2사이클 엔진의 소음 및 진동에 영향을 미친다.

20 환경 규제 강화로 인해 2사이클 엔진의 사용이 점차 줄어들고 있는 주된 이유는?

① 4사이클 엔진보다 출력이 너무 낮아서
② 유해 배기가스와 낮은 연비 문제 때문에
③ 엔진 구조가 너무 복잡해서
④ 생산 비용이 너무 비싸서

> 2사이클 엔진은 연소 중 윤활 오일이 함께 타거나 혼합기가 배기 포트로 직접 빠져나가는 등의 문제로 유해 배기가스 배출량이 많아 환경 규제에 불리하다.

21 엔진의 배기량을 계산하는 데 필요한 두 가지 주요 요소는?

① 엔진 오일량과 냉각수량
② 밸브의 개수와 스파크 플러그의 종류
③ 엔진의 무게와 크기
④ 실린더 보어의 지름과 행정의 길이

> 배기량은 각 실린더의 단면적(보어)에 행정 길이를 곱하고, 실린더 수를 곱하여 계산된다.

정답 15.② 16.③ 17.③ 18.③ 19.③ 20.② 21.④

22 피스톤 링의 주요 3대 작용에 해당 되지 않는 것은?
① 기밀 유지 작용
② 오일 제어 작용
③ 오일 청정 작용
④ 열전도 작용

> 압축 행정 및 폭발 행정에서 가스의 누출을 방지하는 기밀 작용, 피스톤 헤드에 받는 열을 실린더 벽에 전달하는 열전도 작용, 실린더 벽에 비산된 오일을 긁어내려 연소실에 유입되지 않도록 하는 오일 제어 작용

23 피스톤 링 엔드갭이란 무엇인가?
① 피스톤 링과 실린더 벽 사이의 간극
② 피스톤 링의 양쪽 끝이 서로 만나는 부분의 간극
③ 피스톤 링과 피스톤 링 홈 사이의 간극
④ 피스톤 핀과 피스톤 사이의 간극

> 엔드갭은 링이 실린더 안에서 벌어진 상태에서 링 끝단끼리 떨어진 거리이다.

24 피스톤 링 엔드갭이 너무 작을 때 발생할 수 있는 가장 심각한 문제점은?
① 엔진 오일 소모량 증가
② 엔진 출력이 증가
③ 엔진 작동 시 실린더 벽 손상
④ 냉각수 누수 발생

> 엔드갭이 너무 작으면 링이 팽창했을 때 압력을 견디지 못하고 실린더나 링 자체에 치명적인 손상을 입힐 수 있다.

25 피스톤 링 엔드갭이 너무 클 때 발생할 수 있는 주요 문제점은?
① 밸브 고착 현상
② 오일 소모량 증가
③ 엔진 과열 현상 발생
④ 엔진 소음이 감소한다.

> 엔드갭이 크면 압축 가스가 틈새로 새어나가 엔진의 효율을 떨어뜨리고 오일이 연소실로 유입될 수 있다.

26 피스톤 링 엔드갭의 주요 역할은?
① 피스톤 링을 실린더 보어에 단단히 고정하기 위해
② 엔진 오일을 연소실로 유입시키기 위해
③ 적절한 압축 기밀을 유지하기 위해
④ 배기가스의 온도를 낮추기 위해

> 엔드갭은 링이 고온에서 팽창했을 때 링 자체나 실린더에 무리가 가지 않도록 하는 필수적인 유격이다.

27 피스톤 링 엔드갭은 주로 어떤 링에 의해 가장 큰 영향을 받는가?
① 최상단 압축 링
② 오일 링
③ 중간 압축 링
④ 스크레이퍼 링

> 최상단 압축 링이 연소실의 가장 뜨거운 열과 압력을 직접적으로 받기 때문에 엔드갭의 중요성이 가장 크다.

28 피스톤 링 사이드갭이 너무 작을 때 발생할 수 있는 주요 문제점은?
① 피스톤 링의 회전 방해, 기밀 유지에 어려움
② 엔진 소음 증가
③ 오일 소모량 증가
④ 엔진 과열 현상 발생

> 사이드갭이 너무 좁으면 링이 링 홈 안에서 압축 압력에 의해 제대로 움직이지 못해 기밀 유지와 오일 제어에 문제가 생긴다.

29 피스톤 링 사이드갭이 너무 클 때 발생할 수 있는 주요 문제점은?
① 오일 소모량이 증가
② 엔진 출력이 증가
③ 냉각수 누수 발생
④ 엔진 소음이 감소

> 사이드갭이 크면 링이 링 홈 안에서 불필요하게 움직이며 오일을 연소실로 퍼 올리거나 연소 가스가 링 뒤쪽으로 새어나갈 수 있다.

정답 22.③ 23.② 24.③ 25.② 26.③ 27.① 28.① 29.①

30 피스톤 링 사이드갭의 주요 역할은?
① 피스톤 링의 열팽창을 흡수하기 위해
② 엔진 오일을 연소실로 유입시키기 위해
③ 피스톤 링의 회전으로 마모를 고르게 분산 시키기 위해
④ 피스톤의 온도를 낮추기 위해

사이드갭은 링이 압력에 따라 실린더 벽에 밀착되도록 돕고, 링의 회전을 통해 링 전체의 수명을 연장한다.

31 피스톤 링 사이드갭은 주로 어떤 링에 의해 가장 큰 영향을 받는가?
① 오일 링
② 최상단 압축 링만 해당 된다.
③ 모든 피스톤 링의 상하 운동에 모두 영향을 미친다.
④ 중간 압축 링만 해당 된다.

사이드갭은 모든 피스톤 링의 링 홈과의 관계에서 중요하며, 링의 움직임과 기밀 유지에 전반적으로 영향을 미친다.

32 이륜자동차 엔진에서 피스톤 핀 베어링이 위치하는 곳은?
① 크랭크축과 실린더 블록 연결 부위
② 피스톤과 커넥팅 로드의 작은 끝 연결 부위
③ 밸브와 캠축 연결 부위
④ 엔진 오일 펌프 내부

피스톤 핀 베어링은 피스톤과 커넥팅 로드(small end) 사이에서 피스톤 핀을 지지하며 마찰을 줄인다.

33 피스톤 핀 베어링의 윤활 방식은 주로 무엇에 의존하는가?
① 전용 그리스 주입
② 냉각수에 의한 윤활
③ 엔진 오일의 비말 윤활, 압력 윤활
④ 외부 공기에 의한 냉각

피스톤 핀 베어링은 엔진 내 다른 부품들처럼 엔진 오일에 의해 윤활된다.

34 피스톤 핀 베어링의 주된 역할이 아닌 것은?
① 피스톤 핀에 가해지는 하중 지지
② 엔진의 주요 동력 전달을 위한 크랭크축 지지
③ 피스톤과 커넥팅 로드 간의 원활한 움직임 보장
④ 피스톤과 커넥팅 로드 사이의 마찰 최소화

크랭크축 지지는 메인 저널 베어링의 역할입니다. 피스톤 핀 베어링은 피스톤과 커넥팅 로드 사이의 움직임을 담당한다.

35 피스톤 핀 베어링으로 주로 사용되는 베어링 형태는?
① 볼 베어링
② 니들 롤러 베어링, 부싱 형태의 저널 베어링
③ 테이퍼 롤러 베어링
④ 스러스트 베어링

피스톤 핀 베어링은 얇은 니들 롤러 또는 부싱 형태로 고하중을 견디면서 공간 효율성을 높인다.

36 피스톤 핀 베어링이 마모되거나 손상될 때 발생할 수 있는 주요 징후는?
① 오일 압력 경고등 점등
② 금속성 소음
③ 냉각수 누수
④ 브레이크 제동력 약화

피스톤 핀 베어링의 유격 증가는 피스톤 왕복 운동 시 금속성 충돌 소음을 유발할 수 있다.

37 이륜자동차 엔진에서 메인 저널 베어링이 위치하는 곳은?
① 캠축과 실린더 헤드 연결 부위
② 변속기 내부
③ 휠 허브 내부
④ 크랭크축과 실린더 블록 연결 부위

메인 저널 베어링은 크랭크축이 엔진 본체에 고정되어 회전하는 지점에서 크랭크축을 지지한다.

정답 30.③ 31.③ 32.② 33.③ 34.② 35.② 36.② 37.④

38 메인 저널 베어링의 주된 역할은?

① 밸브의 개폐 타이밍 조절
② 배기가스의 소음을 줄임
③ 연료를 미세하게 분사
④ 크랭크축 하중을 지지, 고속 회전 마찰감소

> 메인 저널 베어링은 엔진의 모든 동력이 전달되는 크랭크축을 지지하며, 엔진의 안정적인 작동에 필수적이다.

39 이륜자동차 엔진에서 크랭크축의 휨을 측정 시 가장 적합한 것은?

① 스프링저울과 브이블록
② 버니어캘리퍼스와 곧은자
③ 다이얼게이지와 V블록
④ 마이크로미터와 다이얼게이지

> 크랭크축의 휨을 측정할 때에는 다이얼게이지와 브이(V)블록을 사용한다.

40 메인 저널 베어링의 윤활 방식은 주로 무엇인가?

① 고체 윤활제 사용
② 엔진 오일의 압력 윤활 방식
③ 냉각수에 의한 윤활
④ 자가 윤활

> 메인 저널 베어링은 높은 하중과 고속 회전에 노출되므로, 오일 펌프를 통한 강제 압력 윤활이 필수적이다.

41 메인 저널 베어링이 마모되거나 손상될 때 발생할 수 있는 주요 징후는?

① 밸브 간극 변화
② 타이어 공기압 감소
③ 스파크 플러그 오염
④ 엔진에서 소음 발생

> 메인 저널 베어링 마모는 오일 압력 저하를 유발하고, 크랭크축의 유격으로 인해 둔탁한 노이즈를 발생시킬 수 있다.

42 메인 저널 베어링의 수명을 연장하기 위한 가장 중요한 유지보수 방법은?

① 엔진오일 교환 및 적정 오일량 유지
② 베어링에 직접 그리스를 주입한다.
③ 엔진을 고속으로만 주행한다.
④ 엔진을 완전히 분해하여 베어링을 세척

> 메인 저널 베어링은 엔진 오일 유막에 의해 보호되므로, 깨끗하고 충분한 양의 엔진 오일을 유지하는 것이 가장 중요하다.

43 이륜자동차 엔진에서 피스톤의 가장 주된 역할은?

① 폭발 압력을 직접 받아 상하 운동한다.
② 엔진 오일을 저장하는 공간이다.
③ 흡기 및 배기 밸브를 개폐한다.
④ 냉각수를 순환시킨다.

> 피스톤은 엔진의 연소 에너지를 기계적인 움직임으로 바꾸는 첫 번째 단계에서 핵심적인 역할을 수행한다.

44 피스톤 상단에 위치한 피스톤 링의 주요 기능은?

① 피스톤의 색상을 변경한다.
② 실린더 벽과의 기밀을 유지
③ 피스톤의 무게를 줄인다.
④ 피스톤의 온도를 증가시킨다.

> 피스톤 링은 크게 압축링과 오일링으로 나뉘며, 연소 효율 유지와 오일 소모 방지에 필수적인 역할을 한다.

45 피스톤 링 중 압축 링의 주된 역할은?

① 엔진 오일을 실린더 벽에 도포한다.
② 연소실의 압축 압력을 유지한다.
③ 피스톤의 온도를 낮춘다.
④ 배기가스를 배출한다.

> 압축 링은 연소 시 발생하는 고압의 가스가 크랭크 케이스로 새는 것을 방지하여 엔진의 효율을 높인다.

정답 38.④ 39.③ 40.② 41.④ 42.① 43.① 44.② 45.②

46 피스톤 링 중 오일 링의 주된 역할은?

① 실린더 벽에 엔진오일을 긁어내린다.
② 연소실의 압축 압력을 유지한다.
③ 피스톤의 온도를 높인다.
④ 엔진 소음을 줄인다.

> 오일 링의 불량은 오일 소모량 증가와 백색/청색 배기가스 발생의 주요 원인이 된다.

47 피스톤에 장착되는 피스톤 핀의 주된 역할은?

① 피스톤의 온도를 조절한다.
② 피스톤 링을 고정한다.
③ 피스톤과 커넥팅 로드를 연결한다.
④ 엔진 오일을 순환시킨다.

> 피스톤 핀은 피스톤과 커넥팅 로드의 연결부위에서 부드러운 회전 운동을 가능하게 한다.

48 피스톤 상단의 피스톤 헤드 크라운 부분의 역할은?

① 엔진 오일을 저장한다.
② 배기가스를 정화한다.
③ 냉각수를 순환시킨다.
④ 폭발 압력을 받고 연소열에 노출되는 부분이다.

> 피스톤 헤드는 가장 큰 압력과 열을 받는 부분으로, 강한 내구성과 열 방출 능력이 요구된다.

49 피스톤 측면에 있는 스커트 부분의 주된 역할은?

① 피스톤 링을 지지한다.
② 연소 가스를 배출한다.
③ 피스톤의 기울어짐을 방지한다.
④ 엔진 오일을 필터링한다.

> 스커트는 피스톤의 안정적인 운동을 돕고, 실린더 벽과의 접촉 면적을 넓혀 압력을 분산시킨다.

50 피스톤이 소결 현상으로 손상될 수 있는 주된 원인은?

① 금속끼리 직접 접촉하여 용융되면서 눌어붙는 현상
② 엔진 오일량이 너무 많을 때
③ 타이어 공기압이 낮을 때
④ 냉각수가 너무 많을 때

> 소결은 피스톤과 실린더가 눌어붙는 심각한 손상으로, 주로 과열과 윤활 불량으로 인해 발생한다.

51 피스톤 정비 시, 피스톤 링의 간극을 조정하는 주된 이유는?

① 링의 색상을 좋게 하기 위해
② 링의 무게를 줄이기 위해
③ 기밀을 유지하기 위해
④ 링의 디자인을 평가하기 위해

> 링 간극은 링의 열팽창을 고려하여 적절한 유격을 두어야 하며, 너무 크면 압축 누설, 너무 작으면 링 파손을 유발할 수 있다.

52 피스톤의 오일 소모량 증가와 직접적으로 관련된 피스톤 부품의 문제는?

① 피스톤 핀의 휘어짐
② 피스톤 헤드의 균열
③ 오일 링의 마모
④ 스커트의 파손

> 오일 링은 실린더 벽의 오일을 긁어내려 오일 팬으로 회수하는 역할을 하므로, 오일 링에 문제가 생기면 오일이 연소실로 유입되어 소모량이 증가한다.

53 실린더 헤드에서 캠 베어링의 주된 역할은?

① 밸브의 열을 흡수한다.
② 스파크 플러그를 고정한다.
③ 캠축이 회전하도록 지지한다.
④ 냉각수를 순환시킨다.

> 캠 베어링은 캠축의 회전을 원활하게 하여 밸브 작동의 정확성과 엔진의 수명에 영향을 미친다.

 46.① 47.③ 48.④ 49.③ 50.① 51.③ 52.③ 53.③

54 이륜자동차 엔진에서 실린더 헤드의 가장 주된 역할은?

① 흡기 및 배기 밸브, 점화플러그 장착된다.
② 엔진 오일을 저장하는 공간이다.
③ 피스톤의 상하 운동을 직접적으로 유도한다.
④ 엔진의 냉각수를 저장한다.

실린더 헤드는 엔진의 '두뇌' 역할을 하며, 연소가 이루어지는 핵심 공간을 구성하고 밸브를 통해 가스 교환을 조절한다.

55 실린더 헤드에 장착되는 밸브 시트의 주된 역할은?

① 연소실의 기밀을 유지한다.
② 밸브의 무게를 줄인다.
③ 밸브의 색상을 좋게 한다.
④ 밸브의 움직임을 안내한다.

밸브 시트는 밸브와 밀착하여 압축 압력을 유지하고, 고온의 밸브 열을 헤드로 전달하여 과열을 방지하는 중요한 부품이다.

56 실린더 헤드 정비 시, 실린더 헤드 변형을 확인하는 주된 이유는?

① 헤드의 색상을 변경하기 위해
② 압축 누설 확인을 위해
③ 헤드의 무게를 줄이기 위해
④ 헤드의 디자인을 평가하기 위해

실린더 헤드는 고열에 노출되는 부품이므로, 변형되면 엔진의 성능 저하를 넘어 치명적인 손상을 유발할 수 있다.

57 실린더 헤드의 연소실 청소가 필요한 주된 이유는?

① 연소실 내 카본 축적을 제거하기 위해
② 헤드의 색상을 좋게 하기 위해
③ 헤드의 무게를 줄이기 위해
④ 헤드의 디자인을 개선하기 위해

연소실에 쌓인 카본은 엔진 성능 저하의 주범이므로, 주기적인 청소를 통해 최적의 연소 환경을 유지해야 한다.

58 실린더 헤드 조립 시, 토크 렌치를 사용하여 볼트를 조이는 것이 중요한 이유는?

① 실린더 헤드의 변형을 방지하기 위해
② 볼트의 색상을 좋게 하기 위해
③ 볼트의 무게를 줄이기 위해
④ 볼트의 길이를 조절하기 위해

실린더 헤드 볼트는 정확한 토크로 조여야 헤드의 변형을 막고, 가스켓의 압착력을 일정하게 유지하여 완벽한 기밀을 확보할 수 있다.

59 이륜자동차 엔진에서 실린더 블록의 가장 주된 역할은?

① 엔진의 주요 회전 및 왕복 운동 부품들을 지지한다.
② 엔진 오일을 저장하는 공간이다.
③ 흡기 및 배기 밸브를 장착하는 부분이다.
④ 배기가스를 외부로 배출하는 통로이다.

실린더 블록은 엔진의 '몸통' 역할을 하며, 엔진의 핵심 부품들이 장착되고 작동하는 기본적인 구조를 제공한다.

60 실린더 블록 내의 실린더 보어의 주된 역할은?

① 엔진 오일을 저장한다.
② 스파크 플러그를 고정한다.
③ 냉각수를 순환시킨다.
④ 피스톤의 상하 운동하는 공간을 제공한다.

실린더 보어는 피스톤의 움직임을 직접적으로 지지하고, 압축 및 연소 과정에서 가스가 새지 않도록 기밀을 유지하는 핵심 표면이다.

61 엔진에서 에어 필터의 주된 역할은?

① 엔진 오일을 정화한다.
② 배기가스를 배출한다.
③ 냉각수를 순환시킨다.
④ 먼지나 이물질을 걸러낸다.

에어 필터는 엔진의 폐 역할을 하며, 깨끗한 공기 공급은 엔진의 수명과 성능에 직접적인 영향을 미친다.

54.① 55.① 56.② 57.① 58.① 59.① 60.④ 61.④

62 실린더 블록 정비 시, 실린더 보어의 마모 또는 손상을 확인하는 주된 이유는?

① 블록의 색상을 변경하기 위해
② 블록의 무게를 줄이기 위해
③ 출력 저하 등 엔진 문제를 유발하기 때문에
④ 블록의 디자인을 평가하기 위해

실린더 보어의 상태는 엔진의 압축 효율과 오일 소모량에 직접적인 영향을 미치므로, 정밀한 점검이 필수적이다.

63 실린더 블록 정비 시, 크랭크 케이스의 주된 역할은?

① 흡기 매니폴드를 지지한다.
② 냉각수를 순환시킨다.
③ 밸브를 장착한다.
④ 엔진 오일을 저장하는 오일 팬과 연결된다.

크랭크 케이스는 엔진의 하부 구조를 형성하며, 윤활 시스템의 중요한 부분이자 엔진의 주요 회전 부품들을 보호한다.

64 실린더 블록 정비 시, 실린더 보어의 호닝 작업이 필요한 주된 이유는?

① 보어의 내벽을 가공하여 원형을 복원하기 위해
② 보어의 색상을 좋게 하기 위해
③ 보어의 무게를 줄이기 위해
④ 보어의 크기를 줄이기 위해

호닝 작업은 실린더 보어의 정확한 치수와 표면 상태를 복원하여 피스톤 링의 기밀 유지 및 오일 제어 성능을 최적화하는 데 필수적이다.

65 실린더 블록에서 메인 베어링의 주된 역할은?

① 크랭크축이 부드럽게 회전하도록 마찰을 줄여준다.
② 피스톤의 상하 운동을 지지한다.
③ 밸브를 개폐한다.
④ 냉각수를 여과한다.

메인 베어링은 크랭크축의 회전을 지지하여 엔진의 원활한 동력 전달을 가능하게 하는 중요한 윤활 부품이다.

66 실린더 블록 정비 시, 블록의 균열을 확인하는 주된 이유는?

① 블록의 디자인을 변경하기 위해
② 엔진 오일이 누설되는지 확인하기 위해
③ 블록의 무게를 줄이기 위해
④ 블록의 색상을 확인하기 위해

실린더 블록의 균열은 엔진의 구조적 무결성을 손상시키며, 이는 매우 심각한 엔진 고장으로 이어질 수 있다.

67 실린더 블록 정비 시, 실린더 라이너를 사용하는 주된 이유는?

① 블록의 무게를 줄이기 위해
② 블록의 크기를 줄이기 위해
③ 블록의 색상을 변경하기 위해
④ 라이너를 사용하여 내마모성을 높이기 위해

실린더 라이너는 실린더 보어의 수명을 연장하고, 정비성을 향상시키는 데 사용되는 부품이다.

68 엔진 정비 시, 스로틀 바디의 청소가 필요한 주된 이유는?

① 공기량을 안정적으로 제어하기 위해
② 스로틀 바디의 색상을 좋게 하기 위해
③ 스로틀 바디의 무게를 줄이기 위해
④ 스로틀 바디의 디자인을 평가하기 위해

스로틀 바디는 엔진으로 유입되는 공기량을 조절하는 중요한 부품이다. 오염되면 엔진의 공기 흡입이 원활하지 않아 다양한 문제를 일으킬 수 있다.

69 엔진에서 머플러의 주된 역할은?

① 엔진 오일을 저장한다.
② 엔진에 공기를 공급한다.
③ 배기 소음을 줄인다.
④ 연료를 저장한다.

62.③ 63.④ 64.① 65.① 66.② 67.④ 68.① 69.③

70 엔진 정비 시, 볼트 풀림 방지제를 사용하는 주된 이유는?

① 볼트의 색상을 좋게 하기 위해
② 볼트들이 풀리는 것을 방지하기 위해
③ 볼트의 무게를 줄이기 위해
④ 볼트의 길이를 조절하기 위해

엔진은 작동중 심한 진동이 발생하므로, 볼트 풀림 방지제는 중요한 부품의 결합을 더욱 견고하게 유지하여 안전과 성능을 보장한다.

71 엔진에서 엔진 마운트의 주된 역할은?

① 엔진의 진동을 흡수한다.
② 엔진의 색상을 좋게 한다.
③ 엔진 오일을 저장한다.
④ 엔진의 온도를 조절한다.

엔진 마운트는 엔진을 차체에 지지하면서 동시에 엔진의 진동이 차체와 운전자에게 직접 전달되는 것을 막아 승차감을 향상시킨다.

72 엔진 정비 시, 오일 압력 테스트를 하는 주된 목적은?

① 엔진 오일의 색상을 확인하기 위해
② 엔진 오일의 온도를 측정하기 위해
③ 엔진 오일의 양을 측정하기 위해
④ 윤활 계통의 유압이 정상 범위인지 확인하기 위해

오일 압력은 엔진 내부 윤활 상태를 나타내는 중요한 지표입니다. 압력이 낮으면 심각한 윤활 불량으로 이어져 엔진 손상을 유발할 수 있다.

73 엔진 정비 시, 카본 축적이 엔진 성능에 미치는 영향은?

① 엔진 효율 저하 및 출력이 감소한다.
② 엔진 소음이 감소한다.
③ 엔진 오일 소모량이 줄어든다.
④ 냉각수 온도가 낮아진다.

연소 과정에서 발생하는 카본 찌꺼기가 쌓이면 엔진의 정상적인 작동을 방해하여 성능 저하 및 고장을 유발한다.

74 엔진에서 오일 펌프의 주된 역할은?

① 엔진 오일을 냉각시킨다.
② 엔진 오일을 저장한다.
③ 엔진 오일을 필터링한다.
④ 엔진 윤활이 필요한 부위로 강제로 순환시킨다.

오일 펌프는 엔진 오일을 각 부품에 강제로 공급하여 윤활을 원활하게 하고 마모를 방지하는 핵심 부품이다.

75 엔진 정비 시, 엔진 오일 색상만으로 엔진 상태를 정확하게 진단하기 어려운 이유는?

① 오일 색상은 항상 똑같기 때문에
② 오일 색상이 너무 많기 때문에
③ 단순히 색상만으로 오일의 점도나 윤활 성능을 판단하기 어렵기 때문에
④ 오일 색상은 중요하지 않기 때문에

엔진 오일의 색상은 연소 부산물 등으로 인해 빠르게 변색될 수 있다. 오일의 실제 상태는 점도, 첨가제 소모 여부 등 다양한 요소를 종합적으로 고려해야 한다.

76 엔진 정비 시, 볼트의 적정 토크 준수가 중요한 이유는?

① 볼트의 색상을 좋게 하기 위해
② 볼트의 길이를 조절하기 위해
③ 볼트의 무게를 줄이기 위해
④ 조립된 부품의 기밀 유지를 하기 위해

볼트의 토크는 부품의 결합 강도와 기밀에 직접적인 영향을 미친다. 너무 강하게 조이면 파손, 너무 약하게 조이면 풀림이나 누설이 발생할 수 있다.

77 엔진 정비 시, 엔진 내부 청결 유지가 중요한 이유는?

① 엔진의 외관을 좋게 하기 위해
② 엔진의 소음을 증가시키기 위해
③ 엔진 성능 저하 및 고장을 유발할 수 있기 때문에
④ 엔진의 무게를 줄이기 위해

정답 70.② 71.① 72.④ 73.① 74.④ 75.③ 76.④ 77.③

78. 엔진 오버홀 작업이 필요한 대표적인 경우는?
   ① 타이어 공기압이 낮을 때
   ② 압축 압력이 현저히 낮을 때
   ③ 연료 탱크에 연료가 없을 때
   ④ 브레이크 패드가 마모되었을 때

   엔진 오버홀은 엔진을 완전히 분해하여 각 부품을 점검하고, 마모되거나 손상된 부품을 교체하여 엔진을 새것과 같은 상태로 복원하는 대규모 정비이다.

79. 엔진에서 캠축의 주된 역할은?
   ① 흡기 및 배기 밸브를 열고 닫는 역할을 한다.
   ② 엔진의 온도를 조절한다.
   ③ 엔진 오일을 저장한다.
   ④ 피스톤의 상하 운동을 직접적으로 제어한다.

   캠축은 밸브의 개폐 시기를 결정하여 엔진의 흡입 및 배기 효율에 직접적인 영향을 미친다.

80. 엔진 정비 시, 실린더 헤드 가스켓의 손상 여부를 확인하는 주된 이유는?
   ① 가스켓의 색상을 변경하기 위해
   ② 가스켓의 무게를 줄이기 위해
   ③ 연소실의 기밀을 유지하는지 확인을 위해
   ④ 가스켓의 디자인을 평가하기 위해

   실린더 헤드 가스켓은 엔진의 실린더 블록과 실린더 헤드 사이에서 기밀을 유지하고, 냉각수 및 오일 통로를 분리하는 중요한 밀봉 역할을 한다. 손상 시 압축 누설, 냉각수/오일 혼입 등의 문제가 발생한다.

81. 엔진에서 커넥팅 로드의 주된 역할은?
   ① 엔진의 냉각수를 저장한다.
   ② 크랭크축의 회전 운동으로 변환하는 연결 부품 역할을 한다.
   ③ 엔진 오일을 여과한다.
   ④ 흡기 매니폴드를 지지한다.

82. 엔진 정비 시, 엔진 소음을 진단하는 가장 효과적인 방법 중 하나는?
   ① 이륜자동차의 색상을 변경한다.
   ② 엔진 소음 청진기를 사용하여 점검한다.
   ③ 엔진 오일을 교환한다.
   ④ 타이어 공기압을 조절한다.

   엔진 소음은 다양한 원인으로 발생하며, 청진기를 사용하면 소음 발생 지점을 정확히 찾아내어 진단에 큰 도움을 준다.

83. 엔진에서 오일 팬의 주된 역할은?
   ① 엔진 오일을 저장한다.
   ② 엔진의 온도를 조절한다.
   ③ 배기가스를 정화한다.
   ④ 공기를 흡입한다.

   오일 팬은 엔진 오일의 저장소이자 순환 시스템의 시작점으로, 엔진 윤활에 필수적인 역할을 한다.

84. 엔진 정비 시, 엔진 오일 압력 경고등이 점등되었을 때 가장 먼저 확인해야 할 사항은?
   ① 타이어 공기압
   ② 냉각수량
   ③ 브레이크 액량
   ④ 엔진 오일량 및 오일 누유 여부

   오일 압력 경고등은 엔진 오일의 압력이 낮다는 것을 의미하며, 이는 오일 부족이나 오일 펌프 고장 등 심각한 문제의 신호일 수 있으므로 즉시 오일량을 확인해야 한다.

85. 엔진에서 타이밍 체인 또는 타이밍 벨트의 주된 역할은?
   ① 엔진의 소음을 줄인다.
   ② 냉각수를 순환시킨다.
   ③ 엔진 오일을 여과한다.
   ④ 크랭크축과 캠축을 연결한다.

   타이밍 체인/벨트는 엔진의 흡기, 압축, 폭발, 배기 행정이 정확한 순서로 이루어지도록 밸브와 피스톤의 움직임을 동기화하는 매우 중요한 부품이다.

정답 78.② 79.① 80.③ 81.② 82.② 83.① 84.④ 85.④

86 엔진 정비 시, 엔진 과열의 가장 흔한 원인 중 하나는?

① 냉각수 부족 또는 냉각 팬 고장일 때
② 엔진 오일량이 너무 많을 때
③ 타이어 공기압이 너무 높을 때
④ 연료 탱크에 연료가 가득 찼을 때

엔진 과열은 냉각 시스템의 문제로 인해 엔진에서 발생하는 열이 제대로 방출되지 못할 때 발생한다.

87 엔진 정비 후 시동을 걸기 전, 반드시 최종적으로 확인해야 할 사항은?

① 이륜자동차의 세차 여부
② 오일/냉각수 점검 여부
③ 이륜자동차의 타이어 공기압
④ 이륜자동차의 연료량

엔진을 조립한 후 시동을 걸기 전에는 모든 부품이 올바르게 조립되고 연결되었는지, 그리고 안전에 영향을 미칠 수 있는 요소들이 없는지 철저히 확인해야 한다.

88 이륜자동차 내연기관에서 엔진 오일의 가장 중요한 역할은?

① 엔진 내부 부품의 윤활을 하기 위해
② 엔진의 색상을 좋게 하기 위해
③ 엔진의 소음을 증가시키기 위해
④ 엔진의 무게를 줄이기 위해

엔진 오일은 단순히 윤활뿐만 아니라, 엔진 내부의 마찰열을 식히고, 불순물을 제거하며, 압축을 돕고, 녹을 방지하는 등 다방면으로 중요한 역할을 한다.

89 엔진에서 피스톤의 주된 역할은?

① 엔진의 냉각수를 순환시킨다.
② 흡기 및 배기 밸브를 제어한다.
③ 연소실에서 발생한 폭발 압력을 받아 상하 운동을 한다.
④ 엔진 오일을 저장한다.

피스톤은 엔진의 핵심 부품으로, 연소 에너지를 기계적 운동 에너지로 변환하는 데 직접적인 역할을 한다.

90 엔진에서 크랭크축의 주된 역할은?

① 회전 운동으로 변환하여 바퀴에 동력을 전달한다.
② 흡기 매니폴드를 지지한다.
③ 엔진 오일을 여과한다.
④ 냉각수를 저장한다.

크랭크축은 엔진의 가장 중요한 회전 부품으로, 피스톤의 직선 운동을 바퀴를 구동하는 데 필요한 회전 운동으로 바꿔주는 역할을 한다.

91 엔진 정비 시, 압축 압력 측정의 주된 목적은?

① 엔진 오일의 온도를 확인하기 위해
② 엔진의 무게를 측정하기 위해
③ 실린더 내 기밀 상태 진단하기 위해
④ 엔진의 색상을 확인하기 위해

압축 압력은 엔진의 연소 효율과 직결된다. 압축 압력이 낮으면 피스톤 링 마모, 밸브 불량, 헤드 가스켓 손상 등을 의심할 수 있다.

92 실린더 내경이 80mm이고, 피스톤 행정이 70mm인 단기통 엔진의 총 배기량은 약 몇 cc인가? (단, π = 3.14로 계산)

① 351.68cc
② 439.82cc
③ 502.40cc
④ 628.32cc

배기량 $V = \pi \times r^2 \times h$
V: 배기량, π: 원주율(3.14), r: 실린더 내경의 반지름, h: 피스톤 행정
엔진 배기량은 피스톤이 실린더 내에서 가장 아래 지점(하사점)부터 가장 위 지점(상사점)까지 이동하면서 밀어내는 부피를 의미한다. 이 부피는 원기둥의 부피와 같으므로, 실린더의 지름과 피스톤의 행정(높이)을 이용하여 계산할 수 있다. 계산 결과에 따르면, 이 엔진의 총 배기량은 351.68cc가 된다.

86.① 87.② 88.① 89.③ 90.① 91.③ 92.①

93 엔진 오일 교환 시, 오일 필터를 함께 교환해야 하는 주된 이유는?

① 필터의 색상을 변경하기 위해
② 필터의 디자인을 평가하기 위해
③ 필터의 무게를 줄이기 위해
④ 엔진 오일의 불순물을 걸러내는 역할을 위해

> 오일 필터는 엔진 오일의 수명을 연장하고 엔진 부품의 마모를 줄이는 데 필수적인 부품이다. 오일만 교환하고 필터를 교환하지 않으면 새 오일도 금방 오염된다.

94 4행정 단기통 엔진에서 크랭크축이 720도 회전할 때, 캠축은 몇 도 회전하는가?

① 180도   ② 360도
③ 540도   ④ 720도

> 4행정 기관에서 크랭크축이 2회전(720도)할 때 캠축은 1회전(360도)한다. 이는 밸브의 개폐 시기를 크랭크축 회전의 절반 속도로 제어하기 위함이다.

95 엔진 오일이 누유될 때 발생할 수 있는 가장 심각한 문제는?

① 이륜자동차의 색상이 변한다.
② 심각할 경우 엔진 고착 등 치명적인 손상 유발
③ 이륜자동차의 타이어 공기압이 줄어든다.
④ 이륜자동차의 경적 소리가 작아진다.

> 엔진 오일 누유는 엔진의 핵심 기능을 위협하는 심각한 문제이다. 오일 부족은 엔진의 심장 마비와 같다.

96 엔진오일 압력 부족 경고등이 점등되었을 때 가장 먼저 점검해야 할 사항은?

① 엔진오일량   ② 냉각수량
③ 브레이크 오일량   ④ 타이어 공기압

> 오일 압력 경고등은 엔진오일의 양이 부족하거나 오일 펌프 등 윤활 계통에 문제가 있을 때 점등된다. 가장 쉽고 빠르게 확인할 수 있는 것은 엔진오일량이다.

97 엔진의 피스톤 링 엔드 갭이 규정보다 클 경우 발생할 수 있는 현상은?

① 오일 소비량 감소
② 블로바이 가스 증가
③ 압축 압력 증가
④ 엔진 소음 감소

> 피스톤 링 엔드 갭이 크면 연소실의 기밀 유지가 어려워져 연소 가스가 크랭크실로 새어나가는 블로바이(Blow-by) 현상이 증가하고, 이로 인해 압축 압력이 감소하며 오일 소모가 증가할 수 있다.

98 엔진 분해 조립 시 볼트나 너트의 체결 시 규정 토크를 사용하는 가장 중요한 이유는?

① 작업 시간을 단축하기 위해
② 볼트나 부품의 손상을 방지하고 기밀을 확보하기 위해
③ 엔진의 소음을 줄이기 위해
④ 작업자의 피로도를 줄이기 위해

> 규정 토크는 부품의 파손을 막고, 조립 부위의 정확한 압착 및 기밀 유지를 보장하여 엔진의 성능과 안전성을 확보하는 데 필수적이다.

99 실린더 벽면의 마모가 심할 때 나타날 수 있는 엔진의 주요 증상은?

① 엔진 진동 감소
② 시동성 향상
③ 배기가스 색깔이 투명해짐
④ 오일 소비 증가 및 출력 저하

> 실린더 벽면이 마모되면 피스톤 링과의 기밀이 나빠져 연소실 압축이 새고(출력 저하), 오일이 연소실로 유입되어 연소(오일 소비 증가, 백연 발생)될 수 있다.

100 윤활유의 역할이 아닌 것은?

① 밀봉 작용   ② 팽창 작용
③ 냉각 작용   ④ 방청 작용

> 금속 표면에 방청 작용, 작동 부분의 충격완화 및 소결 방지, 발열 부분의 냉각 작용, 마찰감소 및 마멸 방지 작용, 기밀 유지 작용 및 세척 작용, 응력 분산 작용

정답 93.④ 94.② 95.② 96.① 97.② 98.② 99.④ 100.②

101 디젤 엔진과 비교했을 때, 가솔린 엔진의 특징으로 옳지 않은 것은?

① 압축 착화 방식이다.
② 점화 플러그를 사용한다.
③ 압축비가 상대적으로 낮다.
④ 소음과 진동이 상대적으로 적다.

> 가솔린 엔진은 점화 플러그를 이용한 불꽃 점화 방식이며, 압축 착화 방식은 디젤 엔진의 특징이다.

102 윤활유가 연소실에 올라와서 연소될 때 색으로 가장 적합한 것은?

① 적색　　② 청색
③ 흑색　　④ 백색

> 윤활유가 연소실에서 연소되는 경우 배기가스는 백색 또는 청색이며, 공기가 부족한 경우 배기가스는 검정색으로 배출된다.

103 엔진오일 압력이 낮아지는 원인으로 가장 거리가 먼 것은?

① 오일 펌프의 작동 불량
② 엔진오일 필터의 막힘
③ 엔진오일의 과다 주입
④ 오일 라인 내부의 이물질 축적

> 엔진오일의 과다 주입은 오일 씰 손상이나 블로바이 가스 증가 등의 문제를 일으킬 수 있지만, 직접적으로 오일 압력을 낮추는 원인과는 거리가 멀다. 오히려 일시적으로 압력이 높아지거나, 오일팬에 거품이 발생하여 펌프 흡입에 영향을 줄 수 있다.

104 이륜자동차 엔진의 윤활유 관리에서, 엔진오일의 열화를 촉진시키는 가장 큰 요인은?

① 낮은 엔진 온도에서의 장시간 운행
② 짧은 주행 거리 반복
③ 정품 오일 필터 사용
④ 잦은 고회전 고부하 운전

> 고회전, 고부하 운전은 엔진오일의 온도를 급격히 상승시키고 산화 작용을 가속화하여 오일의 열화를 가장 크게 촉진한다.

105 엔진 과열 시 실린더 헤드 볼트가 변형되거나 느슨해지는 현상이 발생할 수 있다. 이 경우 가장 먼저 육안으로 확인할 수 있는 증상은?

① 엔진 오일량 증가
② 배기가스 색깔 변화 (백색 연기)
③ 브레이크 작동 불량
④ 타이어 공기압 감소

> 엔진 과열로 실린더 헤드 볼트가 변형되거나 헤드 가스켓이 손상되면 냉각수가 연소실로 유입되어 백색 연기(수증기)가 배출될 수 있다.

106 엔진 실린더의 보어와 스트로크 비율에 따른 특징으로 옳은 것은?

① 롱 스트로크 엔진은 고회전에 유리하다.
② 오버 스퀘어 엔진은 고회전, 고출력에 유리하다.
③ 스퀘어 엔진은 저속 토크가 강하다.
④ 롱 스트로크 엔진은 엔진의 길이가 짧아진다.

> - **롱 스트로크**: 보어보다 스트로크가 긴 엔진. 저속 토크에 유리하나 고회전에는 불리하고 엔진 높이가 길어질 수 있다.
> - **오버스퀘어**: 보어(내경)가 스트로크(행정)보다 긴 엔진. 피스톤 평균속도가 낮아 고회전에 유리하며, 밸브 크기를 크게 할 수 있어 고출력에 유리한다.
> - **스퀘어**: 보어와 스트로크가 같은 엔진. 중간적인 특성을 가진다.

107 엔진에서 실린더 압축 압력을 측정하는 주요 목적은?

① 점화 플러그의 불량 여부 확인
② 엔진오일의 점도 확인
③ 밸브 및 피스톤 링의 기밀 상태 확인
④ 냉각수 순환량 확인

> 압축 압력 측정은 연소실의 기밀 유지가 얼마나 잘 되는지 확인하는 검사이다. 특히 밸브의 밀착 불량이나 피스톤 링의 마모/고착 여부를 판단하는 데 매우 유용한다.

정답 101.① 102.④ 103.③ 104.④ 105.② 106.② 107.③

108 엔진오일 압력 경고등이 점등되었을 때, 즉시 엔진을 정지해야 하는 가장 중요한 이유는?

① 엔진 내부 부품의 심각한 소착 및 파손 위험 때문
② 엔진이 급격히 과열될 수 있기 때문
③ 엔진 소음이 증가하기 때문
④ 배기가스 농도가 높아지기 때문

> 오일 압력 부족은 엔진 각 부분에 윤활유가 제대로 공급되지 않아 금속 부품 간의 직접적인 마찰이 발생하여 심각한 소착(Seizure) 및 파손으로 이어질 수 있으므로 즉시 엔진을 정지해야 한다.

109 피스톤 링을 장착할 때 각 링의 절개부 위치를 서로 다르게 하는 주된 이유는?

① 연소 압력의 누설을 최소화하기 위해
② 링의 파손을 방지하기 위해
③ 조립 편의성을 높이기 위해
④ 엔진오일의 점도를 유지하기 위해

> 피스톤 링의 절개부를 한곳에 정렬하면 연소 압력이 그 틈으로 쉽게 누설되어 압축 효율이 떨어지고 블로바이 가스가 증가한다. 이를 방지하기 위해 절개부를 서로 엇갈리게 배치하여 기밀성을 높인다.

110 엔진의 피스톤 링 장착 시, 링의 방향(상하)을 구분해야 하는 주된 이유는?

① 링의 무게 균형을 맞추기 위해
② 조립 시간을 단축하기 위해
③ 피스톤의 열팽창을 조절하기 위해
④ 오일 소모를 최소화하고 압축 기밀을 유지하기 위해

> 피스톤 링은 단면이 경사지거나 안쪽에 표시(TOP 마크 등)가 있는 경우가 많다. 이는 연소 압력을 받아 링이 실린더 벽에 밀착되도록 설계된 것으로, 올바른 방향으로 장착해야 오일 스크래핑 및 압축 기밀 유지 성능을 발휘할 수 있다.

111 엔진의 크랭크축이 회전할 때 발생하는 관성력을 줄이고 회전 균형을 잡는 역할을 하는 부품은?

① 플라이휠 ② 균형추
③ 댐퍼 풀리 ④ 메인 베어링

> 균형추(Counterweight)는 크랭크축의 각 크랭크 암과 피스톤, 커넥팅 로드 등의 왕복 운동으로 발생하는 불균형을 상쇄하여 엔진의 진동을 줄이고 회전을 원활하게 한다. 플라이휠은 회전 관성을 이용해 회전 변동을 줄이는 역할을 한다.

112 엔진오일 쿨러의 역할로 가장 적절한 것은?

① 엔진오일의 압력을 높인다.
② 엔진오일의 점도를 조절한다.
③ 엔진오일의 온도를 낮춰 윤활 성능을 유지한다.
④ 엔진오일의 불순물을 여과한다.

> 엔진오일 쿨러는 엔진오일의 온도가 과도하게 상승하는 것을 방지하여 오일의 점도 저하 및 윤활 성능 저하를 막고 오일의 수명을 연장하는 역할을 한다.

113 실린더 헤드 가스켓이 손상되었을 때, 냉각수가 엔진오일과 섞여 오일이 우유색으로 변하는 현상을 무엇이라고 하는가?

① 오일 슬러지 ② 오일 젤리
③ 오일 카본   ④ 오일 에멀전

> 냉각수와 엔진오일이 섞여 유화(emulsion)되면 오일이 우유처럼 탁한 색을 띠게 되며, 이를 오일 에멀전이라고 한다. 이는 주로 실린더 헤드 가스켓 손상으로 인해 발생한다.

114 4기통 엔진에서 1번 실린더가 폭발 행정일 때, 4번 실린더는 어떤 행정인가? (단, 점화 순서는 1-3-4-2)

① 배기 ② 압축
③ 폭발 ④ 흡입

> 4기통 엔진의 점화 순서가 1-3-4-2일 때, 1번 실린더가 폭발 행정이라면, 4번 실린더는 흡입 행정이다. (1번 폭발 – 3번 배기 – 4번 흡입 – 2번 압축)

108.① 109.① 110.④ 111.② 112.③ 113.④ 114.④

115 엔진오일의 점도가 너무 낮을 때 발생할 수 있는 가장 직접적인 문제는?

① 엔진 시동성 저하
② 윤활막 형성 불량으로 인한 마모 가속화
③ 오일 펌프의 부하 증가
④ 연료 소비율 증가

오일의 점도가 너무 낮으면 고온 고부하 조건에서 오일막이 쉽게 파괴되어 금속 간의 직접적인 마찰이 증가하고, 이는 엔진 부품의 마모를 가속화시킨다.

116 엔진의 크랭크축 메인 저널의 마모 한계를 측정하는 가장 적절한 공구는?

① 실린더 보어 게이지
② 마이크로미터
③ 토크 렌치
④ 캘리퍼스

마이크로미터는 정밀한 외경을 측정하는 데 사용되는 공구로, 크랭크축의 저널 직경을 측정하여 마모 한계를 확인하는 데 가장 적합하다.

117 엔진의 압축비가 너무 높을 경우 발생할 수 있는 가장 직접적인 현상은?

① 엔진 출력 감소
② 노킹발생 가능성 증가
③ 연료 소비율 증가
④ 엔진 시동성 향상

압축비가 너무 높으면 혼합기가 압축 행정 중 과도하게 온도가 상승하여 점화 플러그의 불꽃 없이도 자가 발화하는 현상인 노킹(또는 조기 점화)이 발생할 가능성이 커진다. 노킹은 엔진에 심각한 손상을 줄 수 있다.

118 엔진오일의 TBN(Total Base Number) 수치가 의미하는 바는?

① 오일의 산성 물질 중화 능력
② 오일의 산화 안정성
③ 오일의 점도 지수
④ 오일의 응고점

TBN은 엔진오일이 산성 물질(연소 생성물 등)을 중화시킬 수 있는 알칼리성 첨가제의 총량을 나타내는 지표이다. TBN이 높을수록 오일의 산성 중화 능력이 우수하며, 이는 오일의 수명과 관련이 있다.

119 엔진의 피스톤 핀이 피스톤 보스와 커넥팅 로드 사이에 장착될 때, 피스톤 핀의 고정 방식 중 풀 플로팅 타입의 특징으로 옳은 것은?

① 피스톤 핀이 피스톤 보스에만 고정되어 있다.
② 피스톤 핀이 커넥팅 로드에만 고정되어 있다.
③ 피스톤 핀이 피스톤 보스와 커넥팅 로드 양쪽에 모두 자유롭게 회전한다.
④ 피스톤 핀이 피스톤 보스와 커넥팅 로드에 모두 고정되어 있다.

풀 플로팅 타입은 피스톤 핀이 피스톤 보스와 커넥팅 로드 양쪽 모두에서 자유롭게 회전하는 방식이다. 이는 핀의 마모를 줄이고 윤활성을 높이는 장점이 있다. 핀의 이탈을 방지하기 위해 스냅 링 등이 사용된다.

120 엔진의 연소실 내부에 카본 퇴적이 과도하게 발생했을 때 나타나는 현상으로 가장 거리가 먼 것은?

① 노킹 발생 가능성 증가
② 압축비 증가(실질적)
③ 엔진 출력 증가
④ 점화 플러그 오염 가속

연소실 내 카본 퇴적은 연소실 부피를 줄여 압축비를 실질적으로 높이고, 열점을 형성하여 노킹을 유발하며, 점화 플러그나 밸브에 들러붙어 오염 및 기능 저하를 일으킨다. 이는 엔진 효율과 출력을 저하시키는 원인이 된다.

121 엔진의 피스톤이 상사점에서 하사점까지 이동하는 거리를 무엇이라고 하는가?

① 보어　　② 행정
③ 압축비　④ 배기량

피스톤이 상사점에서 하사점까지 움직이는 거리를 '행정(Stroke)'이라고 한다. 보어는 실린더의 내경이다.

115.② 116.② 117.② 118.③ 119.③ 120.③ 121.②

122 엔진오일 교환 주기 결정 시 가장 중요하게 고려해야 할 요소는?

① 주행 거리와 운전 조건
② 엔진의 색상
③ 타이어의 마모 상태
④ 브레이크 패드의 잔량

엔진오일은 주행 거리에 따라 오염되고 성능이 저하되며, 특히 가혹한 운전 조건(잦은 단거리 주행, 고속 주행, 고부하 운전 등)은 오일의 열화를 가속화시키므로 교환 주기를 결정하는 데 가장 중요한 요소이다.

123 2사이클(2행정) 엔진이 1회 폭발행정을 완료하는 데 필요한 크랭크축의 회전수는?

① 0.5회전　② 1회전
③ 2회전　　④ 4회전

2사이클 엔진은 크랭크축 1회전(피스톤 2행정) 동안 흡입, 압축, 폭발, 배기 행정이 모두 완료된다.

124 2사이클 엔진의 작동 행정 순서가 올바르게 나열된 것은?

① 압축 – 폭발 및 배기 – 흡입
② 흡입 – 압축 – 폭발 – 배기
③ 흡입 및 압축 – 폭발 및 배기
④ 폭발 – 배기 – 흡입 – 압축

2사이클 엔진은 피스톤의 상하 운동을 통해 행정이 동시에 또는 연속적으로 이루어진다. 상사점 부근에서 폭발, 하사점 부근에서 배기 및 흡입이 동시에 일어난다.

125 2사이클 엔진의 연료 혼합 방식에 대한 설명으로 옳은 것은?

① 연료와 공기만 혼합하여 연소시킨다.
② 별도의 오일 펌프를 통해 연료와 오일을 함께 공급한다.
③ 별도의 엔진 오일 없이 순수 연료만 사용한다.
④ 냉각수를 연료와 함께 혼합한다.

2사이클 엔진은 크랭크 케이스를 통해 연료 혼합기가 지나가면서 윤활이 이루어지므로, 연료에 오일을 섞거나 별도로 공급해야 한다.

126 엔진 오일 펌프가 오일을 흡입하는 곳은 어디인가?

① 실린더 헤드　② 크랭크축
③ 오일 필터　　④ 오일 팬

오일 팬은 엔진 오일이 모이는 곳으로, 오일 펌프는 이곳에서 오일을 흡입하여 엔진 각 부위로 보냅니다.

127 엔진 오일 펌프가 작동하여 오일을 압송한 후, 오일이 가장 먼저 거쳐야 하는 부품은?

① 오일 쿨러　　② 캠축
③ 메인 베어링　④ 오일 필터

펌프에서 압송된 오일은 오일 필터를 거쳐 불순물이 걸러진 후 엔진 각 부위로 공급된다.

128 오일 압력 경고등이 점등되었을 때, 가장 먼저 의심해야 할 사항 중 하나는?

① 연료 부족
② 타이어 공기압 부족
③ 냉각수 부족
④ 엔진 오일 부족

오일 압력 경고등은 엔진 오일의 압력이 낮을 때 점등되므로, 오일량이나 오일 펌프의 작동에 문제가 있음을 나타낸다.

129 엔진 오일 펌프의 구동 방식이 아닌 것은?

① 크랭크축에 직접 연결되어 구동
② 캠축에 의해 구동
③ 타이밍 체인 또는 기어에 의해 구동
④ 배터리 전력으로만 구동

대부분의 내연기관 이륜자동차 엔진 오일 펌프는 엔진의 회전력(크랭크축, 캠축, 타이밍 기어 등)을 이용하여 기계적으로 구동된다. 전기 모터로만 구동되는 경우는 드물다.

정답　122.①　123.②　124.①　125.②　126.④　127.④　128.④　129.④

흡배기, 과급장치 정비

01 이륜자동차 기계식 연료장치에서 흡기 매니폴드의 주된 역할은?

① 배기가스를 엔진 외부로 배출
② 연료와 혼합된 공기를 각 실린더로 고르게 분배
③ 엔진으로 깨끗한 공기만 공급
④ 연료 펌프의 작동을 제어

> 흡기 매니폴드는 기화기(또는 스로틀 바디)에서 혼합된 공기-연료 혼합기(또는 공기)를 각 실린더로 고르게 분배하여 보내주는 통로 역할을 한다.

02 2사이클 엔진에서 흡입 및 배기 포트(구멍)의 개폐를 조절하는 주된 부품은?

① 밸브   ② 캠축
③ 스로틀 밸브   ④ 피스톤

> 2사이클 엔진은 피스톤이 상하 운동하면서 실린더 벽에 있는 흡입 및 배기 포트를 직접 열고 닫는 방식으로 작동한다.

03 엔진에서 밸브의 주된 역할은?

① 혼합 가스를 실린더로 유입, 연소 가스를 배출한다.
② 엔진 오일량을 조절한다.
③ 피스톤의 온도를 조절한다.
④ 크랭크축의 회전 속도를 조절한다.

> 밸브는 엔진의 흡입 및 배기 통로를 개폐하여 연소 과정에 필요한 적절한 가스 흐름을 제어한다.

04 4행정 엔진에서 밸브의 오버랩 현상을 두는 주된 이유는?

① 엔진의 압축비를 높이기 위해
② 엔진오일 소비를 줄이기 위해
③ 배기가스 배출을 원활 및 흡기 효율을 높이기 위해
④ 밸브 소음을 줄이기 위해

> 밸브 오버랩은 흡기 밸브가 열리기 시작하고 배기 밸브가 완전히 닫히기 전에 잠시 두 밸브가 동시에 열려있는 구간을 말한다. 이는 배기가스의 잔류 가스를 효과적으로 배출하고 새로운 혼합기의 유입을 촉진하여 체적 효율을 높이는 데 기여한다.

05 엔진의 크랭크실 환기 시스템의 주된 목적은?

① 크랭크실 내부의 압력을 조절하고 블로바이 가스를 재연소시키기 위해
② 엔진오일의 온도를 낮추기 위해
③ 엔진오일의 수명을 연장하기 위해
④ 엔진 소음을 줄이기 위해

> PCV(Positive Crankcase Ventilation) 시스템은 연소실에서 크랭크실로 새어나오는 블로바이 가스를 엔진 흡기 매니폴드로 다시 유입시켜 재연소시킴으로써 크랭크실 내부의 불필요한 압력 상승을 방지하고 대기 오염을 줄이는 역할을 한다.

 정답 01.② 02.④ 03.① 04.③ 05.①

06 이륜자동차 2행정 엔진에서 흡기 포트와 배기 포트를 개폐하는 주된 역할을 하는 부품은?
① 밸브와 캠축 ② 피스톤
③ 로커 암 ④ 크랭크축

> 2행정 엔진은 밸브가 없고, 피스톤이 상하 운동하면서 실린더 벽에 있는 흡기 및 배기 포트(구멍)를 직접 열고 닫는 방식으로 작동한다.

07 엔진의 밸브 시트가 마모되었을 때 발생할 수 있는 주요 문제는?
① 밸브 간극 증가
② 밸브 스프링 장력 약화
③ 연소실 기밀 불량 및 압축 압력 저하
④ 캠축의 조기 마모

> 시트가 마모되면 밸브가 완전히 닫히지 않아 연소실의 기밀이 유지되지 않고 압축 압력이 새어 엔진 성능 저하를 초래한다.

08 엔진의 밸브 간극을 측정할 때 주로 사용하는 공구는?
① 버니어 캘리퍼스
② 마이크로미터
③ 다이얼 게이지
④ 필러 게이지(Feeler Gauge)

> 필러 게이지는 얇은 금속판으로 이루어져 있어 좁은 틈새의 간극을 정밀하게 측정하는 데 사용된다. 밸브와 로커 암 또는 캠 사이의 간극을 측정할 때 주로 사용한다.

09 밸브 간극이 너무 작을 때 발생할 수 있는 가장 직접적인 문제는?
① 밸브 소음 증가
② 엔진오일 소모 증가
③ 밸브가 완전히 닫히지 않아 압축 누설 발생
④ 점화 플러그 오염 가속

> 밸브 간극이 너무 작으면 엔진이 뜨거워져 밸브가 열팽창했을 때 밸브가 완전히 닫히지 못하게 되어 압축 압력이 새는 현상이 발생한다.

10 실린더 헤드의 밸브 간극이 너무 넓을 때 발생할 수 있는 문제점은?
① 밸브가 항상 열려 있게 된다.
② 엔진 오일 소모량이 증가한다.
③ 밸브가 고착된다.
④ 밸브의 개방 시간이 짧아진다.

> 밸브 간극이 너무 넓으면 밸브가 충분히 열리지 않아 가스 교환 효율이 떨어지고, 밸브와 캠 사이의 유격으로 인해 소음이 발생한다.

11 실린더 헤드의 밸브 간극이 너무 좁을 때 발생할 수 있는 문제점은?
① 연소실의 압축 누설이 생긴다.
② 밸브 개폐 시 소음이 발생한다.
③ 엔진 출력이 증가한다.
④ 엔진 오일량이 증가한다.

> 밸브 간극이 너무 좁으면 밸브가 제대로 닫히지 않아 압축이 새고, 연소열이 밸브에 축적되어 손상을 입을 수 있다.

12 엔진의 밸브 스프링 장력이 약해졌을 때 발생할 수 있는 현상은?
① 밸브 소음 감소
② 밸브가 완전히 닫히지 않아 압축 누설 발생
③ 밸브 오버랩 시간 증가
④ 밸브 시트 마모 감소

> 밸브 스프링의 장력이 약해지면 밸브가 캠의 움직임을 따라가지 못하거나(밸브 플로팅), 완전히 닫히지 못하게 되어 연소실의 기밀이 불량해지고 압축 누설이 발생할 수 있다.

13 엔진에서 밸브 스프링의 주된 역할은?
① 밸브의 온도를 조절한다.
② 밸브의 무게를 줄인다.
③ 밸브와 시트 사이의 기밀을 유지한다.
④ 밸브의 색상을 좋게 한다.

> 밸브 스프링은 밸브가 캠축의 리프트에서 벗어났을 때 밸브를 제자리로 복귀시켜 연소실의 기밀을 유지하고, 밸브 플로팅 현상을 방지한다.

정답 06.② 07.③ 08.④ 09.③ 10.④ 11.① 12.② 13.③

14 엔진의 밸브 간극 조정의 주된 목적은?

① 엔진의 소음을 증가시키기 위해
② 피스톤의 무게를 줄이기 위해
③ 엔진 오일의 소비를 늘리기 위해
④ 열팽창으로 인한 밸브 고착을 방지하기 위해

> 밸브 간극은 밸브가 정확한 타이밍에 열고 닫히도록 하며, 엔진 작동 중 발생하는 열팽창에도 밸브가 실린더 헤드에 고착되지 않도록 여유를 준다.

15 4행정 엔진에서 흡기 밸브가 열리는 시점과 배기 밸브가 닫히는 시점을 조절하여 엔진의 성능을 최적화하는 기술은?

① 가변 흡기 시스템(VIS)
② 가변 밸브 타이밍(VVT)
③ 가변 배기 시스템(VES)
④ 전자 제어 연료 분사(EFI)

> 가변 밸브 타이밍(Variable Valve Timing, VVT)은 엔진 회전수와 부하에 따라 흡기 및/또는 배기 밸브의 열림/닫힘 시기(밸브 오버랩)와 리프트량을 가변적으로 제어하여 엔진의 체적 효율과 출력을 최적화하는 기술이다.

16 실린더 헤드에서 밸브 가이드의 주된 역할은?

① 밸브가 상하 운동을 하도록 안내한다.
② 밸브 스프링을 지지한다.
③ 밸브의 온도를 조절한다.
④ 밸브의 간극을 조절한다.

> 밸브 가이드는 밸브가 정확한 위치에서 부드럽게 움직이도록 하여 밸브의 수명과 엔진의 기밀 유지에 기여한다.

 정답 14.④ 15.② 16.①

03 연료장치 정비

01 가솔린의 화합물로 맞는 것은?
① 수소와 산소   ② 수소와 질소
③ 탄소와 산소   ④ 탄소와 수소

가솔린은 수소(H)와 탄소(C)의 화합물이다.

02 이소옥탄 60%, 정헵탄 40%의 표준연료를 사용했을 때 옥탄가는 얼마인가?
① 40%   ② 50%
③ 70%   ④ 60%

옥탄가 = (이소옥탄/이소옥탄+정헵탄) × 100,
= (60/60+40)×100 = 60%

03 가솔린 연료의 내폭성을 표시하는 값은?
① 세탄가   ② 점성
③ 옥탄가   ④ 유성

가솔린의 내폭성은 옥탄가로 나타내며, 디젤의 내폭성은 세탄가로 나타낸다.

04 이륜자동차 기계식 연료장치에서 연료와 공기를 적절히 혼합하여 엔진으로 공급하는 핵심 부품은?
① 연료 펌프
② 연료 필터
③ 기화기(카뷰레터)
④ 연료 탱크

기화기(카뷰레터)는 연료와 공기를 적절한 비율로 혼합하여 엔진이 연소할 수 있는 혼합기를 만들어 공급하는 기계식 연료장치의 핵심 부품이다.

05 기화기에서 연료의 유면을 일정하게 유지시켜 주는 부품은?
① 메인 제트(Main Jet)
② 플로트(Float)
③ 파일럿 제트(Pilot Jet)
④ 스로틀 밸브(Throttle Valve)

플로트(Float)는 기화기의 플로트 챔버(연료실) 안에서 연료의 수위에 따라 오르내리며, 니들 밸브를 개폐하여 연료의 유면을 항상 일정하게 유지시켜 준다.

06 이륜자동차 기계식 연료장치의 정비 시, 연료 라인에서 연료가 새는 것을 확인했을 때 가장 먼저 해야 할 조치는?
① 연료 탱크를 가득 채운다.
② 엔진 오일을 교환한다.
③ 누유 부위를 즉시 수리하거나 부품을 교체한다.
④ 타이어 공기압을 조절한다.

연료 누유는 화재의 위험이 매우 크므로, 확인 즉시 누유 부위를 찾아 수리하거나 해당 부품(호스, 연결 부위 등)을 교체해야 한다. 다른 보기들은 직접적인 안전 문제 해결과 거리가 있다.

정답 01.④ 02.④ 03.③ 04.③ 05.② 06.③

07 기화기에서 엔진의 저속 및 아이들링 시 연료 공급을 담당하는 제트는?

① 메인 제트(Main Jet)
② 니들 밸브(Needle Valve)
③ 에어 제트(Air Jet)
④ 파일럿 제트(Pilot Jet)

> 파일럿 제트(Pilot Jet)는 엔진의 낮은 회전수, 즉 아이들링(공회전) 상태에서 필요한 연료-공기 혼합기를 공급하는 역할을 한다. 메인 제트는 중속 이상 고속에서 연료를 공급한다.

08 이륜자동차 연료 라인에 설치되어 연료 내 이물질을 걸러주는 부품은?

① 연료 펌프 ② 연료 필터
③ 기화기   ④ 인젝터

> 연료 필터는 연료 탱크에서 엔진으로 연료가 이동하는 동안 연료 내에 포함된 먼지, 녹, 기타 불순물 등을 걸러주어 연료장치의 손상을 방지하고 깨끗한 연료를 공급하는 역할을 한다.

09 기화기가 막혔을 때 발생할 수 있는 증상으로 가장 적절한 것은?

① 엔진 시동이 매우 잘 걸린다.
② 연비가 급격히 좋아진다.
③ 엔진 출력 저하 및 시동 꺼짐
④ 브레이크 작동 불량

> 기화기가 이물질 등으로 막히면 연료 공급이 원활하지 않아 엔진으로 적절한 혼합기가 들어가지 못한다. 이로 인해 엔진 출력이 현저히 떨어지거나, 심하면 시동이 꺼지는 현상이 발생한다.

10 추운 날씨에 시동성을 높이기 위해 기화기에서 연료를 농후하게 만들어주는 장치는?

① 가속 펌프(Accelerator Pump)
② 연료 압력 레귤레이터(Fuel Pressure Regulator)
③ 연료 레벨 게이지(Fuel Level Gauge)
④ 초크(Choke)

> 초크(Choke)는 기화기의 공기 흡입량을 일시적으로 줄여 연료와 공기의 혼합비를 평소보다 연료가 많은(농후한) 상태로 만들어 준다. 이는 특히 추운 날씨에 엔진 시동성을 높이는 데 도움을 준다.

11 기계식 연료 펌프가 고장 났을 때, 연료 공급 문제로 인해 나타날 수 있는 증상은?

① 엔진 시동 불능 또는 시동 꺼짐
② 배기가스 색깔 변화
③ 클러치 미끄러짐
④ 계기판 조명 불량

> 기계식 연료 펌프는 연료 탱크의 연료를 기화기로 강제로 보내주는 역할을 한다. 펌프가 고장 나면 기화기로 연료가 제대로 공급되지 않아 엔진이 시동이 걸리지 않거나, 주행 중 연료 부족으로 인해 시동이 꺼질 수 있다.

12 기화기의 플로트 높이가 너무 낮게 설정되었을 때 발생할 수 있는 현상은?

① 연료가 너무 많이 공급되어 엔진이 농후해진다.
② 엔진 고회전 시 연료 부족으로 출력이 저하된다.
③ 연료가 넘쳐 흘러 오버플로우가 발생한다.
④ 엔진 시동이 평소보다 어렵지 않다.

> 플로트 높이가 너무 낮으면 플로트 챔버(연료실) 내 연료의 양이 적어진다. 특히 엔진이 많은 연료를 필요로 하는 고회전 시에 연료가 충분히 공급되지 못해 엔진 출력이 저하되는 '희박' 현상이 발생할 수 있다.

13 이륜자동차 기계식 연료 펌프에서 연료 필터가 막혔을 때 발생하는 주된 문제는?

① 스파크 플러그 점화 불량
② 엔진으로의 연료 공급량 감소
③ 배기가스 온도 상승
④ 클러치 미끄러짐

> 연료 필터는 연료의 이물질을 걸러주지만, 필터가 막히면 연료의 흐름이 방해받아 엔진으로의 연료 공급량이 감소하게 된다. 이는 엔진 시동 불량, 출력 저하, 시동 꺼짐 등의 원인이 된다.

정답 07.④ 08.② 09.③ 10.④ 11.① 12.② 13.②

14 이륜자동차 연료 탱크의 연료 캡에 공기 구멍이 막혔을 때, 주행 중 발생할 수 있는 현상은?

① 연료가 과도하게 소모된다.
② 엔진으로 연료 공급이 원활하지 않아 시동이 꺼지거나 출력이 저하된다.
③ 연료 탱크 내부에 압력이 높아진다.
④ 연료 탱크 내부로 물이 들어간다.

> 연료 캡의 공기 구멍은 연료가 소모될 때 탱크 내부로 공기가 유입되어 진공 상태가 되는 것을 방지하는 역할을 한다. 구멍이 막히면 탱크 내부에 진공이 형성되어 연료가 엔진으로 원활하게 흐르지 못하고, 결국 시동이 꺼지거나 출력이 저하될 수 있다.

15 기화기의 에어클리너가 심하게 오염되어 막혔을 때, 혼합기의 상태는 어떻게 변하는가?

① 농후해진다.
② 희박해진다.
③ 변화가 없다.
④ 연료 공급이 완전히 멈춘다.

> 에어 클리너가 막히면 엔진으로 유입되는 공기량이 줄어든다. 공기는 줄어들고 연료는 원래대로 공급되므로, 연료-공기 혼합기는 연료의 비율이 높아지는 '농후' 상태가 된다.

16 기화기의 메인 제트가 막혔을 때 가장 직접적인 영향을 받는 엔진의 작동 구간은?

① 아이들링(공회전) ② 저속 주행
③ 시동 직후   ④ 중속 및 고속 주행

> 기화기의 메인 제트는 엔진의 중속부터 고속 구간까지의 연료 공급을 담당하는 핵심 부품이다. 이 제트가 막히면 중속 및 고속 주행 시 엔진이 제대로 작동하지 않는다.

17 기화기의 가속 펌프가 고장 났을 때, 주로 어떤 상황에서 문제가 나타나는가?

① 스로틀을 급하게 열 때 울컥거리거나 출력이 부족할 때
② 아이들링(공회전)이 불안정할 때
③ 엔진 시동이 잘 걸리지 않을 때
④ 고속 장시간 주행 시

> 가속 펌프는 스로틀을 급하게 열었을 때 순간적으로 부족해지는 연료를 보충해주는 역할을 한다. 이 펌프가 고장 나면 스로틀을 급하게 조작할 때 엔진이 연료 부족으로 '울컥'거리거나 가속이 원활하지 않을 수 있다.

18 이륜자동차 연료 콕에 'PRI' 또는 'PRIME' 위치가 있는 경우, 이 위치의 주된 용도는?

① 진공압 없이 연료를 강제로 기화기로 공급하는 용도
② 연료 탱크의 잔량을 확인하는 용도
③ 엔진이 뜨거울 때 연료 공급을 차단하는 용도
④ 연료 필터를 청소하는 용도

> 'PRI' 또는 'PRIME' 위치는 진공식 연료 콕(밸브)에서 엔진의 진공 압력 없이도 연료를 기화기로 강제로 흘려보내주는 기능이다. 이는 주로 장시간 주차 후 시동이 어렵거나, 기화기 오버홀 후 연료를 빠르게 채울 때 사용된다.

19 이륜자동차 연료 호스가 노후되어 균열이 생겼을 때 발생할 수 있는 가장 위험한 문제는?

① 연료 누유로 인한 화재 위험
② 엔진 소음 증가
③ 타이어 공기압 감소
④ 브레이크 작동 불량

> 연료 호스에 균열이 생겨 연료가 누유되면 인화성 액체가 외부로 노출되어 엔진의 고열이나 스파크 등으로 인해 화재가 발생할 수 있는 매우 위험한 상황이다.

20 기화기 청소 시 가장 주의해야 할 점은?

① 강한 산성 세척액 사용
② 제트나 통로를 뾰족한 금속 도구로 쑤시기
③ 부품을 분실하지 않도록 정리하고, 손상되지 않도록 조심하기
④ 물로 깨끗하게 헹구기

> 기화기는 매우 정밀한 부품이 많으므로, 청소 시 작은 부품들이 분실되거나 손상되지 않도록 각별히 주의해야 한다. 뾰족한 도구로 제트를 쑤시는 행위는 제트의 구경을 변형시켜 혼합기 조절 불량을 일으킬 수 있다.

14.② 15.① 16.④ 17.① 18.① 19.① 20.③

냉각장치 정비

01 다음은 수랭식 라디에이터의 구비조건이다. 관계 없는 것은?

① 단위 면적 당 방열량이 클 것
② 냉각수의 유통이 용이할 것
③ 공기의 흐름저항이 클 것
④ 가볍고 적으며 강도가 클 것

공기의 흐름 저항이 크면 냉각이 잘 이루어지지 않고 저항이 작으면 냉각성능이 좋아진다.

02 부동액의 농도는 무엇으로 측정하는가?

① 마이크로미터
② 온도계
③ 비중계
④ 압력 게이지

부동액의 농도는 비중계로 측정한다.

03 이륜자동차 수냉식 엔진 냉각 방식의 가장 주된 장점은?

① 엔진의 온도 조절 능력이 뛰어나다.
② 구조가 단순하여 생산 비용이 저렴하다.
③ 별도의 냉각 팬이 필요 없어 공간 활용이 용이하다.
④ 냉각 시스템 유지보수가 필요 없다.

수냉식은 냉각수가 엔진 전체를 순환하며 열을 흡수하므로, 정밀한 온도 제어가 가능하여 고성능 엔진에 주로 사용된다.

04 엔진 냉각 계통에서 냉각수의 주된 역할은?

① 엔진의 소음을 줄이기 위해
② 적정 온도를 유지하기 위해
③ 엔진 오일을 윤활하기 위해
④ 엔진 내부를 세척하기 위해

냉각수는 엔진이 적정 온도를 유지하며 최고의 성능을 발휘하도록 돕는 중요한 역할을 한다. 냉각수 부족이나 순환 불량은 엔진 과열로 이어져 심각한 손상을 유발한다.

05 엔진 정비 시, 엔진 과열의 가장 흔한 원인 중 하나는?

① 엔진 오일량이 너무 많을 때
② 타이어 공기압이 너무 높을 때
③ 냉각수 부족 또는 냉각 팬 고장일 때
④ 연료 탱크에 연료가 가득 찼을 때

엔진 과열은 냉각 시스템의 문제로 인해 엔진에서 발생하는 열이 제대로 방출되지 못할 때 발생한다.

06 수냉식 엔진에서 라디에이터의 주된 역할은?

① 뜨거워진 냉각수를 식혀 엔진으로 다시 공급한다.
② 냉각수를 저장한다.
③ 냉각수를 순환시키는 펌프 역할을 한다.
④ 냉각수의 불순물을 여과한다.

라디에이터는 냉각 시스템의 핵심 부품으로, 냉각수가 흡수한 열을 대기 중으로 방출하여 엔진 과열을 막는다.

 01.③ 02.③ 03.① 04.② 05.③ 06.①

07 수냉식 엔진에서 서모스탯의 주된 역할은?
① 냉각수의 양을 조절한다.
② 냉각수 압력을 높인다.
③ 냉각수를 여과한다.
④ 냉각수의 라디에이터 유입량을 조절한다.

> 서모스탯은 엔진이 최적의 온도에서 작동하도록 냉각수 흐름을 제어하는 밸브 역할을 한다.

08 수냉식 엔진의 냉각수 관리 시, 가장 중요하게 확인해야 할 사항은?
① 냉각수의 적정 레벨 유지 및 부동액 혼합 비율
② 냉각수의 색상
③ 냉각수의 냄새
④ 냉각수의 무게

> 냉각수 레벨과 부동액 비율은 엔진의 냉각 효율과 동파 방지에 직접적인 영향을 미친다.

09 수냉식 엔진에서 냉각 팬이 작동하는 주된 이유는?
① 엔진 소음을 줄이기 위해
② 엔진 오일을 냉각시키기 위해
③ 냉각수 온도를 증가시키기 위해
④ 공기를 통과시켜 냉각 효율을 높이기 위해

> 냉각 팬은 특히 정체 구간이나 저속 주행 시 엔진이 과열되는 것을 방지하는 보조 냉각 장치이다.

10 이륜자동차 공냉식 엔진 냉각 방식의 가장 주된 장점은?
① 엔진의 온도 조절 능력이 매우 뛰어나다.
② 엔진 소음이 매우 작다.
③ 높은 출력의 엔진에 적합하다.
④ 구조가 단순하고 가벼워 생산 비용이 저렴하다.

> 공냉식은 냉각을 위한 별도의 시스템(라디에이터, 워터 펌프 등)이 없어 구조가 간단하고 가볍다는 것이 큰 장점이다.

11 공냉식 엔진에서 냉각 핀의 주된 역할은?
① 주행풍과의 접촉 면적을 증가시켜 열 방출 효율을 높인다.
② 엔진의 소음을 줄인다.
③ 엔진 오일을 저장한다.
④ 연료를 공급한다.

> 냉각 핀은 공기와의 접촉 면적을 극대화하여 열을 효율적으로 대기 중으로 방출하는 공냉식 엔진의 핵심 부품이다.

12 엔진의 실린더 블록에서 워터 재킷의 주된 기능은?
① 엔진오일 저장 공간
② 크랭크축 지지 공간
③ 피스톤의 왕복 운동 공간
④ 냉각수 순환 통로

> 워터 재킷은 실린더 블록과 실린더 헤드 내부에 형성된 공간으로, 냉각수가 순환하면서 엔진의 연소열을 흡수하여 외부로 배출하는 통로 역할을 한다.

13 공냉식 엔진에서 과열이 발생할 가능성이 가장 높은 주행 조건은?
① 고속도로에서 장시간 고속 주행 시
② 장시간 정체 또는 저속 주행 시
③ 한겨울 저온에서 주행 시
④ 평탄한 도로에서 정속 주행 시

> 공냉식은 주행풍에 의존하여 냉각하므로, 공기 흐름이 충분하지 않은 정체나 저속 주행 시 과열될 위험이 높다.

14 공냉식 엔진 정비 시, 가장 중요하게 관리해야 할 부분 중 하나는?
① 냉각수 교환 주기
② 냉각 팬 모터 작동 여부
③ 주기적으로 청소하여 공기 흐름 방해 여부
④ 서모스탯 밸브 작동 여부

> 냉각 핀에 이물질이 쌓이면 열 방출 효율이 급격히 떨어져 과열의 원인이 된다.

07.④ 08.① 09.④ 10.④ 11.① 12.④ 13.② 14.③

15 수냉식과 공냉식 엔진 모두에서 공통적으로 엔진 과열의 징후로 볼 수 있는 것은?

① 타이어 공기압이 낮아진다.
② 엔진 출력이 저하한다.
③ 배기음이 작아진다.
④ 브레이크 제동력이 강해진다.

> 엔진 과열은 성능 저하와 함께 특유의 냄새를 유발하며, 최신 이륜자동차의 경우 계기판을 통해 경고를 알린다.

16 실린더 헤드 정비 후 냉각수 라인의 에어를 완전히 빼내야 하는 주된 이유는?

① 냉각수의 색상을 좋게 하기 위해
② 냉각수의 냄새를 좋게 하기 위해
③ 냉각수의 무게를 줄이기 위해
④ 냉각수 순환을 방해하여 엔진 과열의 원인을 제거하기 위해

> 냉각 시스템 내의 공기는 냉각 효율을 떨어뜨려 엔진 과열을 유발하고, 심할 경우 엔진에 손상을 줄 수 있으므로 반드시 제거해야 한다.

17 실린더 블록 내의 냉각수 통로의 주된 역할은?

① 냉각수가 순환하는 통로를 제공한다.
② 엔진 오일을 저장한다.
③ 연료를 공급한다.
④ 배기가스를 배출한다.

> 냉각수 통로는 엔진의 과열을 방지하고 적정 온도를 유지하는 데 핵심적인 역할을 한다.

18 엔진의 냉각수 순환 시스템에서 라디에이터 캡의 주된 역할은?

① 냉각수량을 표시한다.
② 냉각 시스템 내부의 압력을 조절하여 냉각 효율을 높인다.
③ 냉각수 온도를 측정한다.
④ 냉각수 내의 불순물을 여과한다.

> 라디에이터 캡은 냉각 시스템 내부의 압력을 일정하게 유지하여 냉각수의 끓는점을 높이고, 이로 인해 냉각 효율을 향상시키는 역할을 한다. 압력이 너무 높아지면 밸브를 열어 압력을 방출하기도 한다.

19 엔진 정비 시, 냉각수 누수가 확인될 때 발생할 수 있는 가장 심각한 문제는?

① 이륜자동차의 타이어 공기압이 줄어든다.
② 이륜자동차의 경적 소리가 작아진다.
③ 이륜자동차의 브레이크 성능이 저하된다.
④ 엔진 과열 등 치명적인 엔진 손상 유발한다.

> 냉각수는 엔진의 열을 식히는 데 필수적이므로, 냉각수 누수는 엔진 과열로 직결되어 심각한 손상을 유발할 수 있다.

20 이륜자동차 수랭식 엔진에서 라디에이터의 가장 주된 역할은?

① 엔진 오일을 냉각시킨다.
② 연료를 냉각시킨다.
③ 냉각수를 외부 공기와 접촉시켜 온도를 낮춘다.
④ 배기가스를 정화한다.

> 라디에이터는 냉각수가 엔진에서 흡수한 열을 대기 중으로 방출하는 핵심적인 열교환기이다.

21 라디에이터가 열을 효과적으로 발산하기 위해 내부를 구성하는 주요 요소는?

① 얇은 냉각 튜브와 수많은 방열 핀
② 두꺼운 단일 파이프
③ 고밀도 스펀지
④ 회전하는 팬 블레이드만

> 얇은 튜브는 냉각수가 흐르는 통로를 제공하고, 튜브에 부착된 얇은 방열 핀은 공기와의 접촉 면적을 극대화하여 열 방출 효율을 높인다.

15.② 16.④ 17.① 18.② 19.④ 20.③ 21.①

22 라디에이터를 통과한 냉각수가 엔진으로 다시 돌아가기 전에 거치는 과정은?

① 온도가 급격히 상승한다.
② 열을 발산하여 온도가 낮아진다.
③ 압력이 증가한다.
④ 화학적으로 변화한다.

> 라디에이터의 목적 자체가 냉각수의 열을 식히는 것이므로, 통과 후에는 온도가 낮아져 엔진으로 재순환된다.

23 라디에이터에 냉각 팬이 장착되는 주된 목적은?

① 엔진 소음을 줄이기 위해
② 라디에이터의 미관을 개선하기 위해
③ 강제로 공기를 흡입하여 냉각 효율을 높이기 위해
④ 냉각수 온도를 항상 높게 유지하기 위해

> 냉각 팬은 주행풍이 없는 상황에서 라디에이터를 통과하는 공기 흐름을 인위적으로 만들어 냉각을 돕는다.

24 라디에이터 캡에 장착된 압력 밸브의 역할은?

① 냉각수의 색상을 조절한다.
② 냉각수의 끓는점을 높인다.
③ 냉각수의 흐름 방향을 전환한다.
④ 라디에이터의 누수를 자동으로 막는다.

> 가압 상태에서는 냉각수의 끓는점이 상승하여 고온에서도 액체 상태를 유지하며 더 효율적인 냉각이 가능해진다.

25 라디에이터 또는 냉각 시스템에 문제가 발생하여 엔진이 과열될 때 나타날 수 있는 가장 심각한 결과는?

① 연료 소모량 감소
② 엔진 부품 손상 및 엔진 수명 단축
③ 배터리 충전 속도 증가
④ 브레이크 제동력 증가

> 엔진 과열은 금속 부품의 변형이나 손상을 일으켜 엔진에 치명적인 고장을 유발할 수 있다.

26 라디에이터의 냉각 효율을 떨어뜨리는 주요 원인이 아닌 것은?

① 냉각 팬이 계속 작동하는 경우
② 냉각수 부족 또는 오염
③ 라디에이터 핀의 손상 또는 막힘
④ 서모스탯 고장으로 냉각수 순환 불량

> 냉각 팬이 계속 작동하는 것은 냉각 효율을 높이려는 시도로 볼 수 있으며, 오히려 효율이 떨어질 때는 팬이 더 자주 작동한다. (단, 팬 고장으로 아예 작동하지 않는 경우는 효율을 떨어뜨림)

27 냉각수가 라디에이터로 흐르는 것을 조절하여 엔진 온도를 최적 범위로 유지시키는 밸브는?

① 체크 밸브
② 바이패스 밸브
③ 서모스탯
④ 압력 릴리프 밸브

> 서모스탯은 엔진의 냉간 시에는 냉각수 흐름을 막아 빠른 예열을 돕고, 적정 온도에 도달하면 열려 라디에이터로 냉각수를 순환시킨다.

28 라디에이터의 방열 핀이 구부러지거나 오염되었을 때 가장 직접적으로 나타나는 문제점은?

① 냉각수 누수
② 라디에이터 팬 고장
③ 냉각수 압력 증가
④ 냉각 효율 저하

> 방열 핀은 공기와 접촉하여 열을 발산하므로, 손상되거나 막히면 공기 순환이 원활하지 않아 냉각 성능이 떨어진다.

정답 22.② 23.③ 24.② 25.② 26.① 27.③ 28.④

05 엔진 전자제어장치 정비

01 가솔린엔진에서 인체에 유해한 가스로 연료가 불완전 연소할 때 많이 발생하는 무색, 무취의 가스는?

① NOx ② H_2
③ CO   ④ CO_2

> 불완전 연소가 발생할 때 많이 발생하는 유해배출가스는 HC, CO가 많이 배출된다.

02 다음 중 NOx가 가장 많이 배출되는 경우는?

① 농후한 혼합비
② 고온 연소시
③ 감속시
④ 저온 연소시

> NOx의 발생은 연소 온도와 압력이 함께 최고가 되는 이론 공연비 부근에서 가장 많이 발생한다. 이것을 줄이는 데는 엔진의 압축비를 작게 하거나 EGR에 의하여 연소 온도를 낮추는 등의 대책을 강구한다.

03 전자제어 차량에서 배출되는 유해가스를 제어하는 구성 부품이 아닌 것은?

① 터보차저
② EGR 밸브
③ 캐니스터
④ 삼원촉매

> 터보차저는 흡입공기 과급장치이며 삼원촉매, EGR 밸브, 캐니스터 등은 유해배출가스 제어장치이다.

04 운전자가 스로틀 그립을 얼마나 열었는지 감지하여 ECU에 전송하는 센서는?

① 산소 센서
② 냉각수 온도 센서
③ 크랭크 포지션 센서
④ 스로틀 위치 센서

> 스로틀 위치 센서(TPS)는 운전자의 가속 의도를 파악하는 데 사용된다.

05 배기가스 중의 산소 농도를 측정하여 공연비 상태(희박/농후)를 ECU에 알려주는 센서는?

① 흡기압 센서   ② 연료 레벨 센서
③ 노크 센서   ④ 산소 센서

> 산소 센서(O_2 Sensor)는 연소 효율을 최적화하고 배기가스를 줄이는 데 기여한다.

06 크랭크축의 회전 속도와 위치를 감지하여 ECU에 엔진의 정확한 회전 상태 정보를 제공하는 센서는?

① 크랭크 포지션 센서
② 스로틀 위치 센서
③ 흡기온 센서
④ 속도 센서

> 크랭크 포지션 센서(CPS)는 점화 및 연료 분사 타이밍 결정의 핵심 정보를 제공한다.

 01.③ 02.② 03.① 04.④ 05.④ 06.①

07 엔진으로 유입되는 공기의 압력 또는 온도를 측정하여 ECU가 흡입되는 공기량을 계산하도록 돕는 센서는?

① 냉각수 온도 센서
② 산소 센서
③ 연료 압력 센서
④ 흡기압 센서 또는 흡기온 센서

> 흡기압 센서(MAP Sensor)나 흡기온 센서(IAT Sensor)는 엔진으로 들어오는 공기량을 파악하여 적절한 연료 분사량을 결정한다.

08 엔진 냉각수의 온도를 감지하여 ECU에 엔진의 현재 온도 상태를 알려주는 센서는?

① 엔진 오일 온도 센서
② 외부 기온 센서
③ 배기가스 온도 센서
④ 냉각수 온도 센서

> 냉각수 온도 센서(ECT Sensor)는 엔진 온도에 따른 연료 분사량 및 공회전 속도 보정에 사용된다.

09 실린더 내에서 발생하는 비정상적인 연소(노킹)로 인한 진동을 감지하여 ECU에 전송하는 센서는?

① 노크 센서　　② 엔진 진동 센서
③ 압력 센서　　④ 소음 센서

> 노크 센서는 엔진 손상을 유발할 수 있는 노킹 현상을 감지하여 점화 시기 조절을 통해 엔진을 보호한다.

10 이륜자동차의 주행 속도를 감지하여 ECU 및 계기판에 속도 정보를 제공하는 센서는?

① 엔진 회전수 센서
② 기어 포지션 센서
③ 속도 센서
④ 가속도 센서

> 속도 센서(VSS)는 이륜자동차의 실제 주행 속도를 측정하여 다양한 제어에 활용된다.

11 연료 탱크 내의 연료 잔량을 감지하여 계기판에 표시하고 ECU에 정보를 제공하는 센서는?

① 연료 압력 센서　② 연료 온도 센서
③ 연료 유량 센서　④ 연료 레벨 센서

> 연료 레벨 센서는 운전자에게 연료 잔량을 알려주는 역할을 한다.

12 전자제어 가솔린 엔진에서 T. P. S 점검방법 중 틀린 것은?

① 전압 측정
② 전류 측정
③ 저항 측정
④ 스캐너를 이용한 측정

> 스로틀 포지션 센서는 스로틀 밸브 축과 함께 회전하는 가변 저항으로서 운전자의 조작에 의해 가속 페달이 작동함에 따라 저항값이 변화하며, 스로틀 밸브의 열림량을 아날로그 전압으로 변환하여 컴퓨터에 입력시키는 역할을 한다. 따라서 점검 방법으로는 출력 전압을 측정하거나, 단품의 저항 측정 및 스캐너를 이용하여 출력 전압, 작동 파형을 점검한다.

13 이륜자동차 전자제어 엔진에서 스로틀 위치 센서의 주된 역할은?

① 엔진 내부 온도를 측정한다.
② 이륜자동차의 속도를 측정한다.
③ 배터리 전압을 측정한다.
④ 스로틀 밸브의 열림 정도를 감지하여 ECU에 전송한다.

> TPS는 운전자의 가속 의도를 파악하여 연료 분사량 및 점화 시기를 조절하는 데 중요한 정보를 제공한다.

14 질코니아식 산소센서에서 발생되는 기전력 변화의 범위는?

① 0.01~0.1V　② 2.0~3.0V
③ 1.0~2.0V　④ 0.1~1.0V

> 지르코니아 산소센서는 0.1~1.0V까지 반복적으로 움직이며 산소 센서를 통해 연료 분사량을 제어한다.

07.④　08.④　09.①　10.③　11.④　12.②　13.④　14.④

15 이륜자동차 전자제어 엔진에서 산소 센서의 주된 역할은?

① 엔진 오일 온도를 측정한다.
② 외부 기압을 측정한다.
③ 배기가스 내의 산소 농도를 측정하여 연료의 희박/농후 상태를 ECU에 전송한다.
④ 타이어 공기압을 측정한다.

O_2 센서는 연료 분사량을 피드백 제어하여 배기가스 배출량을 최적화하고 연비를 향상시키는 데 기여한다.

16 이륜자동차 전자제어 엔진에서 크랭크 포지션 센서 / 캠 포지션 센서의 주된 역할은?

① 냉각수 온도를 측정한다.
② 연료 압력을 측정한다.
③ 크랭크축, 캠축의 회전 속도와 위치를 감지한다.
④ 배기가스 온도를 측정한다.

이 센서들은 점화 시기와 연료 분사 타이밍을 결정하는 데 필수적인 엔진의 '심장 박동' 정보를 ECU에 전달한다.

17 맵 센서는 무엇을 측정하는 센서인가?

① 매니폴드 내의 공기변동을 측정
② 매니폴드 절대압력을 측정
③ 매니폴드 내의 온도 감지
④ 매니폴드 내의 대기압력을 흡입

맵(MAP) 센서는 흡기 다기관의 절대 압력을 피에조 저항(압전 소자)에 의해 측정하여 ECU로 입력시키는 센서이다.

18 이륜자동차 전자제어 엔진에서 흡기압 센서와 흡기온 센서의 주된 역할은?

① 엔진 진동을 감지한다.
② 공기 압력 또는 흡기 공기의 온도를 측정한다.
③ 브레이크 액 압력을 측정한다.
④ 엔진 오일 압력을 측정한다.

흡입 공기량은 엔진에 공급될 연료량을 결정하는 데 핵심적인 정보다.

19 이륜자동차 전자제어 엔진에서 냉각수 온도 센서의 주된 역할은?

① 외부 기온을 측정한다.
② 이륜자동차의 경사도를 측정한다.
③ 배터리 충전 상태를 측정한다.
④ 엔진 냉각수의 온도를 측정한다.

엔진 온도는 엔진의 전반적인 작동 상태와 효율에 큰 영향을 미치므로, 이를 정확히 파악하여 연료 분사량 등을 조절한다.

20 이륜자동차 전자제어 엔진에서 연료 인젝터의 주된 역할은?

① 엔진 오일을 엔진 내부로 분사한다.
② 배기가스를 정화한다.
③ 냉각수를 순환시킨다.
④ 연료를 미세한 안개 형태로 분사한다.

연료 인젝터는 ECU의 지시에 따라 정확한 양의 연료를 정확한 타이밍에 분사하여 연소를 최적화한다.

21 이륜자동차 전자제어 엔진에서 아이들 스피드 컨트롤 밸브와 스텝 모터의 주된 역할은?

① 이륜자동차의 최고 속도를 조절한다.
② 배기가스 재 순환량을 조절한다.
③ 스로틀 밸브가 닫혀 있을 때 공회전 속도를 안정적으로 유지한다.
④ 엔진 오일 압력을 조절한다.

ISCV는 엔진 부하 변화(에어컨, 라이트 등)나 엔진 온도에 따라 공회전 속도를 자동으로 조절하여 시동 꺼짐을 방지한다.

정답 15.③ 16.③ 17.② 18.② 19.④ 20.④ 21.③

22 이륜자동차 전자제어 엔진에서 연료 펌프의 주된 역할은?

① 연료를 정화한다.
② 연료의 온도를 조절한다.
③ 연료를 높은 압력으로 공급한다.
④ 연료의 종류를 감지한다.

> 연료 펌프는 연료 라인에 일정한 압력을 유지하여 인젝터가 정확한 분사를 할 수 있도록 한다.

23 이륜자동차 전자제어 엔진 정비 시, 센서나 액추에이터 문제 발생을 진단하기 위해 가장 일반적으로 사용되는 장비는?

① 육안 검사만으로 충분하다.
② 망치와 스패너
③ 진단 스캐너 또는 OBD-II 장비
④ 엔진 오일 교환기

> 진단 스캐너는 ECU에 저장된 오류 코드(DTC)를 읽고, 센서 데이터 및 액추에이터 작동 상태를 실시간으로 모니터링하여 문제의 원인을 파악하는 데 필수적이다.

24 이륜자동차 전자제어 엔진에서 노크 센서의 주된 역할은?

① 엔진의 진동으로 인한 소음을 감지한다.
② 비정상적인 연소의 진동을 감지한다.
③ 휠의 회전 속도를 측정한다.
④ 이륜자동차의 경사각을 측정한다.

> 노크 센서는 엔진에 해로울 수 있는 노킹 현상을 감지하여 ECU가 점화 시기를 지연시켜 엔진을 보호하도록 한다.

25 이륜자동차 전자제어 엔진에서 속도 센서의 주된 역할은?

① 엔진 회전수를 측정한다.
② 이륜자동차의 주행 속도를 감지한다.
③ 연료 탱크의 잔량을 측정한다.
④ 배터리 충전 전류를 측정한다.

> VSS 정보는 변속 타이밍, 크루즈 컨트롤, 속도계 작동 등 다양한 제어에 활용된다.

26 이륜자동차 전자제어 엔진에서 연료 압력 센서의 주된 역할은?

① 연료의 온도를 측정한다.
② 연료 레일 내의 연료 압력을 측정한다.
③ 연료 탱크의 잔량을 측정한다.
④ 연료의 종류를 감지한다.

> 연료 압력은 인젝터의 정확한 분사량에 직접적인 영향을 미치므로, ECU는 이 정보를 통해 최적의 연료량을 제어한다.

27 이륜자동차 전자제어 엔진의 센서 중, 온도를 측정하는 센서가 아닌 것은?

① 냉각수 온도 센서
② 스로틀 위치 센서
③ 흡기온 센서
④ 엔진 오일 온도 센서

> TPS는 스로틀 밸브의 '열림 정도'를 측정하는 센서이다.

28 센서의 문제로 인해 ECU가 정확한 정보를 받지 못할 때, 이륜자동차 엔진에 나타날 수 있는 일반적인 현상은?

① 시동 불량, 공회전 불안정 발생
② 브레이크 성능 향상
③ 타이어 마모 감소
④ 배터리 수명 증가

> 센서의 오작동은 ECU의 오작동으로 이어져 엔진의 전반적인 성능과 효율에 악영향을 미친다.

29 이륜자동차 전자제어 엔진에서 EGR 밸브의 주된 역할은?

① 연소 온도를 낮추고 질소산화물을 감소시킨다.
② 엔진 오일을 정화한다.
③ 엔진의 소음을 줄인다.
④ 연료 탱크를 냉각시킨다.

> EGR 밸브는 환경 규제 준수를 위해 배기가스를 줄이는 데 사용되는 액추에이터이다.

22.③ 23.③ 24.② 25.② 26.② 27.② 28.① 29.①

30 이륜자동차 전자제어 엔진에서 가변 밸브 타이밍 시스템의 액추에이터가 하는 역할은?

① 밸브의 열림/닫힘 시기(타이밍)를 최적화한다.
② 엔진 오일 압력을 조절한다.
③ 연료 펌프를 제어한다.
④ 냉각 팬의 속도를 조절한다.

> VVT 시스템은 엔진의 저속 및 고속 영역 모두에서 최적의 흡기/배기 효율을 달성하여 전반적인 엔진 성능을 개선한다.

31 이륜자동차 전자제어 엔진에서 전자 스로틀 밸브의 역할은?

① 브레이크 제동력을 조절한다.
② 서스펜션의 강도를 조절한다.
③ 계기판의 밝기를 조절한다.
④ 스로틀 밸브의 열림 정도를 정밀하게 제어하도록 한다.

> ETV는 케이블 연결 없이 전자적으로 스로틀을 제어하여 더욱 정밀한 엔진 반응성과 다양한 전자 제어 기능(트랙션 컨트롤 등)을 가능하게 한다.

32 액추에이터의 문제로 인해 ECU의 제어 신호가 엔진에 정확하게 전달되지 못할 때, 이륜자동차 엔진에 나타날 수 있는 일반적인 현상은?

① 가속 불량, 출력 부족 발생
② 배터리 충전 속도 증가
③ 클락션 소리 커짐
④ 헤드라이트 밝기 증가

> 액추에이터는 ECU의 명령을 실행하는 부품이므로, 문제가 발생하면 엔진의 실제 작동에 직접적인 영향을 미쳐 주행 성능에 큰 문제가 생긴다.

33 센서와 액추에이터 모두에 문제가 발생했을 때, 공통적으로 이륜자동차 운전자에게 가장 먼저 나타나는 증상 중 하나는?

① 타이어 펑크 ② 시트 가열
③ 연료 탱크 누유 ④ 엔진 경고등 점등

> ECU는 센서 또는 액추에이터에서 비정상적인 신호나 작동을 감지하면, 운전자에게 이상을 알리기 위해 엔진 경고등을 점등시킨다.

34 이륜자동차 전자제어 엔진에서 스로틀 포지션 센서의 가장 주된 기능은?

① 스로틀 밸브의 개도를 감지한다.
② 엔진의 회전 속도를 감지한다.
③ 흡기 매니폴드 내부의 공기 압력을 측정한다.
④ 배기가스 내의 산소 농도를 측정한다.

> TPS는 운전자의 가속 의도를 파악하는 핵심 센서로, 이를 통해 ECU는 연료 분사량과 점화 시기를 결정한다.

35 이륜자동차 전자제어 엔진에서 크랭크 포지션 센서의 가장 주된 기능은?

① 크랭크축의 회전 속도와 위치를 감지한다.
② 엔진 내부의 진동을 감지한다.
③ 배터리의 충전 상태를 측정한다.
④ 이륜자동차의 주행 속도를 측정한다.

> CPS는 엔진의 '심박수'를 측정하여 ECU가 점화 및 연료 분사 타이밍을 정확히 제어할 수 있도록 한다.

36 이륜자동차 전자제어 엔진에서 기어 포지션 센서의 가장 주된 기능은?

① 이륜자동차의 속도를 측정한다.
② 엔진의 회전 방향을 감지한다.
③ 클러치의 작동 상태를 감지한다.
④ 현재 변속기가 어떤 기어 위치를 감지한다.

> 기어 포지션 정보는 ECU가 각 기어 단수에 맞는 최적의 연료 분사량, 점화 시기, 그리고 기타 제어 전략을 적용하는 데 활용된다.

 30.① 31.④ 32.① 33.④ 34.① 35.① 36.④

37 이륜자동차 전자제어 엔진에서 경사각 센서의 가장 주된 기능은?

① 이륜자동차의 기울어진 각도를 감지한다.
② 이륜자동차의 주행 속도를 측정한다.
③ 서스펜션의 움직임을 감지한다.
④ 브레이크 레버의 작동 여부를 감지한다.

경사각 센서는 이륜자동차의 안전 장치 중 하나로, 전복 사고 시 연료 누출이나 엔진 오작동으로 인한 추가 위험을 줄여준다.

38 이륜자동차 전자제어 엔진에서 ECU의 가장 주된 역할은?

① 이륜자동차의 브레이크를 제어한다.
② 이륜자동차의 타이어 공기압을 조절한다.
③ 배터리를 충전한다.
④ 연료 분사, 점화 시기 등을 정밀하게 제어한다.

ECU는 엔진의 '두뇌' 역할을 하며, 실시간으로 엔진 상태를 모니터링하고 제어하여 최적의 성능과 효율을 끌어낸다.

39 ECU가 센서로부터 수집하는 주요 정보가 아닌 것은?

① 스로틀 밸브 열림 정도
② 운전자의 헬멧 착용 여부
③ 흡입 공기량 및 온도
④ 엔진 회전 속도(RPM)

ECU는 엔진의 직접적인 작동과 관련된 정보를 수집하며, 헬멧 착용 여부는 엔진 제어와 무관하다.

40 ECU가 공회전 속도를 안정적으로 유지하기 위해 주로 제어하는 액추에이터는?

① 연료 펌프   ② 냉각 팬
③ 스텝 모터   ④ 헤드라이트

ISCV는 스로틀 밸브가 닫힌 상태에서 엔진으로 유입되는 공기량을 조절하여 공회전 속도를 유지한다.

41 ECU가 연료 분사량을 결정할 때 주로 고려하는 센서 정보는?

① 속도 센서
② 경사각 센서
③ 냉각수 온도 센서
④ 스로틀 위치 센서

ECU는 운전자의 의도(TPS), 엔진에 필요한 공기량(MAP/IAT), 그리고 실제 연소 상태(O2 Sensor)를 종합하여 최적의 연료량을 결정한다.

42 ECU가 점화 시기를 결정할 때 주로 고려하는 센서 정보는?

① 크랭크 포지션 센서
② 연료 레벨 센서
③ 기어 포지션 센서
④ ABS 휠 속도 센서

정확한 점화 시기는 엔진의 출력과 효율에 직결된다. CPS로 엔진 위치를 파악하고, TPS로 부하를, 노크 센서로 이상 연소 여부를 감지하여 최적의 타이밍을 결정한다.

43 ECU 자체에 문제가 발생했거나, 센서/액추에이터의 고장으로 인해 ECU가 비정상적인 신호를 감지했을 때 나타나는 가장 일반적인 징후는?

① 타이어 공기압이 낮아진다.
② 연료 탱크에서 연료가 새어 나온다.
③ 계기판의 엔진 경고등 점등
④ 핸들바가 휘어진다.

엔진 경고등은 ECU가 시스템에 문제가 있음을 감지했음을 운전자에게 알리는 표준적인 방법이다.

44 ECU가 제어하는 주요 액추에이터가 아닌 것은?

① 연료 인젝터
② 브레이크 패드
③ 아이들 스피드 컨트롤 밸브
④ 점화 코일

정답 37.① 38.④ 39.② 40.③ 41.④ 42.① 43.③ 44.②

브레이크 패드는 기계적인 마찰을 통해 제동력을 발생시키는 부품으로, ECU가 직접 제어하는 액추에이터가 아니다 (ABS 시스템 등은 간접적으로 제어할 수 있지만 패드 자체는 아님).

45 ECU는 운전 상황에 따라 엔진 제어 값을 변경하는데, 이는 주로 어떤 목적을 위함인가?

① 엔진의 색상을 변경하기 위해
② 이륜자동차의 무게를 증가시키기 위해
③ 엔진의 소음을 항상 최대로 유지하기 위해
④ 최적의 연비, 배기가스 감소하기 위해

ECU는 엔진의 효율성, 성능, 환경 친화성 등 여러 목표를 동시에 만족시키기 위해 끊임없이 제어 값을 조절한다.

46 ECU가 이륜자동차의 안전을 위해 개입하는 대표적인 경우는?

① 경사각 센서 정보에 따라 이륜자동차 전복 시 엔진 작동 정지
② 연료가 없을 때 연료 보충 지시
③ 타이어 펑크 시 경고등 점등
④ 브레이크 패드 마모 시 교체 지시

ECU는 전복 사고와 같은 비상 상황에서 엔진을 정지시켜 추가적인 연료 누출 및 화재 위험을 방지하는 안전 기능을 수행한다.

47 다음 중 인젝터 분사량을 결정하는 데 가장 직접적으로 운전자의 가속 의도를 ECU에 전달하는 센서는?

① 산소 센서
② 냉각수 온도 센서
③ 스로틀 위치 센서
④ 크랭크 포지션 센서

스로틀 위치 센서는 운전자가 스로틀 그립을 얼마나 열었는지를 감지하여, 엔진에 필요한 연료량을 결정하는 1차적인 정보를 제공한다.

48 엔진으로 유입되는 공기의 양과 밀도를 파악하여 인젝터 분사량 계산에 필수적인 정보를 제공하는 센서는?

① 노크 센서
② 기어 포지션 센서
③ 연료 레벨 센서
④ 흡기압 센서 또는 흡기온 센서

엔진은 흡입하는 공기량에 비례하여 연료를 분사해야 하므로, 흡기압과 온도를 측정하는 센서가 정확한 공기량 계산에 중요하다.

49 연소 후 배기가스 내의 산소 농도를 측정하여 공연비를 피드백 제어함으로써 인젝터 분사량을 미세하게 조절하는 센서는?

① 스로틀 위치 센서
② 산소 센서
③ 엔진 오일 압력 센서
④ 속도 센서

산소 센서는 연소 상태를 실시간으로 모니터링하여 ECU가 연료 분사량을 보정하고, 최적의 연소 효율과 배기가스 저감을 달성하도록 돕는다.

50 엔진의 회전 속도와 각 피스톤의 정확한 위치를 감지하여 인젝터가 연료를 분사해야 할 정확한 타이밍을 결정하는 데 사용되는 센서는?

① 흡기온 센서
② 크랭크 포지션 센서
③ 냉각수 온도 센서
④ 연료 압력 센서

크랭크 포지션 센서는 엔진의 '심박수'를 ECU에 전달하여, 각 실린더의 압축 행정 시점에 맞춰 연료를 분사하도록 한다.

45.④　46.①　47.③　48.④　49.②　50.②

51 엔진의 현재 온도 상태를 ECU에 알려주어, 특히 냉간 시동 시 인젝터 분사량을 보정하는 데 활용되는 센서는?

① 냉각수 온도 센서
② 노크 센서
③ 대기압 센서
④ 배터리 전압 센서

엔진이 차가울 때는 연료가 잘 기화되지 않으므로, ECU는 냉각수 온도 센서 정보를 바탕으로 더 많은 연료를 분사하여 시동성과 안정적인 공회전을 확보한다.

52 다음 중 인젝터 분사량 결정에 직접적인 영향을 미치지 않는 센서는?

① 스로틀 위치 센서
② 산소 센서
③ 브레이크 스위치
④ 크랭크 포지션 센서

브레이크 스위치 센서는 브레이크 작동 여부를 감지하여 브레이크 등 점등이나 ABS 시스템 작동에 관여하며, 인젝터 분사량과는 직접적인 관련이 없다.

53 인젝터 분사량 결정에 있어, ECU가 센서 정보를 바탕으로 계산하는 궁극적인 목표는 무엇인가?

① 최적의 공연비 유지
② 엔진 소음 최소화
③ 타이어 수명 연장
④ 배터리 충전 속도 증가

ECU는 모든 센서 정보를 종합하여 엔진이 가장 효율적으로 연소할 수 있는 공연비를 맞추고, 이를 통해 출력, 연비, 배기가스 등 모든 성능을 최적화한다.

54 전자제어 엔진에서 연료 탱크의 연료를 엔진으로 높은 압력으로 공급하는 부품은?

① 연료 필터
② 연료 레벨 센서
③ 연료 펌프
④ 스로틀 바디

연료 펌프는 연료를 고압으로 압송하여 인젝터가 분사할 수 있도록 준비한다.

55 이륜자동차 전자제어 엔진에서 ECU가 점화 시기를 결정하는 주된 역할은?

① 점화 플러그 자체에서 불꽃을 직접 발생시킨다.
② 점화 플러그의 수명을 연장시킨다.
③ 점화 코일에 전력을 공급하는 역할만 한다.
④ 가장 효율적인 연소가 되는지 결정한다.

ECU는 엔진의 두뇌로서 센서 정보를 바탕으로 최적의 점화 타이밍을 계산하여 엔진 성능을 극대화한다.

56 현재 변속기가 어떤 기어 위치에 있는지를 감지하여 ECU에 전송하는 센서는?

① 클러치 위치 센서
② 기어 포지션 센서
③ 변속 속도 센서
④ 드라이브 모드 센서

기어 포지션 센서는 현재 기어 단수에 맞춰 최적의 엔진 제어를 수행하는 데 필요한 정보를 ECU에 제공한다.

57 이륜자동차의 기울어진 각도를 감지하여 일정 각도 이상 기울어지면 엔진 작동을 멈추는 안전 센서는?

① 가속도 센서   ② 자이로 센서
③ 경사각 센서   ④ 충격 센서

경사각 센서(Lean Angle Sensor 또는 Tip-Over Sensor)는 사고 시 연료 누출이나 엔진 오작동으로 인한 추가 위험을 방지하는 안전장치이다.

58 ECU의 제어 신호에 따라 연료를 미세한 안개 형태로 분사하여 연소실로 공급하는 전자 제어 부품은?

① 기화기   ② 연료 필터
③ 점화 플러그   ④ 연료 인젝터

연료 인젝터는 ECU의 정밀한 제어 하에 연료를 정확한 양과 타이밍에 분사한다.

 51.① 52.③ 53.① 54.③ 55.④ 56.② 57.③ 58.④

59 연료 라인 내의 연료 압력을 일정하게 유지하여 인젝터의 정확한 분사를 돕는 부품은?

① 연료 펌프
② 연료 필터
③ 연료 압력 조절기
④ 연료 탱크

연료 압력 조절기는 연료 시스템 내의 압력을 일정하게 유지시켜 인젝터의 분사량이 압력 변동에 영향을 받지 않도록 한다.

60 연료 계통에서 연료 내의 불순물을 걸러내어 인젝터의 막힘을 방지하는 부품은?

① 연료 펌프
② 연료 필터
③ 연료 압력 조절기
④ 연료 라인

연료 필터는 연료 펌프와 인젝터 등 민감한 부품을 보호하기 위해 불순물을 제거한다.

61 인젝터 분사량을 결정할 때, 배기가스 내의 산소 농도를 측정하여 ECU에 피드백 정보를 제공하는 센서는?

① 흡기압 센서
② 냉각수 온도 센서
③ 산소 센서
④ 스로틀 위치 센서

산소 센서(O_2 Sensor)는 연소 후 공연비 상태를 ECU에 알려주어 연료 분사량을 미세 조정하는 데 활용된다.

62 인젝터가 막히거나 고장 났을 때 나타날 수 있는 증상으로 가장 거리가 먼 것은?

① 브레이크 제동력 증가
② 시동 불량 또는 어려움
③ 엔진 출력 저하
④ 엔진 부조

인젝터는 연료 분사에 관련된 부품이므로, 제동 시스템과는 직접적인 관련이 없다.

63 연료 펌프 작동 시 "위잉~"하는 소리가 나지 않거나 연료 압력이 낮을 때, 주로 의심할 수 있는 부품은?

① 연료 인젝터
② 연료 펌프 자체 불량
③ 연료 필터 막힘
④ 연료 압력 조절기

연료 펌프는 고압으로 연료를 공급하는 핵심 부품이므로, 압력 문제가 발생하면 먼저 펌프 자체의 작동 여부를 확인해야 한다.

64 ECU가 연료 분사량을 계산할 때, 운전자의 가속 의도와 엔진으로 유입되는 공기량을 파악하기 위해 활용하는 센서는?

① 산소 센서와 냉각수 온도 센서
② 스로틀 위치 센서와 흡기압/흡기온 센서
③ 크랭크 포지션 센서와 노크 센서
④ 연료 레벨 센서와 속도 센서

스로틀 위치 센서는 운전자의 요구, 흡기압/흡기온 센서는 엔진으로 들어오는 공기량을 파악하여 ECU가 연료량을 결정하는 데 핵심적인 정보를 제공한다.

65 전자제어 연료 시스템에서 연료 압력 센서가 불량을 나타낼 때, ECU가 이를 감지하면 어떤 현상이 나타날 수 있는가?

① 엔진이 과열된다.
② 타이어 공기압이 감소한다.
③ 엔진 경고등이 점등될 수 있다.
④ 배터리가 방전된다.

연료 압력은 인젝터의 정확한 분사에 직접적인 영향을 미치므로, ECU는 압력 이상을 감지하면 경고등을 띄우고 엔진 성능을 제한할 수 있다.

정답 59.③ 60.② 61.③ 62.① 63.② 64.② 65.③

66 연료 시스템에 공기가 유입되거나 연료 라인에 막힘이 발생했을 때 나타날 수 있는 증상은?

① 엔진 소음이 감소한다.
② 엔진 냉각이 과도하게 된다.
③ 배기가스 색상이 투명해진다.
④ 시동 불량, 연료 공급이 불안정해진다.

연료 공급 라인에 공기가 유입되거나 막힘이 있으면 연료가 엔진으로 원활하게 전달되지 않아 엔진 작동에 심각한 문제를 일으킨다.

67 이론 공연비가 의미하는 것은?

① 엔진이 가장 높은 출력을 낼 수 있는 공기와 연료의 비율
② 공기와 연료가 화학적으로 완전 연소하는 이상적인 비율
③ 엔진이 가장 낮은 배기가스를 배출하는 비율
④ 엔진이 가장 낮은 연료를 소모하는 비율

이론 공연비는 연료가 연소하는 데 필요한 최소한의 공기량으로, 이론적으로 잔류 산소나 미연소 연료 없이 완전 연소가 이루어지는 비율을 말한다.

68 가솔린 엔진의 이상적인 이론 공연비는 대략 얼마인가?

① 12.7 : 1 ② 18.7 : 1
③ 16.7 : 1 ④ 14.7 : 1

가솔린 엔진의 이론 공연비는 질량비로 공기 14.7g당 연료 1g이 이상적인 연소를 이룬다는 의미이다.

69 공연비가 이론 공연비보다 농후할 때 나타날 수 있는 일반적인 문제는?

① 연비 악화   ② 출력 증가
③ 엔진 과열   ④ 엔진 수명 증가

농후한 공연비는 미연소 연료가 배출되어 연비가 나빠지고 불완전 연소로 검은 매연이 발생할 수 있다.

70 공연비가 이론 공연비보다 희박하다는 것은 어떤 상태를 의미하는가?

① 연료가 공기보다 많은 상태
② 공기가 연료보다 많은 상태
③ 공기와 연료가 완벽하게 혼합된 상태
④ 연료가 전혀 없는 상태

희박한 공연비는 필요 이상의 공기가 연료와 함께 공급되어 연소되는 상태를 뜻한다.

71 공연비가 이론 공연비보다 농후하다는 것은 어떤 상태를 의미하는가?

① 공기가 연료보다 많은 상태
② 공기와 연료가 완벽하게 혼합된 상태
③ 연료가 공기보다 많은 상태
④ 공기가 전혀 없는 상태

농후한 공연비는 필요량보다 연료가 더 많이 공급되어 연소되는 상태를 뜻한다.

72 공연비가 이론 공연비보다 희박할 때 나타날 수 있는 일반적인 문제는?

① 매연 증가
② 출력 저하 및 엔진 과열
③ 연료 소모량 증가
④ 엔진 노킹 감소

너무 희박한 공연비는 연소 온도를 높여 엔진 과열을 유발할 수 있으며, 불완전 연소로 출력도 저하된다.

73 이륜자동차 전자제어 엔진에서 산소 센서가 이론 공연비 유지를 위해 가장 중요한 역할을 하는 이유는?

① 배기가스 내 산소 농도를 측정한다.
② 엔진 온도만 측정한다.
③ 연료 압력만 조절한다.
④ 엔진 회전수만 측정한다.

산소 센서는 연소 후 배기가스 상태를 분석하여 ECU가 연료 분사량을 조절하여 이론 공연비를 유지하도록 돕는 핵심 센서이다.

정답 66.④ 67.② 68.④ 69.① 70.② 71.③ 72.② 73.①

74 촉매 변환기가 배기가스 정화 효율을 최대로 발휘하기 위해 가장 중요하게 요구되는 엔진의 공연비 상태는?

① 농후한 공연비
② 희박한 공연비
③ 이론 공연비에 가까운 상태
④ 어떤 공연비든 상관없다.

촉매 변환기는 이론 공연비 상태에서 가장 효율적으로 작동하여 유해 배기가스(HC, CO, NOx)를 줄일 수 있다.

75 ECU는 다양한 주행 상황에서 이론 공연비에서 벗어나 연료 분사량을 보정하는데, 주로 어떤 목적을 위함인가?

① 최대 출력, 냉간 시동성 향상 또는 엔진 보호 등 특수 목적
② 브레이크 성능 향상
③ 타이어 공기압 조절
④ 이륜자동차 무게 감소

급가속 시에는 출력을 위해 농후하게, 냉간 시동 시에는 시동성을 위해 농후하게 연료를 분사하는 등 특수한 상황에서는 이론 공연비에서 벗어나 제어한다.

76 이륜자동차의 스로틀 바이 와이어 시스템의 스로틀 포지션 센서 출력 전압을 멀티미터로 측정했을 때, 스로틀 개방량에 따라 전압 변화가 선형적이지 않다면 무엇을 의심할 수 있는가?

① TPS 센서 내부 고장
② 연료 인젝터 막힘
③ 스파크 플러그 오염
④ 타이어 공기압 부족

스로틀 바이 와이어 시스템의 TPS 센서는 스로틀 개방량에 비례하여 정확한 전압 신호를 ECU로 보내야 한다. 전압 변화가 선형적이지 않다면 센서 자체의 고장이거나 센서로 가는 배선에 문제가 있음을 의미이다.

77 엔진의 연소 효율을 최적화하고 배기가스를 줄이는 데 가장 기본이 되는 개념은?

① 이론 공연비 제어
② 엔진 오일 점도
③ 타이어 공기압
④ 브레이크 패드 재질

이론 공연비에 맞춰 정확하게 연료를 공급하고 연소시키는 것이 현대 엔진의 효율과 환경 성능을 좌우하는 가장 기본적인 요소이다.

78 엔진 오일 펌프의 작동 방식에 따라 크게 분류되는 두 가지 주요 유형은?

① 수동식과 자동식
② 기어 펌프와 로터리 펌프
③ 전기식과 기계식
④ 흡입식과 배출식

기어 펌프는 두 개의 기어가 맞물려 오일을 이송하고, 로터리 펌프는 내/외 로터의 회전으로 오일을 압송하는 방식이 가장 흔하다.

79 전자제어 엔진에서 연료 펌프 압력이 규정치보다 낮을 때 나타날 수 있는 증상은?

① 엔진 공회전 속도 증가
② 엔진 출력 저하
③ 브레이크 제동력 증가
④ 냉각수 온도 상승

연료 압력이 낮으면 인젝터가 충분한 양의 연료를 제대로 분사하지 못해 엔진 성능에 직접적인 영향을 미친다.

80 연료 펌프 압력을 일정하게 유지하여 인젝터로 공급되는 연료 압력을 제어하는 부품은?

① 연료 필터
② 연료 인젝터
③ 연료 압력 조절기
④ 스로틀 바디

연료 압력 조절기는 시스템 압력을 감지하여 초과 압력을 연료 탱크로 회수시켜 압력을 일정하게 유지한다.

74.③ 75.① 76.① 77.① 78.② 79.② 80.③

81 전자제어 엔진에서 연료 펌프 압력이 규정치보다 높을 때 나타날 수 있는 증상은?

① 연비 악화, 촉매 손상 가능성
② 엔진 출력 증가
③ 연비 향상
④ 시동 불량 감소

> 연료 압력이 너무 높으면 인젝터에서 필요 이상으로 많은 연료가 분사되어 불완전 연소와 환경 오염을 유발할 수 있다.

82 연료 펌프 압력을 측정할 때 사용하는 가장 일반적인 공구는?

① 멀티미터
② 진단 스캐너
③ 연료 압력 게이지
④ 엔진 회전수 측정기

> 연료 압력 게이지는 연료 라인에 직접 연결하여 실제 압력을 측정하는 전용 도구이다.

83 전자제어 엔진에서 연료 펌프가 생성하는 연료 압력의 가장 주된 목적은?

① 연료 필터를 깨끗하게 유지하기 위함
② 연료 탱크의 수명을 연장하기 위함
③ 연료 인젝터가 연료를 미세하게 분사하기 위함
④ 엔진 오일 순환을 돕기 위함

> 고압의 연료는 인젝터가 균일하고 미세한 입자 형태로 연료를 분사하여 효율적인 연소를 가능하게 한다.

84 연료 펌프 압력에 영향을 미칠 수 있는 요인이 아닌 것은?

① 점화 플러그의 노후화
② 연료 필터의 막힘
③ 연료 펌프 모터의 전기적 불량
④ 연료 라인의 누유 또는 막힘

> 점화 플러그는 점화 시스템 부품으로 연료 압력과는 직접적인 관련이 없다.

85 전자제어 엔진에서 ECU가 연료 펌프의 작동과 압력을 제어하는 주된 이유는?

① 운전자의 편리성을 위해서
② 엔진 오일 수명을 늘리기 위해서
③ 연료 탱크의 녹을 방지하기 위해서
④ 연료 공급과 연비를 달성하기 위해서

> ECU는 엔진의 요구에 따라 연료 압력과 유량을 정밀하게 제어하여 효율적인 연소와 성능을 유지한다.

86 이륜자동차 시동을 걸기 전, 키를 ON 했을 때 연료 펌프가 짧게 작동하는 소리가 들리는 주된 이유는?

① 엔진 오일을 순환시키기 위해
② 시동을 위한 초기 연료 라인 압력을 형성하기 위해
③ 배터리 충전 상태를 확인하기 위해
④ 냉각 팬을 예열하기 위해

> 시동 전 연료 펌프가 미리 작동하여 연료 라인에 필요한 압력을 형성함으로써 즉각적인 시동이 가능하도록 준비한다.

87 연료 펌프 압력에 문제가 발생했을 때, 계기판에 점등될 수 있는 경고등은?

① 배터리 경고등 ② 오일 압력 경고등
③ ABS 경고등   ④ 엔진 경고등

> ECU는 연료 압력 계통에 이상이 감지되면 엔진 경고등을 점등시켜 운전자에게 문제를 알린다.

88 연료 펌프의 압력 테스트 시, 엔진이 작동 중일 때와 시동을 끈 후 잔압 유지 여부를 확인하는 이유는?

① 연료의 온도를 측정하기 위함
② 연료 펌프의 소음 수준을 확인하기 위함
③ 인젝터 등의 누설 여부를 확인하기 위함
④ 연료의 종류를 분석하기 위함

> 작동 중 압력은 펌프의 구동 능력, 잔압 유지는 시스템의 밀봉 상태를 파악하여 누설 여부를 진단하는 데 중요하다.

81. ① 82. ③ 83. ③ 84. ① 85. ④ 86. ② 87. ④ 88. ③

PART 02
이륜자동차 전기장치정비

1. 시동·충전장치 정비
2. 점화장치 정비
3. 등화장치 정비
4. 전기·전자회로 분석

01 시동·충전장치 정비

01 이륜자동차 시동 모터에 12V의 전압이 인가되고, 이때 10A의 전류가 흐른다면, 시동 모터의 저항은 약 몇 옴(Ω)인가?
① 1.0 Ω
② 12 Ω
③ 2.0 Ω
④ 1.2 Ω

옴의 법칙(R = V / I)을 적용한다.
저항 (R) = 12V / 10A = 1.2 Ω

02 전기 이륜자동차의 시동이 걸리지 않을 때, 사이드 스탠드가 내려져 있는지 확인하는 이유는?
① 안전을 위해 사이드 스탠드가 내려져 있으면 시동이 걸리지 않도록 설계되어 있기 때문
② 사이드 스탠드가 내려져 있으면 배터리 충전이 안 되기 때문
③ 사이드 스탠드가 내려져 있으면 모터가 과열되기 때문
④ 사이드 스탠드가 내려져 있으면 12V 보조 배터리가 방전되기 때문

대부분의 이륜자동차는 안전을 위해 사이드 스탠드가 내려져 있을 때는 시동이 걸리지 않거나, 기어가 들어가면 엔진/모터가 꺼지도록 설계되어 있다. 이는 출발 시 사고를 방지하기 위함이다.

03 전기 이륜자동차의 시동 스위치를 눌렀을 때 아무런 반응이 없다면, 가장 먼저 확인해야 할 것은?
① 엔진 오일량
② 연료 탱크의 잔량
③ 12V 보조 배터리의 전압 또는 방전 여부
④ 냉각수 수준

전기 이륜자동차의 시동 회로(메인 릴레이 활성화 등)는 12V 보조 배터리의 전원에 의존한다. 보조 배터리가 방전되면 시동 스위치를 눌러도 아무런 반응이 없을 수 있다.

04 내연기관 이륜자동차의 시동 모터가 작동하지 않을 때, 가장 먼저 점검해야 할 부품 중 하나는?
① 엔진 오일량
② 배터리 전압 및 단자 연결 상태
③ 타이어 공기압
④ 브레이크 오일량

시동 모터는 배터리의 전력을 사용하여 엔진을 회전시킨다. 따라서 시동 모터가 작동하지 않을 때는 배터리의 전압이 충분한지, 그리고 배터리 단자가 제대로 연결되어 전류가 흐를 수 있는지 가장 먼저 확인해야 한다.

05 내연기관 이륜자동차의 시동 모터가 회전은 하지만 엔진이 시동되지 않을 때, 점검해야 할 부품으로 가장 거리가 먼 것은?
① 스파크 플러그　② 연료 펌프
③ 에어 필터　　　④ 배터리 충전 상태

정답 01.④　02.①　03.③　04.②　05.④

시동 모터가 회전한다는 것은 배터리 전압이 충분하고 모터 자체에는 문제가 없다는 의미이다. 따라서 엔진이 시동되지 않는 것은 점화, 연료, 압축 등의 문제일 가능성이 높으며, 배터리 충전 상태는 직접적인 원인이 아닐 확률이 높다.

06 내연기관 이륜자동차에서 시동 시 배터리 전압 강하가 너무 심하게 발생할 때, 확인해야 할 점은?

① 시동 모터의 과부하
② 연료 필터 막힘
③ 에어 필터 오염
④ 브레이크 레버 유격

시동 시 전압 강하가 심하다는 것은 배터리가 엔진을 돌릴 만큼 충분한 전류를 공급하지 못하거나(배터리 성능 저하), 시동 모터 자체가 과도한 전류를 소모하고 있다는(내부 단락 등으로 인한 과부하) 신호일 수 있다.

07 전기 이륜자동차의 시동(Power On)이 불가능할 때, 12V 보조 배터리의 방전 여부를 확인하는 주된 이유는?

① 모터 출력을 높이기 위해
② 고전압 배터리를 충전하기 위해
③ 시스템 작동에 12V 전원이 필요하기 때문
④ 주행 거리를 늘리기 위해

전기 이륜자동차의 고전압 시스템 활성화 및 메인 릴레이, BMS(배터리 관리 시스템) 등 제어 시스템은 12V 보조 배터리로부터 전원을 공급받는다. 보조 배터리가 방전되면 고전압 시스템을 활성화할 수 없어 시동이 불가능해진다.

08 이륜자동차에서 시동 모터의 가장 주된 역할은?

① 배터리를 충전한다.
② 엔진의 크랭크축을 회전시켜 시동이 걸리게 한다.
③ 연료를 분사한다.
④ 이륜자동차의 속도를 제어한다.

시동 모터는 엔진이 스스로 연소를 시작할 수 있도록 초기 회전력을 제공하는 전동기이다.

09 시동 모터가 사용하는 전기의 주요 공급원은?

① 발전기
② 점화 코일
③ 배터리
④ ECU

시동 모터는 배터리에 저장된 직류(DC) 전력을 사용하여 작동한다.

10 시동 모터는 엔진 시동 후에도 계속 작동해야 하는가?

① 예, 계속 작동하여 엔진을 돕는다.
② 운전자가 수동으로 멈춰야 한다.
③ 상황에 따라 다르다.
④ 아니오, 엔진이 시동되면 시동 모터는 자동으로 작동을 멈춘다.

엔진이 자체적으로 회전하기 시작하면 시동 모터는 손상을 방지하기 위해 자동으로 분리되어 작동을 멈춘다.

11 시동 버튼을 눌렀을 때, 시동 모터로 대량의 전류를 보내는 스위치 역할을 하는 부품은?

① 시동 릴레이
② 퓨즈
③ 점화 코일
④ 배터리 관리 시스템

시동 릴레이는 운전자가 누르는 약한 시동 버튼 신호를 받아, 배터리의 대전류를 시동 모터로 직접 연결해주는 역할을 한다.

12 시동 모터가 고장 났을 때, 이륜자동차에서 나타날 수 있는 가장 흔한 증상은?

① 엔진이 과열된다.
② 헤드라이트가 어두워진다.
③ 시동 버튼을 눌러도 엔진이 회전하지 않는다.
④ 연료가 새어 나온다.

시동 모터 불량은 엔진의 초기 회전을 방해하여 시동이 걸리지 않거나 매우 어렵게 만든다.

 정답 06.① 07.③ 08.② 09.③ 10.④ 11.① 12.③

PART 03 이륜자동차 전기장치정비

13 시동 모터의 고장 원인이 아닌 것은?
① 모터 내부의 브러시 마모
② 배터리 방전 또는 불량
③ 엔진 오일 과다 주입
④ 시동 릴레이 불량

> 엔진 오일 과다 주입은 엔진 성능에 영향을 줄 수 있지만, 시동 모터 자체의 고장 원인은 아니다.

14 시동 모터와 엔진의 크랭크축을 일시적으로 연결하여 동력을 전달하고, 시동 후에는 자동으로 분리되는 기어는?
① 메인 기어
② 피니언 기어 또는 원-웨이 클러치
③ 유성 기어
④ 아이들러 기어

> 피니언 기어는 시동 시 엔진의 링 기어와 맞물려 회전력을 전달하고, 시동 후에는 분리되어 모터 손상을 방지한다.

15 시동 모터가 회전은 하지만 엔진이 시동되지 않고 '드르륵' 하는 소리만 날 때, 주로 의심할 수 있는 부품은?
① 시동 릴레이
② 원-웨이 클러치 불량
③ 배터리 불량
④ 점화 플러그 불량

> 시동 모터가 헛돌고 엔진에 동력을 전달하지 못할 때 원-웨이 클러치(혹은 벤딕스 기어)의 고장을 의심할 수 있다.

16 시동 모터 작동 시 가장 많은 전력을 소모하는 시점은?
① 시동이 걸린 후 엔진이 안정화될 때
② 이륜자동차가 정지해 있을 때
③ 이륜자동차가 고속으로 주행할 때
④ 시동 버튼을 처음 눌러 엔진이 회전하기 시작할 때

> 정지 상태의 무거운 엔진을 회전시키기 위해 시동 모터는 작동 초기에 매우 큰 전류를 필요로 한다.

17 시동 모터의 수명을 연장하기 위한 올바른 사용 습관은?
① 시동 버튼을 한 번에 길게 누른다.
② 시동이 안 걸리면 충분히 기다린 후 다시 시도한다.
③ 배터리 충전 없이 계속 시동을 건다.
④ 시동 버튼을 누른 채로 계속 주행한다.

> 시동 모터를 과도하게 연속 사용하면 과열되어 손상될 수 있으므로, 일정 시간 간격을 두고 재시도하는 것이 좋다.

18 내연기관 이륜자동차의 시동 모터가 '딸깍' 소리만 나고 회전하지 않을 때, 가장 먼저 의심할 수 있는 원인은?
① 배터리 단자 접촉 불량
② 연료 부족
③ 스파크 플러그 불량
④ 엔진 오일 부족

> '딸깍' 소리는 시동 릴레이(솔레노이드)는 작동하지만, 배터리의 전압이 너무 낮거나 배터리 단자 접촉이 불량하여 시동 모터에 충분한 전류가 공급되지 못할 때 발생하는 전형적인 증상이다.

19 내연기관 이륜자동차의 시동 불량 원인을 진단할 때, 킬 스위치(Kill Switch)가 작동 상태로 되어 있는지 확인하는 이유는?
① 연료 잔량을 확인하기 위해
② 타이어 공기압을 조절하기 위해
③ 배터리 충전 상태를 확인하기 위해
④ 엔진의 점화 및 연료 공급을 차단하기 때문

> 킬 스위치는 비상시 또는 주차 시 엔진의 점화 및 연료 공급을 강제로 차단하여 엔진 작동을 멈추게 하는 안전 장치이다. 이 스위치가 'OFF' 상태로 되어 있으면 시동이 걸리지 않는다.

13.③　14.②　15.②　16.④　17.②　18.①　19.④

20 내연기관 이륜자동차의 시동 모터가 계속 작동하지만 엔진이 시동되지 않고, '크르릉' 하는 소리만 난다면 무엇을 의심할 수 있는가?

① 배터리 방전
② 시동 모터 기어의 마모 또는 고착
③ 점화 코일 불량
④ 연료 부족

시동 모터가 회전하지만 엔진과 제대로 맞물리지 못하고 헛도는 소리가 나는 경우, 시동 모터 내부의 기어(피니언 기어)나 원웨이 클러치(오버러닝 클러치)의 마모 또는 고착을 의심할 수 있다.

21 이륜자동차 충전 시스템에서 발전기(제너레이터)가 14V의 전압을 출력하고, 최대 20A의 전류를 생성할 수 있다면, 이 발전기의 최대 출력(전력)은 약 몇 와트(W)인가?

① 140 W   ② 280 W
③ 200 W   ④ 340 W

전력(P = V × I) 공식을 적용한다.
최대 출력 (P) = 14V × 20A = 280 W

22 전기 이륜자동차의 충전 시스템에서 접지가 중요한 주된 이유는?

① 충전 시간을 단축하기 위해
② 배터리 용량을 늘리기 위해
③ 감전 사고를 예방하기 위해
④ 모터의 출력을 높이기 위해

접지는 누전 시 전류가 인체로 흐르는 것을 막고, 안전하게 땅으로 흘려보내 감전 사고를 예방하며, 전기 시스템의 안정적인 작동을 돕는 매우 중요한 안전 요소이다.

23 전기 이륜자동차의 충전 중 갑자기 전원이 차단되는 현상이 반복될 때, 가장 먼저 점검해야 할 부품은?

① 타이어 밸브
② 사이드 미러
③ 브레이크 레버
④ 충전기 자체 또는 충전 케이블

충전 중 전원 차단은 충전기 자체의 고장, 충전 케이블의 손상, 또는 커넥터 접촉 불량 등 충전 시스템 관련 부품의 문제일 가능성이 가장 높다.

24 전기 이륜자동차의 12V 보조 배터리를 교체할 때, 가장 먼저 분리해야 할 단자는?

① (+) 양극 단자
② (−) 음극 단자
③ 통신 단자
④ 아무 단자나 먼저 분리해도 된다.

배터리 작업 시에는 스파크나 단락을 방지하기 위해 항상 (−) 음극 단자를 먼저 분리하여 전기 회로를 차단해야 한다. 다시 연결할 때는 (+) 양극 단자를 먼저 연결한다.

25 전기 이륜자동차의 충전 시스템에서 과충전 방지 기능이 중요한 주된 이유는?

① 충전 시간을 단축하기 위해
② 주행 중 배터리 방전을 막기 위해
③ 모터의 출력을 일정하게 유지하기 위해
④ 과열, 화재, 폭발 등 안전사고 예방을 위해

배터리가 과도하게 충전되면 내부 온도가 상승하고 화학 반응이 불안정해져 배터리 수명이 급격히 단축될 뿐만 아니라, 심한 경우 과열로 인한 화재나 폭발과 같은 심각한 안전사고를 유발할 수 있으므로 과충전 방지 기능은 필수적이다.

26 이륜자동차의 전압 조정기가 고장 났을 때, 발생하는 전기적 이상 현상이 아닌 것은?

① 엔진의 기계적 소음 증가
② 배터리 충전 불량으로 인한 방전
③ 전기 장치로의 불안정한 전압 공급
④ 배터리 과충전으로 인한 배터리 수명 단축 또는 손상

전압 조정기는 전기 시스템의 전압을 제어하는 부품이다. 고장 시 배터리 및 전기 장치에 직접적인 영향을 주지만, 엔진의 기계적 소음과는 직접적인 관련이 없다.

20.② 21.② 22.③ 23.④ 24.② 25.④ 26.①

27 내연기관 이륜자동차의 충전 불량으로 배터리가 계속 방전될 때, 가장 먼저 확인해야 할 부품 중 하나는?

① 에어 필터　② 레귤레이터
③ 브레이크 패드　④ 클러치 케이블

> 레귤레이터/렉티파이어는 제너레이터에서 생산된 교류(AC) 전압을 직류(DC)로 변환하고, 배터리 충전에 적합한 전압으로 조절하는 역할을 한다. 이 부품에 이상이 생기면 배터리 충전이 제대로 이루어지지 않는다.

28 내연기관 이륜자동차의 충전 시스템에서 제너레이터의 주된 역할은?

① 엔진 오일을 정화한다.
② 엔진에 불꽃을 발생시킨다.
③ 연료를 엔진으로 펌프질한다.
④ 전기 에너지로 변환하여 배터리를 충전한다.

> 제너레이터(또는 알터네이터)는 엔진의 회전력을 이용하여 전기를 생산하고, 이 전기로 배터리를 충전하며 이륜자동차의 각종 전기 장치에 전원을 공급한다.

29 전기 이륜자동차와 내연기관 이륜자동차 모두에 공통적으로 필요한 충전 시스템의 구성 요소는?

① 스파크 플러그　② 연료 인젝터
③ 배터리　④ 머플러

> 전기 이륜자동차는 주 동력원으로, 내연기관 이륜자동차는 시동 및 각종 전기 장치 구동을 위한 보조 전원으로 배터리가 필수적으로 필요하며, 이 배터리를 충전하는 시스템이 존재한다.

30 내연기관 이륜자동차의 충전 시스템에서 정류기의 주된 역할은?

① 교류(AC) 전압을 직류(DC)로 변환한다.
② 배터리 전압을 조절한다.
③ 스파크 플러그에 고전압을 공급한다.
④ 엔진의 회전 속도를 감지한다.

> 발전기(제너레이터/알터네이터)에서 생성되는 전기는 교류(AC)이다. 이륜자동차의 배터리와 대부분의 전기 장치는 직류(DC)를 사용하므로, 정류기는 이 교류를 직류로 변환하는 역할을 한다.

31 내연기관 이륜자동차의 충전 시스템 점검 시, 발전기에서 생성되는 전압이 규정값보다 현저히 낮게 측정된다면 다음 중 어떤 부품의 고장을 의심할 수 있는가?

① 점화 플러그
② 연료 인젝터
③ 발전기 자체 또는 발전기 코일
④ 엔진 제어 유닛(ECU)

> 발전기는 전기를 생산하는 핵심 부품이므로, 발전기에서 나오는 전압 자체가 낮다면 발전기 자체의 코일 손상이나 다른 내부 고장을 의심해야 한다.

32 내연기관 이륜자동차의 충전 시스템에서 레귤레이터가 고장 났을 때 나타날 수 있는 현상으로 옳은 것은?

① 엔진이 과열된다.
② 연료 소비량이 증가한다.
③ 점화 불꽃이 강해진다.
④ 배터리가 과충전되거나 충전이 불량해진다.

> 레귤레이터는 발전기에서 생산된 전압을 배터리 충전에 적합한 수준으로 조절하는 역할을 한다. 이 부품이 고장 나면 전압이 너무 높아져 배터리가 과충전되거나, 반대로 너무 낮아 충전 불량이 발생할 수 있다.

33 대부분의 이륜자동차 발전기가 생산하는 전기의 종류는?

① 직류(DC)　② 교류(AC)
③ 고주파　④ 펄스파

> 이륜자동차의 발전기는 주로 교류(AC) 전기를 생산하며, 이 교류 전기는 나중에 정류기를 통해 직류(DC)로 변환된다.

정답　27.②　28.④　29.③　30.①　31.③　32.④　33.②

34 내연기관 이륜자동차의 충전 시스템에서 발전기의 고장으로 인해 나타날 수 있는 현상은?

① 브레이크가 밀린다.
② 엔진 소음이 커진다.
③ 배터리가 충전되지 않아 방전된다.
④ 연료 소모가 줄어든다.

발전기는 엔진의 기계적 에너지를 전기 에너지로 변환하여 배터리를 충전하는 역할을 한다. 발전기가 고장 나면 배터리가 충전되지 않아 결국 방전되어 시동 불량 및 전기 장치 작동 불능으로 이어진다.

35 내연기관 이륜자동차의 충전 시스템에서 배터리 단자가 부식되었을 때, 정비 방법으로 가장 적절한 것은?

① 배터리 단자를 전용 브러시나 사포로 부식물을 제거한다.
② 부식된 단자를 물로 씻어낸다.
③ 부식된 단자를 그대로 둔다.
④ 부식된 단자를 망치로 두드린다.

배터리 단자의 부식은 전류 흐름을 방해하여 충전 불량 및 시동 불량의 원인이 된다. 안전하게 단자를 분리한 후 부식물을 제거하고, 재부식을 방지하기 위해 그리스를 도포해야 한다.

36 내연기관 이륜자동차의 충전 시스템 점검 시, 배터리 전압이 정상이고 발전기(제너레이터) 출력도 정상인데 충전이 제대로 되지 않는다면 다음 중 어떤 부품의 고장을 의심할 수 있는가?

① 레귤레이터
② 스파크 플러그
③ 에어 필터
④ 클러치 디스크

발전기가 정상적으로 전기를 생산하더라도, 레귤레이터/렉티파이어가 고장 나면 교류를 직류로 제대로 변환하지 못하거나 전압을 적절히 조절하지 못하여 배터리 충전이 불량해진다.

37 이륜자동차에서 발전기의 가장 주된 역할은?

① 엔진을 시동시킨다.
② 엔진 오일을 순환시킨다.
③ 연료를 엔진으로 펌핑한다.
④ 전기 에너지로 변환하여 배터리를 충전한다.

발전기는 엔진이 작동하는 동안 전기를 생산하여 배터리를 충전하고, 라이트, 계기판 등 모든 전기 부품에 필요한 전원을 공급한다.

38 용량이 8Ah인 이륜자동차 배터리를 2A의 전류로 충전할 경우, 이론적으로 완전히 충전하는 데 걸리는 시간은 약 몇 시간인가?

① 4시간   ② 2시간
③ 6시간   ④ 8시간

충전 시간 = 배터리 용량 / 충전 전류,
충전 시간 = 8Ah / 2A = 4 시간
(실제 충전시에는 충전효율과 배터리상태에 따라 시간이 더 걸린다.)

39 발전기가 생산한 교류(AC) 전기를 이륜자동차의 전기 장치와 배터리가 사용할 수 있는 직류(DC)로 변환하는 부품은?

① 인버터   ② 레귤레이터/정류기
③ 변압기   ④ 컨버터

레귤레이터/정류기(R/R)는 발전기에서 나온 AC 전기를 DC로 바꾸고(정류), 전압을 일정하게 유지(레귤레이터)하여 과전압으로부터 시스템을 보호한다.

40 발전기가 엔진의 어떤 힘을 이용하여 전기를 생산하는가?

① 배기가스의 압력
② 연료의 화학 에너지
③ 엔진의 회전 운동 에너지
④ 냉각수의 열에너지

발전기는 엔진의 크랭크축이나 다른 구동축에 연결되어 회전함으로써 전기를 유도한다.

정답 34.③ 35.① 36.① 37.④ 38.① 39.② 40.③

41 발전기가 제대로 작동하지 않을 때, 이륜자동차에서 나타날 수 있는 가장 흔한 증상은?

① 엔진 과열
② 연료 소모량 증가
③ 배터리 방전, 시동 불량, 라이트 밝기 저하
④ 브레이크 제동력 저하

발전기가 전기를 제대로 생산하지 못하면 배터리가 충전되지 않아 전기 장치들이 오작동하거나 시동이 걸리지 않을 수 있다.

42 발전기 불량으로 배터리 충전이 되지 않을 때, 계기판에 점등될 수 있는 경고등은?

① 엔진 경고등
② 오일 압력 경고등
③ ABS 경고등
④ 배터리 또는 충전 시스템 경고등

발전기나 충전 시스템에 문제가 생기면 배터리 모양의 경고등이나 'CHARGE'와 같은 문구가 점등될 수 있다.

43 발전기에서 전기를 유도하기 위해 자석의 역할을 하는 부분은?

① 로터　　　② 정류자
③ 브러시　　④ 스테이터

발전기의 로터는 회전하는 자석 역할을 하거나, 자장을 만들어내는 코일이 감겨 있어 스테이터 코일에 전기를 유도한다.

44 발전기에서 자장이 변화하여 전류가 유도되는 고정된 코일 부분은?

① 로터　　　② 베어링
③ 브러시　　④ 스테이터

스테이터는 고정된 코일 묶음으로, 로터의 회전에 의한 자기장 변화로 인해 전기가 유도되는 부분이다.

45 발전기가 과도하게 전압을 생산하여 이륜자동차 전기 시스템에 손상을 줄 수 있을 때, 이를 방지하는 역할을 하는 부품은?

① 전압 레귤레이터　② 다이오드
③ 콘덴서　　　　　 ④ 퓨즈

전압 레귤레이터는 발전기에서 생성되는 전압을 일정 범위 내로 유지시켜 과전압으로 인한 전기 부품 손상을 방지한다.

46 이륜자동차 엔진 회전수가 낮을 때보다 높을 때 발전기의 전력 생산량은 어떻게 변하는가?

① 전력 생산량이 증가한다.
② 전력 생산량이 감소한다.
③ 전력 생산량은 변함없다.
④ 전력 생산량이 불규칙해진다.

발전기는 엔진 회전수에 비례하여 더 빠르게 회전하므로, 엔진 회전수가 높을수록 더 많은 전력을 생산한다.

47 내연기관 이륜자동차의 배터리가 과방전되었을 때, 가장 먼저 시도해야 할 조치는?

① 엔진 오일을 교환한다.
② 스파크 플러그를 교체한다.
③ 배터리를 충전한다.
④ 타이어 공기압을 조절한다.

배터리가 과방전되면 시동을 걸 수 없으므로, 가장 먼저 배터리 충전을 시도하여 전압을 회복시켜야 한다.

48 전기 이륜자동차와 내연기관 이륜자동차 모두에서 배터리 단자를 점검할 때 중요하게 확인해야 할 사항은?

① 단자의 색상　② 단자의 풀림
③ 단자의 길이　④ 단자의 브랜드

배터리 단자가 느슨하거나 부식, 오염되면 전류 흐름이 방해되어 시동 불량, 충전 불량 또는 전기 장치 오작동의 원인이 된다. 이는 두 종류의 이륜자동차 모두에 해당한다.

정답　41.③　42.④　43.①　44.④　45.①　46.①　47.③　48.②

02 점화장치 정비

01 내연기관 이륜자동차의 점화 장치에서 스파크 플러그가 하는 역할은?

① 엔진의 온도를 조절한다.
② 혼합 가스에 불꽃을 튀겨 점화시킨다.
③ 엔진 오일을 저장한다.
④ 배터리를 충전한다.

> 스파크 플러그는 점화 코일에서 생성된 고전압을 받아 전극 간에 강력한 불꽃을 발생시켜 엔진 실린더 내의 연료-공기 혼합 가스를 연소시키는 역할을 한다.

02 엔진에서 점화 코일(Ignition Coil)의 주된 역할은?

① 엔진 오일을 정화한다.
② 연료를 공급한다.
③ 냉각수를 순환시킨다.
④ 수만 볼트의 고전압으로 변환하여 점화 플러그에 공급한다.

> 점화 코일은 점화 플러그가 스파크를 낼 수 있도록 충분한 고전압을 생성하는 핵심 전기 부품이다.

03 엔진에서 점화 플러그(Spark Plug)의 주된 역할은?

① 스파크를 발생시켜 폭발적으로 연소시킨다.
② 엔진 오일을 정화한다.
③ 냉각수를 순환시킨다.
④ 배기가스를 배출한다.

> 점화 플러그는 엔진의 연소 과정에서 필수적인 불꽃을 제공하여 혼합 가스의 폭발을 유도하는 핵심 부품이다.

04 전기 이륜자동차의 점화장치는 내연기관 이륜자동차와 비교했을 때 어떻게 다른가?

① 전기 이륜자동차에는 점화장치가 필요 없다.
② 전기 이륜자동차도 스파크 플러그를 사용하여 연료를 점화한다.
③ 전기 이륜자동차의 점화장치는 배터리 충전을 담당한다.
④ 전기 이륜자동차의 점화장치는 모터의 회전 속도를 조절한다.

> 전기 이륜자동차는 연료를 연소시키는 내연기관이 없으므로, 스파크 플러그를 사용하는 점화장치 자체가 필요 없다.

05 내연기관 이륜자동차의 점화 코일의 주된 역할은?

① 연료를 엔진으로 공급한다.
② 낮은 전압을 스파크 플러그가 불꽃을 튀길 수 있는 고전압으로 변환한다.
③ 배터리의 전압을 낮춘다.
④ 엔진의 온도를 감지한다.

> 점화 코일은 배터리(또는 발전기)의 낮은 전압을 수만 볼트의 고전압으로 승압시켜 스파크 플러그에 공급함으로써 불꽃을 생성할 수 있도록 한다.

 01.② 02.④ 03.① 04.① 05.②

06 내연기관 이륜자동차의 점화 플러그가 젖어 있거나 오염되어 있을 때 나타날 수 있는 현상은?
① 배터리 충전이 빨라진다.
② 타이어 공기압이 낮아진다.
③ 브레이크가 잘 듣지 않는다.
④ 시동 불량, 출력 저하, 연비 불량

점화 플러그가 젖거나 오염되면 불꽃이 약해지거나 아예 발생하지 않아 혼합 가스의 연소가 제대로 이루어지지 않으므로, 시동이 어렵거나 엔진 출력이 저하되고 연비가 나빠질 수 있다.

07 전기 이륜자동차의 충전 포트와 내연기관 이륜자동차의 연료 주입구가 가지는 공통적인 안전상 주의점은?
① 주기적으로 오일을 주입해야 한다.
② 반드시 잠금을 해제해야만 작동한다.
③ 물이나 이물질이 들어가지 않도록 관리해야 한다.
④ 고압으로 세척해야 한다.

전기 이륜자동차의 충전 포트에 물이나 이물질이 들어가면 전기적 문제가 발생할 수 있고, 내연기관 이륜자동차의 연료 주입구에 이물질이나 물이 들어가면 연료 시스템에 문제를 일으킬 수 있다. 둘 다 외부 오염으로부터 보호해야 한다.

08 내연기관 이륜자동차의 점화 장치에서 점화 코일의 1차 코일 저항을 측정하는 주된 이유는?
① 스파크 플러그의 간격을 확인하기 위해
② 배터리 충전 상태를 확인하기 위해
③ 코일 내부의 단선 또는 단락 여부를 진단하기 위해
④ 엔진 압축 상태를 확인하기 위해

점화 코일의 1차 코일 저항은 코일의 전기적 상태를 나타내는 중요한 지표이다. 표준 저항값과 측정값이 크게 다르면 코일 내부에 단선(무한 저항)이나 단락(매우 낮은 저항)이 있음을 의미하며, 이는 점화 불량의 원인이 된다.

09 내연기관 이륜자동차의 점화 플러그를 교체할 때, 가장 중요하게 확인해야 할 사항은?
① 플러그의 무게
② 플러그의 색상
③ 전극 간격(Gap)
④ 플러그의 길이

점화 플러그의 전극 간격은 불꽃의 강도와 연소 효율에 직접적인 영향을 미치므로, 제조사 규정 값에 맞게 정확히 조절하는 것이 매우 중요하다.

10 내연기관 이륜자동차에서 점화 플러그 케이블이 손상되었을 때 발생할 수 있는 현상은?
① 실화(Misfire) 발생, 엔진 출력 저하, 시동 불량
② 배기가스 색깔이 파란색으로 변한다.
③ 브레이크가 잠긴다.
④ 방향 지시등이 빠르게 점멸한다.

점화 플러그 케이블은 점화 코일에서 스파크 플러그로 고전압을 전달하는 통로이다. 케이블이 손상되면 고전압 누설로 인해 스파크 플러그로 가는 전압이 약해지거나 아예 공급되지 않아 실화(엔진이 제대로 연소되지 않음)가 발생하고, 이는 엔진 출력 저하 및 시동 불량의 원인이 된다.

11 내연기관 이륜자동차의 점화 플러그를 교체할 때, 엔진이 뜨거운 상태에서 작업하는 것을 피해야 하는 주된 이유는?
① 플러그가 잘 풀리지 않기 때문에
② 스파크 플러그가 너무 차갑기 때문에
③ 엔진 부품의 손상 위험이 있기 때문에
④ 작업자의 손에 화상을 입을 위험이 없기 때문에

뜨거운 엔진은 금속이 팽창해 있는 상태이므로, 이때 점화 플러그를 무리하게 풀거나 조이면 엔진 헤드의 나사산이 손상될 위험이 있다. 엔진이 충분히 식은 후 작업하는 것이 안전하다.

정답 06.④ 07.③ 08.③ 09.③ 10.① 11.④

12 내연기관 이륜자동차의 점화 플러그를 탈거했을 때, 전극 부분이 검은색 그을음으로 덮여 있다면 무엇을 의심할 수 있는가?

① 연료 혼합비가 너무 희박하다.
② 연료 혼합비가 너무 농후하다.
③ 점화 시기가 너무 빠르다.
④ 스파크 플러그의 간격이 너무 넓다.

점화 플러그 전극이 검은색 그을음으로 덮여 있는 것은 주로 엔진 오일이 연소실로 유입되어 함께 연소되거나, 연료-공기 혼합비가 너무 농후하여 불완전 연소가 발생할 때 나타나는 현상이다.

13 내연기관 이륜자동차의 점화 시기가 너무 늦을 때 발생할 수 있는 현상은?

① 엔진 출력이 증가하고 연비가 좋아진다.
② 엔진 출력이 저하된다.
③ 시동이 매우 잘 걸린다.
④ 배터리 충전이 빨라진다.

점화 시기가 너무 늦으면 혼합 가스가 피스톤이 하강하는 도중에 연소되어 폭발력이 제대로 전달되지 않아 엔진 출력이 저하된다. 또한, 연소 가스가 배기 밸브가 열린 상태에서 빠져나가 배기가스 온도가 높아지고 엔진 과열을 유발할 수 있다.

14 이륜자동차 전자제어 엔진에서 점화 코일의 주된 역할은?

① 수만 볼트의 고전압으로 변환하여 점화 플러그에 공급한다.
② 배터리를 충전한다.
③ 엔진 냉각 팬을 구동한다.
④ 연료 펌프를 작동시킨다.

점화 코일은 점화 플러그가 혼합 가스를 폭발시킬 수 있도록 강력한 스파크를 발생시키는 데 필요한 고전압을 생성한다.

15 ECU의 제어 신호를 받아 배터리의 저전압(12V)을 수만 볼트의 고전압으로 변환하여 점화 플러그에 공급하는 핵심 부품은?

① 점화 코일   ② 발전기
③ 연료 펌프   ④ 스타터 모터

점화 코일은 전자기 유도 현상을 이용하여 저전압을 고전압으로 승압시켜 점화 플러그가 스파크를 튀길 수 있도록 한다.

16 점화 코일에서 발생한 고전압을 점화 플러그까지 안전하게 전달하는 역할을 하는 부품은?

① 연료 라인   ② 냉각 호스
③ 접지선   ④ 점화 플러그 와이어

점화 플러그 와이어는 높은 전압이 새지 않도록 두꺼운 절연체로 둘러싸여 있으며, 고전압을 점화 플러그까지 손실 없이 전달한다.

17 엔진에서 실제로 불꽃을 발생시켜 혼합 가스를 점화시키는 최종 부품은?

① 연료 인젝터   ② 피스톤
③ 점화 플러그   ④ 밸브

점화 플러그는 고전압을 받아 전극 간의 작은 간극에서 전기적인 아크(스파크)를 발생시켜 압축된 혼합 가스를 폭발시킨다.

18 ECU가 점화 시기를 결정하고 불꽃을 발생시키기까지의 일련의 과정 중, 가장 먼저 정보를 ECU에 제공하여 점화 타이밍 결정의 기초가 되는 센서는?

① 산소 센서
② 크랭크 포지션 센서
③ 스로틀 위치 센서
④ 냉각수 온도 센서

크랭크 포지션 센서는 엔진의 회전 속도와 피스톤 위치를 실시간으로 ECU에 알려주어, ECU가 점화 타이밍을 계산하는 가장 기본적인 정보를 제공한다.

12.② 13.② 14.① 15.① 16.④ 17.③ 18.②

19 이륜자동차 엔진의 점화 시스템에서 점화 코일의 가장 주된 역할은?

① 점화 플러그가 불꽃을 튀길 수 있는 높은 전압으로 변환한다.
② 엔진 냉각수를 순환시킨다.
③ 연료를 연소실로 직접 분사한다.
④ 엔진 오일의 온도를 조절한다.

점화 코일은 전압을 승압하여 점화 플러그가 스파크를 생성하도록 돕는 핵심 부품이다.

20 점화 코일이 전압을 승압하는 데 사용하는 물리적 원리는 무엇인가?

① 열전도
② 중력의 법칙
③ 유압 원리
④ 전자기 유도

점화 코일은 1차 코일의 자기장 변화가 2차 코일에 고전압을 유도하는 전자기 유도 원리를 이용한다.

21 점화 코일의 구성 요소 중, 배터리 전압을 직접 받아 자기장을 형성하는 코일은?

① 2차 코일
② 유도 코일
③ 접지 코일
④ 1차 코일

1차 코일에 전류가 흐르면서 철심 주위에 자기장을 형성하는 것이 점화 코일 작동의 시작점이다.

22 점화 코일이 변환하는 고전압의 일반적인 범위는?

① 12,000V ~ 40,000V
② 100V ~ 1,000V
③ 50V ~ 100V
④ 100,000V 이상

점화 플러그 간극을 넘어 불꽃을 튀기기 위해서는 수만 볼트의 매우 높은 전압이 필요하다.

23 ECU가 점화 코일로 보내는 신호가 가장 직접적으로 하는 역할은?

① 점화 코일의 온도를 조절한다.
② 점화 코일의 수명을 연장시킨다.
③ 1차 코일의 전류 흐름을 제어하여 2차 코일에 고전압이 유도되도록 한다.
④ 점화 코일의 무게를 감지한다.

ECU는 1차 코일의 전류를 정밀하게 제어하여 고전압이 발생되는 타이밍을 조절한다.

24 점화 코일에서 발생한 고전압이 최종적으로 도달하여 불꽃을 튀기는 엔진 내부의 부품은?

① 연료 인젝터
② 점화 플러그
③ 피스톤
④ 밸브

점화 플러그는 고전압을 받아 전극 간극에서 스파크를 생성하여 혼합기를 점화한다.

25 점화 코일이 고장 났을 때 나타날 수 있는 가장 일반적인 증상은?

① 냉각수 누수
② 브레이크 제동력 약화
③ 엔진 부조, 시동 불량
④ 타이어 공기압 감소

점화 코일 불량은 불꽃 생성을 방해하여 엔진의 불안정한 작동을 유발한다.

26 현대 이륜자동차에 널리 사용되며, 각 점화 플러그 위에 전용 점화 코일이 직접 장착되는 방식은?

① 기존 배전기 방식
② 코일 온 플러그 방식
③ 코일 팩 방식
④ 독립 점화 방식

COP 방식은 고전압 전달 효율이 높고 에너지 손실이 적어 최신 엔진에 많이 적용된다.

정답 19.① 20.④ 21.④ 22.① 23.③ 24.② 25.③ 26.②

27 점화 코일의 불량으로 인해 불완전 연소가 발생했을 때, 연비 외에 엔진에 추가적으로 나타날 수 있는 부정적인 영향은?

① 엔진 온도가 급격히 낮아진다.
② 점화 플러그의 수명이 급격히 늘어난다.
③ 엔진 오일 압력이 증가한다.
④ 유해 배기가스 배출량이 증가한다.

불완전 연소는 유해 배기가스를 증가시키고, 높은 온도의 미연소 가스가 촉매에 들어가 손상을 줄 수 있다.

28 점화 코일의 고장을 진단하기 위해 ECU가 감지하여 운전자에게 알려주는 가장 일반적인 방법은?

① 연료 게이지의 바늘이 내려간다.
② 속도계가 작동하지 않는다.
③ 헤드라이트의 밝기가 어두워진다.
④ 계기판의 엔진 경고등이 점등된다.

ECU는 점화 코일의 이상 작동을 감지하면 P030x (실린더별 미스파이어)와 같은 오류 코드를 저장하고 엔진 경고등을 점등시킨다.

정답 27.④ 28.④

03 등화장치 정비

01 이륜자동차의 헤드라이트 전구가 12V에서 작동하며 5A의 전류를 소모한다면, 이 헤드라이트 전구의 소비 전력은 약 몇 와트(W)인가?

① 2.4W　　② 60W
③ 17W　　④ 120W

전력(P = V × I) 공식을 적용한다.
소비 전력 (P) = 12V × 5A = 60W

02 이륜자동차의 헤드라이트가 작동하지 않을 때, 가장 먼저 점검해야 할 부품은?

① 브레이크 패드
② 타이어 공기압
③ 전구 또는 퓨즈
④ 엔진 오일량

헤드라이트가 작동하지 않을 때 가장 흔한 원인은 전구가 끊어졌거나, 전구 회로를 보호하는 퓨즈가 단선된 경우이다.

03 이륜자동차의 방향 지시등이 평소보다 빠르게 점멸하는 현상이 발생할 때, 의심할 수 있는 원인은?

① 배터리 과충전
② 엔진 과열
③ 방향 지시등 전구 중 하나가 단선
④ 브레이크 스위치 불량

대부분의 이륜자동차 방향 지시등 회로는 전구의 부하 변화를 감지하여 점멸 속도를 조절한다. 전구 하나가 끊어져 부하가 줄어들면, 릴레이가 이를 고장으로 인식하여 점멸 속도를 빠르게 하여 운전자에게 경고한다.

04 이륜자동차의 브레이크 등이 브레이크를 밟아도 켜지지 않을 때, 점검해야 할 부품은?

① 클러치 케이블
② 브레이크 스위치, 전구
③ 연료 필터
④ 머플러

브레이크 등은 브레이크 레버나 페달에 연결된 스위치가 작동하여 전원을 공급받는다. 따라서 브레이크 등 전구가 끊어졌거나, 스위치가 고장 나면 등이 켜지지 않는다.

05 이륜자동차의 전기 배선을 점검할 때, 피복이 벗겨지거나 손상된 부분을 발견했다면 가장 적절한 조치는?

① 절연 테이프로 감거나, 필요시 배선을 교체한다.
② 그대로 두고 사용한다.
③ 물을 뿌려 냉각시킨다.
④ 날카로운 도구로 긁어낸다.

전기 배선의 피복이 벗겨지면 단락(Short Circuit)으로 인한 퓨즈 단선, 부품 손상, 심하면 화재나 감전의 위험이 있다. 따라서 즉시 절연 조치를 하거나 배선을 교체해야 한다.

 정답　01.②　02.③　03.③　04.②　05.①

06 이륜자동차의 계기판 조명이 어둡거나 켜지지 않을 때, 점검해야 할 부품은?

① 계기판 조명 전구 또는 관련 배선
② 엔진 오일 압력 센서
③ 브레이크 디스크
④ 연료 탱크

> 계기판 조명은 전구(또는 LED)의 수명이 다했거나, 해당 조명으로 가는 배선에 단선 또는 접촉 불량이 있을 때 어둡거나 켜지지 않을 수 있다.

07 이륜자동차의 혼이 작동하지 않을 때, 점검해야 할 부품은?

① 타이어 밸브
② 엔진 냉각 팬
③ 혼 스위치, 혼 자체 또는 관련 퓨즈
④ 서스펜션 스프링

> 혼이 작동하지 않을 때는 혼을 작동시키는 스위치, 혼 자체의 고장, 또는 혼 회로를 보호하는 퓨즈의 단선 여부를 점검해야 한다.

08 이륜자동차의 미등이 켜지지 않을 때, 헤드라이트는 정상 작동한다면 다음 중 가장 먼저 확인해야 할 것은?

① 미등 전구 또는 미등 관련 퓨즈
② 헤드라이트 전구
③ 엔진 오일 압력
④ 타이어 공기압

> 헤드라이트가 정상이라면 전체 전원 공급에는 문제가 없으므로, 미등 자체의 전구(벌브)가 끊어졌거나 미등 회로를 보호하는 퓨즈가 단선되었을 가능성이 가장 높다.

09 이륜자동차의 경고등 중, 배터리 충전 시스템에 문제가 발생했을 때 켜지는 것은?

① 엔진 오일 압력 경고등
② 고장 진단 램프
③ ABS 경고등
④ 배터리 충전 경고등

> 배터리 충전 경고등은 발전기나 전압 조정기 등 충전 시스템에 이상이 생겨 배터리가 제대로 충전되지 않을 때 점등되어 운전자에게 알려준다.

10 이륜자동차의 계기판 백라이트가 어둡거나 깜빡일 때, 전압 조정기의 불량을 의심할 수 있는 이유는?

① 전압 조정기는 연료 공급을 담당한다.
② 전기 장치의 안정적인 전압 공급에 영향을 준다.
③ 전압 조정기는 브레이크 작동을 제어한다.
④ 전압 조정기는 엔진 RPM을 감지한다.

> 전압 조정기(레귤레이터)는 발전기에서 생산된 전압을 일정하게 유지하여 배터리 충전 및 이륜자동차 전기 장치에 안정적인 전원을 공급한다. 이 부품이 불량하면 전압이 불안정해져 계기판 조명과 같은 전기 장치에 이상이 발생할 수 있다.

11 이륜자동차의 방향 지시등 스위치가 고장 났을 때, 발생할 수 있는 현상은?

① 방향 지시등이 계속 켜져 있다.
② 엔진 시동이 불가능하다.
③ 브레이크 등이 함께 켜진다.
④ 방향 지시등이 아예 작동하지 않거나 한쪽만 작동한다.

> 방향 지시등 스위치는 좌우 방향 지시등 회로에 전원을 공급하는 역할을 한다. 스위치가 고장 나면 전원이 제대로 공급되지 않아 방향 지시등이 작동하지 않거나, 특정 방향만 작동하지 않을 수 있다.

12 이륜자동차의 방향 지시등이 한쪽만 작동하지 않을 때, 가장 먼저 점검해야 할 부품은?

① 양쪽 방향 지시등 전구 모두
② 브레이크 등 전구
③ 작동하지 않는 쪽 방향 지시등 전구
④ 헤드라이트 전구

> 한쪽 방향 지시등만 작동하지 않는다면, 해당 전구가 끊어졌거나 해당 전구로 가는 배선에 단선 또는 접촉 불량이 있을 가능성이 가장 높다.

정답 06.① 07.③ 08.① 09.④ 10.② 11.④ 12.③

13 이륜자동차의 전자 제어 유닛이 고장 났을 때, 등화장치 등 전기 장치에 영향을 줄 수 있는 이유는?

① ECU는 이륜자동차의 전자 시스템을 제어하고 통신하기 때문
② ECU가 직접 전구를 생산하기 때문
③ ECU가 타이어 공기압을 조절하기 때문
④ ECU가 연료를 주입하기 때문

> ECU/ECM은 이륜자동차의 엔진뿐만 아니라 다양한 전기 전자 시스템과 통신하고 일부 기능을 제어하는 핵심 부품이다. ECU에 문제가 발생하면 등화장치를 포함한 여러 전기 장치에 비정상적인 작동이나 고장을 유발할 수 있다.

14 이륜자동차의 배선 하네스 점검 시, 배선이 마모되어 노출되었거나 단선된 경우, 가장 적절한 정비 조치는?

① 노출된 배선을 잘라낸다.
② 임시로 절연 테이프만 감고 사용한다.
③ 전문적인 방법으로 절연 처리 및 수리한다.
④ 물을 뿌려 단락을 유도한다.

> 손상된 배선은 전기적 문제와 안전사고의 직접적인 원인이 된다. 임시 조치보다는 정확한 진단 후 배선을 교체하거나, 표준 절차에 따라 안전하고 완벽하게 수리해야 한다.

15 이륜자동차의 미등과 브레이크 전구의 더블 전구에서 모두 작동하는 경우, 브레이크를 밟았을 때만 밝아지는 이유로 옳은 것은?

① 브레이크 스위치가 전구의 색깔을 바꾼다.
② 테일라이트 전구가 깜빡이기 때문이다.
③ 배터리 전압이 일시적으로 높아지기 때문이다.
④ 전구 내부에 필라멘트가 두 개 있기 때문이다.

> 하나의 전구로 미등과 브레이크 등을 겸용하는 전구는 내부에 서로 다른 밝기를 내는 두 개의 필라멘트(또는 LED 소자 그룹)를 가지고 있다. 미등 시에는 약한 필라멘트가, 브레이크 시에는 더 강한 필라멘트가 점등되어 밝기가 달라진다.

16 이륜자동차의 LED 등화장치를 일반 전구로 교체할 경우 발생할 수 있는 문제는?

① 전력 소모가 증가한다.
② 전구의 밝기가 너무 밝아진다.
③ 전구의 수명이 길어진다.
④ 배터리 충전 속도가 빨라진다.

> LED는 일반 전구보다 전력 소모가 훨씬 적다. LED 전용으로 설계된 회로에 일반 전구를 장착하면 전력 소모가 크게 늘어나고, 회로의 과부하, 발열, 릴레이 오작동 등을 유발할 수 있다.

17 이륜자동차의 LED 방향 지시등을 장착한 후 점멸 속도가 너무 빠르다면, 해결 방법으로 가장 적절한 것은?

① 더 밝은 LED 전구로 교체한다.
② LED용 플래셔 릴레이를 장착하거나 저항을 추가한다.
③ 배터리를 교체한다.
④ 전구의 개수를 늘린다.

> LED는 전력 소모가 적어 기존 전구용 플래셔 릴레이가 LED의 낮은 부하를 감지하지 못하고 고장으로 인식하여 빠르게 점멸시킨다. 이를 해결하려면 LED용 플래셔 릴레이로 교체하거나, 부하를 맞춰주는 저항(Load Resistor)을 추가해야 한다.

18 이륜자동차의 상향등이 작동하지 않을 때, 하향등은 정상 작동한다면, 다음 중 어떤 부품을 우선적으로 점검해야 하는가?

① 방향 지시등 릴레이
② 상향등 전구 필라멘트
③ 브레이크 스위치
④ 퓨즈 박스 전체

> 하향등은 정상 작동하므로 헤드라이트 전체에 대한 전원 공급 문제는 아닐 가능성이 높다. 따라서 상향등 전구 내부의 필라멘트가 끊어졌거나, 상향등 전환 스위치 자체의 고장을 우선적으로 점검해야 한다.

 13.① 14.③ 15.④ 16.① 17.② 18.②

19 이륜자동차의 전조등 조사 각도가 너무 높거나 낮을 때 발생할 수 있는 문제는?

① 야간 주행 시 시야 확보가 어렵다.
② 배터리 방전이 빨라진다.
③ 방향 지시등이 오작동한다.
④ 브레이크 성능이 저하된다.

> 전조등의 조사 각도는 야간 주행 시 운전자의 시야를 확보하고, 동시에 마주 오는 차량이나 앞차 운전자의 눈부심을 방지하는 데 매우 중요하다. 각도가 부적절하면 안전에 큰 영향을 미친다.

20 이륜자동차의 배선 하네스가 다른 부품이나 프레임에 마찰되어 손상되는 것을 방지하기 위한 가장 효과적인 방법은?

① 배선 하네스를 풀로 고정한다.
② 배선 하네스를 뜨거운 물로 세척한다.
③ 배선 하네스를 늘어뜨려 놓는다.
④ 배선 하네스에 케이블 타이를 사용하여 고정한다.

> 배선 하네스를 올바른 위치에 케이블 타이 등으로 고정하고, 마찰이 예상되는 부분에는 보호 튜브나 고무 부싱을 추가하여 물리적 손상을 예방해야 한다.

21 이륜자동차의 전자 제어 시스템에 문제가 발생했을 때, 진단 스캐너를 사용하는 주된 이유는?

① 배터리를 충전하기 위해
② 엔진 오일을 교환하기 위해
③ 센서 데이터를 분석하여 문제점을 진단하기 위해
④ 타이어 공기압을 측정하기 위해

> 진단 스캐너는 이륜자동차의 ECU와 통신하여 시스템에 저장된 고장 코드(DTC)를 확인하고, 각종 센서와 액추에이터의 실시간 데이터를 분석함으로써 복잡한 전기전자 시스템의 문제를 정확하게 진단하는 데 사용한다.

22 이륜자동차의 후미등과 번호판 등이 함께 작동하지 않을 때, 가장 먼저 의심해야 할 공통적인 원인은?

① 개별 전구의 단선
② 관련 퓨즈 단선 또는 공통 배선 문제
③ 브레이크 스위치 고장
④ 헤드라이트 전구 단선

> 여러 등화장치가 동시에 작동하지 않는다면, 이들 장치에 공통적으로 전원을 공급하는 퓨즈가 단선되었거나, 이들을 연결하는 공통 배선에 문제가 발생했을 가능성이 높다.

23 이륜자동차의 배터리 방전 테스트 시, 배터리 전압이 시동 중에 9.6V 이하로 급격히 떨어지는 경우, 의심할 수 있는 것은?

① 엔진의 압축 압력이 너무 높다.
② 충전 시스템이 과충전된다.
③ 시동 모터의 저항이 너무 낮다.
④ 배터리 내부 셀의 손상 또는 수명 단축

> 시동 중 전압이 9.6V 이하로 심하게 강하하는 것은 배터리가 시동 모터를 구동할 만큼 충분한 전류를 공급할 능력이 없다는 것을 의미하며, 이는 배터리 자체의 노화나 내부 손상(예: 셀 손상)을 나타낸다.

24 이륜자동차의 방향 지시등이 켜지지 않을 때, 퓨즈도 끊어지지 않았고 전구도 정상이라면 다음 중 어떤 부품의 고장을 의심할 수 있는가?

① 브레이크 스위치
② 방향 지시등 릴레이
③ 혼
④ 엔진 스타트 모터

> 방향 지시등 릴레이는 방향 지시등이 깜빡이도록 전원을 주기적으로 연결하고 끊는 역할을 한다. 퓨즈와 전구가 정상인데 작동하지 않는다면 릴레이 고장을 의심해야 한다.

 정답 19.① 20.④ 21.③ 22.② 23.④ 24.②

25 이륜자동차의 등화장치 중, 발광 다이오드의 장점으로 옳은 것은?

① 필라멘트를 사용하여 수명이 짧다.
② 전력 소모가 많고 발열이 심하다.
③ 가격이 매우 저렴하여 자주 교체할 수 있다.
④ 응답 속도가 빠르고 수명이 길며 전력 소모가 적다.

LED는 필라멘트가 없어 수명이 길고, 기존 전구에 비해 전력 소모가 현저히 적으며, 즉각적으로 빛을 내는 응답 속도가 빠르다는 장점을 가진다.

26 이륜자동차의 주행 중 헤드라이트가 갑자기 어두워지거나 깜빡이는 현상이 발생했을 때, 가장 먼저 의심해야 할 시스템은?

① 브레이크 시스템
② 연료 공급 시스템
③ 서스펜션 시스템
④ 충전 시스템

주행 중에 헤드라이트의 밝기가 불안정하다면, 배터리가 제대로 충전되지 않거나 전기 장치에 불안정한 전압이 공급되는 충전 시스템의 문제일 가능성이 높다.

27 이륜자동차의 계기판 백라이트 전구가 자주 끊어지는 현상이 발생한다면, 다음 중 어떤 문제를 의심할 수 있는가?

① 배터리가 너무 약하다.
② 전압 조정기의 불량으로 인한 과전압 공급
③ 타이어 공기압이 낮다.
④ 엔진 오일이 부족하다.

전압 조정기가 고장 나면 발전기에서 생성된 과도한 전압이 전구와 같은 전기 장치로 유입되어 수명을 단축시키거나 즉시 끊어지게 할 수 있다.

28 이륜자동차의 전기 배선에서 피복이 벗겨진 부분이 프레임 등 금속 부분에 닿아 발생할 수 있는 가장 위험한 상황은?

① 소음이 발생한다.
② 연비가 나빠진다.
③ 단락으로 인한 화재 또는 감전
④ 최고 속도가 줄어든다.

벗겨진 배선이 차체(접지)에 닿으면 단락이 발생하여 과도한 전류가 흐르고, 이는 배선 과열, 화재, 퓨즈 단선, 심하면 감전 사고로 이어질 수 있다.

29 이륜자동차의 브레이크 등이 브레이크 레버를 밟거나 페달을 밟을 때 항상 켜져 있다면, 어떤 부품의 고장을 의심할 수 있는가?

① 브레이크 등 전구
② 브레이크 스위치
③ 미등 퓨즈
④ 방향 지시등 릴레이

브레이크 스위치는 브레이크를 조작할 때만 회로를 연결하여 브레이크 등을 켜지게 한다. 스위치가 고장 나서 항상 연결되어 있는 상태(상시 ON)가 되면 브레이크 등을 계속 켜져 있게 만든다.

30 이륜자동차의 등화장치 정비 후, 모든 등화장치가 제대로 작동하는지 점검해야 하는 주된 이유는?

① 외관을 더 멋지게 보이기 위해
② 다른 차량으로부터 인지도를 높여 안전을 확보하기 위해
③ 배터리 충전 속도를 높이기 위해
④ 엔진 출력을 높이기 위해

등화장치는 이륜자동차의 야간 주행 안전에 직접적으로 관련되어 있다. 운전자의 시야 확보는 물론, 다른 운전자와 보행자가 이륜자동차를 쉽게 인지할 수 있도록 하여 사고를 예방하는 중요한 역할을 한다.

25.④ 26.④ 27.② 28.③ 29.② 30.②

31 이륜자동차의 비상등 스위치를 켰을 때, 모든 방향 지시등이 동시에 깜빡이지 않는다면, 가장 먼저 의심해야 할 부품은?

① 개별 방향 지시등 전구
② 혼 스위치
③ 브레이크 등 스위치
④ 비상등 스위치 또는 비상등 릴레이

비상등은 모든 방향 지시등을 동시에 작동시키는 기능으로, 스위치나 비상등 전용 릴레이에 문제가 있을 때 정상 작동하지 않는다. 개별 전구 문제는 한쪽만 작동하지 않는 경우에 해당된다.

32 이륜자동차의 전기 회로에서 저항계를 사용하여 저항값을 측정할 때, 반드시 전원을 어떻게 해야 하는가?

① 전원을 켜고 측정한다.
② 전원을 켠 상태에서 전류를 강하게 흘려 측정한다.
③ 전압을 높여 측정한다.
④ 전원을 끈 상태에서 측정한다.

저항을 측정할 때는 회로에 전원이 인가되어 있으면 측정값이 부정확해지거나 멀티미터가 손상될 수 있으므로, 반드시 전원을 끈 상태에서 측정해야 한다.

33 이륜자동차의 계기판에 있는 여러 경고등 중, 오일 압력 경고등과 배터리 충전 경고등이 동시에 켜진다면 의심할 수 있는 것은?

① 시동 후 엔진 회전수가 낮을 때
② 타이어 공기압 부족
③ 브레이크 패드 마모
④ 연료 부족

오일 압력 경고등은 엔진이 작동할 때, 배터리 충전 경고등은 발전기가 작동할 때(엔진 회전수와 연동) 소등되는 것이 일반적이다. 시동이 걸리지 않았거나 시동 후 엔진 회전수가 충분하지 않아 발전기 및 오일 펌프가 제대로 작동하지 않으면 이 두 경고등이 동시에 켜질 수 있다.

34 이륜자동차의 전조등이 어둡거나 흐릿하게 보이는 경우, 전구와 퓨즈가 정상이라면 어떤 부분을 점검해야 하는가?

① 타이어 공기압
② 브레이크 오일량
③ 배선 또는 커넥터의 부식이나 저항 증가
④ 엔진 냉각수량

전구와 퓨즈가 정상임에도 불빛이 약하다면, 전원 공급 경로(배선, 커넥터, 스위치 등)에 부식이나 접촉 불량으로 인한 저항 증가가 발생하여 전압 강하가 심해지는 경우를 의심할 수 있다.

35 이륜자동차의 등화장치에 LED를 사용할 때, 가장 중요한 장점은?

① 발열이 심하여 겨울에 유리하다.
② 전구 교체가 쉽고 가격이 저렴하다.
③ 빛의 색깔을 임의로 바꿀 수 있다.
④ 수명이 길고 전력 소모가 적다.

LED는 기존 할로겐 전구에 비해 수명이 훨씬 길고, 전력 소모가 적어 발전기 및 배터리에 부담을 덜 주는 것이 가장 큰 장점이다.

36 이륜자동차의 전조등이 너무 밝아 다른 운전자의 눈부심을 유발할 때, 점검해야 할 사항은?

① 전구의 와트(W) 수가 규정보다 높은지 확인, 조사 각도를 조절한다.
② 전구의 와트(W) 수가 규정보다 낮은지 확인한다.
③ 타이어 공기압을 높인다.
④ 엔진 오일량을 확인한다.

전조등이 너무 밝다면 규정보다 높은 와트(W) 수의 전구가 장착되었거나, 전조등의 조사 각도가 너무 높게 설정되어 있을 가능성이 높다. 이 경우 규정 전구로 교체하거나 조사 각도를 적절히 조절해야 한다.

31.④ 32.④ 33.① 34.③ 35.④ 36.①

37 이륜자동차의 전기 배선 정비 시, 납땜을 해야 할 경우 가장 적합한 납땜 인두 팁은?

① 배선의 굵기에 적합한 크기와 형태의 팁
② 크고 뭉툭한 팁
③ 매우 가늘고 뾰족한 팁
④ 구부러진 팁

> 납땜 작업의 품질과 효율성을 위해서는 작업 부위의 크기, 배선의 굵기, 그리고 필요한 열량에 적합한 크기와 형태의 납땜 인두 팁을 사용하는 것이 중요하다.

38 이륜자동차의 정지등이 항상 켜져 있는 현상이 발생할 때, 확인해야 할 부품은?

① 브레이크 스위치
② 방향 지시등 릴레이
③ 헤드라이트 스위치
④ 시동 스위치

> 정지등은 브레이크 스위치가 작동할 때만 켜지도록 설계되어 있다. 정지등이 계속 켜져 있다면, 브레이크 스위치가 고착되어 항상 'ON' 상태를 유지하고 있을 가능성이 높다.

39 이륜자동차의 경적이 소리가 약하거나 작동하지 않을 때, 퓨즈와 배선이 정상이라면 다음 중 어떤 부품을 점검해야 하는가?

① 브레이크 레버 ② 혼 스위치
③ 엔진 오일 필터 ④ 서스펜션 스프링

> 퓨즈와 배선이 정상인데 클랙슨이 작동하지 않는다면, 클랙슨을 작동시키는 스위치에 문제가 있거나 클랙슨 자체의 고장(예: 내부 코일 손상, 접점 불량)을 의심해야 한다.

40 이륜자동차의 배터리 터미널에 흰색 또는 녹색의 가루가 쌓여 있다면, 이는 무엇을 의미하는가?

① 배터리가 과충전되고 있다는 신호이다.
② 배터리가 완전히 방전되었다는 신호이다.
③ 배터리액 누출로 인한 부식 현상이다.
④ 배터리 수명이 매우 길다는 신호이다.

> 배터리 터미널에 흰색 또는 녹색 가루가 생기는 것은 배터리액(황산)이 누출되어 공기 중의 습기와 반응하여 발생하는 부식 현상이다. 이는 접촉 불량 및 전압 강하의 원인이 된다.

41 이륜자동차의 방향 지시등이 켜진 후 깜빡이지 않고 계속 켜져 있는 현상이 발생할 때, 가장 먼저 의심해야 할 부품은?

① 전구의 필라멘트 단선
② 방향 지시등 릴레이의 고장
③ 배터리 방전
④ 브레이크 스위치 고장

> 방향 지시등이 깜빡이는 것은 플래셔 릴레이가 전원을 주기적으로 연결하고 끊어주기 때문이다. 릴레이가 고장 나서 계속 연결된 상태가 되면 방향 지시등이 깜빡이지 않으며 계속 켜져 있게 된다.

42 이륜자동차의 전기 장치 문제 진단 시, 육안 점검으로 확인할 수 있는 가장 기본적인 사항은?

① 부품 내부의 미세한 균열
② 배선이나 커넥터의 손상, 부식, 느슨함 여부
③ 전류의 정확한 양
④ 전압의 미세한 변동

> 육안 점검은 전기 장치 문제 해결의 첫 단계로, 배선 피복의 손상, 커넥터의 부식, 단자 풀림 등 눈으로 확인할 수 있는 물리적인 손상이나 이상 여부를 파악하는 것이다.

43 이륜자동차의 계기판에 있는 주행 거리계가 작동하지 않을 때, 점검해야 할 부품은?

① 연료 게이지 센서
② 브레이크 캘리퍼
③ 엔진 오일 필터
④ 속도 센서 및 관련 배선

> 주행 거리계는 이륜자동차의 속도 센서로부터 신호를 받아 주행 거리를 계산한다. 따라서 속도 센서나 센서와 계기판을 연결하는 배선에 문제가 생기면 주행 거리계가 작동하지 않을 수 있다.

37.① 38.① 39.② 40.③ 41.② 42.② 43.④

44 이륜자동차의 방향 지시등이 켜지지 않을 때, 가장 먼저 확인해야 할 것은?
① 타이어 공기압 ② 엔진 오일량
③ 깜빡이 전구 ④ 브레이크 레버

깜빡이가 작동하지 않을 때 가장 흔한 원인은 전구가 끊어진 경우이다.

45 이륜자동차의 전기배선이 벗겨져서 금속 부분이 보인다면 무엇을 해야 할까요?
① 그대로 둔다.
② 물을 뿌린다.
③ 절연 테이프로 감거나 수리한다.
④ 손으로 만져본다.

벗겨진 전기선은 감전이나 합선(쇼트)의 위험이 있으므로, 즉시 절연 테이프로 감거나 전문가에게 수리를 맡겨야 한다.

46 이륜자동차의 헤드라이트가 켜지지 않을 때, 배터리는 정상이라면 다음 중 어떤 부품을 확인해야 하는가?
① 헤드라이트 전구 ② 연료 탱크
③ 머플러 ④ 시트

헤드라이트가 안 켜진다면 전구 자체가 나갔거나, 전기 회로를 보호하는 퓨즈가 끊어졌을 가능성이 크다.

47 이륜자동차의 브레이크 등이 켜지지 않을 때, 브레이크 레버를 밟아도 반응이 없다면 다음 중 어떤 부품을 확인해야 하는가?
① 브레이크 스위치
② 브레이크 등 전구
③ 클러치 케이블
④ 엔진 시동 버튼

브레이크 등은 브레이크 레버나 페달에 있는 스위치가 눌러져야 켜진다. 스위치가 고장 나면 아무리 브레이크를 밟아도 등이 켜지지 않는다. 물론 전구 자체도 확인해야 한다.

48 이륜자동차의 배터리 단자 주변에 하얀 가루가 많이 있다면 무엇을 해야 하나?
① 배터리 단자를 깨끗하게 닦아낸다.
② 물을 뿌려 씻어낸다.
③ 그대로 두고 사용한다.
④ 더 큰 배터리로 교체한다.

배터리 단자의 하얀 가루는 부식된 것이므로, 전류 흐름을 방해한다. 깨끗하게 닦아내야 전기 연결이 좋아진다.

49 이륜자동차의 혼이 소리가 나지 않을 때, 가장 먼저 확인해야 할 것은?
① 혼 스위치
② 연료량
③ 타이어 공기압
④ 엔진 오일량

경적이 작동하지 않는다면 경적 스위치, 경적 자체, 또는 경적 회로의 퓨즈가 끊어졌을 수 있다.

50 이륜자동차의 모든 전기 장치가 갑자기 꺼진다면, 가장 먼저 의심해야 할 부품은?
① 바퀴 축 ② 연료 펌프
③ 메인 퓨즈 ④ 서스펜션

모든 전기 장치가 동시에 작동하지 않는다면, 이륜자동차 전체의 전기 공급을 담당하는 메인 퓨즈가 끊어졌을 가능성이 매우 크다.

51 이륜자동차의 방향 지시등이 평소보다 아주 빠르게 깜빡인다면 무엇을 의심해야 하나?
① 깜빡이 전구 중 하나가 끊어졌다.
② 배터리가 너무 충전되었다.
③ 엔진이 과열되었다.
④ 브레이크가 고장 났다.

이륜자동차 깜빡이는 전구의 상태에 따라 깜빡이는 속도가 달라지도록 되어 있다. 한쪽 전구가 나가면 남아있는 전구에 흐르는 전류량이 변해서 더 빠르게 깜빡이게 된다.

44.③ 45.③ 46.① 47.① 48.① 49.① 50.③ 51.①

52 이륜자동차의 계기판 불빛이 잘 들어오지 않을 때, 배터리는 정상이라면 무엇을 확인해야 하나?

① 엔진 오일 레벨
② 브레이크 패드
③ 계기판 불빛 전구
④ 클러치 레버

> 계기판 불빛이 잘 들어오지 않는다면, 불빛을 내는 전구(또는 LED)가 고장 났을 가능성이 높다.

53 이륜자동차의 LED 헤드라이트가 켜지지 않을 때, 멀티미터로 전원 공급 단자에서 12V 전압이 정상적으로 측정된다면, 다음 중 가장 유력한 고장 원인은?

① 헤드라이트 스위치 접점 불량
② 헤드라이트 퓨즈 단선
③ 배터리 방전
④ LED 모듈 내부의 드라이버 회로 고장

> 전원 공급(12V)이 정상인데 LED가 켜지지 않는다면, 전원을 LED 소자에 맞게 변환하고 제어하는 LED 드라이버 회로에 문제가 있거나, LED 소자 자체에 단선 등의 고장이 발생했을 가능성이 가장 높다. 퓨즈 단선이나 스위치 불량은 전원 공급 자체를 막는다.

54 이륜자동차의 라이트 스위치 내부의 접점 저항이 증가했을 때, 나타날 수 있는 현상은?

① 라이트 전구의 수명이 짧아진다.
② 방향 지시등이 빠르게 점멸한다.
③ 배터리 충전 속도가 빨라진다.
④ 스위치 접점 발열 및 전조등의 밝기 저하

> 스위치 접점의 저항이 증가하면, 전류가 흐를 때 해당 접점에서 전압 강하가 크게 발생하고 열이 발생한다. 이로 인해 전조등으로 가는 전압이 낮아져 밝기가 약해지고, 스위치 자체가 뜨거워질 수 있다.

55 이륜자동차의 퓨즈 박스에 없는 메인 퓨즈가 끊어졌을 때, 전체 전기 시스템이 작동하지 않는 이유를 잘 설명한 것은?

① 메인 퓨즈는 모든 전기 장치의 접지선을 연결하기 때문이다.
② 메인 퓨즈는 배터리의 음극(−) 단자를 보호하기 때문이다.
③ 메인 퓨즈는 전기 회로의 주 전원을 직접 연결하는 장치이기 때문이다.
④ 메인 퓨즈는 각 전구의 전류를 조절하기 때문이다.

> 메인 퓨즈는 이륜자동차 배터리의 양극(+)에서 시작하여 전체 이륜자동차의 전기 시스템으로 전원을 분배하기 전, 가장 먼저 위치하는 핵심 안전 장치이다. 이 퓨즈가 끊어지면 모든 전기 회로의 전원 공급이 완전히 차단되므로, 이륜자동차의 모든 전기 장치가 작동을 멈추게 된다.

56 밤에 이륜자동차를 탈 때, 앞을 밝혀주는 불빛은 무엇인가?

① 브레이크 등
② 방향 지시등
③ 번호판 등
④ 헤드라이트

> 헤드라이트는 이륜자동차의 가장 앞에 달려 있어 어두운 밤길을 밝혀주는 역할을 한다.

57 이륜자동차에서 전기가 너무 많이 흘러 부품이 고장 나지 않게 막아주는 작은 부품은?

① 나사 ② 퓨즈
③ 볼트 ④ 너트

> 퓨즈는 전기가 너무 많이 흐르면 스스로 끊어져서 다른 비싼 전기 부품들을 보호해 준다.

52.③ 53.④ 54.④ 55.③ 56.④ 57.②

58 이륜자동차의 방향 지시등이 한쪽만 안 들어올 때, 가장 먼저 뭘 확인해야 하나?

① 타이어 공기압
② 안 들어오는 쪽의 방향지시등 전구
③ 엔진 오일
④ 좌석 높이

한쪽만 안 들어온다면, 해당 전구가 나갔을 가능성이 가장 높다.

59 이륜자동차의 브레이크를 잡았는데 뒤에 불이 안 들어온다면, 무엇을 점검해야 하나?

① 헤드라이트 전구
② 방향지시등 전구
③ 미등 전구
④ 브레이크 전구

브레이크를 잡으면 켜지는 불을 브레이크 등이라고 한다.

60 이륜자동차의 배선이 찢어져서 구리선이 보인다면, 가장 안전한 방법은?

① 그냥 둔다.
② 찢어진 부분을 자른다.
③ 전기 테이프를 감아서 수리한다.
④ 불로 지진다.

찢어진 전기선은 감전이나 불이 날 수 있다. 전기 테이프로 잘 감거나, 아예 교체하는 것이 안전하다.

 58.② 59.④ 60.③

전기·전자회로 분석

01 이륜자동차의 전기 회로도를 분석할 때, 병렬 회로의 특징으로 옳은 것은?

① 모든 부품에 흐르는 전류가 동일하다.
② 저항이 직렬 회로보다 항상 크다.
③ 회로의 한 부분이 단선되면 전체 회로가 작동하지 않는다.
④ 모든 부품에 걸리는 전압이 동일하다.

> 병렬 회로에서는 전원이 여러 갈래로 나뉘어 각 부품에 직접 연결되므로, 모든 부품에 동일한 전압이 걸린다. 한 부품이 단선되어도 다른 부품들은 계속 작동한다.

02 이륜자동차의 전기 회로에서 저항의 주된 역할은?

① 전류를 생성한다.
② 회로 내의 전류 흐름을 방해한다.
③ 전압을 높인다.
④ 전기를 저장한다.

> 저항은 전류의 흐름을 방해하여 회로 내에서 특정 지점의 전압을 낮추거나(전압 강하), 전류량을 제한하는 역할을 한다.

03 이륜자동차의 전기 회로에서 다이오드의 주된 역할은?

① 전류의 양을 조절한다.
② 전기를 저장한다.
③ 전류를 한 방향으로만 흐르게 한다.
④ 전압을 높인다.

> 다이오드는 전류를 특정 한 방향으로만 흐르게 하는 반도체 소자이다. 이는 회로 내에서 전류의 역류를 방지하거나 정류 작용(교류를 직류로 변환)을 하는 데 사용된다.

04 이륜자동차의 전기 회로도에서 접지 또는 접지 기호가 의미하는 것은?

① 전압이 가장 높은 지점
② 전류가 흐르지 않는 지점
③ 회로의 기준 전위(0V) 또는 접지 연결점
④ 퓨즈가 연결된 지점

> 전기 회로도에서 'GND'(Ground) 또는 접지 기호는 회로의 기준 전위인 0볼트를 나타내며, 보통 차량의 프레임이나 배터리 음극(-) 단자에 연결되어 전류가 순환하는 경로를 완성한다.

05 이륜자동차의 전기 회로 검사 시, 단선 여부를 확인하기 위해 주로 사용하는 측정 장비는?

① 압력 게이지
② 멀티미터
③ 소리 측정기
④ 온도계

> 멀티미터의 저항 측정 모드(옴 모드)나 도통 테스트(Continuity Test) 기능을 사용하여 회로가 끊어졌는지(단선) 여부를 확인할 수 있다. 단선된 회로는 무한대의 저항 값을 보여주거나 도통음이 나지 않는다.

정답 01.④ 02.② 03.③ 04.③ 05.②

06 이륜자동차의 전압을 측정하기 위해 멀티미터를 사용할 때, 멀티미터의 테스트 리드를 어떻게 연결해야 하는가?

① 측정하고자 하는 부품에 병렬로 연결한다.
② 측정하고자 하는 부품에 직렬로 연결한다.
③ 하나의 리드만 연결한다.
④ 전압 측정 시에는 연결하지 않는다.

> 전압은 회로의 두 지점 간의 전위차를 측정하는 것이므로, 멀티미터를 측정하고자 하는 부품이나 전원에 병렬로 연결해야 합니다. 전류 측정은 직렬 연결이다.

07 이륜자동차의 전기 회로도에서 릴레이가 사용되는 주된 이유는?

① 작은 전류로 큰 전류의 회로를 제어하기 위해
② 회로의 저항을 높이기 위해
③ 전압을 낮추기 위해
④ 배터리를 직접 충전하기 위해

> 릴레이는 전자석의 원리를 이용하여 작은 제어 전류로 더 큰 부하 전류가 흐르는 회로를 스위칭하는 장치이다. 이를 통해 스위치의 부담을 줄이고 배선을 간소화할 수 있다.

08 이륜자동차의 전기 회로에서 단락이 발생했을 때 나타날 수 있는 현상은?

① 회로의 저항이 무한대로 증가한다.
② 전기가 흐르지 않게 된다.
③ 전압이 높아진다.
④ 회로에 과도한 전류가 흘러 퓨즈가 단선되거나 배선이 과열된다.

> 단락은 전류가 흐르지 않아야 할 두 지점(예: (+)와 (-)선)이 직접 연결되어 저항이 거의 없는 상태가 되는 것이다. 이 경우 과도한 전류가 흐르게 되어 퓨즈가 끊어지거나 배선이 과열되어 손상될 수 있다.

09 이륜자동차의 전기 회로도에서 배터리 기호가 의미하는 것은?

① 전원 공급 장치 ② 저항
③ 스위치   ④ 다이오드

> 회로도에서 배터리 기호는 직류(DC) 전기를 공급하는 전원 장치를 나타낸다. 긴 선은 양극(+), 짧은 선은 음극(-)을 의미한다.

10 이륜자동차의 접지 불량으로 인해 전기 장치가 제대로 작동하지 않을 때, 나타날 수 있는 현상은?

① 과전압이 발생한다.
② 퓨즈가 계속 끊어진다.
③ 전기 장치가 간헐적으로 작동한다.
④ 배터리가 과충전된다.

> 접지 불량은 전류가 회로를 통해 원활하게 흐르지 못하게 하여 해당 전기 장치에 충분한 전력이 공급되지 않도록 한다. 이로 인해 장치가 약하게 작동하거나, 불규칙하게 작동하는 문제가 발생할 수 있다.

11 이륜자동차의 전기 회로 점검 시, 테스트 램프를 사용하는 주된 이유는?

① 전압의 정확한 수치를 측정하기 위해
② 저항값을 측정하기 위해
③ 전류의 방향을 바꾸기 위해
④ 회로에 전기가 흐르는지를 간편하게 확인하기 위해

> 테스트 램프는 회로에 전원이 공급되어 전기가 흐르는지(도통 여부)를 시각적으로 간편하게 확인하기 위한 도구이다. 램프가 켜지면 전기가 통하고 있다는 의미이다.

12 이륜자동차의 전기 회로에서 접점이 부식되었을 때 나타날 수 있는 현상은?

① 저항이 감소하여 전류가 과도하게 흐른다.
② 전압이 상승하여 부품이 과열된다.
③ 접점 저항이 증가하여 전압 강하가 발생한다.
④ 회로가 단락된다.

> 접점이 부식되면 전기적 저항이 증가하여 전압이 떨어지고(전압 강하), 전류의 흐름이 원활하지 않게 되어 해당 전기 장치의 성능 저하나 오작동을 유발한다.

정답 06.① 07.① 08.④ 09.① 10.③ 11.④ 12.③

13 이륜자동차의 전기 장치에서 과부하가 발생했을 때, 퓨즈가 단선되는 주된 원인은?

① 퓨즈의 길이가 너무 길어서
② 회로에 허용치 이상의 전류가 흘러서
③ 퓨즈에 전압이 너무 낮게 걸려서
④ 퓨즈의 색상이 변해서

> 과부하는 회로에 설계된 허용 전류보다 더 많은 전류가 흐르는 상태를 말한다. 이때 퓨즈는 자신이 가진 저항과 흐르는 전류에 의해 과도하게 발열하여 녹아 끊어짐으로써 회로와 다른 부품을 보호한

14 이륜자동차의 주행 중 갑자기 모든 전기 장치가 작동하지 않을 때, 가장 먼저 의심해야 할 것은?

① 타이어 펑크
② 서스펜션 불량
③ 브레이크 패드 마모
④ 메인 퓨즈 단선/고장

> 모든 전기 장치가 동시에 작동하지 않는다면, 전체 전기 시스템의 주 전원 공급을 차단하는 메인 퓨즈가 단선되었거나, 메인 전원 릴레이가 고장 났을 가능성이 매우 높다.

15 이륜자동차의 전기 회로 검사 시, 쇼트로 인해 퓨즈가 계속 끊어질 때, 문제를 해결하기 위해 가장 먼저 해야 할 것은?

① 더 높은 용량의 퓨즈로 교체한다.
② 회로도를 분석하여 단락 지점을 찾고 수리한다.
③ 배터리를 완전히 방전시킨다.
④ 모든 전구를 교체한다.

> 퓨즈가 계속 끊어진다는 것은 회로 내부에 단락(쇼트)이 있다는 명확한 증거이다. 더 높은 용량의 퓨즈를 사용하면 배선이나 부품이 손상될 수 있으므로, 반드시 단락 지점을 찾아 수리해야 한다.

16 이륜자동차의 전기 회로 문제 해결 시, 멀티미터로 저항을 측정하는 주된 목적은?

① 회로에 흐르는 전류의 양을 확인하기 위해
② 전선의 단선 여부, 부품의 단락 여부 확인하기 위해
③ 배터리의 전압을 측정하기 위해
④ 엔진의 RPM을 측정하기 위해

> 멀티미터의 저항 측정 모드는 전선이나 코일의 단선(무한 저항), 부품의 단락(0옴에 가까운 저항), 또는 특정 부품의 정확한 저항값을 측정하여 회로의 이상 여부를 진단하는 데 사용된다.

17 이륜자동차의 전압 강하를 측정하는 주된 이유는?

① 배터리 충전 상태를 확인하기 위해
② 전류의 양을 측정하기 위해
③ 접점의 불량으로 인한 전력 손실을 진단하기 위해
④ 부품의 저항값을 측정하기 위해

> 전압 강하는 회로 내에서 전선이나 접점의 저항으로 인해 전압이 떨어지는 현상이다. 이를 측정하면 배선 손상, 부식된 접점 등 전력 손실의 원인을 파악할 수 있다.

18 이륜자동차의 전기전자회로에서 커패시터의 주된 역할은?

① 전하를 저장하고 노이즈를 제거한다.
② 전류를 한 방향으로만 흐르게 한다.
③ 전압을 높인다.
④ 회로의 저항을 증가시킨다.

> 커패시터는 전하를 저장하는 능력을 가진 부품으로, 회로 내에서 전압 변동을 흡수하여 안정적인 전원 공급을 돕거나, 불필요한 전기적 노이즈를 필터링하는 데 사용된다.

정답 13.② 14.④ 15.② 16.② 17.③ 18.①

19 이륜자동차의 전기 회로 검사 시, 단락을 확인하기 위해 멀티미터로 측정해야 할 것은?

① 전압　　② 저항
③ 전류　　④ 주파수

> 단락은 회로의 저항이 거의 0에 가까워지는 상태를 의미한다. 따라서 멀티미터를 저항 측정 모드에 놓고 해당 부분을 측정했을 때 0옴에 가까운 값이 나오면 단락으로 판단할 수 있다.

20 이륜자동차의 전기 회로도에서 스위치 기호가 의미하는 것은?

① 전류의 방향을 바꾼다.
② 회로를 열거나 닫아 전류의 흐름을 제어한다.
③ 전압을 안정화시킨다.
④ 전기를 저장한다.

> 스위치 기호는 회로를 물리적으로 연결하거나 끊어 전류의 흐름을 제어하는 부품을 나타낸다.

21 이륜자동차의 전기 회로도에서 A 또는 mA 단위가 표시된 곳은 무엇을 측정하는 지점인가?

① 전류 (Current)　② 저항 (Resistance)
③ 전압 (Voltage)　④ 전력 (Power)

> "A"는 암페어(Ampere)의 약자로, 전류의 단위를 나타냅니다. "mA"는 밀리암페어로, 더 작은 전류 단위이다.

22 이륜자동차의 전기 회로 문제 해결 시, 회로도를 사용하는 주된 이유는?

① 배선 문제 지점을 효율적으로 찾기 위해
② 이륜자동차의 무게를 측정하기 위해
③ 배터리 충전 시간을 단축하기 위해
④ 타이어의 종류를 확인하기 위해

> 전기 회로도는 각 부품의 위치, 연결 방식, 전력 흐름 등을 시각적으로 보여주므로, 문제 발생 시 어느 부분이 고장 났는지 파악하고 효율적으로 수리 계획을 세우는 데 필수적이다.

23 이륜자동차의 전기 회로에서 퓨즈 박스의 위치를 확인하는 주된 이유는?

① 엔진 오일을 교환하기 위해
② 타이어 공기압을 조절하기 위해
③ 해당 회로의 퓨즈를 점검하거나 교체하기 위해
④ 브레이크 오일을 보충하기 위해

> 퓨즈 박스에는 각 전기 장치 회로를 보호하는 퓨즈들이 모여 있다. 전기 장치에 문제가 생겨 작동하지 않을 때, 해당 퓨즈가 끊어졌는지 확인하고 교체하기 위해 퓨즈 박스의 위치를 알아야 한다.

24 이륜자동차의 전기 회로에서 릴레이가 작동하지 않을 때, 점검해야 할 주요 요소는?

① 서스펜션 오일 누유 여부
② 브레이크 패드 마모도
③ 릴레이 코일의 전원 공급 여부
④ 연료 탱크의 잔량

> 릴레이는 코일에 전원이 공급되어야 작동한다. 따라서 릴레이가 작동하지 않는다면 릴레이 코일에 전원이 제대로 들어오는지, 또는 릴레이 자체의 내부 고장 여부를 점검해야 한다.

25 이륜자동차의 전기 배선을 수리할 때, 절연 테이프를 사용하는 주된 목적은?

① 노출된 도체를 감싸 감전 및 단락을 방지하기 위해
② 배선의 색깔을 바꾸기 위해
③ 배선의 길이를 늘리기 위해
④ 배선의 온도를 높이기 위해

> 절연 테이프는 전기 전도성이 없는 재료로 만들어져, 손상되거나 노출된 배선의 도체를 감싸서 감전 위험을 막고, 다른 금속 부분과의 접촉으로 인한 단락(Short Circuit)을 방지한다.

 정답　19.②　20.②　21.①　22.①　23.③　24.③　25.①

26 이륜자동차의 전기 회로도에서 저항 기호가 의미하는 것은?

① 전기를 생성하는 부품
② 전기를 저장하는 부품
③ 전압을 높이는 부품
④ 전류의 흐름을 방해하는 부품

> 저항 기호는 회로 내에서 전류의 흐름을 제한하고 전압 강하를 유발하는 부품인 저항을 나타낸다.

27 이륜자동차의 전기 회로에서 접지 불량으로 인해 특정 전기 장치의 작동이 불량할 때, 해당 장치의 전원선(+)과 접지선(-)에 걸리는 전압 강하를 측정했을 때 나타나는 현상은?

① 전원선(+)에서는 전압 강하가 크고, 접지선(-)에서는 전압 강하가 작게 나타난다.
② 전원선(+)과 접지선(-) 모두에서 전압 강하가 동일하게 나타난다.
③ 전원선(+)과 접지선(-) 모두에서 전압 강하가 매우 작게 나타난다.
④ 전원선(+)에서는 전압 강하가 작고, 접지선(-)에서는 전압 강하가 크게 나타난다.

> 접지 불량은 전류가 회로를 통해 원활하게 흐르지 못하게 한다. 이는 접지선(-) 경로의 저항이 증가했음을 의미하므로, 접지선(-)에서의 전압 강하가 크게 나타나고, 상대적으로 전원선(+)에서는 전압 강하가 작게 나타난다.

28 이륜자동차의 전기 회로에서 단선이 발생했을 때, 해당 회로에 흐르는 전류는 어떻게 되는가?

① 전류가 무한대로 증가한다.
② 전류가 약하게 흐른다.
③ 전류의 방향이 바뀐다.
④ 전류가 흐르지 않게 된다.

> 단선은 회로가 끊어져 전류가 흐를 수 있는 경로가 없는 상태를 의미한다. 따라서 단선된 회로에는 전류가 전혀 흐르지 않게 된다.

정답 26.④ 27.④ 28.④

PART 03
이륜자동차 섀시정비

1. 휠·타이어 정비
2. 현가장치 정비
3. 조향장치 정비
4. 제동장치 정비

휠·타이어 정비

01 이륜자동차 타이어의 접지력이 가장 크게 영향을 받는 요소는?

① 브레이크 레버의 유격
② 타이어의 공기압 상태
③ 엔진 냉각수량
④ 배터리 충전 상태

> 타이어의 접지력은 도로와 직접 닿는 트레드 패턴, 고무의 종류, 그리고 적절한 공기압 상태에 의해 결정된다. 이는 이륜자동차의 제동, 가속, 코너링 성능에 결정적인 영향을 미친다.

02 이륜자동차 타이어의 공기압이 너무 낮을 때 발생할 수 있는 현상으로 틀린 것은?

① 연비 저하
② 타이어 이상 마모
③ 제동 거리 단축
④ 핸들 조작 어려움

> 공기압이 낮으면 제동 시 타이어의 변형이 커지고 접지면의 불균일한 압력 분포로 인해 오히려 제동 거리가 길어지게 된다.

03 이륜자동차의 타이어 공기압이 과도하게 높을 때 발생할 수 있는 문제점은?

① 접지력 증가 및 승차감 향상
② 승차감 저하
③ 브레이크 성능 향상
④ 엔진 출력 증가

> 타이어 공기압이 너무 높으면 타이어가 과도하게 팽창하여 노면과의 접촉 면적이 줄어들어 접지력이 감소하고 승차감이 딱딱해진다. 또한, 타이어의 중앙 부분만 집중적으로 마모되는 편마모가 발생한다.

04 이륜자동차 타이어의 제조 일자를 확인하는 주된 이유는?

① 타이어의 생산 시기를 파악하기 위해
② 타이어의 색깔을 확인하기 위해
③ 타이어의 무게를 측정하기 위해
④ 타이어의 브랜드명을 확인하기 위해

> 타이어는 주행 거리가 짧더라도 시간이 지나면 고무가 경화되거나 갈라지는 등 노화가 진행된다. 제조 일자를 확인하여 타이어의 노화 상태를 예측하고 안전한 교체 시기를 판단하는 것이 중요하다.

05 이륜자동차 타이어의 공기압을 점검하는 가장 적절한 시기는?

① 장거리 주행 직후 타이어가 뜨거울 때
② 타이어가 식은 상태
③ 이륜자동차를 세차한 직후
④ 비가 오는 날

> 타이어 공기압은 타이어가 냉간 상태일 때 측정하는 것이 가장 정확하다. 주행 후 타이어가 뜨거워지면 내부 공기가 팽창하여 실제보다 높은 압력으로 측정될 수 있다.

 01.② 02.③ 03.② 04.① 05.②

06 이륜자동차 타이어의 트레드는 어떤 역할을 하는가?

① 타이어의 색깔을 나타낸다.
② 노면과의 접지력을 제공한다.
③ 타이어의 공기압을 조절한다.
④ 타이어의 무게를 가볍게 한다.

트레드는 타이어 표면의 홈이 파인 부분으로, 도로와의 마찰을 통해 접지력을 높여주고, 비 오는 날 물을 밖으로 밀어내어 미끄럼을 방지하는 중요한 역할을 한다.

07 이륜자동차 타이어의 공기압이 적정 수준보다 높을 때 발생할 수 있는 가장 흔한 문제는?

① 타이어 중앙 부분만 빨리 닳는다.
② 승차감이 더 부드러워진다.
③ 엔진 출력이 증가한다.
④ 브레이크 성능이 좋아진다.

타이어 공기압이 너무 높으면 타이어가 과하게 팽창하여 노면과의 접촉 면적이 줄어들어 중앙 부분만 집중적으로 닳는 편마모가 생기고, 노면 접지력이 떨어져 미끄러지기 쉬워진다. 또한 승차감도 딱딱해진다.

08 이륜자동차 바퀴에 박힌 못을 발견하면 어떻게 해야 가장 안전한가?

① 못을 바로 뽑고 달린다.
② 물을 뿌려 못을 녹인다.
③ 못을 그대로 둔 채 정비소로 가서 전문가에게 맡긴다.
④ 타이어에 테이프를 붙인다.

못이 박힌 채 운전하면 위험할 수 있다. 함부로 뽑지 말고 정비소에 가서 전문가의 도움을 받는 것이 가장 안전하다.

09 이륜자동차 바퀴의 고무 부분이 닳아서 패턴이 거의 안 보일 때 무엇을 해야 하는가?

① 바람을 더 넣는다.
② 닳은 부분을 테이프로 붙인다.
③ 새 타이어로 교체한다.
④ 타이어를 뒤집어 끼운다.

타이어의 그림(트레드)이 거의 없으면 미끄러지기 쉽고 제동력이 약해져서 매우 위험하다. 새 타이어로 교체해야 한다.

10 이륜자동차 휠 베어링에 유격이 있거나 소음이 발생할 때, 주행 중 나타날 수 있는 현상은?

① 엔진 출력이 증가한다.
② 연료 효율이 증가한다.
③ 주행 중 휠에서 비정상적인 소음이 발생한다.
④ 브레이크 패드 마모가 감소한다.

휠 베어링은 휠의 회전을 부드럽게 지지하는 부품이다. 베어링이 손상되면 휠에서 비정상적인 소음과 함께 흔들림이 발생하여 주행 안정성을 해치고, 심하면 휠 고착으로 이어질 수 있다.

11 이륜자동차 휠 림의 변형을 육안으로 확인하는 방법 중 가장 일반적인 것은?

① 엔진 소리를 듣는다.
② 타이어 공기압을 측정한다.
③ 좌우 또는 상하로 흔들리는지 확인한다.
④ 브레이크 패드 두께를 측정한다.

휠 림의 변형(휨)은 이륜자동차를 스탠드에 세우고 휠을 천천히 돌려보면서 림의 가장자리 부분이 좌우 또는 상하로 일정하게 움직이는지 확인하여 진단할 수 있다.

12 이륜자동차 핸들이 움직일 때 '덜그럭'하는 소리가 나거나 흔들린다면, 무엇을 의심해야 하는가?

① 엔진 소리
② 연료 부족
③ 브레이크 오일
④ 핸들 안쪽 베어링

핸들을 잡고 좌우로 움직이거나 앞뒤로 흔들었을 때 '덜그럭'거리는 소리나 유격이 느껴지면 핸들 안쪽의 스티어링 베어링에 문제가 있을 수 있다.

06.② 07.① 08.③ 09.③ 10.③ 11.③ 12.④

13 이륜자동차 바퀴에 바람을 너무 적게 넣으면 어떻게 되는가?

① 바퀴가 더 단단해진다.
② 바퀴가 빨리 닳고 운전하기 힘들어진다.
③ 바퀴가 더 튼튼해진다.
④ 바퀴가 자동으로 수리된다.

> 타이어에 바람이 너무 적으면 닿는 면적이 넓어져 마찰이 심해지고, 바퀴가 빨리 닳아서 운전도 불안정해진다.

14 이륜자동차 휠의 스포크 타입 휠에서 스포크가 느슨해졌을 때, 발생할 수 있는 문제는?

① 휠의 강성이 약해져 변형되거나 파손될 위험이 있다.
② 엔진 소음이 감소한다.
③ 브레이크 성능이 향상된다.
④ 연료 효율이 증가한다.

> 스포크는 휠의 형태를 유지하고 강성을 제공하는 중요한 부품이다. 스포크가 느슨해지면 휠의 변형(휨)이 발생하기 쉽고, 이는 주행 안정성 저하 및 심각한 경우 휠 파손으로 이어질 수 있다.

15 이륜자동차 휠 림이 심하게 휘었을 때, 주행 중 발생할 수 있는 가장 위험한 상황은?

① 엔진 출력 증가
② 브레이크 패드 수명 연장
③ 타이어 편마모 및 주행 불안정성
④ 연료 효율 증가

> 휠 림이 휘면 타이어가 불균형하게 장착되어 편마모를 유발하고, 심한 경우 타이어 튜브를 손상시키거나 고속 주행 중 휠이 파손되어 대형 사고로 이어질 수 있다.

16 이륜자동차 휠 밸런스가 맞지 않을 때, 주행 중 나타날 수 있는 현상은?

① 엔진 출력 증가
② 핸들 떨림 발생
③ 배터리 충전 속도 증가
④ 브레이크 패드 마모 감소

> 휠 밸런스가 맞지 않으면 특정 주행 속도에서 휠이 불균형하게 회전하여 핸들 떨림, 차체 진동, 그리고 타이어의 비정상적인 편마모를 유발할 수 있다.

17 이륜자동차 타이어의 비정상적인 편마모가 발생했을 때, 가장 먼저 의심해야 할 섀시 관련 문제점은?

① 휠 얼라인먼트 불량
② 연료 필터 막힘
③ 배터리 방전
④ 엔진 오일 누유

> 타이어의 편마모는 휠의 균형이 맞지 않거나, 앞뒤 바퀴의 정렬(휠 얼라인먼트)이 틀어졌을 때 발생하는 대표적인 증상이다.

18 이륜자동차의 휠 밸런스가 맞지 않을 때, 주행 중 어떤 증상이 나타날 수 있는가?

① 특정 속도에서 핸들이 떨린다.
② 엔진 소음이 커진다.
③ 연료 소모가 줄어든다.
④ 브레이크 패드 수명이 길어진다.

> 휠 밸런스가 맞지 않으면 바퀴가 불균형하게 회전하면서 특정 속도 구간에서 핸들이 떨리거나 차체에 진동이 발생하여 운전에 불편함을 준다.

19 이륜자동차의 타이어 공기압이 너무 낮을 때 발생할 수 있는 문제점은?

① 연비 향상
② 엔진 출력 증가
③ 브레이크 성능 향상
④ 접지력 및 조향 안정성 저하

> 타이어 공기압이 낮으면 타이어의 접지 면적이 변형되어 과도한 발열, 내부 손상, 수명 단축을 유발하며, 조향 안정성 저하 및 연료 효율 감소, 편마모 등의 문제를 일으킨다.

13.② 14.① 15.③ 16.② 17.① 18.① 19.④

20 이륜자동차 타이어의 노화를 육안으로 판단할 수 있는 가장 대표적인 증상은?

① 타이어의 색깔이 검정색이 아닌 다른 색으로 변한다.
② 타이어 측면이나 트레드 부분에 미세한 균열이 발생한다.
③ 타이어에 흙이 묻어있다.
④ 타이어의 공기압이 자동으로 조절된다.

> 타이어는 시간이 지남에 따라 고무가 경화되면서 탄성을 잃고 표면에 미세한 균열(크랙)이 발생한다. 이는 타이어의 성능 저하 및 파열 위험을 높이는 노화의 대표적인 증상이다.

21 이륜자동차의 앞바퀴가 주행 중 한쪽으로 쏠리는 현상이 발생할 때, 가장 먼저 의심해야 할 원인은?

① 브레이크 패드 마모
② 체인 장력 과다
③ 포크 휨/정렬 불량
④ 엔진 오일 부족

> 타이어 공기압이 좌우 바퀴가 다르거나, 앞 포크가 굽었거나 정렬이 잘못되었을 경우 이륜자동차가 한쪽으로 쏠릴 수 있다.

22 타이어 표기 '120/70-17'에서 숫자 '70'이 의미하는 것은?

① 타이어의 최대 허용 속도
② 타이어의 최대 하중 지수
③ 타이어의 트레드 깊이
④ 타이어의 폭 대비 높이 비율

> 타이어 표기 '120/70-17'에서 가운데 숫자 '70'은 타이어의 편평비(Aspect Ratio)를 의미한다. 편평비는 타이어의 폭 대비 단면 높이의 비율을 퍼센트(%)로 나타낸 것이다. 이 숫자가 낮을수록 타이어의 단면이 낮고 넓어지며(낮은 편평비), 고속 주행 및 코너링 성능에 유리한 경향이 있다. 반대로 숫자가 높을수록 단면이 높고 승차감이 부드러워지는 경향이 있다.

23 타이어의 '120/70-17'과 같은 표기에서 '120'이 의미하는 것은?

① 타이어의 전체 직경(mm)
② 타이어의 허용 하중(kg)
③ 타이어의 편평비(%)
④ 타이어의 폭(mm)

> 타이어 표기 '120/70-17'에서 첫 번째 숫자 '120'은 타이어의 폭을 밀리미터(mm) 단위로 나타낸다. '70'은 편평비(폭 대비 높이 비율), '17'은 휠 직경을 인치(inch)로 나타낸다.

24 이륜자동차 타이어에서 노면과 직접 접촉하여 구동력, 제동력, 선회력을 발생시키는 부분은?

① 트레드 (Tread)
② 사이드월 (Sidewall)
③ 비드 (Bead)
④ 카커스 (Carcass)

> 타이어의 트레드(Tread)는 노면과 직접 닿는 부분으로, 타이어의 패턴이 있어 배수 및 구동, 제동, 선회 등 주행 성능의 핵심적인 역할을 한다.

25 튜브리스 타이어와 튜브타이어의 가장 큰 차이점은?

① 튜브리스 타이어는 펑크 시 공기가 즉시 모두 빠진다.
② 튜브 타이어는 휠에 직접 공기를 주입한다.
③ 튜브 타이어는 고속 주행에 더 적합하다.
④ 튜브리스 타이어는 내부에 별도의 튜브가 필요 없다.

> 튜브리스(Tubeless) 타이어는 이름 그대로 내부에 별도의 고무 튜브 없이 타이어 자체가 휠에 밀착되어 공기를 담는 구조이다. 튜브 타이어는 타이어 내부에 튜브가 삽입되어 공기를 주입하는 방식이다. 튜브리스 타이어는 펑크 시에도 공기가 비교적 천천히 빠져나가 더 안전하다.

정답 20.② 21.③ 22.④ 23.④ 24.① 25.④

26 이륜자동차 타이어 트레드의 마모 한계선이 보인다면 무엇을 해야 하는가?

① 타이어 공기압을 높인다.
② 타이어 공기압을 낮춘다.
③ 타이어를 앞 뒤로 바꾼다.
④ 타이어를 즉시 교체한다.

> 타이어 트레드의 마모 한계선이 드러났다는 것은 타이어의 마모가 심하여 제동력, 배수성, 접지력 등 안전에 필수적인 성능이 저하되었음을 의미하므로 즉시 교체해야 한다.

27 이륜자동차 휠의 종류 중, 여러 개의 가는 살(스포크)이 허브와 림을 연결하는 형태의 휠은?

① 스포크 휠 (Spoke Wheel)
② 캐스트 휠 (Cast Wheel)
③ 디스크 휠 (Disk Wheel)
④ 솔리드 휠 (Solid Wheel)

> 스포크 휠(Spoke Wheel)은 가는 금속 살(스포크)들을 사용하여 허브와 림을 연결하는 전통적인 방식의 휠이다. 주로 오프로드 바이크나 클래식 바이크에 사용되며, 충격 흡수에 유리하고 수리가 용이하다는 장점이 있다. 캐스트 휠(Cast Wheel)은 알루미늄 합금 등을 주조하여 하나의 통짜 형태로 만든 휠로, 무게가 가볍고 정비가 편리하며 고속 주행에 유리하다.

28 이륜자동차 타이어의 구조에 따라 레이디얼 타이어와 함께 가장 흔하게 분류되는 다른 한 종류의 타이어는?

① 솔리드 타이어 (Solid Tire)
② 스터드 타이어 (Stud Tire)
③ 런플랫 타이어 (Run-flat Tire)
④ 바이어스 타이어 (Bias Tire)

> 이륜자동차 타이어는 내부 코드층 배열 방식에 따라 크게 레이디얼 타이어와 바이어스 타이어로 분류된다. 레이디얼 타이어는 코드층이 림의 중심선에 대해 방사형으로 배열되고, 바이어스 타이어는 코드층이 비스듬히 교차 배열된다.

29 오프로드 주행 시 진흙이나 모래에서 접지력을 높이기 위해 트레드 블록이 크고 깊게 파여있는 타이어는?

① 로드 타이어 (Road Tire)
② 오프로드 타이어 (Off-road Tire)
③ 스포츠 타이어 (Sport Tire)
④ 투어링 타이어 (Touring Tire)

> 오프로드 타이어는 험한 노면(흙, 돌, 진흙 등)에서의 강력한 접지력을 위해 트레드 블록(패턴)이 크고 깊게 디자인된 것이 특징이다. 로드 타이어는 포장도로 주행에 최적화되어 있다.

30 타이어 림과 타이어 사이에 별도의 튜브가 필요 없는 구조의 타이어를 무엇이라고 부르는가?

① 튜브리스 타이어 (Tubeless Tire)
② 튜브 타이어 (Tube Type Tire)
③ 솔리드 타이어 (Solid Tire)
④ 런플랫 타이어 (Run-flat Tire)

> 튜블리스 타이어(Tubeless Tire)는 타이어 자체와 휠 림이 밀착되어 공기압을 유지하는 구조로, 별도의 튜브가 필요 없다. 펑크 시에도 공기가 천천히 빠져나가 안전성이 높고, 관리가 용이하다.

31 이륜자동차 타이어 교체 작업 시, 휠 림에 손상을 주지 않고 타이어를 장착하는 가장 안전한 방법은?

① 전용 타이어 레버 및 림 프로텍터를 사용하여 조심스럽게 작업한다.
② 망치로 타이어를 때려 넣는다.
③ 드라이버로 타이어를 밀어 넣는다.
④ 타이어에 비눗물을 뿌리고 발로 밟아 넣는다.

> 타이어는 휠 림에 단단하게 고정되어 있으므로, 무리하게 작업하면 휠 림이나 타이어 비드(Bead)가 손상될 수 있다. 전용 공구를 사용하여 조심스럽게 작업해야 한다.

정답 26.④ 27.① 28.④ 29.② 30.① 31.①

현가장치 정비

01 이륜자동차 서스펜션의 리바운드 댐핑 조절이 너무 약하게 설정되었을 때, 나타날 수 있는 현상은?
① 서스펜션이 압축된 후 너무 빠르게 원위치로 돌아와 불안정한 승차감을 준다.
② 서스펜션이 압축된 후 천천히 늘어나 승차감이 단단해진다.
③ 브레이크 성능이 저하된다.
④ 연료 소모가 증가한다.

리바운드 댐핑은 서스펜션이 압축된 후 다시 늘어나는 속도를 조절한다. 너무 약하게 설정되면 스프링이 반동으로 인해 과도하게 빠르게 늘어나면서 이륜자동차가 튀어 오르는 듯한 불안정한 느낌을 주어 노면 추종성이 떨어진다.

02 이륜자동차 스윙암의 피벗 부분 베어링에 유격이 발생했을 때, 점검 방법으로 가장 적절한 것은?
① 핸들을 좌우로 흔들어 유격 여부를 확인한다.
② 엔진을 시동하여 소리를 듣는다.
③ 브레이크 레버를 잡고 흔든다.
④ 타이어 공기압을 측정한다.

스윙암 피벗 베어링의 유격은 이륜자동차를 지지하고 뒷바퀴를 잡은 상태에서 좌우로 흔들었을 때, 스윙암과 프레임 연결부에서 유격이나 덜그럭거림이 느껴지는 것으로 진단할 수 있다.

03 이륜자동차 앞 서스펜션 오일 누유 시 발생할 수 있는 문제로 가장 거리가 먼 것은?
① 주행 중 소음 증가
② 제동력 저하
③ 승차감 저하
④ 타이어 편마모 발생

제동력 저하는 브레이크 오일 누유시에 발생하는 현상이다.

04 이륜자동차 리어 쇼크 업소버의 스프링 프리로드를 조절하는 도구는 주로 무엇인가?
① 십자 드라이버
② 플라이어
③ 스패너 또는 전용 후크 렌치
④ 망치

리어 쇼크 업소버의 스프링 프리로드는 스프링 하단에 있는 너트를 돌려 조절하며, 이를 위해서는 스패너나 서스펜션 전용 후크 렌치(C-스패너)가 필요하다.

05 이륜자동차 프론트 포크 오일 점검 시, 가장 중요하게 확인해야 할 사항은?
① 오일의 양과 점도 누유 여부
② 오일의 색깔이 투명한지
③ 오일의 냄새
④ 오일의 가격

포크 오일은 댐퍼 기능에 필수적이므로, 적정량이 들어있는지, 오랫동안 사용하여 점도가 변했거나 오염되지 않았는지, 그리고 외부로 새는 곳은 없는지 주기적으로 확인해야 한다.

 01.① 02.① 03.② 04.③ 05.①

06 이륜자동차 스윙암의 부싱 또는 베어링이 마모되었을 때, 후륜에서 나타날 수 있는 현상은?

① 후륜 브레이크가 잠긴다.
② 후륜이 좌우로 흔들리거나 유격이 발생한다.
③ 후륜 타이어의 공기압이 자동으로 조절된다.
④ 후륜에서 엔진 소음이 커진다.

스윙암 부싱 또는 베어링은 스윙암과 프레임 연결부를 지지하여 후륜의 움직임을 제어한다. 이 부분이 마모되면 후륜이 좌우로 유격이 생기거나 불안정하게 흔들려 주행 안정성에 큰 영향을 준다.

07 이륜자동차 서스펜션에서 프리로드를 조절하는 주된 목적은?

① 서스펜션 오일의 점도를 변경하기 위해
② 서스펜션의 길이를 늘리기 위해
③ 서스펜션 스프링의 압축 강도를 조절하기 위해
④ 서스펜션의 작동 소음을 줄이기 위해

프리로드 조절은 서스펜션 스프링이 얼마나 압축된 상태에서 시작하는지를 결정한다. 이를 통해 이륜자동차의 차고(Ride Height)와 초기 서스펜션의 단단함(승차감)을 라이더의 체중이나 주행 조건에 맞게 조절할 수 있다.

08 이륜자동차 서스펜션 오일 교환 작업 시, 주의해야 할 사항은?

① 규정된 서스펜션 오일의 종류와 정량을 사용한다.
② 오일 교환 후 에어 빼기 작업을 하지 않아도 된다.
③ 아무 오일이나 사용해도 된다.
④ 오일을 가득 채운다.

서스펜션 오일은 종류와 점도, 주입량이 서스펜션 성능에 큰 영향을 미친다. 규정된 오일과 정량을 사용해야 하며, 오일 교환 후에는 내부의 공기를 완전히 제거하는 에어 빼기 작업이 필수이다.

09 이륜자동차 서스펜션 부품 중, 충격 흡수 후 스프링이 다시 늘어나는 속도를 조절하는 기능은 무엇인가요?

① 프리로드   ② 압축 댐핑
③ 리바운드 댐핑   ④ 스프링 강도

리바운드 댐핑은 서스펜션이 압축되었다가 다시 원상태로 돌아올 때 스프링의 반발력으로 인해 과도하게 튀어 오르는 것을 제어하여 안정적인 노면 접지력을 유지하는 역할을 한다.

10 이륜자동차 프론트 포크의 댐퍼 로드가 손상되었을 때, 나타날 수 있는 현상은?

① 브레이크 성능이 향상된다.
② 서스펜션의 감쇠력이 저하된다.
③ 타이어 수명이 연장된다.
④ 엔진 출력이 증가한다.

댐퍼 로드는 포크 오일의 흐름을 제어하여 서스펜션의 감쇠력을 조절하는 핵심 부품이다. 이 부분이 손상되면 오일의 흐름 제어가 불가능해져 서스펜션의 충격 흡수 및 제어 능력이 크게 떨어진다.

11 이륜자동차 서스펜션의 정비 주기를 결정하는 가장 중요한 요소는?

① 이륜자동차의 색깔
② 주행 거리, 주행 환경
③ 이륜자동차의 제조사
④ 연료 탱크의 크기

서스펜션은 주행 거리, 얼마나 험한 길을 달렸는지, 그리고 라이더가 얼마나 거칠게 주행하는지에 따라 마모와 성능 저하 정도가 달라진다. 따라서 이러한 요소들을 고려하여 적절한 정비 주기를 결정해야 한다.

12 이륜자동차 서스펜션의 주된 역할은 무엇인가요?

① 엔진의 온도를 조절한다.
② 연료를 저장한다.
③ 브레이크 성능을 향상시킨다.
④ 노면의 충격을 흡수한다.

정답 06.② 07.③ 08.① 09.③ 10.② 11.② 12.④

서스펜션은 노면의 충격을 흡수하여 운전자에게 전달되는 진동을 줄이고, 타이어가 항상 도로에 잘 붙어있도록 도와 안전한 주행과 편안한 승차감을 제공하는 핵심 장치이다.

13 이륜자동차 다운 사이드 포크 방식이 가지는 일반적인 장점은?

① 강성이 높아 조향 안정성이 좋다.
② 제작 비용이 매우 저렴하다.
③ 오일 누유가 전혀 발생하지 않는다.
④ 정비가 매우 쉽다.

다운 사이드 포크는 두꺼운 아우터 튜브가 위쪽에 위치하여 조향 헤드에 고정되므로, 일반 포크보다 비틀림 강성이 뛰어나고 무게 중심을 낮출 수 있어 고성능 이륜자동차에 많이 사용된다.

14 이륜자동차 서스펜션의 작동 범위를 제한하는 범프 스톱의 역할은?

① 서스펜션의 충격을 완화하고 충돌을 막는다.
② 서스펜션 오일의 온도를 조절한다.
③ 스프링의 길이를 조절한다.
④ 서스펜션의 색깔을 변경한다.

범프 스톱은 서스펜션이 최대한 압축되었을 때, 내부 부품들이 서로 부딪혀 손상되는 것을 방지하고 충격을 한 번 더 흡수하여 완화시키는 고무 또는 플라스틱 부품이다

15 이륜자동차 서스펜션 시스템에서 고유 진동수가 너무 높을 때 주행 중 나타날 수 있는 현상은?

① 승차감이 부드러워진다.
② 노면 충격 흡수가 잘 된다.
③ 타이어 마모가 줄어든다.
④ 노면의 작은 요철에도 차체가 심하게 흔들려 승차감이 딱딱하게 느껴진다.

서스펜션의 고유 진동수가 너무 높다는 것은 스프링이 너무 단단하거나 차량이 가볍다는 의미이다. 이 경우 작은 노면의 요철에도 서스펜션이 민감하게 반응하여 차체가 위아래로 심하게 흔들리고, 승차감이 딱딱하게 느껴질 수 있다.

16 이륜자동차 서스펜션 오일의 점도가 너무 낮을 때 나타날 수 있는 현상은?

① 승차감이 너무 단단해진다.
② 조향 안정성이 좋아진다.
③ 서스펜션이 쉽게 가라앉는다.
④ 오일 누유가 없어진다.

서스펜션 오일의 점도가 낮으면 유압 저항이 감소하여 서스펜션이 쉽게 가라앉는 현상이 발생한다.

17 이륜자동차 속업쇼바가 노면의 충격을 흡수하지 못하고 너무 많이 출렁거린다면, 어떤 부품의 문제일 가능성이 클까요?

① 브레이크 패드
② 헤드라이트 전구
③ 서스펜션 오일 부족
④ 연료 펌프

서스펜션 내부의 오일은 충격을 흡수한 후 스프링의 움직임을 적절히 제어하는 역할을 한다. 오일이 부족하거나 오래되어 변질되면 이 기능이 저하되어 출렁거림이 심해진다. 스프링이 약해져도 같은 현상이 나타난다.

18 이륜자동차 서스펜션의 압축 댐핑 조절이 너무 약하게 설정되었을 때, 나타날 수 있는 현상은?

① 서스펜션이 천천히 압축되어 충격을 잘 흡수하지 못한다.
② 엔진의 출력이 감소한다.
③ 서스펜션이 충격을 받으면 너무 쉽게 깊이 압축된다.
④ 타이어의 마모가 감소한다.

압축 댐핑은 서스펜션이 충격을 받아 압축되는 속도를 조절한다. 너무 약하게 설정되면 서스펜션이 과도하게 빠르게 압축되어 요철에서 쉽게 바닥에 닿는 '바텀 아웃' 현상이 발생할 수 있다.

정답 13.① 14.① 15.④ 16.③ 17.③ 18.③

19 이륜자동차 프론트 포크의 이너 튜브에 흠집이나 녹이 발생했을 때, 어떤 문제가 생길 수 있는가?

① 엔진 소음이 커진다.
② 타이어 공기압이 낮아진다.
③ 오일 누유가 발생하고, 댐퍼 기능이 저하된다.
④ 브레이크 패드 마모가 빨라진다.

> 이너 튜브는 포크 오일과 실에 직접 닿는 부분이다. 흠집이나 녹은 실을 손상시켜 오일이 새는 주된 원인이 되고, 이는 서스펜션 작동 불량을 초래한다.

20 이륜자동차 서스펜션 오버홀 작업 시, 반드시 교체해야 하는 부품은?

① 엔진 오일
② 타이어
③ 브레이크 패드
④ 포크 오일 씰 및 더스트 씰, 포크 오일

> 서스펜션 오버홀은 서스펜션을 분해하여 내부 부품을 점검하고, 특히 오일 누유를 방지하는 오일 씰과 먼지 유입을 막는 더스트 씰, 그리고 서스펜션 오일을 반드시 새것으로 교체해야 한다.

21 이륜자동차 서스펜션의 리바운드 댐핑 조절이 너무 강하게 설정되었을 때, 나타날 수 있는 현상은?

① 서스펜션이 빠르게 늘어나 승차감이 부드러워진다.
② 타이어의 수명이 단축된다.
③ 브레이크 성능이 향상된다.
④ 요철 통과 후 서스펜션이 완전히 펴지지 않는 느낌을 준다.

> 리바운드 댐핑은 서스펜션이 압축된 후 다시 늘어나는 속도를 조절한다. 너무 강하게 설정되면 서스펜션이 제때 펴지지 않아 노면 추종성이 떨어지고, 연속적인 요철에서 서스펜션이 잠기는 듯한 느낌을 줄 수 있다.

22 이륜자동차 서스펜션 스프링이 약해졌을 때, 어떤 증상이 나타날 수 있는가?

① 브레이크 성능이 향상된다.
② 엔진 출력이 증가한다.
③ 이륜자동차가 쉽게 내려앉고 과도하게 출렁거린다.
④ 타이어 공기압이 높아진다.

> 스프링은 이륜자동차의 무게를 지지하고 충격을 1차적으로 흡수하는 역할을 한다. 스프링이 약해지면 이륜자동차의 차고가 낮아지고, 작은 충격에도 과도하게 압축되어 출렁거리는 현상이 발생한다.

23 이륜자동차 프론트 포크의 좌우 밸런스가 맞지 않을 때, 주행 중 나타날 수 있는 현상은?

① 엔진 출력이 증가한다.
② 브레이크 성능이 향상된다.
③ 핸들링이 불안정하다.
④ 연료 효율이 증가한다.

> 좌우 포크의 높이나 압축 강도 등이 다르면 이륜자동차의 무게 중심이 한쪽으로 쏠려 핸들링이 불안정해지고, 직진 주행 시에도 한쪽으로 쏠리는 느낌을 받을 수 있다.

24 이륜자동차 리어 쇼크 업소버에서 '찌걱찌걱' 또는 '꿀럭꿀럭' 같은 소리가 나면서 서스펜션 작동이 원활하지 않다면 무엇을 의심해야 하는가?

① 체인 장력 불량
② 타이어 펑크
③ 쇼크 업소버 내부의 부품 마모
④ 연료 필터 막힘

> 쇼크 업소버는 오일의 흐름을 통해 충격을 감쇠시키는 역할을 한다. 내부 오일의 변질, 누유, 또는 부품의 마모는 비정상적인 소음과 함께 감쇠력 부족 현상을 일으킬 수 있다.

19.③ 20.④ 21.④ 22.③ 23.③ 24.③

25. 이륜자동차 서스펜션이 제대로 작동하지 않을 때, 주행 중 가장 위험한 상황은?
   ① 연료 소모량이 늘어난다.
   ② 엔진 소음이 감소한다.
   ③ 노면 접지력 감소된다.
   ④ 브레이크 패드 수명이 늘어난다.

   서스펜션이 제대로 작동하지 않으면 타이어가 노면에 닿는 시간이 줄어들어 접지력을 잃기 쉽고, 이로 인해 이륜자동차의 균형을 잡기 어려워져 심각한 사고로 이어질 수 있다.

26. 이륜자동차 서스펜션의 작동 범위가 너무 짧게 느껴지고, 작은 요철에도 충격이 심하게 올라온다면 무엇을 의심할 수 있는가?
   ① 타이어 공기압이 너무 낮다.
   ② 브레이크 패드가 마모되었다.
   ③ 서스펜션 스프링이 너무 단단하다.
   ④ 엔진 오일이 부족하다.

   서스펜션의 작동 범위가 짧고 충격이 심하다는 것은 스프링이 너무 단단하거나, 초기 압축 강도인 프리로드가 너무 높게 설정되어 서스펜션이 충분히 움직이지 못하기 때문일 수 있다.

27. 이륜자동차 서스펜션이 너무 물렁하거나 딱딱할 때 발생할 수 있는 주행 문제는?
   ① 브레이크 성능이 향상된다.
   ② 노면 충격 흡수 불량 및 승차감 저하 된다.
   ③ 연료 소모량이 감소한다.
   ④ 엔진 시동이 어려워진다.

   서스펜션의 경도는 라이더의 체중, 주행 스타일, 노면 상태에 맞게 적절히 조절되어야 한다. 너무 물렁하면 불안정하고, 너무 딱딱하면 충격 흡수가 안 되어 불편하다.

28. 이륜자동차 서스펜션 정비 시, 스프링 프리로드를 조절하는 주된 목적은?
   ① 스프링의 강도를 변경한다.
   ② 스프링의 수명을 늘린다.
   ③ 스프링의 색깔을 변경한다.
   ④ 최적의 서스펜션 작동 범위를 확보한다.

   프리로드는 스프링의 초기 압축량을 조절하여 라이더와 이륜자동차의 무게에 따른 서스펜션의 처지는 정도를 맞춘다. 이는 서스펜션이 작동할 수 있는 유효 범위를 확보하여 최적의 성능을 낼 수 있게 한다.

29. 이륜자동차 프론트 포크 오일을 주기적으로 교환해야 하는 주된 이유는?
   ① 엔진의 성능을 높이기 위해
   ② 오일이 오염되거나 점도가 변하기 때문
   ③ 브레이크 성능을 향상시키기 위해
   ④ 타이어의 수명을 연장하기 위해

   포크 오일은 열과 사용으로 인해 점도가 변하거나 오염될 수 있다. 오염된 오일은 감쇠력을 떨어뜨려 서스펜션의 성능을 저하시키므로 주기적인 교환이 필요하다.

30. 이륜자동차의 서스펜션이 과도하게 출렁거릴 때, 의심할 수 있는 주된 원인은?
   ① 타이어 공기압 과다
   ② 서스펜션 오일 누유
   ③ 엔진 출력의 저하
   ④ 연료 필터 막힘

   서스펜션이 과도하게 출렁거리는 것은 충격을 흡수하고 감쇠하는 서스펜션 오일의 부족/변질 또는 스프링의 탄성 저하로 인해 감쇠력이 약해졌음을 의미한다.

31. 이륜자동차 서스펜션의 세그를 측정하는 주된 목적은?
   ① 엔진 오일량을 확인하기 위해
   ② 서스펜션을 최적의 작동 범위를 확보하기 위해
   ③ 타이어 공기압을 조절하기 위해
   ④ 브레이크 패드 마모도를 확인하기 위해

   세그(Sag)는 이륜자동차의 자체 무게와 라이더가 탑승했을 때 서스펜션이 얼마나 압축되는지를 측정하는 것이다. 이는 서스펜션이 최적의 작동 범위(Travel) 내에서 기능하도록 프리로드 등을 조절하는 중요한 기준이 된다.

정답 25.③ 26.③ 27.② 28.④ 29.② 30.② 31.②

32 이륜자동차 앞 서스펜션의 주요 구성 부품이 아닌 것은?

① 이너 튜브 (Inner Tube)
② 스프로킷 (Sprocket)
③ 포크 스프링 (Fork Spring)
④ 아우터 튜브 (Outer Tube)

스프로킷은 체인 구동 방식에서 체인과 맞물려 동력을 전달하는 톱니바퀴이며, 서스펜션과는 관련이 없다. 프론트 포크는 이너/아우터 튜브, 스프링, 댐퍼 등으로 구성된다.

33 이륜자동차 서스펜션에서 쇼크 업소버의 주된 역할은?

① 이륜자동차의 무게를 지지한다.
② 이륜자동차의 높이를 조절한다.
③ 스프링의 진동을 적절히 억제한다.
④ 타이어의 공기압을 조절한다.

스프링은 충격을 흡수하지만 진동을 계속 발생시키므로, 댐퍼가 이 진동을 줄여 이륜자동차가 출렁거리지 않고 안정적으로 노면을 따라가게 한다.

34 이륜자동차 프론트 포크에서 오일이 새어 나올 때 나타날 수 있는 현상은?

① 서스펜션의 충격 흡수 능력이 떨어진다.
② 엔진 소음이 커진다.
③ 배터리 충전이 빨라진다.
④ 타이어 공기압이 낮아진다.

프론트 포크 오일은 충격을 흡수하고 감쇠력을 조절하는 역할을 한다. 오일이 새면 이 기능이 약해져 승차감이 나빠지고, 심하면 새어 나온 오일이 브레이크 디스크나 패드에 묻어 제동력을 잃게 할 수 있어 매우 위험하다.

35 이륜자동차가 울퉁불퉁한 길을 지나갈 때 충격을 줄여주는 장치는 무엇인가?

① 시트   ② 서스펜션
③ 연료통   ④ 핸들

서스펜션(쇼바)은 스프링과 오일로 이루어져 있어서 노면의 충격을 흡수해 운전자가 편안하게 탈 수 있도록 도와준다.

36 이륜자동차 서스펜션 포크 실에서 오일이 누유될 때, 나타날 수 있는 현상은?

① 엔진 소음 증가
② 서스펜션 감쇠력 저하
③ 브레이크 레버가 딱딱해진다.
④ 타이어 수명 연장

포크 씰에서 오일이 새면 서스펜션의 감쇠력이 약해져 승차감과 조종 안정성이 저하된다. 또한 누유된 오일이 브레이크 디스크나 패드에 묻으면 제동 시 심각한 미끄러움을 유발하여 위험할 수 있다.

37 이륜자동차 서스펜션의 압축 댐핑 조절이 너무 강하게 설정되었을 때, 나타날 수 있는 현상은?

① 승차감이 딱딱하고 노면 충격이 그대로 전달된다.
② 서스펜션이 충격을 받으면 너무 쉽게 깊이 압축된다.
③ 엔진의 출력이 증가한다.
④ 타이어의 마모가 감소한다.

압축 댐핑이 너무 강하게 설정되면 서스펜션이 충격을 받아도 쉽게 압축되지 않아 승차감이 매우 딱딱해지고, 작은 요철에서도 노면의 충격이 운전자에게 그대로 전달된다.

38 이륜자동차 서스펜션의 링크 시스템에 장착된 베어링이나 부싱이 마모되었을 때, 발생할 수 있는 문제점은?

① 서스펜션 작동 시 유격 발생
② 엔진 소음 감소
③ 브레이크 패드 수명 연장
④ 연료 효율 증가

서스펜션 링크 시스템은 리어 쇼크 업소버의 효율적인 작동을 돕는 중요한 부분이다. 이 부분의 베어링이나 부싱이 마모되면 유격이 발생하여 서스펜션 작동 시 소음이 나고, 후륜의 움직임이 불안정해져 주행 안정성이 떨어진다.

정답 32.② 33.③ 34.① 35.② 36.② 37.① 38.①

39 이륜자동차 서스펜션의 가장 기본적인 역할은?

① 노면의 충격을 흡수하여 승차감을 향상시킨다.
② 엔진의 출력을 높인다.
③ 연료 소모량을 줄인다.
④ 이륜자동차의 최고 속도를 증가시킨다.

서스펜션은 이륜자동차와 라이더가 노면의 불규칙한 충격을 덜 느끼게 하고, 바퀴가 항상 땅에 잘 붙어있게 하여 안전하고 편안한 주행을 돕는 장치이다.

40 이륜자동차 스티어링 헤드 베어링에 유격이 발생했을 때, 점검 방법으로 가장 적절한 것은?

① 체인 장력을 확인한다.
② 타이어 공기압을 측정한다.
③ 이륜자동차를 앞뒤로 밀어보며 소음여부를 확인한다.
④ 엔진 시동 소리를 듣는다.

스티어링 헤드 베어링 유격은 앞 브레이크를 잡고 이륜자동차를 앞뒤로 밀거나, 핸들을 좌우로 움직였을 때 핸들 부분에서 유격이나 소음이 느껴지는 것으로 진단할 수 있다.

41 이륜자동차 리어 서스펜션이 너무 부드럽게 느껴지고 쉽게 바닥에 닿는다면, 무엇을 의심할 수 있는가?

① 타이어 공기압 과다
② 서스펜션 스프링의 약화
③ 브레이크 오일 부족
④ 체인 장력 과다

서스펜션이 너무 부드럽고 쉽게 바닥에 닿는다면, 스프링의 탄성이 약해졌거나 쇼크 업소버 내부의 오일 누유 등으로 인해 감쇠력이 부족해졌을 가능성이 높다.

42 이륜자동차 서스펜션의 프리로드를 높게 조절했을 때, 승차감에 어떤 영향을 주는가?

① 승차감이 더 부드러워진다.
② 승차감이 매우 나빠진다.
③ 승차감에 변화가 없다.
④ 승차감이 더 단단해진다.

프리로드를 높게 조절하면 스프링이 초기 상태에서 더 많이 압축되어 스프링이 더 단단해진 것처럼 느껴진다. 이는 작은 충격에도 서스펜션이 잘 눌리지 않아 승차감이 단단해지는 결과를 가져온다.

43 이륜자동차 뒤 서스펜션(리어 쇼크)이 장착되는 방식 중, 하나의 쇼크 업소버만 사용하는 방식은?

① 트윈 쇼크 (Twin Shock)
② 에어 쇼크 (Air Shock)
③ 멀티 쇼크 (Multi Shock)
④ 모노 쇼크 (Mono Shock)

모노 쇼크 방식은 하나의 큰 쇼크 업소버가 스윙암 중앙에 위치하여 충격을 흡수하며, 주로 현대적인 스포츠 바이크나 오프로드 바이크에 사용된다. 트윈 쇼크는 양쪽에 두 개의 쇼크 업소버가 있다.

44 이륜자동차의 프론트 포크 오일을 교환하는 주된 목적은?

① 서스펜션의 감쇠력을 유지하고 부드러운 작동을 위해
② 엔진의 냉각 성능을 높이기 위해
③ 브레이크 성능을 향상시키기 위해
④ 연료 효율을 높이기 위해

프론트 포크 오일은 서스펜션의 충격 흡수와 감쇠력을 담당한다. 오일이 오래되거나 오염되면 감쇠력이 저하되어 승차감이 나빠지고 주행 안정성이 떨어지므로 주기적인 교환이 필요하다.

39.① 40.③ 41.② 42.④ 43.④ 44.①

조향장치 정비

01 이륜자동차의 조향장치가 비정상적으로 한쪽으로 치우쳐 있다면, 무엇을 의심해야 하는가?

① 엔진의 압축 압력이 낮다.
② 연료량이 부족하다.
③ 브레이크 오일이 부족하다.
④ 프론트 포크의 휨 또는 스티어링 헤드 베어링 불량

> 핸들이 한쪽으로 치우치는 것은 주로 앞 포크가 굽었거나(휨), 스티어링 헤드 베어링에 문제가 있거나, 또는 앞뒤 휠의 정렬이 틀어졌을 때 발생하는 증상이다.

02 이륜자동차의 스티어링이 무겁거나 뻑뻑할 때, 가장 먼저 의심해야 할 부품은?

① 엔진 오일 부족
② 스티어링 헤드 베어링 손상
③ 브레이크 패드 마모
④ 타이어 공기압 과다

> 핸들 조향이 무겁거나 뻑뻑하다면, 핸들과 차체를 연결하는 스티어링 헤드 베어링이 손상되었거나 너무 강하게 조여져 마찰이 심해졌을 가능성이 높다.

03 이륜자동차의 앞바퀴가 좌우로 흔들리거나 불안정할 때, 가장 먼저 점검해야 할 부품은?

① 프론트 포크의 상태
② 연료탱크의 조리상태 헐거움
③ 시트 조립상태 헐거움
④ 브레이크 패드 마모도

> 앞바퀴의 좌우 흔들림은 주로 프론트 포크의 비정상적인 작동이나 핸들과 차체를 연결하는 스티어링 베어링의 과도한 유격 또는 손상으로 인해 발생한다.

04 이륜자동차 휠 베어링에 유격이 있거나 소음이 발생할 때, 주행 중 나타날 수 있는 현상은?

① 주행 중 휠에서 비정상적인 소음이 발생한다.
② 엔진 출력이 증가한다.
③ 연료 효율이 증가한다.
④ 브레이크 패드 마모가 감소한다.

> 휠 베어링은 휠의 회전을 부드럽게 지지하는 부품이다. 베어링이 손상되면 휠에서 비정상적인 소음과 함께 흔들림이 발생하여 주행 안정성을 해치고, 심하면 휠 고착으로 이어질 수 있다.

05 이륜자동차 휠 림의 변형을 육안으로 확인하는 방법 중 가장 일반적인 것은?

① 좌우 또는 상하로 흔들리는지 확인한다.
② 엔진 소리를 듣는다.
③ 타이어 공기압을 측정한다.
④ 브레이크 패드 두께를 측정한다.

> 휠 림의 변형(휨)은 이륜자동차를 스탠드에 세우고 휠을 천천히 돌려보면서 림의 가장자리 부분이 좌우 또는 상하로 일정하게 움직이는지 확인하여 진단할 수 있다.

정답 01.④ 02.② 03.① 04.① 05.①

06 이륜자동차 핸들이 움직일 때 '덜그럭'하는 소리가 나거나 흔들린다면, 무엇을 의심해야 하는가?

① 엔진 소리 ② 연료 부족
③ 브레이크 오일 ④ 핸들 안쪽 베어링

핸들을 잡고 좌우로 움직이거나 앞뒤로 흔들었을 때 '덜그럭'거리는 소리나 유격이 느껴지면 핸들 안쪽의 스티어링 베어링에 문제가 있을 수 있다.

07 이륜자동차 핸들의 유격이 과도하거나 움직임이 뻑뻑할 때 점검해야 할 주요 부품은?

① 스티어링 베어링 ② 클러치 케이블
③ 스로틀 케이블 ④ 브레이크 패드

핸들 유격이 과도 할 경우는 스티어링 베어링의 손상으로 유격이 과도하거나 움직임이 뻑뻑 할 수 있다.

08 이륜자동차 휠 베어링에 문제가 있을 때, 확인 가능한 소음의 특징은?

① '딸깍'거리는 소리
② '윙' 또는 '그르륵'거리는 지속적인 회전 소음
③ '삐걱'거리는 소리
④ '쉭쉭'거리는 바람 소리

휠 베어링이 손상되거나 마모되면 휠이 회전할 때 '윙' 또는 '그르륵' 거리는 특징적인 지속적인 소음이 발생하며, 이는 속도가 빨라질수록 커지는 경향이 있다.

09 이륜자동차의 조향 장치가 좌우로 부드럽게 움직이지 않고 뻑뻑하다면, 어떤 부분의 문제일 가능성이 가장 높은가?

① 엔진 오일 부족
② 체인 장력 불량
③ 타이어 공기압 과다
④ 스티어링 헤드 베어링 손상

스티어링 헤드 베어링은 핸들을 돌릴 때 회전축 역할을 하는 부품이다. 이 베어링이 손상되거나 너무 꽉 조여지면 핸들 조작이 무겁거나 뻑뻑해진다.

10 이륜자동차 스윙암 부싱 또는 베어링의 유격이 발생했을 때, 후륜에 어떤 영향을 미치는가?

① 후륜이 더 단단해진다.
② 후륜 타이어의 마모가 감소한다.
③ 후륜 브레이크 성능이 향상된다.
④ 후륜이 좌우로 유격이 생긴다.

스윙암 부싱/베어링은 스윙암과 프레임의 연결 부위를 지지하여 후륜의 정확한 움직임을 담당한다. 이 부분에 유격이 생기면 후륜이 불안정하게 흔들려 직진성 및 코너링 안정성을 해친다.

11 이륜자동차 리어 휠이 비정상적으로 좌우로 흔들리거나 유격이 느껴진다면, 휠 얼라인먼트 외에 어떤 부품을 점검해야 하는가?

① 프론트 포크
② 헤드라이트 전구
③ 스윙암 피벗 베어링 또는 부싱
④ 클러치 케이블

뒷바퀴의 좌우 흔들림이나 유격은 휠 얼라인먼트 문제일 수도 있지만, 뒷바퀴를 지지하는 스윙암이 프레임과 연결되는 피벗 부위의 베어링이나 부싱이 마모되었을 때도 발생할 수 있다.

12 이륜자동차의 앞뒤 바퀴가 한 줄로 정렬되지 않고 약간 엇갈려 주행할 때, 이를 해결하기 위해 점검 및 조절해야 할 것은?

① 브레이크 오일량
② 프레임의 휨 여부 또는 스윙암 정렬
③ 엔진 냉각수량
④ 타이어의 공기압만 조절

앞뒤 바퀴가 엇갈려 주행하는 것은 이륜자동차의 프레임이 굽었거나(휨), 뒷바퀴를 지지하는 스윙암이 제대로 정렬되지 않았을 때 발생하는 심각한 문제이다.

정답 06.④ 07.① 08.② 09.④ 10.④ 11.③ 12.②

13 이륜자동차 휠 얼라인먼트를 정확하게 측정하고 조정하기 위해 필요한 전문 장비는?

① 일반 줄자
② 스패너
③ 휠 얼라인먼트 전용 측정 장비
④ 드라이버

이륜자동차 휠 얼라인먼트는 단순히 눈으로 맞춰서는 안 되며, 정확한 수치를 측정하고 정밀하게 조정할 수 있는 전용 레이저 또는 광학 측정 장비가 필요하다.

14 이륜자동차의 휠 얼라인먼트가 불량함에도 불구하고 계속 주행할 경우, 연비에는 어떤 영향을 미칠 수 있는가?

① 연비가 향상된다.
② 연비가 감소한다
③ 연비에 아무런 영향을 주지 않는다.
④ 연비가 두 배로 좋아진다.

휠 얼라인먼트가 불량하면 타이어가 도로에 저항을 더 많이 받게 되어 구름 저항이 증가한다. 이는 엔진이 더 많은 힘을 내야 하므로 연료 소모가 증가하여 연비가 감소하는 결과를 초래한다.

15 이륜자동차 휠 얼라인먼트가 불량할 때, 주행 중 나타날 수 있는 가장 흔한 현상은?

① 엔진 소음 증가
② 이륜자동차가 한쪽으로 쏠리거나 핸들링 불안정
③ 브레이크 패드 수명 증가
④ 연료 소모 감소

휠 얼라인먼트가 불량하면 앞뒤 바퀴의 정렬이 틀어져 이륜자동차가 똑바로 나가지 못하고 한쪽으로 쏠리거나, 코너링 및 직진 시 핸들링이 불안정해진다.

16 이륜자동차 휠 얼라인먼트 불량으로 인해 발생할 수 있는 타이어의 문제점은?

① 타이어 수명 연장
② 타이어 편마모 가속화
③ 타이어 공기압 자동 조절
④ 타이어의 색깔 변화

휠 얼라인먼트가 맞지 않으면 타이어가 노면에 비정상적인 각도로 닿아 특정 부분만 집중적으로 닳는 편마모가 발생하여 타이어 수명을 단축시킨다.

17 이륜자동차 휠 얼라인먼트를 점검해야 하는 주된 상황은?

① 타이어 공기압이 낮을 때
② 타이어 편마모가 발생했을 때
③ 엔진 오일을 교환할 때
④ 헤드라이트 전구가 나갔을 때

이륜자동차가 사고로 충격을 받거나, 타이어에 비정상적인 편마모가 나타나거나, 핸들링에 이상이 느껴질 때 휠 얼라인먼트를 점검해야 한다.

18 이륜자동차 리어 휠 얼라인먼트(뒷바퀴 정렬)에 가장 큰 영향을 미치는 것은?

① 헤드라이트의 밝기
② 연료 탱크 용량
③ 브레이크 패드 두께
④ 스윙암의 정렬 및 체인 장력 조절

뒷바퀴의 정렬은 스윙암이 프레임에 제대로 장착되어 있는지와 체인 장력 조절 시 좌우 축이 정확하게 맞춰졌는지에 따라 크게 달라진다. 특히 체인 장력 조절 시 좌우 축을 동일하게 맞추는 것이 중요하다.

19 이륜자동차 휠 얼라인먼트 조정 후 반드시 확인해야 할 사항은?

① 엔진 소음
② 배터리 충전 상태
③ 주행 중 직진 안정성
④ 클러치 유격

13.③ 14.② 15.② 16.② 17.② 18.④ 19.③

휠 얼라인먼트 조정의 목적은 이륜자동차의 주행 안정성과 핸들링을 개선하는 것이므로, 조정 후에는 반드시 시운전을 통해 이륜자동차가 똑바로 잘 가고 핸들링에 문제가 없는지 확인해야 한다.

20 이륜자동차 휠 얼라인먼트를 잘못 조절했을 때, 발생할 수 있는 가장 위험한 상황은?

① 연료 소모 감소
② 브레이크 성능 향상
③ 타이어 수명 연장
④ 주행 중 이륜자동차 제어 어려움

휠 얼라인먼트가 잘못되면 이륜자동차의 직진 안정성, 코너링 성능, 제동 성능 등이 모두 저하되어 운전자가 이륜자동차를 제대로 제어하기 어려워지고, 이는 심각한 사고로 이어질 수 있다.

21 이륜자동차 리어 스윙암의 피벗 부분에 유격이 발생했을 때, 주행 중 나타날 수 있는 현상은?

① 핸들 조작이 부드러워진다.
② 배터리 충전이 않된다.
③ 프레임이 출렁거린다.
④ 직진 안정성 저하

스윙암 피벗 유격은 후륜과 차체 간의 연결에 불안정성을 초래하여 주행 중 특히 코너링 시 후륜의 흔들림을 유발하고 직진 안정성을 저하시킨다.

22 이륜자동차 휠 림이 심하게 휘었을 때, 주행 중 발생할 수 있는 가장 위험한 상황은?

① 타이어 편마모 및 주행 불안정성
② 엔진 출력 증가
③ 브레이크 패드 수명 연장
④ 연료 효율 증가

휠 림이 휘면 타이어가 불균형하게 장착되어 편마모를 유발하고, 심한 경우 타이어 튜브를 손상시키거나 고속 주행 중 휠이 파손되어 대형 사고로 이어질 수 있다.

23 이륜자동차 스티어링 헤드 베어링에 유격이 발생했을 때, 점검 방법으로 가장 적절한 것은?

① 체인 장력을 확인한다.
② 타이어 공기압을 측정한다.
③ 이륜자동차를 앞뒤로 밀어보며 소음여부를 확인한다.
④ 엔진 시동 소리를 듣는다.

스티어링 헤드 베어링 유격은 앞 브레이크를 잡고 이륜자동차를 앞뒤로 밀거나, 핸들을 좌우로 움직였을 때 핸들 부분에서 유격이나 소음이 느껴지는 것으로 진단할 수 있다.

20.④ 21.④ 22.① 23.③

제동장치 정비

01 이륜자동차 섀시 장치 정비 시, 토크 렌치를 사용하는 주된 이유는?

① 나사를 더 빠르고 쉽게 조이기 위해
② 부품의 무게를 측정하기 위해
③ 녹슨 볼트를 풀기 위해
④ 부품의 손상을 방지하고 안전을 확보하기 위해

> 토크 렌치는 볼트나 너트를 너무 약하거나 강하게 조이지 않도록 제조사가 정한 규정 토크로 정확하게 조이는 데 사용되는 필수 공구이다. 이는 부품의 손상을 막고 조립된 부위의 안전성과 성능을 보장한다.

02 이륜자동차 브레이크 오일을 주기적으로 교환해야 하는 주된 이유는?

① 엔진의 연비를 높이기 위해
② 비등점이 낮아지고 제동 성능이 저하되기 때문
③ 타이어의 수명을 늘리기 위해
④ 체인의 소음을 줄이기 위해

> 브레이크 오일은 시간이 지남에 따라 공기 중의 수분을 흡수하는 흡습성이 있다. 수분이 섞이면 비등점(끓는점)이 낮아져 고온에서 기포가 발생하고 제동력이 약해지는 베이퍼 록 현상이 발생할 수 있으므로 주기적으로 교환해야 한다.

03 이륜자동차 브레이크 패드의 마모 한계선이 보인다면, 취해야 할 조치는 무엇인가?

① 브레이크 패드를 신품으로 교체한다.
② 계속해서 사용한다.
③ 브레이크 오일을 더 채운다.
④ 브레이크 레버를 강하게 잡는다.

> 브레이크 패드가 마모 한계선까지 닳았다면 제동력이 약해져 매우 위험하므로 지체없이 새 패드로 교체해야 한다.

04 이륜자동차 브레이크 패드와 디스크 로터를 점검할 때, 표면에 오일이나 그리스가 묻어 있다면 어떤 문제점이 발생할 수 있는가?

① 제동력이 미끄러짐 발생 위험이 크다.
② 제동력이 향상된다.
③ 패드와 로터의 수명이 연장된다.
④ 소음이 감소한다.

> 브레이크 패드나 로터에 오일, 그리스 등 이물질이 묻으면 마찰 계수가 급격히 낮아져 제동력을 거의 상실하게 된다. 이는 매우 위험한 상황이므로 즉시 청소하거나 오염된 부품은 교체해야 한다.

05 이륜자동차 브레이크 오일을 주기적으로 교환해야 하는 주된 이유는?

① 제동 성능이 저하되기 때문
② 엔진 연비를 높이기 위해
③ 타이어 수명을 늘리기 위해
④ 체인 소음을 줄이기 위해

 01.④ 02.② 03.① 04.① 05.①

브레이크 오일은 공기 중의 수분을 흡수하는 성질(흡습성)이 있다. 수분이 많아지면 오일의 끓는점(비등점)이 낮아져 제동 시 발생하는 열로 인해 기포가 생기고(베이퍼 록), 제동력이 약해질 수 있다.

06 이륜자동차 브레이크 시스템 작업 시, 가장 중요하게 지켜야 할 위생 및 안전 규칙은?

① 브레이크 오일을 맨손으로 만진다.
② 브레이크 오일은 피부에 닿지 않도록 한다.
③ 브레이크 오일을 마셔본다.
④ 브레이크 오일을 바닥에 흘려도 괜찮다.

브레이크 오일은 인체에 유해하며, 페인트나 플라스틱 부품을 손상시킬 수 있다. 작업 시에는 반드시 보호 장갑을 착용하고 오일이 다른 부품에 묻지 않도록 주의해야 한다.

07 이륜자동차 브레이크 캘리퍼의 피스톤 고착으로 인해 발생할 수 있는 문제점은?

① 브레이크 레버가 부드러워진다.
② 타이어 공기압이 낮아진다.
③ 과열 및 패드/디스크의 비정상적인 마모
④ 엔진 시동이 어려워진다.

캘리퍼 피스톤이 고착되면 브레이크 패드가 디스크에서 제대로 떨어지지 않거나, 한쪽으로만 눌려 항상 브레이크가 잡힌 상태가 되거나 제동 시 불균형이 발생하여 과열, 제동력 저하, 패드와 디스크의 비정상적인 마모를 유발한다.

08 이륜자동차 브레이크 시스템에서 브레이크 패드의 주된 역할은?

① 브레이크 디스크 로터와의 마찰을 통해 제동력을 발생시킨다.
② 브레이크 오일을 저장한다.
③ 브레이크 오일의 온도를 조절한다.
④ 브레이크 레버의 유격을 조절한다.

브레이크 패드는 브레이크 레버나 페달을 밟았을 때 디스크 로터를 양쪽에서 강하게 잡아 마찰을 일으켜 이륜자동차의 속도를 줄이거나 멈추는 핵심 부품이다.

09 이륜자동차의 제동액 저장장치에 대한 규정 중, 맞는 것은?

① 덮개를 열어야만 제동액의 유량 수준을 확인할 수 있어야 한다.
② 제동액은 외부 공기와 항상 접촉되어 있어야 한다.
③ 덮개를 열지 아니하여도 유량 수준을 확인할 수 있는 구조여야 한다.
④ 제동액 저장장치에는 별도의 덮개가 필요 없다.

자동차안전기준에 관한 규칙' 제48조제1항제6호다목에 따르면, 제동액 저장장치는 덮개를 열지 않고도 유량 수준을 확인할 수 있는 구조여야 한다. 또한 덮개를 갖추고 밀봉하여 제동액을 외부와 격리시키는 구조여야 한다.

10 이륜자동차의 브레이크는 라이닝 마모를 어떤 방식으로 조정할 수 있는 구조여야 하는가?

① 오직 수동적인 장치에 의해서만 조정 가능해야 한다.
② 오직 자동적인 장치에 의해서만 조정 가능해야 한다.
③ 자동적이거나 수동적인 장치에 의하여 라이닝 마모를 조정할 수 있는 구조여야 한다.
④ 라이닝 마모는 조정할 수 없도록 설계되어야 한다.

자동차안전기준에 관한 규칙' 제48조제1항제10호는 브레이크가 자동적이거나 수동적인 장치에 의해 라이닝 마모를 조정할 수 있는 구조일 것을 명시한다.

11 이륜자동차 디스크 브레이크에서 마찰을 통해 제동력을 직접 발생시키는 소모성 부품은?

① 브레이크 패드 ② 브레이크 캘리퍼
③ 브레이크 디스크 ④ 브레이크액

브레이크 패드는 브레이크 캘리퍼 내부에 장착되어 브레이크 디스크와 직접 접촉하여 마찰을 일으키고, 이 마찰력으로 바퀴의 회전을 멈추게 하는 핵심적인 소모성 부품이다.

06.② 07.③ 08.① 09.③ 10.③ 11.①

12 이륜자동차 섀시 장치 점검 시, 반드시 육안으로 확인해야 할 사항이 아닌 것은?

① 타이어의 마모 상태 및 공기압 부족 여부
② 브레이크 패드의 두께 및 디스크 로터의 손상 여부
③ 체인의 녹 발생 여부 및 장력
④ 엔진 내부의 압축 압력

> 육안 점검은 눈으로 확인할 수 있는 외부적인 문제점을 파악하는 것이다. 타이어, 브레이크, 체인 등은 육안으로도 상당 부분 점검이 가능하지만, 엔진 내부의 압축 압력은 전용 측정 장비가 필요하다.

13 이륜자동차의 브레이크 패드 마모도를 점검할 때, 가장 중요한 확인 사항은?

① 패드에 먼지가 묻어있는지 여부
② 패드의 두께가 마모 한계선 이하로 내려갔는지 여부
③ 패드의 색깔
④ 패드의 표면이 매끄러운지 여부

> 브레이크 패드의 두께가 제조사에서 정한 마모 한계선 이하로 내려가면 제동력이 현저히 떨어지고 디스크 로터에 손상을 줄 수 있으므로 즉시 교체해야 한다.

14 이륜자동차의 브레이크 라이닝 마모 상태는 어떤 방식으로 확인 가능해야 하는가?

① 반드시 브레이크를 분해해서만 확인할 수 있어야 한다.
② 운전자가 임의로 브레이크를 분해하여 확인해야 한다.
③ 브레이크를 분해하지 아니하고 눈으로 확인하거나 적절한 장치로 확인할 수 있어야 한다.
④ 오직 소음으로만 마모 상태를 판단할 수 있어야 한다.

> 자동차안전기준에 관한 규칙 제48조제1항제11호에 따르면, 브레이크를 분해하지 않고도 눈으로 라이닝의 마모 상태를 확인할 수 있거나, 눈으로 확인할 수 없는 경우에는 적절한 장치에 의해 라이닝의 마모 상태를 확인할 수 있는 구조여야 한다.

15 이륜자동차 섀시 부품 분해 시, 작은 부품들이나 볼트, 너트 등을 보관하는 올바른 방법은?

① 한곳에 모아두고 나중에 분류한다.
② 사진만 찍어두고 따로 보관하지 않는다.
③ 버려도 되는 작은 부품은 버린다.
④ 부품별로 별도의 용기에 담아 표시해 둔다.

> 정비 후 재조립 시 혼동을 막고 시간을 절약하기 위해, 분해된 부품들은 순서대로 또는 각 부위별로 잘 정리하고 표시해 두는 것이 중요하다.

16 이륜자동차 브레이크 호스가 부풀어 오르거나 균열이 생겼다면, 가장 안전한 조치는?

① 호스에 테이프를 감는다.
② 호스에 물을 뿌려 냉각시킨다.
③ 신품 브레이크 호스로 교체한다.
④ 호스를 망치로 두드린다.

> 브레이크 호스는 고압의 브레이크 오일을 전달하는 중요한 부품이다. 손상된 호스는 파열될 위험이 매우 높아 제동력 상실로 이어질 수 있으므로 즉시 교체해야 한다.

17 이륜자동차 브레이크 시스템에서 베이퍼 록 현상이 발생했을 때, 나타나는 증상은?

① 브레이크 레버/페달이 스펀지처럼 물렁해진다.
② 브레이크 레버/페달이 딱딱해진다.
③ 엔진 시동이 어려워진다.
④ 타이어 공기압이 낮아진다.

> 베이퍼 록은 브레이크 오일 내에 수분이 많을 때, 제동 시 발생하는 마찰열로 인해 오일 속의 수분이 끓어 기포를 형성하는 현상이다. 이 기포는 압축될 수 있어 레버/페달이 물렁해지고 제동력이 사라지게 만든다.

18 이륜자동차 섀시 장치 정비 시작 전, 가장 먼저 해야 할 안전 조치는?

① 엔진 시동을 걸어둔다.
② 연료 탱크를 가득 채운다.
③ 타이어 공기압을 최대로 높인다.
④ 이륜자동차를 안정적으로 지지한다.

정답 12.④ 13.② 14.③ 15.④ 16.③ 17.① 18.④

이륜자동차를 안정적으로 지지하지 않으면 작업 중 이륜자동차가 넘어질 수 있어 매우 위험하다. 또한, 배터리 단자를 분리하여 불필요한 전기 흐름이나 단락(쇼트)으로 인한 사고를 예방한다.

19 이륜자동차 브레이크 패드 교체 후, 브레이크 레버가 뻑뻑하거나 제동력이 약할 때, 가장 먼저 의심해야 할 조치 미흡은?

① 엔진 오일을 교환하지 않았다.
② 브레이크 에어 빼기가 불충분 하다.
③ 타이어 공기압을 확인하지 않았다.
④ 체인 장력을 너무 강하게 조절했다.

브레이크 시스템에 공기가 남아 있으면 유압이 제대로 전달되지 않아 레버가 뻑뻑하거나 제동력이 약해질 수 있다. 패드 교체 후에는 반드시 에어 빼기 작업을 해야 한다.

20 이륜자동차 섀시 정비 후 반드시 시운전을 해야 하는 주된 이유는?

① 이륜자동차의 최고 속도를 확인하기 위해
② 엔진 소음을 최소화하기 위해
③ 연료 소모량을 정확히 측정하기 위해
④ 정비된 부분이 제대로 작동하는지 확인하기 위해

섀시 장치는 주행 중 운전자와 직접적인 관련이 있는 핵심 부품들이므로, 정비 후에는 반드시 시운전을 통해 조향, 제동, 서스펜션 등 모든 기능이 정상적으로 작동하고 안전에 이상이 없는지 확인해야 한다.

21 이륜자동차의 브레이크 패드가 마모 한계선을 넘었을 때, 발생할 수 있는 문제점은?

① 엔진 소음 감소
② 디스크 로터 손상
③ 타이어 수명 감소
④ 연료 효율 감소

브레이크 패드가 과도하게 마모되면 제동력이 현저히 떨어져 안전 운행에 지장을 주며, 패드의 금속 부분이 브레이크 디스크 로터를 긁어 손상시킬 수 있다.

22 이륜자동차 디스크 브레이크의 브레이크액을 교환하거나 보충하는 주된 이유는?

① 브레이크 패드 수명 연장
② 브레이크 오일 점도 조절
③ 브레이크 내 수분 혼입 방지
④ 브레이크 디스크 마모 방지

브레이크 오일 점도가 수분이 포함되어 제동력 감소가 발생할 수 있어 브레이크액을 교환하거나 보충하여 점도를 유지해야 한다.

23 이륜자동차 브레이크 디스크가 휘어지거나 변형되었을 때, 제동 시 주로 나타나는 현상은?

① 브레이크 레버가 너무 부드러워진다.
② 브레이크 패드 마모가 현저히 줄어든다.
③ 제동 시 핸들이 떨리거나 불규칙한 제동력을 느낀다.
④ 브레이크액이 얼어붙는다.

브레이크 디스크가 휘어지거나 변형되면, 제동 시 패드와 디스크의 접촉이 불규칙해져 핸들에서 떨림이 발생하거나 브레이크가 제대로 잡히지 않고 '울컥'거리는 듯한 불규칙한 제동감을 느끼게 된다.

24 이륜자동차 브레이크 레버를 잡았는데, 레버가 너무 깊이 들어가거나 물컹한 느낌이 든다면 무엇이 문제인가?

① 브레이크 오일이 부족하거나 공기가 들어간 것
② 타이어 공기압이 높은 것
③ 엔진 오일량이 많은 것
④ 체인 장력이 너무 센 것

브레이크 레버가 물컹거리는 것은 브레이크 오일이 부족하거나 브레이크 라인에 공기가 들어가서 유압이 제대로 전달되지 않기 때문이다.

19.② 20.④ 21.② 22.② 23.③ 24.①

25 이륜자동차의 브레이크 디스크 로터가 심하게 변형되거나 마모되었을 때 나타나는 현상은?

① 체인 소음 증가
② 브레이크 페달 떨림 발생
③ 서스펜션 출렁임
④ 헤드라이트 밝기 감소

브레이크 디스크 로터가 변형되거나 비정상적으로 마모되면 브레이크 패드와의 접촉 면적이 고르지 않아 제동 시 레버나 페달에서 떨림(저더 현상)이 발생하고, 제동력이 저하될 수 있다.

26 이륜자동차 브레이크 캘리퍼의 피스톤이 고착되었을 때, 발생할 수 있는 문제점은?

① 브레이크 레버가 부드러워진다.
② 과열 및 패드/디스크의 비정상적인 마모
③ 타이어 공기압이 낮아진다.
④ 엔진 시동이 어려워진다.

캘리퍼 피스톤이 고착되면 브레이크 패드가 디스크에서 제대로 떨어지지 않아 항상 브레이크가 잡힌 상태가 되거나, 제동 시 패드가 한쪽으로만 밀착되어 제동 불량, 과열, 그리고 패드와 디스크의 비정상적인 마모를 유발한다.

27 이륜자동차 브레이크 시스템의 최종 점검 단계에서 반드시 확인해야 할 사항은?

① 이륜자동차의 색깔이 마음에 드는지
② 엔진 오일 교환 주기
③ 브레이크 제동력, 제동 시 이상 소음 유무
④ 타이어의 제조 일자

브레이크 정비 후에는 브레이크 레버/페달의 적절한 유격과 부드러운 작동감, 충분한 제동력이 확보되는지, 제동 시 이상한 소음이나 진동이 없는지 등을 꼼꼼히 확인하여 안전을 확보해야 한다.

28 이륜자동차 섀시 장치 정비 중, 용접이나 그라인더 작업이 필요할 경우, 가장 중요하게 지켜야 할 안전 수칙은?

① 맨눈으로 작업한다.
② 주변에 물을 뿌려 습하게 만든다.
③ 환기가 안 되는 밀폐된 공간에서 작업한다.
④ 주변에 인화성 물질이 없는지 확인한다.

용접 및 그라인더 작업은 불꽃, 고열, 금속 파편, 유해 가스 등이 발생하므로 눈, 피부, 호흡기를 보호하는 장비를 반드시 착용하고 화재 위험이 없는지 확인해야 한다.

29 이륜자동차 브레이크 디스크 로터가 변형되었을 때 나타날 수 있는 증상은?

① 제동 시 브레이크 페달에서 진동이 느껴진다.
② 브레이크 패드가 빨리 닳는다.
③ 타이어 공기압이 낮아진다.
④ 엔진 시동이 어려워진다.

브레이크 디스크 로터가 휘거나 변형되면 패드와의 접촉 면적이 고르지 않아 제동 시 레버나 페달에 진동이 발생하고, '저더(judder)' 현상이 나타날 수 있다.

30 이륜자동차 섀시 장치 정비의 가장 중요한 목적은 무엇인가?

① 이륜자동차 외관을 아름답게 꾸미기 위함
② 엔진 성능을 최대로 끌어올리기 위함
③ 주행 안정성 및 승차감을 유지시키기 위함
④ 연료 소모량을 줄이기 위함

섀시 장치는 이륜자동차의 주행, 제동, 조향과 직접적으로 관련되어 있다. 따라서 섀시 정비는 운전자의 안전을 최우선으로 하며, 이륜자동차가 도로에서 안정적으로 움직이고 운전자에게 편안함을 제공하도록 관리하는 것이 목적이다.

25.② 26.② 27.③ 28.④ 29.① 30.③

31 이륜자동차 섀시 부품의 세척 시, 주의해야 할 사항은?

① 고압 세척기로 모든 부품을 세척한다.
② 물을 사용하지 않고 건조한 상태로 둔다.
③ 휘발유로 모든 부품을 세척한다.
④ 전용 세척제나 부드러운 천으로 닦는다.

> 베어링이나 씰류에 고압수를 직접 분사하면 내부 그리스가 유실되거나 물이 침투하여 고장의 원인이 될 수 있다. 전기 부품은 고압 세척 시 손상될 수 있으므로 주의해야 한다.

32 이륜자동차 디스크 브레이크 시스템에서 제동력을 발생시키는 가장 핵심적인 부품은?

① 브레이크 캘리퍼
② 브레이크 레버
③ 브레이크 호스
④ 브레이크 디스크

> 제동력을 '발생시키는' 가장 핵심적인 부품은 브레이크 패드를 움직여 마찰을 유도하는 브레이크 캘리퍼이다.

33 이륜자동차 브레이크액이 오래되거나 오염되었을 때 발생할 수 있는 가장 위험한 문제는?

① 타이어 공기압 증가
② 엔진 출력 증가
③ 브레이크 페이드 현상으로 제동력 상실
④ 연료 소모량 감소

> 브레이크액은 수분을 흡수하는 성질(흡습성)이 있다. 오래되거나 오염되어 수분 함량이 높아진 브레이크액은 열에 의해 쉽게 끓어 기포를 발생시킨다. 이 기포는 압축될 수 있어 브레이크 페달/레버를 밟아도 제동력이 전달되지 않는 '베이퍼 록(Vapor Lock)' 현상을 일으켜 제동력을 완전히 상실할 수 있다.

34 이륜자동차의 섀시 장치에 포함되지 않는 것은 무엇인가?

① 프레임   ② 서스펜션
③ 타이어와 휠 ④ 엔진

> 섀시는 이륜자동차의 뼈대와 움직임을 담당하는 부분으로, 프레임, 서스펜션, 휠, 타이어, 브레이크, 조향 장치, 구동 장치(체인 등) 등이 포함된다. 엔진은 동력을 만드는 부분으로 섀시와는 별개의 주요 구성 요소이다.

35 이륜자동차 섀시 정비 작업 시 안전을 위해 반드시 착용해야 하는 보호 장비는?

① 선글라스
② 헤드폰
③ 모자
④ 보안경, 장갑, 안전화

> 섀시 정비 작업 시에는 부품 파편, 오일, 화학 물질, 미끄러짐 등 다양한 위험이 존재하므로 눈 보호를 위한 보안경, 손 보호를 위한 장갑, 발 보호를 위한 안전화 등을 반드시 착용해야 한다.

36 이륜자동차 브레이크 시스템 점검 후, 브레이크 레버나 페달을 여러 번 작동시켜야 하는 주된 이유는?

① 브레이크 오일 온도를 높이기 위해
② 브레이크 오일을 섞이게 하기 위해
③ 브레이크 유압 시스템 내의 압력을 정상화하기 위해
④ 브레이크 레버의 길이를 조절하기 위해

> 브레이크 패드 교체나 시스템 분해 후에는 패드가 디스크에서 벌어져 있을 수 있다. 레버/페달을 여러 번 작동시켜 피스톤을 밀어내어 패드를 디스크에 밀착시키고 정상적인 제동 압력을 확보해야 한다.

37 이륜자동차 브레이크를 잡을 때 '끼익' 하는 소리가 심하게 나면 무엇을 의심해야 하나?

① 타이어 공기압
② 브레이크 패드가 다 닳았는지
③ 엔진 오일량
④ 백미러가 흔들리는지

> 브레이크에서 소리가 심하게 나는 것은 브레이크 패드가 다 닳아서 금속 부분이 닿을 때 나는 소리일 수 있다.

정답 31.④ 32.① 33.③ 34.④ 35.④ 36.③ 37.②

38 이륜자동차 브레이크를 잡을 때, 제동력을 발생시키는 주요 부품은 무엇인가?

① 브레이크 패드, 디스크 로터
② 핸들
③ 시트
④ 연료 탱크

라이더가 브레이크 레버나 페달을 조작하면, 브레이크 패드가 디스크 로터(또는 드럼)를 강하게 마찰시켜 마찰열을 발생시키고 이 마찰력으로 이륜자동차를 멈추게 한다.

39 이륜자동차의 브레이크 시스템을 점검할 때, 디스크 로터의 두께를 측정하는 주된 이유는?

① 로터의 색깔을 확인하기 위해
② 로터의 마모가 허용 한계를 초과했는지 확인하기 위해
③ 로터의 무게를 측정하기 위해
④ 로터의 광택을 확인하기 위해

브레이크 디스크 로터는 패드와의 마찰로 인해 점차 얇아진다. 마모 한계 이하로 얇아지면 제동 시 열 변형이 쉽게 오고, 제동 성능이 현저히 떨어지며 심하면 파손될 위험이 있어 반드시 교체해야 한다.

40 이륜자동차 브레이크 레버를 잡았을 때, 스펀지처럼 물렁한 느낌이 들고 제동력이 약하다면, 가장 먼저 의심해야 할 원인은?

① 브레이크 라인 내 공기 유입
② 브레이크 패드 마모
③ 타이어 공기압 과다
④ 체인 장력 과다

브레이크 유압 라인에 공기가 유입되거나 브레이크 오일이 부족하면 유압이 제대로 형성되지 않아 레버가 물렁해지고 제동력이 떨어지는 현상이 발생한다.

정답 38.① 39.② 40.①

PART 04
이륜자동차 동력전달장치정비

1. 수동변속기 정비
2. 무단·자동변속기 정비
3. 차동장치, 드라이브 라인 정비

01 수동변속기 정비

01 이륜자동차 수동변속기 조작 시, 클러치 미트 포인트를 제대로 찾는 것이 중요한 이유는?

① 변속기의 기어마모 상태를 확인하기 위해
② 변속기의 오일양을 확인하기 위해
③ 클러치 마모상태를 확인하기 위해
④ 클러치가 연결되기 시작하는 지점을 파악하기 위해

> 클러치 미트 포인트는 클러치 레버를 놓으면서 동력이 연결되기 시작하는 지점이다. 이 지점을 잘 파악해야 시동이 꺼지지 않고 부드럽게 출발하거나 기어를 바꿀 수 있다.

02 이륜자동차의 크랭크축에 연결된 구동 기어 잇수가 25개이고, 변속기 입력축에 연결된 피동 기어 잇수가 75개일 때, 1차 감속비는 얼마인가?

① 0.33   ② 1.5
③ 2.0   ④ 3.0

> 1차 감속비는 피동 기어 잇수를 구동 기어 잇수로 나눈 값으로, 75개 / 25개 = 3.0이다.

03 이륜자동차 클러치의 주된 역할은?

① 엔진의 온도를 조절한다.
② 엔진의 동력을 연결, 차단한다.
③ 브레이크 성능을 향상시킨다.
④ 연료를 저장한다.

> 클러치는 엔진의 회전력을 변속기로 전달하거나 끊어주는 역할을 하여, 운전자가 부드럽게 기어를 바꾸거나 정지할 때 엔진 시동이 꺼지지 않도록 돕는다.

04 이륜자동차 수동변속기에서 1단 기어가 다른 고단 기어보다 더 큰 구동력을 낼 수 있는 주된 이론적 이유는?

① 엔진 회전수가 더 높기 때문에
② 기어비가 가장 크기 때문에
③ 클러치 마찰력이 가장 강하기 때문에
④ 타이어 공기압이 낮아지기 때문에

> 1단 기어는 모든 기어 중 가장 기어비가 크다. 기어비가 크다는 것은 엔진의 회전수를 많이 줄이는 대신 토크(구동력)를 가장 크게 증폭시켜 바퀴로 전달한다는 의미이다. 따라서 출발이나 언덕 등 큰 힘이 필요할 때 가장 큰 구동력을 낼 수 있다.

05 이륜자동차 수동 변속기에서 여러 개의 기어가 장착되어 회전하는 축을 무엇이라고 하는가?

① 스프로킷
② 크랭크샤프트
③ 메인 샤프트 또는 카운터 샤프트
④ 캠샤프트

> 이륜자동차 변속기 내부에는 메인 샤프트(입력축)와 카운터 샤프트(출력축)가 있으며, 이 두 샤프트에 다양한 크기의 기어들이 맞물려 회전하면서 기어비를 변화시킨다.

 정답 01.④ 02.④ 03.② 04.② 05.③

06 변속기의 구동력이 가장 큰 변속단은 무엇인가?

① 4단 ② 2단
③ 3단 ④ 1단

> 1단은 기어비가 커서 엔진의 구동력을 최대한 바퀴에 전달할 수 있다. 2단, 3단, 4단으로 갈수록 구동력은 감소한다.

07 이륜자동차 클러치가 미끄러질 때 나타나는 주된 증상은?

① 변속이 너무 부드럽다.
② 엔진 회전수는 올라가지만 속도가 잘 나지 않는다.
③ 엔진의 동력이 변속기로 잘 전달된다.
④ 엔진출력이 정상이다.

> 클러치가 미끄러진다는 것은 엔진의 동력이 변속기로 제대로 전달되지 않는다는 의미이다. 따라서 엔진 회전수(RPM)는 높아지지만, 실제로 바퀴로 전달되는 힘이 부족하여 속도가 제대로 나지 않는 현상이 발생한다.

08 이륜자동차 클러치 시스템에서 클러치 바스켓의 역할은?

① 클러치 오일을 저장한다.
② 클러치 레버의 장력을 조절한다.
③ 엔진의 크랭크샤프트와 연결되어 동력을 전달하는 부품이다.
④ 클러치 케이블을 보호한다.

> 클러치 바스켓은 클러치 디스크와 플레이트가 삽입되는 큰 원통형 부품으로, 엔진의 크랭크샤프트와 직접 연결되어 엔진의 회전력을 클러치 디스크로 전달하는 역할을 한다.

09 수동 변속기에서 운전자가 기어를 변경할 때, 엔진 동력을 일시적으로 차단하여 부드러운 변속을 돕는 것은?

① 브레이크 ② 클러치
③ 휠 ④ 서스펜션

> 클러치는 수동 변속기에서 운전자가 기어를 변경하기 위해 엔진의 동력을 변속기로부터 일시적으로 끊어주는 역할을 한다.

10 어떤 이륜자동차의 1차 감속비가 2.5이고, 2단 변속기 기어비가 1.5이며, 최종 감속비가 3.0일 때, 이 이륜자동차의 2단 총 감속비는 얼마인가?

① 7.0 ② 8.5
③ 11.25 ④ 13.5

> 총 감속비는 1차 감속비, 변속기 기어비, 최종 감속비를 곱한 값으로, 2.5 × 1.5 × 3.0 = 11.25이다.

11 이륜자동차 변속기가 기어 빠지는 현상이 발생할 때, 점검하지 않아도 되는 것은?

① 시프트 포크 휨
② 변속기 내부의 기어 이빨 마모
③ 변속 드럼 마모
④ 변속기 오일 과다

> 주행 중 기어가 저절로 빠지는 것은 변속기 내부의 기어 이빨이 닳아 제대로 맞물리지 못하거나, 시프트 포크가 휘어 기어를 정확히 밀어주지 못하는 등 변속기 내부 부품의 심각한 마모나 손상을 의심할 수 있다.

12 이륜자동차 클러치 케이블에 윤활제를 도포하는 주된 이유는?

① 케이블의 색깔을 유지하기 위해
② 케이블의 무게를 늘리기 위해
③ 케이블의 마찰을 줄여 작동감을 유지하기 위해
④ 케이블이 더 뻑뻑하게 움직이게 하기 위해

> 클러치 케이블 내부에 윤활제를 도포하면 케이블과 아우터 케이스 사이의 마찰이 줄어들어 레버 조작감이 부드러워지고, 케이블의 수명을 연장할 수 있다.

정답 06.④ 07.② 08.③ 09.② 10.③ 11.④ 12.③

13 이륜자동차의 앞 스프로킷 잇수가 16개이고, 뒷바퀴 스프로킷 잇수가 48개일 때, 최종 감속비는 얼마인가?

① 2.0　　② 3.0
③ 4.0　　④ 5.0

최종 감속비는 뒷바퀴 스프로킷 잇수를 앞바퀴 스프로킷 잇수로 나눈 값으로, 48개 / 16개 = 3.0이다.

14 이륜자동차 변속기 내부의 기어 이빨이 손상되었을 때 발생할 수 있는 가장 직접적인 문제는?

① 클러치 레버 작동 불량
② 변속 시 소음 또는 기어 건너뛰기 현상
③ 클러치의 과다한 마모
④ 엔진의 부조

변속기 내부의 기어 이빨이 손상되면 기어가 정확하게 맞물리지 못하여 변속 시 '드르륵'하는 불쾌한 소음이 발생하거나, 동력이 제대로 전달되지 않고 기어가 건너뛰는(스킵되는) 현상이 나타날 수 있다. 이는 심할 경우 주행 중 위험한 상황을 초래할 수 있으므로 즉시 점검 및 수리가 필요하다.

15 이륜자동차 클러치 레버의 유격이 너무 적을 때 발생할 수 있는 현상은?

① 클러치 디스크의 수명이 짧아진다.
② 기어 변속이 더 어려워진다.
③ 변속기어 마모가 심하다.
④ 엔진 출력이 떨어진다.

클러치 레버의 유격이 너무 적으면 클러치 디스크가 항상 약간 맞닿아 있는 상태가 되어, 동력이 완전히 차단되지 않고 클러치 슬립이 발생하며 클러치 디스크의 수명이 짧아진다.

16 이륜자동차 클러치 시스템에서 클러치 스프링의 주된 역할은?

① 클러치 디스크를 서로 밀착시켜 동력을 전달하게 한다.
② 클러치 레버의 장력을 조절한다.
③ 클러치의 수명을 늘린다.
④ 클러치 케이블의 길이를 조절한다.

클러치 스프링은 클러치 디스크와 플레이트를 강하게 눌러 서로 밀착되게 함으로써 엔진의 동력이 변속기로 온전히 전달되도록 한다. 클러치 레버를 당기면 이 스프링의 압력이 해제되어 디스크가 분리된다.

17 이륜자동차 변속기 내부의 기어가 마모되었을 때, 나타나는 주된 증상이 아닌 것은?

① 클러치의 차단, 연결이 안된다.
② 기어 이빨 마모로 인해 소음이 발생한다.
③ 특정 기어 단수가 잘 들어가지 않을 수 있다.
④ 변속 시 헛돌거나 소음이 심해진다.

변속기 내부의 기어 이빨이 마모되면 기어가 정확히 맞물리지 않아 변속 시 헛도는 느낌을 주거나, 심한 소음이 발생하고 특정 기어 단수가 제대로 들어가지 않는 등의 문제가 발생한다.

18 이륜자동차 클러치 디스크가 마모되었을 때 나타나는 대표적인 증상은?

① 기어 변속이 더 부드러워진다.
② 클러치 슬립 현상이 발생한다.
③ 변속기에 동력이 잘 전달이 된다.
④ 클러치를 통해 동력의 손실이 없다.

클러치 디스크가 마모되면 동력 전달이 불완전해져 엔진의 힘이 바퀴로 제대로 전달되지 않고, RPM만 오르면서 속도는 잘 나지 않는 클러치 슬립 현상이 발생한다.

19 이륜자동차 클러치 레버를 놓았을 때, 클러치가 완전히 연결되지 않고 미끄러지는 느낌이 든다면, 가장 유력한 원인은?

① 클러치 케이블의 장력 과다
② 변속 기어의 마모
③ 클러치 디스크의 마모
④ 변속기 오일양 과다

클러치 레버를 놓았는데도 클러치가 미끄러진다는 것은 클러치 디스크가 마모되어 마찰력이 부족하거나, 클러치 스프링의 장력이 약해져 디스크를 충분히 압착하지 못하기 때문이다.

 정답　13.②　14.②　15.①　16.①　17.①　18.②　19.③

20 이륜자동차 변속기에서 중립 기어가 제대로 들어가지 않거나 빠지는 현상이 발생한다. 점검하지 않아도 되는 것은?

① 시프트 포크, 기어 마모
② 클러치 유격 불량
③ 시프트 포크 휨
④ 스프로킷 마모

중립 기어가 잘 안 들어가거나 자꾸 빠지는 것은 클러치 조작 불량 외에도, 변속기 내부의 시프트 포크가 휘었거나 기어 이빨이 마모되는 등 변속 메커니즘 자체에 문제가 있을 가능성이 높다.

21 이륜자동차의 속도를 올리거나 내릴 때, 엔진의 힘을 바퀴에 알맞게 전달하도록 바꿔주는 장치는?

① 머플러 ② 클러치
③ 변속기 ④ 체인 스프로킷

변속기는 여러 개의 기어(톱니바퀴)를 사용해서, 엔진의 빠른 회전을 느리게 만들거나, 느린 회전을 빠르게 바꿔서 바퀴에 전달한다.

22 이륜자동차 변속기 내부에서 기어를 선택하고 맞물리게 하는 역할을 하는 부품은?

① 클러치 디스크 ② 체인 슬라이더
③ 드라이브 샤프트 ④ 시프트 포크

시프트 포크는 변속 레버의 움직임을 기어 세트로 전달하여 원하는 기어 단수를 선택하고 맞물리게 하는 핵심 부품이다.

23 이륜자동차 클러치 시스템 정비 후, 클러치 레버를 여러 번 작동시켜야 하는 주된 이유는?

① 클러치 케이블의 길이를 늘리기 위해
② 클러치 오일의 온도를 높이기 위해
③ 클러치 시스템 내부에 공기를 제거하기 위해
④ 클러치 커버를 닫기 위해

클러치 시스템, 특히 유압식 클러치의 경우 정비 후 라인 내에 공기가 유입되었을 수 있다. 레버를 반복적으로 작동시켜 공기를 빼내고, 유압 시스템의 압력을 정상화해야 한다. 케이블식도 초기 유격 등을 확인하기 위해 필요하다.

24 이륜자동차 출발할 때, 클러치 레버를 너무 빨리 놓아서 엔진이 '푸드득'하고 꺼지는 이유는?

① 엔진의 동력이 갑자기 전달되었기 때문
② 연료가 부족해서
③ 타이어 공기압이 너무 낮아서
④ 엔진 출력이 낮아서

클러치 레버를 너무 빨리 놓으면 엔진의 힘이 바퀴로 한 번에 전달되면서, 엔진이 그 힘을 이기지 못하고 꺼지게 된다. 부드럽게 연결해야 한다.

25 이륜자동차 클러치 디스크 교체 시, 함께 점검하거나 교체해야 할 주요 부품이 아닌 것은?

① 클러치 스프링
② 클러치 플레이트
③ 클러치 바스켓 상태
④ 클러치 레버

클러치 디스크를 교체할 때는 함께 맞물려 작동하는 클러치 플레이트도 마모되었을 가능성이 높으므로 함께 교체하는 것이 일반적이다. 클러치 스프링도 장력이 약해졌는지 확인하고, 클러치 바스켓에 마모 흔적이 있다면 함께 정비해야 한다.

26 이륜자동차 수동변속기에서 시프트 업 할 때, 일반적으로 엔진 회전수는 어떻게 되나요?

① 급격히 증가한다.
② 변속 후 즉시 엔진이 멈춘다.
③ 변화가 없다.
④ 순간적으로 감소한다.

시프트 업은 더 높은 기어 단수로 바꾸는 것을 의미하며, 높은 기어는 더 낮은 엔진 회전수로 같은 속도를 유지하게 한다. 따라서 변속 후 엔진 회전수가 순간적으로 감소한다.

20.④ 21.③ 22.④ 23.③ 24.① 25.④ 26.④

PART 05 이륜자동차 동력전달장치정비

27 이륜자동차 수동변속기 라이더가 언덕길을 오르다 정지 후 다시 출발할 때, 시동이 잘 꺼지는 이유는 무엇일 가능성이 높은가?

① 브레이크를 너무 세게 잡아서
② 연료 탱크에 연료가 많아서
③ 변속기의 기어가 과다 마모 되어서
④ 클러치 미트 포인트를 제대로 찾지 못해서

> 언덕길 출발 시에는 평지보다 더 많은 힘이 필요하므로, 클러치 미트 포인트를 정확히 찾으면서 동시에 엔진 회전수(RPM)를 충분히 높여야 시동이 꺼지지 않고 부드럽게 출발할 수 있다.

28 이륜자동차 기어 변속 시, '딸깍'하는 소리가 나면서 부드럽지 않다면 점검해야 할 항목이 아닌 것은?

① 변속기의 기어의 상태
② 클러치 레버의 유격
③ 엔진의 동력전달 상태
④ 변속기 오일양 상태

> 기어 변속이 부드럽지 않은 가장 흔한 원인은 클러치 조작이 잘 안 되거나, 기어박스 안의 오일이 부족하거나 오래되었을 때이다.

29 이륜자동차 변속기 오일 교환 시, 가장 중요한 주의사항은?

① 변속기 오일을 규정량 주입한다.
② 엔진 오일과 같은 종류의 오일을 사용해도 된다.
③ 오일을 가득 채우면 더 좋다.
④ 오일 배출은 충분히 배출하지 않아도 된다.

> 변속기 오일은 엔진 오일과는 다른 점도와 성분을 가진 경우가 많으므로, 반드시 이륜자동차 제조사에서 권장하는 규격의 오일을 사용해야 한다. 또한, 과다 주입이나 부족은 변속기 성능 저하나 고장의 원인이 될 수 있으므로 정량을 지켜야 한다.

30 이륜자동차 수동변속기에서 중립 기어의 기능은?

① 이륜자동차가 가장 빠르게 달릴 수 있는 기어이다.
② 브레이크 성능을 최대로 높인다.
③ 이륜자동차를 후진하게 한다.
④ 정지한 상태에서도 시동이 꺼지지 않게 한다.

> 중립 기어는 엔진과 변속기 사이의 동력을 완전히 차단하여, 이륜자동차가 멈춰 있을 때도 엔진이 시동을 유지할 수 있도록 한다.

31 이륜자동차 클러치 케이블이 뻑뻑하거나 잘 움직이지 않을 때, 가장 적절한 정비 조치는?

① 케이블에 윤활제를 주입하거나 교체한다.
② 케이블을 물로 씻어낸다.
③ 케이블을 불로 가열한다.
④ 케이블을 망치로 두드린다.

> 클러치 케이블이 뻑뻑하다는 것은 내부 마찰이 심하다는 의미이다. 케이블 내부로 윤활유를 주입하여 마찰을 줄이거나, 심한 경우 케이블 자체를 교체해야 한다.

32 이륜자동차 클러치 시스템에서 클러치 케이블이 아닌 유압식 클러치를 사용하는 이륜자동차에서 클러치 작동이 불량할 때 점검해야 할 것이 아닌 것은?

① 변속기 기어 마모 상태
② 클러치 마스터 실린더
③ 오일 라인 및 클러치 액 상태
④ 슬레이브 실린더

> 유압식 클러치는 케이블 대신 브레이크와 유사한 유압 시스템으로 작동한다. 따라서 클러치 작동이 불량하다면 클러치 액의 부족, 오염, 마스터/슬레이브 실린더의 고장, 또는 유압 라인 내 공기 유입 등을 점검해야 한다.

정답 27.④ 28.③ 29.① 30.④ 31.① 32.①

33 이륜자동차 클러치 레버의 유격을 점검하고 조절하는 주된 이유는?

① 클러치 동력 차단을 빨리하기 위해
② 클러치 작동을 부드럽게 하기 위해
③ 클러치 동력 연결을 빨리하기 위해
④ 클러치에 온 동력을 신속히 전달하기 위해

> 클러치 레버에 적절한 유격이 있어야 클러치 디스크가 완전히 떨어지고 붙어 동력 전달이 부드러워진다. 유격이 없으면 클러치가 항상 반쯤 연결된 상태가 되어 디스크 마모가 빨라진다.

34 이륜자동차 수동변속기에서 시프트 다운을 하는 주된 이유는?

① 연비를 향상시키기 위해
② 체인 장력을 느슨하게 하기 위해
③ 클러치 레버의 유격을 조절하기 위해
④ 엔진 브레이크를 사용하여 감속하기 위해

> 시프트 다운(저단 변속)은 더 낮은 기어로 바꿔 엔진의 회전수를 높여 가속력을 확보하거나, 엔진의 저항(엔진 브레이크)을 사용하여 이륜자동차의 속도를 줄이는 데 사용된다.

35 이륜자동차 클러치 슬립 현상이 발생했을 때, 연비에는 어떤 영향을 미칠까요?

① 동력 손실로 인해 연비가 저하된다.
② 변속이 잘 된다.
③ 연비에 아무런 영향을 주지 않는다.
④ 동력 전달이 잘 된다.

> 클러치 슬립은 엔진의 힘이 바퀴로 100% 전달되지 않고 마찰열로 손실되는 현상이다. 이는 엔진이 더 많은 연료를 소모하게 만들어 연비를 떨어뜨린다.

36 수동 변속기의 싱크로나이저 링이 마모되었을 때, 가장 흔하게 나타나는 이론적인 문제는?

① 클러치 슬립이 생기는 현상 발생
② 기어가 부드럽게 들어가지 않는 현상 발생
③ 변속기 오일 누유 현상 발생
④ 기어의 원활한 변속이 가능한 현상 발생

> 싱크로나이저 링은 변속 시 서로 맞물리려는 기어들의 회전 속도를 동기화하여 부드럽게 연결되도록 돕는 마찰 부품이다. 이 링이 마모되면 기어들 간의 속도 동기화가 제대로 이루어지지 않아 기어가 부드럽게 들어가지 않고 '갈리는' 불쾌한 소음이 발생한다.

37 수동 변속기에서 고단 기어로 갈수록 최고 속도는 증가하지만, 가속력이 떨어지는 이론적인 이유는?

① 엔진의 힘이 약해지기 때문에
② 기어비가 작아져 토크(구동력) 증폭이 줄어들기 때문에
③ 변속기 내부 저항이 증가하기 때문에
④ 연료 소모량이 급증하기 때문에

> 고단 기어(예: 5단, 6단)로 갈수록 기어비가 작아진다. 기어비가 작다는 것은 엔진의 회전수가 바퀴로 거의 그대로 전달되어 최고 속도를 높일 수 있지만, 토크(구동력) 증폭 효과는 줄어들어 가속력이 떨어지는 결과를 가져온다.

38 이륜자동차 변속기에서 기어를 변경할 때 '쿵' 또는 '탁' 하는 큰 충격음이 나거나 변속이 부드럽지 않다면, 무엇을 의심할 수 있는가?

① 변속기 내부 부품 마모
② 클러치 마모 과다로 슬립
③ 엔진 동력 감소
④ 변속기 오일 과다

> 기어 변속 충격은 클러치가 제대로 작동하지 않거나(유격 불량), 변속기 오일의 윤활 성능이 떨어졌거나, 변속기 내부의 기어 또는 변속 포크 등 부품이 마모되었을 때 주로 발생한다.

39 이륜자동차 변속 시 기어를 바꾸어 주는 역할을 하는 부품은?

① 시프트 포크　② 클러치 스프링
③ 브레이크 레버　④ 스로틀 케이블

> 시프트 포크(Shift Fork)는 변속 레버 및 시프트 드럼의 움직임을 받아 기어를 좌우로 밀어서 다른 기어와 맞물리게 하거나 분리시키는 역할을 한다.

 33.② 34.④ 35.① 36.② 37.② 38.① 39.①

40 이륜자동차 변속기의 1단 기어에서 주축 구동 기어의 잇수가 15개, 부축 피동 기어의 잇수가 45개일 때, 1단 변속기 기어비는 얼마인가?

① 1.0　　② 2.5
③ 3.0　　④ 4.5

변속기 기어비는 피동 기어 잇수를 구동 기어 잇수로 나눈 값으로, 45개 / 15개 = 3.0이다.

41 이륜자동차 클러치 레버의 유격이 너무 많을 때 발생할 수 있는 현상은?

① 클러치가 빨리 마모된다.
② 클러치가 미끄러지면서 기어 변속이 어려워진다.
③ 클러치를 통해 엔진의 동력을 원활하게 전달할 수 있다.
④ 클러치의 동력 손실이 없다.

클러치 레버의 유격이 너무 많으면 클러치 디스크가 완전히 밀착되지 않아 엔진의 힘이 100% 바퀴로 전달되지 못하고, 클러치가 미끄러지면서 동력 손실이 발생하거나 기어 변속이 원활하지 않을 수 있다.

42 수동 변속기 차량에서 엔진 브레이크를 사용할 때, 바퀴의 회전력이 변속기를 통해 엔진으로 역으로 전달되어 감속을 돕는 이론적 원리는?

① 유압 증가
② 관성력 감소
③ 토크 역전달
④ 마찰력 제거

엔진 브레이크는 가속 페달에서 발을 떼거나 기어를 낮춰 엔진 회전수를 의도적으로 높일 때, 바퀴의 회전력이 변속기를 통해 엔진으로 역으로 전달되어 엔진의 압축 저항 등을 이용해 차량을 감속시키는 원리이다. 이는 토크 역전달의 한 형태이다.

43 이륜자동차 수동변속기를 장착한 이륜자동차가 클러치 조작 없이 기어를 변속하려고 할 때 발생할 수 있는 가장 흔한 문제는?

① 엔진 출력이 증가한다.
② 클러치 마모가 크다.
③ 변속이 원활하다.
④ 변속기 내부 기어 손상 및 심한 충격 발생

클러치 없이 기어를 강제로 바꾸면 엔진의 동력이 끊어지지 않은 상태에서 기어들이 마찰하면서 강한 충격과 함께 기어 이빨이 마모되거나 파손될 수 있다.

44 이륜자동차 수동변속기에서 레브 매칭을 하는 주된 이유는?

① 엔진 시동을 더 빨리 걸기 위해
② 연료 소모를 증가시키기 위해
③ 브레이크를 더 세게 잡기 위해
④ 변속 시 부드러운 변속과 충격 감소를 위해

레브 매칭은 기어 변속 시 엔진 회전수를 다음 기어 단수에 맞게 조절하여 변속 충격을 줄이고, 부드럽게 동력을 연결하여 차체의 안정성을 높이는 고급 운전 기술이다. 특히 시프트 다운(기어 내리기) 시 중요하다.

45 이륜자동차 변속기 오일을 주기적으로 교환해야 하는 주된 이유는?

① 엔진의 동력을 연결, 차단을 잘하기 위해
② 변속기 부품 마모와 변속감 저하를 방지하기 위해
③ 엔진의 성능을 향상시키기 위해
④ 구동체인에 동력을 전달하기 위해

변속기 오일은 기어와 베어링 등 변속기 내부 부품들의 마찰을 줄이고 냉각시키는 중요한 역할을 한다. 오일이 오래되거나 오염되면 윤활 성능이 떨어져 변속기 마모를 가속화하고 변속감을 나쁘게 한다.

정답　40.③　41.②　42.③　43.④　44.④　45.②

46 기어를 바꿀 때 클러치 레버를 잡지 않고 억지로 바꾸려고 하면 어떻게 되나?

① 변속기가 망가질 수 있다.
② 이륜자동차가 더 빨리 간다.
③ 브레이크가 더 잘 잡힌다.
④ 타이어 공기압이 올라간다.

> 클러치를 잡지 않으면 엔진의 힘이 그대로 변속기에 전달되어 기어들이 서로 부딪치면서 심하게 손상될 수 있다.

47 이륜자동차 변속기 오일에서 쇳가루가 다량 발견되었을 때, 의미하는 것은?

① 변속기 내부 부품의 마모가 진행되고 있다는 증거
② 변속기 오일이 너무 깨끗하다는 증거
③ 변속기 오일의 양이 너무 많다는 증거
④ 변속기 오일의 색깔이 변했다는 증거

> 변속기 오일에서 쇳가루가 나온다는 것은 변속기 내부의 금속 부품(기어 이빨, 베어링 등)이 비정상적으로 마모되고 있다는 심각한 신호이므로, 즉시 점검 및 수리가 필요하다.

48 이륜자동차 변속기에서 시프트 드럼의 주된 역할은?

① 변속기 오일을 저장한다.
② 변속기 내부의 소음을 줄인다.
③ 기어를 선택하고 맞물리게 하는 회전 부품이다.
④ 변속기 외부를 보호한다.

> 시프트 드럼(Shift Drum)은 변속 레버를 밟거나 들어 올릴 때 회전하면서, 드럼에 새겨진 홈을 따라 시프트 포크를 좌우로 이동시켜 기어들을 선택하고 맞물리게 하는 핵심적인 변속 부품이다.

49 일반적인 이륜자동차 수동변속기에서 기어 변속 시 운전자가 밟거나 당겨야 하는 것은?

① 브레이크 페달
② 엑셀러레이터
③ 클러치 레버와 변속 페달
④ 시동 버튼

> 수동변속 이륜자동차는 기어를 바꿀 때 먼저 클러치 레버를 당겨 동력을 끊고, 변속 페달을 조작하여 원하는 기어로 바꾼 다음 클러치 레버를 서서히 놓아 다시 동력을 연결하는 과정을 거친다.

50 이륜자동차 수동변속기에서 클러치의 가장 기본적인 역할은?

① 엔진의 회전수를 높인다.
② 변속 기어의 마모를 줄인다.
③ 바퀴에 직접 동력을 전달한다.
④ 변속기로 연결, 차단하여 기어 변속을 가능하게 한다.

> 클러치는 엔진과 변속기 사이의 동력 전달을 끊거나 이어주는 역할을 하여, 기어 변속 시 엔진의 부담을 줄이고 부드러운 변속을 가능하게 한다.

51 이륜자동차 체인 및 스프로킷 세트를 교체할 때, 가장 중요하게 고려해야 할 사항이 아닌 것은?

① 스프로킷의 휨 상태
② 체인 사이즈, 스프로킷 잇수
③ 체인고리의 연결상태
④ 스프로킷의 색상

> 체인과 스프로킷은 이륜자동차의 동력 전달에 직접적인 영향을 미치므로, 반드시 이륜자동차 모델에 맞는 정확한 규격과 검증된 품질의 부품을 사용해야 한다. 잇수 변경은 이륜자동차의 가속력이나 최고 속도에 영향을 준다.

52 클러치 레버의 유격이 너무 많을 때 발생할 수 있는 문제는?

① 클러치가 완전히 분리되지 않을 수 있다.
② 클러치가 쉽게 미끄러진다.
③ 변속이 너무 빠르게 된다.
④ 엔진 시동이 잘 걸리지 않는다.

> 클러치 레버의 유격이 너무 많으면 레버를 끝까지 잡아도 클러치 디스크가 엔진에서 완전히 떨어지지 않아(클러치 분리 불량) 변속이 어렵거나 기어가 걸리는 느낌이 들 수 있다.

정답 46.① 47.① 48.③ 49.③ 50.④ 51.④ 52.①

53 이륜자동차 수동변속기의 가장 큰 특징은 무엇인가?

① 운전자가 기어 변속에 신경 쓸 필요가 없다.
② 연비가 항상 자동변속기보다 나쁘다.
③ 운전자가 클러치 레버와 변속 페달을 직접 조작하여 기어를 바꾼다.
④ 이륜자동차의 속도가 자동으로 조절된다.

수동변속기는 운전자가 직접 클러치와 변속기를 조작하여 기어 단수를 선택하므로, 운전자가 이륜자동차를 더 적극적으로 제어하는 즐거움을 느낄 수 있다.

54 이륜자동차 변속기에서 기어 오버랩 현상이 발생했을 때, 나타나는 증상은?

① 엔진 시동이 어려워진다.
② 변속이 잘 된다.
③ 변속 충격이 심하거나 변속이 불가능해진다.
④ 클러치 차단이 잘 된다.

기어 오버랩은 변속기 내부의 시프트 드럼이나 시프트 포크 등의 문제로 인해 두 개의 기어가 동시에 물리려 하는 현상이다. 이는 변속 불능, 심한 충격, 또는 변속기 손상으로 이어질 수 있다.

55 수동 변속기에서 각 기어 단수가 가지는 '기어비'의 주된 역할은?

① 엔진 소음 감소
② 엔진의 출력과 속도를 다양하게 조절
③ 연료 탱크 용량 증가
④ 타이어 마모 방지

각 기어 단수의 기어비는 엔진의 일정한 회전력(토크)을 필요에 따라 다양한 크기의 힘과 속도로 변환하여 바퀴로 전달함으로써, 이륜자동차의 주행 속도와 구동력을 넓은 범위에서 조절할 수 있게 한다.

56 수동 변속기 내부에서 기어를 쉽게 맞물리게 하여 변속 충격을 줄여주는 장치는?

① 메인 샤프트   ② 싱크로나이저
③ 변속기 케이스 ④ 오일 펌프

싱크로나이저(Synchronizer) 또는 동기 장치는 수동 변속 시 맞물리려는 두 기어의 회전 속도를 일치시켜 기어가 부드럽게 들어가도록 돕고, 변속 시 발생하는 충격이나 기어 갈림 현상을 방지하는 핵심 부품이다.

57 이륜자동차 클러치 시스템에서 클러치 플레이트의 역할은?

① 클러치 오일을 저장한다.
② 클러치 레버의 장력을 조절한다.
③ 클러치 마찰을 통해 동력을 전달하거나 차단한다.
④ 클러치 케이블을 보호한다.

클러치 디스크 사이에 삽입되는 클러치 플레이트는 클러치 디스크와의 마찰을 통해 엔진의 회전력을 변속기로 전달하거나 차단하는 중요한 역할을 한다.

58 이륜자동차 변속 레버를 조작했을 때, 기어 위치를 전환시키는 캠 형태의 부품은?

① 시프트 드럼
② 킥 스타터
③ 플라이휠
④ 오일 펌프

시프트 드럼(Shift Drum)은 변속 레버를 밟거나 들어 올릴 때 회전하면서 시프트 포크를 움직여 기어를 변경하는 역할을 하는 캠 형태의 부품이다.

59 이륜자동차 수동변속기에서 시프트 업을 하는 주된 이유는?

① 이륜자동차의 가속력을 높이기 위해
② 연비를 감소시키고 엔진 출력을 향상 시키기 위해
③ 클러치 디스크를 마모시키기 위해
④ 높은 속도에서 낮은 엔진 회전수를 유지하기 위해

시프트 업(고단 변속)은 엔진의 회전수를 낮춰 같은 속도를 유지하게 함으로써 연료 효율을 높이고 엔진의 불필요한 고회전 부담을 줄여준다.

53.③ 54.③ 55.② 56.② 57.③ 58.① 59.④

60 기어 변속을 하기 위해 엔진의 동력을 차단, 연결하는 장치는 무엇인가?

① 클러치　② 엑셀
③ 브레이크　④ 핸들

클러치는 엔진과 바퀴 사이의 연결을 잠시 끊어주어, 기어를 부드럽게 바꿀 수 있게 한다.

61 이륜자동차 변속기에서 '털컥'거리는 큰 소음이 나거나 변속 충격이 심할 때 의심해 볼 수 있는 원인으로 가장 적절한 것은?

① 엔진의 출력 감소
② 스티어링 베어링 손상
③ 변속기 내부 기어 또는 베어링 마모
④ 클러치 유격 과다

변속기 내부의 기어(톱니바퀴)나 베어링이 마모되면 동력이 전달되는 과정에서 마찰이 심해지고 유격이 생겨 '털컥'거리는 소음이나 심한 변속 충격이 발생할 수 있다. 이는 변속기 오일 부족이나 노후화, 또는 부적절한 변속 습관 등과 관련될 수 있다.

62 이륜자동차 변속 시 기어가 잘 들어가지 않거나 빠지는 현상이 반복될 때 가장 먼저 점검해야 할 부품은?

① 엔진 동력의 저하
② 체인 장력
③ 클러치 유격
④ 체인 스프로킷의 마모

클러치는 변속을 위해 엔진의 동력을 일시적으로 끊어주는 역할을 한다. 클러치 유격(간극)이 너무 크거나 작으면 클러치가 제대로 작동하지 않아 기어가 잘 들어가지 않거나 변속 후에도 동력이 완전히 연결되지 않아 기어가 빠지는 등의 문제가 발생할 수 있다.

63 이륜자동차 변속기의 주된 역할은?

① 엔진의 소음을 줄인다.
② 엔진의 회전력을 바퀴에 전달한다.
③ 이륜자동차의 무게를 지탱한다.
④ 브레이크를 작동시킨다.

변속기는 엔진의 일정한 회전력을 다양한 기어비를 통해 바퀴에 필요한 속도(고속)와 힘(저속)으로 바꿔주는 장치이다. 이를 통해 이륜자동차는 다양한 주행 조건에 대응할 수 있다.

64 수동 변속기에서 기어 백래시가 과도하게 발생할 때 나타날 수 있는 주된 현상은?

① 브레이크 제동력 증가
② 변속 시 충격 및 소음 증가
③ 엔진 냉각 성능 향상
④ 연료 소모량 감소

백래시(Backlash)는 맞물린 기어들 사이의 유격(틈)을 의미한다. 이 유격이 과도하게 커지면 동력 전달 시 기어들이 서로 닿는 순간에 충격과 '덜컥'거리는 소음이 발생하며, 이는 부품 마모를 가속화시킬 수 있다.

60.① 61.③ 62.③ 63.② 64.②

무단·자동변속기 정비

01 이륜자동차 자동변속기의 가장 큰 장점은?
① 변속의 번거로움이 없어 운전이 편리하다.
② 운전자가 수동으로 기어를 바꿀 수 있다.
③ 이륜자동차의 무게가 더 가벼워진다.
④ 연비가 항상 수동변속기보다 좋다.

> 자동변속기는 클러치 조작이나 기어 변속 없이도 이륜자동차가 알아서 기어 단수를 조절하므로, 특히 시내 주행이나 정체 구간에서 운전 편의성이 매우 높다.

02 이륜자동차 자동변속기에서 일반적으로 클러치 페달이 없는 주된 이유는?
① 자동으로 동력을 연결, 차단하는 방식을 사용하기 때문
② 브레이크를 더 쉽게 잡기 위함
③ 연료 소모를 줄이기 위함
④ 이륜자동차의 속도를 제한하기 위함

> 자동변속기는 운전자의 개입 없이 자동으로 동력을 연결하고 끊는 장치(예: 토크 컨버터, CVT)를 내장하고 있기에 별도의 클러치 페달이 필요하지 않다.

03 이륜자동차 자동변속기의 한 종류인 CVT 방식의 가장 큰 특징은?
① 수동으로 기어를 조작해야 한다.
② 여러 단의 고정된 기어를 사용한다.
③ 무단계로 변속되어 부드러운 가속이 가능하다.
④ 체인 드라이브만 사용한다.

> CVT는 벨트와 풀리의 직경 변화를 통해 무단계로 변속비를 조절하여, 기어 변속 충격 없이 매우 부드럽고 연속적인 가속이 가능하다. 주로 스쿠터에 많이 사용된다.

04 이륜자동차 자동변속기 오일을 주기적으로 교환해야 하는 주된 이유는?
① 변속기 부품 마모와 성능 저하를 방지하기 위함
② 브레이크 성능을 높이기 위함
③ 타이어 공기압을 조절하기 위함
④ 체인 장력을 유지하기 위함

> 자동변속기 오일은 윤활, 냉각, 동력 전달 등 여러 역할을 수행한다. 시간이 지남에 따라 오염되거나 성능이 저하되므로, 주기적인 교환을 통해 변속기의 수명을 늘리고 원활한 작동을 유지해야 한다.

05 이륜자동차 자동변속기 장착 모델에서 변속 충격이 심해진다면 점검 항목가 거리가 먼 것은?
① 변속기 케이블 불량
② 변속기 제어 시스템의 이상
③ 변속기 오일의 오염
④ 변속기 오일양의 부족

> 자동변속기에서 변속 충격이 심해지는 것은 대부분 변속기 오일의 문제(양 부족, 오염, 점도 변화)이거나, 자동변속을 제어하는 센서나 밸브 등 전자 제어 시스템에 문제가 발생했을 때 나타난다.

 정답 01.① 02.① 03.③ 04.① 05.④

06 이륜자동차 자동변속기 중, 기어 단수가 없이 연속적으로 변속비를 조절하여 부드러운 가속을 제공하는 방식은?

① 수동변속기　② 듀얼 클러치 변속기
③ 무단변속기　④ 시퀀셜 변속기

> CVT는 벨트와 가변 풀리를 이용하여 기어 단수 없이 변속비를 연속적으로 조절하는 방식이다.

07 이륜자동차 DCT의 가장 큰 특징은?

① 두 개의 독립적인 클러치를 사용한다.
② 클러치 조작과 기어 변속이 모두 수동이다.
③ 오직 스쿠터에만 사용된다.
④ 엔진 회전수에 따라 자동으로 클러치가 연결된다.

> DCT는 홀수 기어와 짝수 기어를 각각 담당하는 두 개의 클러치를 통해 동력 단절 없이 빠른 변속을 구현한다.

08 어떤 이륜자동차의 DCT 변속기 내부에서, 홀수 단을 담당하는 입력축 구동 기어의 잇수가 20개이고, 1단 출력축 피동 기어의 잇수가 60개일 때, 이 변속기의 1단 기어비는 얼마인가?

① 2.0　② 2.5
③ 3.0　④ 3.5

> 기어비는 피동 기어 잇수를 구동 기어 잇수로 나눈 값이다. 기어비 = 60개 / 20개 = 3.0 DCT 변속기라 할지라도 내부 기어 쌍의 기어비 계산 원리는 동일하다.

09 이륜자동차 CVT가 주로 사용되는 이륜자동차의 종류는?

① 고성능 스포츠 바이크
② 오프로드 바이크
③ 스쿠터
④ 대형 투어링 바이크

> CVT는 운전 편의성과 부드러운 가속감 덕분에 주로 스쿠터에 널리 적용된다.

10 DCT의 장점으로 옳지 않은 것은?

① 변속 시간이 매우 짧다.
② 변속 충격이 적어 부드러운 주행이 가능하다.
③ 운전자가 수동 모드로 기어를 직접 조작할 수 있다.
④ 일반 수동변속기보다 구조가 훨씬 간단하고 가볍다.

> DCT는 일반 수동변속기보다 구조가 더 복잡하고 무게가 더 나가는 경향이 있다.

11 이륜자동차 자동 클러치 시스템 중, 엔진 회전수가 낮을 때 클러치가 자동으로 분리되고 엔진 회전수가 올라가면 연결되는 방식은?

① DCT　② CVT
③ 원심 클러치　④ 유압식 클러치

> 원심 클러치는 원심력을 이용하여 엔진 RPM에 따라 자동으로 클러치를 연결하거나 분리하는 반자동 클러치 시스템이다.

12 이륜자동차 DCT가 변속 시 동력 손실이 적고 빠른 변속이 가능한 주된 이유는?

① 동력 단절 없이 기어가 변경되기 때문
② 벨트를 사용하기 때문
③ 오일 교환 주기가 매우 짧기 때문
④ 클러치 레버가 없기 때문

> DCT는 두 개의 클러치를 통해 다음 기어를 미리 준비하여, 변속 시 동력 단절 시간을 최소화한다.

13 이륜자동차 CVT의 단점으로 가장 적절한 것은?

① 고성능 이륜자동차에는 적용이 제한적이다.
② 변속 충격이 매우 심하다.
③ 클러치 조작이 매우 복잡하다.
④ 연비가 매우 나쁘다.

> CVT는 부드러운 가속이 장점이지만, 기어 변속의 즉각적인 느낌이 없어 스포티한 주행을 선호하는 라이더에게는 아쉬울 수 있고, 높은 토크를 감당하기 어려워 고성능 바이크에는 잘 적용되지 않는다.

정답　06.③　07.①　08.③　09.③　10.④　11.③　12.①　13.①

14 다음 중 이륜자동차 자동변속기의 종류가 아닌 것은?

① CVT
② DCT
③ 원심 클러치 시스템
④ 시퀀셜 변속기

> 시퀀셜 변속기는 수동변속기의 일종으로, 기어 변속을 순차적으로만 할 수 있도록 만든 변속기이며 자동변속기는 아니다.

15 이륜자동차 변속비의 가장 기본적인 정의는?

① 엔진의 무게를 나타내는 비율
② 엔진의 회전수와 토크가 나타내는 비율
③ 엔진의 회전수와 마력이 나타내는 비율
④ 엔진의 회전수를 바퀴의 회전수로 변환하는 비율

> 변속비는 엔진의 회전수가 변속기를 거쳐 구동축(뒷바퀴)으로 전달될 때, 회전수가 얼마나 증감하는지를 나타내는 비율이다. '기어비'라고도 불린다.

16 이륜자동차에서 변속비가 높다는 것은 어떤 의미인가?

① 낮은 속도에서 큰 구동력을 얻을 수 있다.
② 최고 속도가 빨라진다.
③ 연비가 매우 좋아진다.
④ 높은 속도에서 낮은 구동력을 얻을 수 있다.

> 변속비가 높다는 것은 엔진의 회전수를 많이 감속하여 바퀴의 회전수는 느려지지만, 그만큼 구동력(토크)을 증폭시키는 것을 의미한다. 이는 출발이나 가파른 언덕 등 큰 힘이 필요할 때 사용된다.

17 이륜자동차 변속기 내부에서 변속비를 결정하는 주요 부품은?

① 기어 톱니수   ② 클러치 디스크
③ 체인   ④ 변속기 카운터 축

> 변속기는 크기가 다른 여러 개의 기어 톱니바퀴들이 서로 맞물리면서 회전수의 비율(변속비)을 변화시켜 원하는 속도와 토크를 만들어낸다.

18 이륜자동차에서 변속비가 낮다는 것은 어떤 의미인가?

① 가속력이 매우 좋아진다.
② 클러치 슬립이 발생한다.
③ 낮은 속도에서 큰 구동력을 얻을 수 있다.
④ 높은 속도에서 낮은 엔진 회전수를 유지할 수 있다.

> 변속비가 낮다는 것은 엔진의 회전수를 적게 감속하여 바퀴의 회전수를 빠르게 하는 것을 의미한다. 이는 고속 주행 시 엔진 회전수를 낮춰 연비를 개선하고 엔진의 피로도를 줄이는 데 유리하다.

19 이륜자동차 CVT에서 변속비가 무단계로 조절된다는 의미는?

① 기어 단수가 고정되어 있다.
② 변속비가 항상 일정하다.
③ 변속비를 수동으로만 조작할 수 있다.
④ 벨트와 풀리의 직경 변화로 연속적인 변속이 이루어진다.

> CVT는 벨트와 가변 풀리의 직경을 조절하여 무한대에 가까운 변속비를 연속적으로 만들어내므로, 기어 변속 충격 없이 부드러운 가속이 가능하다.

20 이륜자동차 변속비가 너무 낮게 설정된 상태에서 저속 주행이나 언덕길을 오를 때 발생할 수 있는 문제는?

① 엔진의 토크가 커진다.
② 엔진의 출력이 높아진다.
③ 엔진의 과도한 부하가 걸려 출력 부족하다.
④ 클러치 슬립이 발생한다.

> 변속비가 너무 낮아 엔진 회전수가 충분히 확보되지 않은 상태에서 큰 힘이 필요한 상황에 처하면, 엔진에 무리가 가해져 노킹(Knocking)이 발생하거나 출력이 부족해질 수 있다.

정답 14.④ 15.④ 16.① 17.① 18.④ 19.④ 20.③

21 이륜자동차의 앞바퀴 스프로킷이나 뒷바퀴 스프로킷의 이빨이 뾰족하게 닳았다면 무엇을 해야 하나?

① 그대로 계속 탄다.
② 뾰족한 부분을 줄로 갈아낸다.
③ 기름만 듬뿍 바른다.
④ 체인과 스프로킷을 모두 새것으로 바꾼다.

> 스프로킷 이빨이 닳았다면 체인도 같이 닳았을 가능성이 높다. 둘 다 함께 바꿔야 안전하고, 새 부품도 오래 쓸 수 있다.

22 이륜자동차 자동변속기에서 엔진의 회전력을 유체의 흐름을 통해 변속기로 전달하는 부품은?

① 토크 컨버터 ② 클러치 디스크
③ 스프로킷   ④ 플라이휠

> 토크 컨버터는 엔진의 회전력을 유체(자동변속기 오일)의 흐름을 통해 변속기로 전달하여 클러치 없이 부드러운 출발과 변속을 가능하게 하는 부품이다. 수동 변속기의 클러치와 유사한 역할을 하지만 작동 방식은 다르다.

23 자동변속기에서 기어비를 자동으로 변경하는 데 사용되는 핵심적인 기어 장치는?

① 헬리컬 기어 세트
② 유성 기어 세트
③ 스퍼 기어 세트
④ 웜 기어 세트

> 유성 기어 세트(Planetary Gear Set)는 자동변속기에서 다양한 기어비를 효율적으로 구현하고 자동으로 변경하는 데 사용되는 핵심적인 기어 장치이다. 선 기어, 유성 기어, 링 기어로 구성된다.

24 자동변속기 내부에서 유압을 이용하여 기어 변속을 제어하는 '두뇌' 역할을 하는 부품은?

① 오일 펌프   ② 유성 기어
③ 오일 필터   ④ 밸브 바디

> 밸브 바디(Valve Body)는 자동변속기의 복잡한 유압 회로를 통해 ATF의 흐름과 압력을 제어하여 기어 변속 시점과 방식을 결정하는 '두뇌' 역할을 하는 부품이다.

25 자동변속기 전용 오일(ATF)의 주된 역할이 아닌 것은?

① 기어 및 베어링 윤활
② 유압 작동 매체
③ 엔진 냉각
④ 열 제거 (냉각)

> 자동변속기 오일(ATF)은 변속기 내부 부품의 윤활, 유압 작동 매체 역할, 그리고 마찰로 인한 열을 흡수하고 방출하는 냉각 역할을 한다. 엔진 냉각은 주로 냉각수 시스템이 담당한다.

26 자동변속기 오일(ATF)의 점검 시, 오일 레벨이 너무 낮을 때 발생할 수 있는 현상은?

① 변속 충격 증가 또는 변속 지연
② 엔진 시동 불량
③ 브레이크 제동력 저하
④ 타이어 공기압 상승

> 자동변속기 오일(ATF)은 동력 전달 매체이자 윤활유 역할을 한다. 오일 레벨이 낮으면 유압이 충분히 형성되지 않아 변속이 늦어지거나, 기어가 바뀌는 과정에서 충격이 발생할 수 있다.

27 이륜자동차 자동변속기에서 유압을 이용하여 특정 기어를 물리거나 풀어주는 역할을 하는 것은?

① 온도 센서
② 오일 필터
③ 속도 센서
④ 쉬프트 솔레노이드

> 쉬프트 솔레노이드(Shift Solenoid)는 자동변속기 밸브 바디 내에서 전기 신호를 받아 유압을 제어하여 클러치나 브레이크 밴드를 작동시키고 풀어줌으로써 특정 기어를 물리거나 해제하는 역할을 한다.

정답   21.④ 22.① 23.② 24.④ 25.③ 26.① 27.④

28 자동변속기 오일(ATF)이 과열되었을 때, 이를 냉각시켜주는 부품은?

① 오일 펌프　② ATF 쿨러
③ 밸브 바디　④ 토크 컨버터

ATF 쿨러(Automatic Transmission Fluid Cooler)는 자동변속기 오일의 온도가 높아지는 것을 방지하기 위해 오일을 냉각시켜 주는 장치이다. 이는 변속기 오일의 수명을 연장하고 변속기의 정상적인 작동을 유지하는 데 중요하다.

29 자동변속기에서 유압에 의해 동력을 연결하거나 차단하는 역할을 하는 마찰 부품은?

① 스프로킷
② 기어 이빨
③ 클러치 플레이트
④ 베어링

자동변속기 내부의 클러치 플레이트(또는 마찰판)는 유압에 의해 서로 맞물리거나 떨어지면서 동력을 연결하거나 차단하고, 특정 기어를 작동시키는 핵심적인 마찰 부품이다.

30 자동변속기에서 엔진과 변속기 사이에 직접적인 기계적 연결 없이 동력을 전달하는 원리는?

① 마찰력　② 자기력
③ 유체 커플링　④ 스프링의 탄성

자동변속기의 토크 컨버터는 엔진의 회전력을 펌프 임펠러에 의해 생성된 오일의 흐름(유체)을 통해 터빈으로 전달하여 변속기를 구동한다. 이는 직접적인 기계적 연결 없이 부드러운 동력 전달을 가능하게 한다.

31 자동변속기의 유성 기어 세트가 다양한 기어비를 얻을 수 있는 주된 원리는?

① 기어 이빨 수의 단순한 변화
② 유성 기어를 고정 및 회전 조합
③ 체인의 장력 조절
④ 마찰 계수의 변화

유성 기어 세트는 선 기어, 유성 기어, 링 기어라는 세 가지 주요 구성 요소로 이루어져 있다. 이 중 어느 하나를 고정하고, 다른 두 요소에 동력을 입력하거나 출력함으로써 매우 다양한 기어비와 회전 방향을 자동으로 얻을 수 있다.

32 자동변속기에서 유압 시스템의 핵심 작동 매체이자 윤활, 냉각 기능을 동시에 수행하는 것은?

① 엔진 오일　② 냉각수
③ 자동변속기 오일　④ 브레이크액

자동변속기 오일(ATF)은 단순한 윤활유를 넘어, 토크 컨버터를 통한 동력 전달 매체, 밸브 바디를 통한 유압 제어 매체, 그리고 변속기 내부의 열을 식히는 냉각제 역할까지 수행하는 다기능 오일이다.

33 자동변속기가 특정 속도 구간에서 동력 손실을 줄이고 연비를 향상시키기 위해 토크 컨버터 내부에서 직접적인 동력 전달을 가능하게 하는 장치는?

① 댐퍼　② 밸브 바디
③ 록업 클러치　④ 오일 펌프

록업 클러치(Lock-up Clutch)는 토크 컨버터 내부에 장착되어 특정 주행 조건(주로 고속 정속 주행)에서 토크 컨버터의 유체 슬립으로 인한 동력 손실을 줄이기 위해 엔진과 변속기를 기계적으로 직결시켜주는 장치이다. 이는 연비 향상에 크게 기여한다.

34 자동변속기에서 차량의 속도와 엔진 부하 정보를 수집하여 변속 시점을 결정하는 것은?

① 오일 펌프
② 스로틀포지션센서
③ 밸브 바디
④ 토크 컨버터

자동변속기 ECU(컴퓨터)는 차량의 속도 센서, 스로틀 포지션 센서 등 다양한 센서로부터 정보를 받아 운전 조건(속도, 엔진 부하)을 판단하고, 이를 바탕으로 최적의 변속 시점을 결정한다.

28.② 29.③ 30.③ 31.② 32.③ 33.③ 34.②

35 자동변속기에서 기어 변속 시 부드러운 연결을 위해 유압으로 작동하는 마찰 요소는?

① 스프링　　② 기어
③ 클러치　　④ 베어링

자동변속기 내부의 클러치(마찰판)와 브레이크 밴드는 유압의 제어를 받아 서로 맞물리거나 풀리면서 동력을 연결하거나 차단하고, 특정 기어를 고정하여 변속을 가능하게 하는 핵심 마찰 요소이다.

36 자동변속기 오일(ATF)의 점도가 변속기 성능에 미치는 가장 중요한 영향은?

① 오일의 색깔
② 유압 형성 및 윤활 능력
③ 오일의 냄새
④ 오일의 양

자동변속기 오일(ATF)의 적절한 점도는 유압 시스템에서 정확한 압력을 형성하고 유지하는 데 필수적이다. 또한, 부품 간의 윤활 성능에도 직접적인 영향을 미쳐 변속기의 효율과 수명에 큰 영향을 미친다.

37 전자 제어 자동변속기에서 컴퓨터(ECU)의 명령에 따라 유압 회로를 개폐하여 변속을 직접 제어하는 부품은?

① 토크 컨버터
② 유성 기어 세트
③ 솔레노이드 밸브
④ 오일 필터

솔레노이드 밸브는 전자 제어 자동변속기에서 ECU의 전기 신호를 받아 유압 회로 내의 오일 흐름을 조절함으로써 특정 클러치나 브레이크 밴드를 작동시켜 기어 변속을 직접적으로 제어하는 부품이다.

정답 35.③　36.②　37.③

차동장치, 드라이브 라인 정비

01 이륜자동차 프론트 스프로킷의 잇수를 늘리면(리어 스프로킷 잇수 고정), 이륜자동차의 주행 특성은 어떻게 변하나요?

① 가속력이 좋아진다.
② 같은 속도에서 엔진 회전수가 높아진다.
③ 같은 속도에서 엔진 회전수가 낮아진다.
④ 연비가 나빠진다.

> 프론트 스프로킷 잇수를 늘리면 총 변속비가 낮아져(고단 기어화) 최고 속도를 높이고 고속 연비를 개선하는 효과가 있다. 반대로 가속력은 다소 줄어들 수 있다.

02 이륜자동차 리어 스프로킷의 잇수를 늘리면(프론트 스프로킷 잇수 고정), 이륜자동차의 주행 특성은 어떻게 변하나요?

① 엔진 출력이 증가된다.
② 최고 속도가 증가한다.
③ 같은 속도에서 엔진 회전수가 높아진다.
④ 엔진 소음이 감소한다.

> 리어 스프로킷 잇수를 늘리면 총 변속비가 높아져(저단 기어화) 가속력이 향상되지만, 최고 속도는 줄어들고 같은 속도에서 엔진 회전수가 높아져 연비가 다소 나빠질 수 있다.

03 이륜자동차에서 엔진의 동력을 뒷바퀴로 전달하는 가장 일반적인 방식은?

① 전기선   ② 와이어 케이블
③ 체인 드라이브   ④ 파이프

> 대부분의 이륜자동차는 엔진에서 변속기를 거쳐 뒷바퀴의 스프로킷까지 체인을 이용하여 동력을 전달하는 체인 드라이브 방식을 사용한다. 벨트 드라이브나 샤프트 드라이브 방식도 있다.

04 이륜자동차 동력전달장치가 아닌 것은?

① 클러치
② 변속기
③ 체인 또는 드라이브 샤프트
④ 서스펜션

> 동력전달장치는 엔진에서 발생한 힘을 바퀴까지 전달하는 모든 부품을 의미한다. 클러치, 변속기, 체인(또는 벨트, 샤프트) 등이 여기에 해당하며, 서스펜션은 충격 흡수 장치이다.

05 이륜자동차 구동 체인에 윤활유를 주기적으로 도포하는 주된 이유는?

① 체인과 스프로킷의 마찰과 마모를 줄이기 위해
② 체인의 색깔을 유지하기 위해
③ 체인 마찰열을 늘리기 위해
④ 체인이 더 뻑뻑하게 움직이게 하기 위해

> 체인 윤활은 마찰열과 마모를 줄여 체인 및 스프로킷의 수명을 늘리고, 부드러운 동력 전달과 소음 감소에 기여한다.

정답   01.③   02.③   03.③   04.④   05.①

06 이륜자동차의 체인 장력이 너무 느슨할 때 발생할 수 있는 문제점은?

① 주행 중 체인 이탈
② 주행 중 체인의 마모 감소
③ 주행 중 타이어 공기압 증가
④ 주행 중 엔진 온도 증가

체인 장력이 너무 느슨하면 주행 중 체인이 스프로킷에서 벗어나거나, 심한 소음이 발생하고 동력 전달 효율이 떨어질 수 있다.

07 이륜자동차 체인 정비 시 가장 중요하게 확인해야 할 것이 아닌 것은?

① 체인의 유격　② 체인의 규격
③ 체인의 색상　④ 체인의 무게

이륜자동차 체인의 유격(장력)은 주행 안전성과 체인 및 스프로킷의 수명에 직접적인 영향을 미친다. 너무 팽팽하거나 느슨하면 문제가 발생할 수 있어 주기적인 점검과 조정이 매우 중요하다.

08 이륜자동차 체인 윤활 시 사용하는 오일의 주된 목적은?

① 체인 무게 증가
② 체인 소음 증가
③ 스프로킷 마모 가속화
④ 체인의 녹 방지

체인 윤활의 주된 목적은 체인의 움직이는 부분(링크, 롤러, O-링 등)의 마찰을 줄여 마모를 방지하고, 녹이 스는 것을 막아 체인의 수명을 연장하는 것이다. 윤활은 소음을 감소시키고 부드러운 작동을 돕는다.

09 이륜자동차 체인 수명 연장에 가장 효과적인 방법은?

① 급가속 및 급제동 자주 하기
② 체인 세척 및 윤활 생략하기
③ 과도한 오프로드 주행만 하기
④ 정기적인 체인 장력 점검 및 조정

체인 장력(유격)이 적절하지 않으면 체인과 스프로킷의 마모가 빨라지고, 심하면 체인이 이탈하여 위험할 수 있다. 따라서 정기적으로 체인 장력을 점검하고 적정하게 유지하는 것이 체인 수명 연장의 가장 기본적이고 효과적인 방법이다.

10 이륜자동차 체인의 늘어짐을 점검할 때, 체인의 어느 부분을 기준으로 측정해야 하는가?

① 체인의 가장 깨끗한 부분
② 체인의 가장 마모된 부분
③ 체인 윤활유가 묻어있는 부분
④ 스프로킷에 걸려있지 않은 체인의 중간 부분

체인의 늘어짐은 스프로킷에 걸려있지 않은 체인의 중간 부분을 위아래로 움직여 유격(장력)을 측정한다. 이 유격이 제조사에서 권장하는 범위를 벗어나면 조정하거나 교체해야 한다.

11 이륜자동차 구동 계통에서 스프로킷과 체인의 마모 상태를 점검할 때, 가장 중요하게 확인해야 할 것은?

① 스프로킷의 색상
② 스프로킷의 고정볼트
③ 스프로킷의 무게
④ 스프로킷의 이빨 손상

스프로킷의 이빨 손상(갈고리 모양으로 마모 등)과 체인 링크의 과도한 늘어짐은 동력 전달 효율 저하, 소음, 그리고 체인 이탈의 주요 원인이 된다.

12 이륜자동차 스프로킷의 이빨이 마모되어 뾰족해진 상태에서 계속 주행할 경우, 발생할 수 있는 가장 심각한 문제는?

① 연비가 좋아진다.
② 체인 이탈
③ 브레이크 성능이 향상된다.
④ 타이어 수명이 길어진다.

뾰족하게 마모된 스프로킷은 체인과의 맞물림이 불안정해져 주행 중 체인이 스프로킷에서 이탈하거나 심하면 끊어져 심각한 사고로 이어질 수 있다.

 06.①　07.①　08.④　09.④　10.④　11.④　12.②

13 이륜자동차 체인에 윤활유를 바르는 주된 이유는?

① 체인 색깔을 좋게 하기 위해
② 체인 소음을 줄이고 마모 방지를 위해
③ 체인 무게를 늘리기 위해
④ 체인이 더 빠르게 움직이게 하기 위해

체인에 윤활유를 바르면 마찰을 줄여 소음을 감소시키고, 마모를 방지하여 체인과 스프로킷의 수명을 연장한다.

14 이륜자동차 체인 스프로킷 마모 상태를 점검할 때, 가장 먼저 확인해야 할 부분은?

① 스프로킷의 색상
② 스프로킷 이빨의 날카로움
③ 스프로킷의 제조사 각인
④ 스프로킷의 전체적인 크기

스프로킷 이빨이 원래의 둥근 모양을 잃고 날카로워지거나 갈고리처럼 변형되었다면, 이는 심하게 마모되었다는 증거이다. 이렇게 마모된 스프로킷은 체인에 손상을 주거나 체인 이탈의 원인이 될 수 있으므로 교체해야 한다.

15 이륜자동차 체인장력을 점검하고 조절해야 하는 주된 이유는?

① 체인의 색깔을 유지하기 위해
② 체인 이탈, 소음, 마모를 방지하기 위해
③ 이륜자동차 무게를 낮추기 위해
④ 엔진의 성능을 향상시키기 위해

체인 장력이 너무 느슨하면 주행 중 체인이 빠질 수 있고, 너무 팽팽하면 체인과 스프로킷, 그리고 변속기 부품의 마모를 가속화시키므로 적절한 장력 유지가 중요하다.

16 이륜자동차 체인의 장력이 너무 팽팽할 때 발생할 수 있는 문제점이 아닌 것은?

① 엔진 베어링의 마모 가속화
② 스프로킷의 마모 가속화
③ 변속기 및 베어링 마모 가속화
④ 체인의 마모 가속화

체인이 너무 팽팽하면 구동 계통에 과도한 부하가 걸려 체인과 스프로킷뿐만 아니라 변속기 내부 부품과 베어링의 마모를 가속화시키고, 동력 손실을 유발한다.

17 이륜자동차 체인에 녹이 발생했을 때, 가장 효과적인 정비 조치는?

① 녹 제거제를 사용하여 녹을 제거한다.
② 녹슨 체인을 물로 씻어낸다.
③ 체인에 페인트를 칠한다.
④ 녹슨 체인을 가열한다.

체인에 녹이 슬면 체인의 움직임이 뻑뻑해지고 마모가 가속화된다. 경미한 녹은 제거 후 윤활하고, 녹이 심해 체인 손상이 우려될 경우 안전을 위해 교체해야 한다.

18 이륜자동차 드라이브 샤프트 방식의 동력전달장치에서 주기적으로 점검해야 할 중요한 요소는?

① 체인 장력
② 클러치 디스크 두께
③ 스프로킷의 이빨 마모
④ 샤프트 내부의 구리스 상태

드라이브 샤프트 방식은 체인 없이 샤프트와 기어를 통해 동력을 전달한다. 샤프트 내부의 구리스 상태와 동력을 전달하는 유니버셜 조인트의 유격을 점검하여 원활한 작동을 유지해야 한다.

19 이륜자동차 체인 장력 조절 시, 주의해야 할 사항은?

① 체인을 최대한 팽팽하게 조절해야 한다.
② 체인을 규정 유격으로 확인하고 조절해야 한다.
③ 체인에 물을 뿌리며 조절한다.
④ 체인 커버를 제거하지 않고 조절한다.

체인 장력은 이륜자동차 모델별로 규정된 유격이 있다. 이 유격을 벗어나면 체인 및 스프로킷의 마모 가속화, 동력 손실, 심하면 체인 이탈 등의 문제가 발생할 수 있다.

13.② 14.② 15.② 16.① 17.① 18.④ 19.②

20 이륜자동차 앞바퀴와 뒷바퀴를 연결해주는 장치는 무엇인가?

① 벨트 ② 로프
③ 체인 ④ 와이어

엔진의 힘을 뒷바퀴로 전달해서 이륜자동차를 움직이게 하는 쇠사슬을 체인이라고 한다.

21 이륜자동차 샤프트 드라이브 방식의 동력전달장치에서 발생하는 이점은?

① 주기적인 체인 청소 및 윤활이 필요하다.
② 유지보수가 간편하고, 오염에 강하며, 소음이 적다.
③ 동력 손실이 매우 크다.
④ 체인 이탈 위험이 크다.

샤프트 드라이브는 밀폐된 구조로 되어 있어 체인처럼 주기적인 청소나 윤활이 필요 없으며, 오염에 강하고 작동 소음이 적다는 장점이 있다.

22 이륜자동차 벨트 드라이브 방식의 동력전달장치가 가진 일반적인 특징은?

① 체인처럼 주기적인 윤활이 필요하다.
② 동력 손실이 매우 크다.
③ 조용하고 부드러운 동력 전달이 가능하다.
④ 젖었을 때 슬립 위험이 매우 높다.

벨트 드라이브는 체인 드라이브보다 조용하고 진동이 적으며, 오일이나 그리스가 튀지 않아 관리가 용이하다. 하지만 동력 전달 효율이 체인보다 약간 낮을 수 있고, 큰 충격에 약하다는 단점도 있다.

23 이륜자동차 동력전달장치 정비 시, 토크 렌치 사용이 특히 중요한 부위가 아닌 것은?

① 엔진 마운트 볼트
② 스프로킷 너트
③ 헤드라이트 고정볼트
④ 스윙암 피벗 볼트

스프로킷, 스윙암, 엔진 마운트 등은 동력 전달 및 차체 강성에 직접적인 영향을 미치는 부위이므로, 규정 토크로 정확하게 조여야 부품 손상 방지 및 주행 안전성을 확보할 수 있다.

24 이륜자동차 동력전달장치 정비 시, 클리닝 작업이 특히 중요한 부품이 아닌 것은?

① 브레이크 패드
② 구동 체인
③ 클러치 커버 내부
④ 스프로킷

체인과 스프로킷은 외부 오염에 직접 노출되어 이물질이 쌓이기 쉽고, 클러치 커버 내부에는 마모된 디스크 가루 등이 쌓일 수 있으므로 주기적인 클리닝이 동력전달장치의 수명과 성능 유지에 중요하다.

25 이륜자동차 동력전달장치 점검에서 체인의 늘어짐 측정 시, 가장 정확한 측정 방법은?

① 체인의 가장 윗부분을 누른다.
② 체인의 가장 아랫부분을 당겨본다.
③ 체인의 중간 움직여서 확인한다.
④ 체인의 한쪽 끝을 잡고 흔들어본다.

체인의 늘어짐은 스프로킷에 걸려있지 않은 체인의 중간 부분을 손으로 눌러서 위아래로 움직여보고, 이때의 유격이 이륜자동차 제조사가 권장하는 범위 내에 있는지 확인하는 것이 가장 정확하다.

26 이륜자동차 동력전달장치 정비 시, 오일 누유를 발견했을 때 가장 먼저 확인해야 할 것이 아닌 것은?

① 스프로킷의 마모 상태
② 개스킷 손상 여부
③ 볼트의 조임 상태
④ 누유 부위의 씰

오일이 새는 것은 씰(오일 씰 등)이나 개스킷이 손상되거나, 관련 볼트가 제대로 조여지지 않았을 때 발생한다. 누유는 부품 손상 및 오일 부족으로 인한 추가 고장을 유발할 수 있으므로 즉시 점검하여 원인을 찾아야 한다.

20.③ 21.② 22.③ 23.③ 24.① 25.③ 26.①

27 이륜자동차 체인 드라이브 시스템에서 슬라이더 또는 가이드의 역할은?

① 체인에 윤활유를 자동으로 공급한다.
② 체인에 녹을 방지한다.
③ 체인 장력을 조절한다.
④ 체인의 소음과 마모를 방지한다.

체인 슬라이더 또는 가이드는 체인이 위아래로 움직일 때 스윙암 등의 부품에 직접 닿는 것을 방지하여 소음을 줄이고, 체인과 이륜자동차 부품 모두의 마모를 막아준다.

28 이륜자동차 동력전달장치에서 벨트 드라이브 방식의 가장 큰 장점 중 하나는?

① 오염에 매우 약하다.
② 끊어져도 수리가 매우 쉽다.
③ 동력 손실이 매우 크다.
④ 체인 드라이브 대비 소음과 진동이 적다.

벨트 드라이브는 체인처럼 금속이 마찰하지 않아 주행 중 발생하는 소음과 진동이 현저히 적으며, 윤활이 필요 없어 유지보수가 간편하다는 큰 장점이 있다.

29 이륜자동차 동력전달장치 부품 중, 엔진의 회전력을 직접 받아 뒷바퀴에 전달하는 마지막 연결 부품은?

① 리어 스프로킷 또는 리어 풀리
② 프론트 스프로킷 또는 드라이브 풀리
③ 클러치
④ 변속기 기어

리어 스프로킷(또는 리어 풀리)은 체인 또는 벨트로부터 동력을 직접 받아 뒷바퀴를 회전시키는 최종 구동 부품이다.

30 이륜자동차 동력전달장치에서 드라이브 샤프트 방식이 주로 사용되는 이륜자동차의 특징은?

① 높은 성능의 스포츠 바이크
② 투어링 바이크
③ 오프로드 바이크
④ 소형 스쿠터

드라이브 샤프트 방식은 체인 드라이브보다 무겁고 동력 손실이 약간 있을 수 있지만, 유지보수(체인 청소/윤활 불필요)가 매우 편리하고 내구성이 좋아 장거리 주행이 많은 투어링 바이크나 크루저 바이크에 주로 사용된다.

31 이륜자동차 체인 유격을 점검할 때, 이륜자동차를 어떤 상태로 두어야 가장 정확한가요?

① 엔진 시동을 걸고 공회전 상태
② 이륜자동차에 사람이 앉아있는 상태
③ 작업용 스탠드로 뒷바퀴를 들어 올린 상태
④ 브레이크를 잡고 있는 상태

체인 유격은 이륜자동차가 지면에서 떨어져 뒷바퀴가 자유롭게 움직이는 상태, 즉 리어 서스펜션이 완전히 펴진 상태에서 측정하는 것이 가장 정확하다. 서스펜션이 압축되면 체인 장력이 변하기 때문이다.

32 이륜자동차 체인 장력 점검 시, 체인이 가장 팽팽해지는 서스펜션의 위치는?

① 서스펜션이 완전히 늘어난 상태
② 서스펜션이 완전히 압축된 상태
③ 서스펜션이 일직선이 되는 지점으로 압축된 상태
④ 서스펜션이 중간 정도 압축된 상태

체인 장력은 스윙암의 움직임에 따라 변한다. 스윙암 피벗, 프론트 스프로킷, 리어 스프로킷이 일직선이 되는 지점에서 체인이 가장 팽팽해지므로, 이 지점을 고려하여 적절한 유격을 설정해야 한다.

33 이륜자동차 동력전달장치에서 프론트 스프로킷의 역할은?

① 뒷바퀴에 직접 연결되어 동력을 전달한다.
② 브레이크를 작동시킨다.
③ 체인 장력을 조절한다.
④ 엔진 변속기 출력축에 연결되어 체인에 동력을 전달한다.

프론트 스프로킷은 변속기 출력축에 장착되어 엔진에서 오는 동력을 체인을 통해 리어 스프로킷으로 전달하는 역할을 한다.

27.④ 28.④ 29.① 30.② 31.③ 32.③ 33.④

34 이륜자동차 구동 체인에서 O-링의 주된 역할은?

① 체인의 무게를 줄인다.
② 체인 핀과 부싱 사이에 윤활유를 밀봉한다.
③ 체인 소음을 증가시킨다.
④ 체인의 색깔을 변경한다.

> O-링은 체인의 각 링크 핀과 부싱 사이에 삽입되는 고무 씰로, 체인 내부의 윤활유가 외부로 유출되는 것을 막고, 이물질이 침투하는 것을 방지하여 체인의 수명을 획기적으로 늘려준다.

35 이륜자동차 구동 체인 중, X-링 체인이 O-링 체인에 비해 가지는 주요 장점은?

① 더 무겁다.
② 밀봉력이 뛰어나 수명이 길다.
③ 윤활이 필요 없다.
④ 가격이 훨씬 저렴하다.

> X-링은 O-링보다 향상된 형태의 씰로, X자 단면이 마찰 면적을 줄여 동력 손실을 최소화하고, 동시에 더욱 뛰어난 밀봉력으로 내부 윤활유를 오랫동안 보존하여 체인의 수명을 더욱 연장시킨다.

36 씰이 없는 표준 체인이 씰 체인(O-링, X-링)보다 일반적으로 가지는 장점은?

① 가볍고 동력 손실이 적다.
② 유지보수가 매우 편리하다.
③ 수명이 훨씬 길다.
④ 녹 발생에 강하다.

> 씰이 없어 마찰이 적고 가볍기 때문에 미세한 동력 손실까지 줄여야 하는 극한의 경주 환경에서 선호된다. 하지만 매우 잦은 윤활과 관리가 필요하다.

37 이륜자동차 구동 체인에서 피치의 의미는?

① 체인 전체의 길이
② 체인 롤러의 중심 간 거리
③ 체인의 무게
④ 체인의 색깔

> 체인 피치는 체인 규격(예: 428, 520, 525, 530 등)을 결정하는 중요한 요소 중 하나이다. 이 피치가 스프로킷의 이빨 간격과 일치해야만 올바르게 구동된다.

38 표준 체인을 사용하는 이륜자동차에서 잦은 체인 윤활과 청소가 필요한 주된 이유는?

① 체인 소음을 증가시키기 위해
② 브레이크 성능을 향상시키기 위해
③ 체인의 무게를 줄이기 위해
④ 녹 발생에 취약하며 이물질 유입이 쉽기 때문

> 씰이 없는 표준 체인은 내부 윤활이 안 되어 있어 외부 윤활이 필수적이며, 이물질이 쉽게 침투하여 마모를 가속화하므로 철저한 관리가 요구된다.

39 X-링 체인이 O-링 체인보다 더 높은 동력 전달 효율을 가질 수 있는 이유는?

① 더 많은 윤활유를 저장하기 때문
② 접촉 면적을 줄여 마찰 저항이 감소하기 때문
③ 더 무겁기 때문
④ 체인 피치가 더 길기 때문

> X-링의 독특한 단면 형상은 O-링보다 씰과의 마찰 저항을 줄여주어, 미세하게나마 더 높은 동력 전달 효율을 제공한다.

40 이륜자동차 동력전달장치 점검 시, 스프로킷 이빨의 마모 상태를 육안으로 확인할 때, 어떤 모양을 주의 깊게 봐야 하는가?

① 이빨이 더 두꺼워진 경우
② 이빨의 색깔이 변한 경우
③ 이빨 끝이 갈고리 모양으로 휘거나 뾰족해진 경우
④ 이빨이 더 반짝이는 경우

> 스프로킷 이빨이 마모되면 체인과의 접촉면이 비정상적으로 닳아 이빨 끝이 갈고리 모양으로 휘거나 뾰족해진다. 이는 체인과의 유격 불량 및 체인 이탈의 원인이 되므로 즉시 교체해야 한다.

34.② 35.② 36.① 37.② 38.④ 39.② 40.③

41 이륜자동차 구동 체인의 수명을 연장시키기 위한 가장 중요한 관리 방법은?

① 올바른 장력 유지한다.
② 체인을 물에 담가둔다.
③ 체인에 페인트를 칠한다.
④ 체인 링크를 주기적으로 제거한다.

> 체인의 수명은 청결한 상태 유지, 적절한 체인 루브 도포, 그리고 과도하게 팽팽하거나 느슨하지 않은 장력 유지에 달려 있다.

42 이륜자동차 구동 체인 중, 가장 긴 수명을 기대할 수 있으며 유지보수 주기가 긴 체인 종류는?

① 표준 체인 ② X-링 체인
③ O-링 체인 ④ 레이싱용 표준 체인

> X-링 체인은 뛰어난 밀봉력과 낮은 마찰 저항 덕분에 이륜자동차 구동 체인 중에서 가장 긴 수명을 자랑하며, 유지보수(윤활) 주기도 가장 길어 편리하다.

43 이륜자동차 엔진에서 만든 힘을 바퀴로 전달하는 장치를 무엇이라고 부르나요?

① 브레이크 장치 ② 조향 장치
③ 냉각 장치 ④ 동력전달장치

> 동력전달장치는 엔진의 힘을 받아서 바퀴를 굴러가게 만드는 모든 부품들을 통틀어 말한다.

44 이륜자동차의 최종 구동 장치 중, 엔진의 동력을 후륜으로 가장 직접적이고 효율적으로 전달하며 정비가 비교적 쉬운 방식은?

① 벨트 구동 (Belt Drive)
② 샤프트 구동 (Shaft Drive)
③ 유성 기어 구동 (Planetary Gear Drive)
④ 체인 구동 (Chain Drive)

> 체인 구동 방식은 동력 전달 효율이 매우 높고, 부품 교체 및 정비가 비교적 간단하며 비용이 저렴하다는 장점이 있어 가장 널리 사용된다.

45 체인 관리를 제대로 안 해서 체인이 너무 늘어져 있다면 어떤 문제가 생길 수 있나요?

① 엔진 소리가 작아진다.
② 핸들이 뻑뻑해진다.
③ 엔진 출력이 높아진다.
④ 체인이 바퀴에서 빠질 수 있다.

> 체인이 너무 늘어지면 팽팽하게 힘을 받지 못해서 주행 중에 빠질 위험이 있고, 헐렁거려서 소리가 나기도 한다.

46 이륜자동차 샤프트 구동 방식의 가장 큰 이론적 장점은?

① 적은 소음과 뛰어난 내구성, 낮은 유지보수 빈도
② 높은 동력 손실률
③ 저렴한 교체 비용
④ 잦은 윤활 및 장력 조절 필요

> 샤프트 구동 방식은 밀폐된 구조로 인해 이물질 유입이 적고, 소음이 작으며, 체인이나 벨트처럼 주기적인 윤활 및 장력 조절이 필요 없어 유지보수 편의성이 매우 높다. 내구성도 뛰어나지만, 동력 손실이 체인보다 약간 크고 부품이 비싸다는 단점도 있다.

47 이륜자동차 벨트 구동 방식에서 주로 사용하는 벨트의 재질은?

① 금속 사슬
② 나일론 끈
③ 고강도 고무 또는 복합 재료
④ 강철 와이어

> 이륜자동차 벨트 구동에 사용되는 벨트는 주로 고강도 고무(예: 케블라 보강 고무) 또는 복합 재료로 만들어진다. 이는 높은 인장 강도와 내구성을 가지면서도 유연하고 조용한 작동을 가능하게 한다.

48 이륜자동차의 최종 구동 방식 중, 동력 전달 효율은 높지만 주기적인 윤활 및 장력 조절이 필수적인 방식은?

① 샤프트 구동 ② 벨트 구동
③ 체인 구동 ④ 유성 기어 구동

정답 41.① 42.② 43.④ 44.④ 45.④ 46.① 47.③ 48.③

PART 05
이륜자동차 안전·편의장치 정비

1. 주행안전장치 정비
2. 편의장치 정비
3. 멀티미디어장치 정비

주행안전장치(ABS, TPMS) 정비

01 ABS의 주된 기능은 무엇인가?
① 브레이크 패드의 마모를 줄인다.
② 브레이크 작동 시 바퀴가 잠기는 것을 방지한다.
③ 브레이크 오일의 온도를 낮춘다.
④ 브레이크 레버의 유격을 자동으로 조절한다.

> ABS는 급제동 시 바퀴가 완전히 잠겨 미끄러지는 것을 막아준다. 이를 통해 제동 중에도 운전자가 방향을 조절할 수 있도록 도와주어 안전성을 크게 높여준다.

02 이륜자동차 ABS의 가장 주된 역할은?
① 브레이크 패드 마모 감소
② 급제동 시 바퀴 잠김 방지
③ 브레이크 레버 조작 힘 증가
④ 브레이크액 교환 주기 연장

> 바퀴가 잠기면 이륜자동차는 균형을 잃고 미끄러지거나 전도될 위험이 매우 높아지는데, ABS는 이를 막아 운전자가 제동 중에도 조향 능력을 유지할 수 있도록 돕는다.

03 ABS 경고등이 계기판에 점등될 때 점검해야 할 사항으로 가장 거리가 먼 것은?
① ABS 센서 불량
② ABS 모듈 이상
③ 타이어 공기압 과다
④ 휠 속도 센서 오염

> 타이어 공기압은 ABS 시스템 자체의 작동 이상보다는 제동 성능 전반에 영향을 준다. ABS 경고등은 주로 시스템 구성 요소의 이상을 나타낸다.

04 이륜자동차 ABS 경고등이 점등되었을 때, 가장 먼저 점검해야 할 부품 중 하나는?
① 휠 스피드 센서
② 브레이크 패드 마모 센서
③ 엔진 오일 레벨
④ 연료 탱크 잔량

> ABS 시스템은 각 바퀴의 회전 속도를 휠 스피드 센서를 통해 감지한다. 이 센서에 문제가 생기면 ABS가 오작동하거나 경고등이 점등된다.

05 바퀴잠김방지식 주제동장치(ABS)를 갖춘 이륜자동차에는 어떤 색상의 경고등이 설치되어야 하는가?
① 적색 경고등
② 황색 경고등
③ 녹색 경고등
④ 청색 경고등

> '자동차안전기준에 관한 규칙' 제48조제1항제9호에 따르면, 바퀴잠김방지식 주제동장치(ABS)를 갖춘 이륜자동차에는 황색 경고등이 설치되어야 한다. 이 경고등은 시동장치 열쇠를 작동위치로 조작할 때 켜졌다가 고장이 없으면 꺼지고, 고장이 있으면 계속 켜져 있어야 한다.

 01.② 02.② 03.③ 04.① 05.②

06 이륜자동차 ABS 시스템이 정상적으로 작동하는지 확인하는 가장 기본적인 방법은?

① 급제동 시 바퀴가 잠기지 않고 '득득득' 하는 진동이 느껴지는지 확인한다.
② 이륜자동차를 세워두고 브레이크 레버만 잡는다.
③ 엔진 시동을 걸어 소리를 듣는다.
④ 연료 주입구에 물을 넣어본다.

> ABS는 급제동 시 바퀴가 잠기려 할 때 브레이크 압력을 미세하게 풀었다 잡았다를 반복한다. 이때 브레이크 레버나 페달에서 '득득득' 하는 미세한 진동이 느껴지는 것이 정상 작동의 한 신호이다.

07 이륜자동차 ABS 시스템의 휠 속도 센서가 하는 주된 역할은?

① 브레이크 패드의 마모도 측정
② 브레이크액의 압력 조절
③ 바퀴의 회전 속도 감지
④ 엔진의 RPM 측정

> ABS 시스템의 입력 센서, 즉 휠 속도 센서는 각 바퀴의 회전 속도를 실시간으로 감지하여 ABS 컴퓨터(모듈)로 전달하는 역할을 한다. ABS 컴퓨터는 이 속도 정보를 바탕으로 특정 바퀴가 잠기려 하는지(회전 속도가 급격히 줄어드는지)를 판단하여 ABS 작동 여부를 결정한다.

08 이륜자동차 ABS 컴퓨터에 문제가 발생했을 때, 가장 흔하게 나타나는 증상은?

① 엔진 시동이 걸리지 않는다.
② 헤드라이트 밝기가 약해진다.
③ 방향지시등이 작동하지 않는다.
④ 계기판의 ABS 경고등이 계속 점등되거나 깜빡인다.

> ABS 컴퓨터(모듈)는 ABS 시스템의 두뇌 역할을 한다. 이 부품에 이상이 생기면 시스템이 제대로 작동하지 않음을 알리기 위해 계기판의 ABS 경고등을 켜서 운전자에게 문제를 알린다. 다른 보기들은 ABS 컴퓨터 문제와 직접적인 관련이 적다.

09 이륜자동차의 ABS경고등이 점등되어 있을 때, 전기전자회로 측면에서 가장 먼저 점검해야 할 부품은?

① 브레이크 패드 마모 센서
② ABS 모듈의 전원 퓨즈
③ 브레이크 오일량
④ 휠 스피드 센서 및 관련 배선

> ABS 시스템은 휠 스피드 센서의 신호를 기반으로 작동한다. 휠 스피드 센서나 그 배선에 문제가 생기면 ABS ECU가 정확한 휠 속도 정보를 받지 못해 경고등이 점등된다. 물론 퓨즈도 중요한 점검 대상이다.

10 이륜자동차 ABS 시스템에서 바퀴의 회전 속도를 감지하여 ABS ECU로 정보를 보내는 부품은?

① 브레이크 캘리퍼
② 스로틀 센서
③ 브레이크 레버
④ ABS 휠 속도 센서

> ABS 휠 속도 센서는 각 바퀴의 회전 속도를 지속적으로 측정하여 ABS ECU(전자 제어 장치)로 전송한다. ECU는 이 정보를 분석하여 바퀴가 잠기려 하는지 판단하고 ABS 작동 여부를 결정한다.

11 이륜자동차 ABS 시스템에 이상이 발생했을 때, 운전자에게 가장 명확하게 알려주는 신호는?

① 배기가스 색깔 변화
② 방향지시등 깜빡임 속도 변화
③ 계기판의 ABS 경고등 점등
④ 엔진 시동 소음 증가

> 이륜자동차의 ABS 시스템에 문제가 발생하거나 오작동할 경우, 대부분의 경우 계기판에 ABS 경고등이 점등되거나 깜빡여 운전자에게 시스템 이상을 즉시 알린다.

 정답 06.① 07.③ 08.④ 09.④ 10.④ 11.③

12 ABS 시스템이 작동할 때, 브레이크 레버나 페달에서 '두두둑'하는 진동이 느껴지는 이론적인 이유는?

① 브레이크 패드가 마모되어서
② 브레이크 라인에 공기가 유입되어서
③ 브레이크 압력을 미세하게 조절하기 때문에
④ 타이어가 펑크 나서

> ABS 시스템이 작동할 때, ABS 모듈은 바퀴의 잠김을 막기 위해 브레이크 압력을 초당 수십 번 미세하게 '풀고-잡는' 과정을 반복한다. 이 압력 변화가 브레이크 레버나 페달을 통해 운전자의 손/발로 전달되어 '두두둑' 또는 '틱틱'하는 진동으로 느껴지는 것이

13 이륜자동차 ABS 시스템이 장착된 차량에서, 눈길이나 빗길과 같이 노면이 미끄러운 상황에서 ABS가 제공하는 가장 큰 안전 이점은?

① 타이어 수명 증가
② 엔진 출력 증가
③ 제동 중 바퀴 잠김 위험을 크게 줄여 조향성 유지
④ 연료 소모량 감소

> ABS는 노면이 미끄러운 상황에서 급제동 시 바퀴가 잠기는 것을 효과적으로 방지하여, 운전자가 제동 중에도 이륜자동차의 조향성을 유지하고 미끄러져 넘어지는 사고를 예방하는 데 결정적인 안전 이점을 제공한다.

14 이륜자동차 ABS 시스템이 작동할 때, 브레이크 라인의 유압을 순간적으로 감소시켰다가 다시 증가시키는 역할을 하는 부품은?

① 브레이크 패드
② ABS 모듈레이터
③ 브레이크 레버
④ 휠 속도 센서

> ABS 모듈레이터(종종 ABS 컨트롤러 또는 펌프 유닛으로 불림)는 ABS ECU의 명령에 따라 브레이크 라인의 유압을 미세하고 빠르게 조절하여 바퀴가 잠기지 않도록 압력을 풀었다가 다시 가하는 핵심적인 역할을 한다.

15 이륜자동차 ABS 시스템의 기본적인 구성 요소가 아닌 것은?

① ABS 휠 속도 센서
② ABS 컨트롤 유닛
③ ABS 모듈레이터
④ 기화기

> 이륜자동차 ABS 시스템의 주요 구성 요소는 바퀴의 속도를 감지하는 휠 속도 센서, 모든 정보를 분석하고 제어를 명령하는 ABS 컨트롤 유닛(ECU), 그리고 실제 유압을 조절하는 ABS 모듈레이터(펌프 유닛)이다. 기화기(카뷰레터)는 엔진의 연료 공급 장치로, ABS 시스템과는 직접적인 관련이 없다.

16 이륜자동차 ABS 경고등이 계속 켜져 있을 때, 운전자가 취해야 할 가장 적절한 조치는?

① ABS 시스템 점검을 위해 정비소에 방문한다.
② 연료를 가득 채운다.
③ 타이어 공기압을 낮춘다.
④ 엔진 오일을 교환한다.

> ABS 경고등이 계속 켜져 있다는 것은 ABS 시스템에 문제가 발생했음을 나타낸다. 이 경우 ABS 기능이 제대로 작동하지 않을 수 있으므로, 안전을 위해 즉시 전문 정비소에 방문하여 점검을 받아야 한다. 일반 브레이크는 작동할 수 있지만, ABS의 안전 기능은 상실될 수 있다.

17 이륜자동차 ABS 시스템은 젖은 노면이나 미끄러운 노면에서 제동 시, 일반 브레이크보다 어떤 면에서 유리한가?

① 제동 거리를 항상 짧게 한다.
② 바퀴 잠김을 방지하여 안정적인 제동과 조향 유지를 돕는다.
③ 브레이크 패드 마모를 가속화한다.
④ 연료 소모를 줄인다.

> ABS는 미끄러운 노면에서 급제동 시 바퀴가 완전히 잠기는 것을 방지하여, 운전자가 이륜자동차의 조향성을 유지하고 미끄러져 넘어지는 사고를 예방할 수 있도록 돕는다. 제동 거리가 항상 짧아지는 것은 아니다.

 정답 12.③ 13.③ 14.② 15.④ 16.① 17.②

18 이륜자동차 ABS 시스템이 작동할 때, 휠 속도 센서가 감지하는 것은?

① 타이어의 공기압
② 연료 탱크의 잔량
③ 브레이크 패드의 마모도
④ 바퀴의 회전 속도

ABS 휠 속도 센서는 각 바퀴의 회전 속도를 지속적으로 정밀하게 감지하여 ABS ECU(전자 제어 장치)로 전송하는 중요한 역할을 한다. 이 정보는 바퀴 잠김 여부를 판단하는 데 사용된다.

19 이륜자동차의 ABS기능이 활성화되면 브레이크 레버에서 펌핑 현상이 느껴지는 이유로 가장 적절한 것은?

① ABS 모듈이 브레이크 압력을 빠르게 조절하기 때문에
② 브레이크액이 부족해서
③ 브레이크 디스크가 휘어져서
④ 브레이크 호스가 막혀서

ABS 모듈은 브레이크 압력을 초당 수십 회 이상 빠르게 '풀었다-잡는' 과정을 반복하여 바퀴 잠김을 방지한다. 이 압력 조절 과정이 브레이크 레버나 페달을 통해 '두두둑'하는 펌핑 또는 진동으로 운전자에게 느껴진다.

20 이륜자동차에 ABS가 장착되어 있을 때, 내리막 길 급제동 시 가장 기대할 수 있는 이점은?

① 이륜자동차의 엔진 출력이 일시적으로 증가한다.
② 타이어 교환 주기가 짧아진다.
③ 브레이크 오일 교환 주기가 길어진다.
④ 바퀴 잠김 없이 안정적인 제동이 가능하여 안전성이 향상된다.

내리막길 급제동 시 무게 중심이 앞으로 쏠리면서 뒷바퀴가 쉽게 들리거나 잠길 위험이 커진다. ABS는 이러한 상황에서도 바퀴 잠김을 효과적으로 방지하여, 이륜자동차의 안정적인 자세를 유지하고 전도 위험을 줄여준다.

21 이륜자동차의 사이드 스탠드 또는 메인 스탠드 관련 안전장치 점검 시, 확인해야 할 것은?

① 스탠드의 색깔
② 스탠드가 땅에 닿는 면적
③ 스탠드의 무게
④ 기어 변속 시 시동이 꺼지는 안전 장치의 작동 여부

이륜자동차 제조사들은 스탠드가 내려진 상태에서 주행을 시도할 경우 발생할 수 있는 사고를 방지하기 위해, 스탠드가 내려져 있으면 시동이 걸리지 않거나 기어를 넣으면 시동이 꺼지는 안전 스위치를 장착한다.

22 이륜자동차 TPMS(Tire Pressure Monitoring System)의 주된 역할은?

① 타이어의 마모도를 감지한다.
② 타이어의 공기압을 실시간으로 측정하여 운전자에게 경고한다.
③ 타이어의 펑크를 자동으로 수리한다.
④ 타이어의 종류를 자동으로 인식한다.

TPMS는 'Tire Pressure Monitoring System'의 약자로, 타이어 내부의 공기압을 실시간으로 감지하여 운전자에게 알려주는 시스템이다. 공기압이 낮거나 비정상적일 경우 경고등을 통해 알려주어 안전한 주행을 돕고 타이어 손상을 예방한다.

23 TPMS 시스템에서 타이어 공기압 정보를 측정하여 무선으로 전송하는 부품은?

① ABS 센서
② 스파크 플러그
③ 브레이크 패드
④ 휠 내부 센서

TPMS 시스템의 핵심 부품인 센서는 주로 휠 내부에 장착되어 타이어의 공기압과 온도를 직접 측정하고, 이 정보를 무선 신호로 계기판이나 수신기(디스플레이)로 전송한다.

정답 18.④ 19.① 20.④ 21.④ 22.② 23.④

24 이륜자동차 주행 중 TPMS 경고등이 켜졌을 때, 운전자가 가장 먼저 확인해야 할 것은?

① 엔진 오일량
② 타이어의 공기압 상태
③ 냉각수 온도
④ 연료 잔량

> TPMS 경고등은 타이어의 공기압에 이상(낮거나 높은 압력, 급격한 변화 등)이 생겼을 때 점등된다. 따라서 경고등이 켜지면 즉시 안전한 곳에 정차하여 타이어의 공기압 상태를 점검해야 한다.

25 TPMS가 이륜자동차 안전에 기여하는 가장 큰 이점은?

① 타이어 이상(저압, 고온 등)을 조기에 감지하여 안전 운전 지원
② 이륜자동차 무게 감소
③ 엔진 출력 향상
④ 변속 충격 감소

> TPMS는 타이어의 공기압 부족, 과압 또는 과열과 같은 이상 상황을 운전자가 주행 중에 미리 인지할 수 있도록 도와준다. 이를 통해 타이어 문제로 인한 사고 위험을 줄이고 안전한 주행을 지원하는 것이 가장 큰 이점이다.

26 TPMS 시스템이 타이어의 공기압 이상을 감지했을 때, 운전자가 할 수 있는 가장 기본적인 조치는?

① 타이어를 즉시 교체한다.
② 엔진 오일을 교환한다.
③ 해당 타이어의 공기압을 점검하고 적정하게 조절한다.
④ 브레이크액을 보충한다.

> TPMS 경고등이 켜지면, 이는 타이어의 공기압에 문제가 있음을 알리는 것이다. 가장 먼저 해야 할 일은 해당 타이어의 공기압을 직접 확인하고, 필요하다면 적정 공기압으로 맞춰주는 것이다.

27 이륜자동차 TPMS 센서의 전원이 주로 공급되는 방식은?

① 엔진에서 직접 전력을 끌어온다.
② 배터리 충전기로 충전된다.
③ 센서 내부에 내장된 수명이 정해진 배터리
④ 햇빛으로 충전되는 태양광 패널

> 대부분의 이륜자동차 TPMS 센서는 센서 내부에 수명이 정해진 작은 배터리를 내장하고 있다. 이 배터리는 충전식이라기보다는 수명이 다하면 센서 전체를 교체해야 하는 소모성 부품이다.

28 TPMS가 장착된 이륜자동차에서 타이어 교체 후 또는 센서 교체 후 필요한 작업은?

① TPMS 시스템 재설정 (재보정)
② ABS 시스템 점검
③ 엔진 오일 필터 교환
④ 브레이크 패드 교체

> 타이어를 교체하거나 TPMS 센서를 교체한 후에는 TPMS 시스템이 새로운 센서를 인식하거나, 센서의 위치 및 기준값을 다시 학습할 수 있도록 시스템을 재설정(재보정 또는 리셋)해 주어야 한다.

29 TPMS는 타이어의 공기압과 온도를 모니터링하지만, 직접적으로 감지하여 경고하지 않는 것은?

① 타이어의 공기압 부족
② 타이어의 과도한 온도 상승
③ 타이어 트레드의 마모 한계
④ 타이어의 빠른 공기압 손실

> TPMS는 타이어의 공기압이 낮거나 높을 때, 또는 타이어 온도가 과도하게 상승할 때 이를 감지하여 경고한다. 하지만 타이어의 트레드(홈) 마모도를 직접 측정하여 알려주는 기능은 TPMS의 역할이 아니다.

정답 24.② 25.① 26.③ 27.③ 28.① 29.③

30 이륜자동차 TPMS 시스템이 장착된 차량에서, 타이어 공기압이 너무 낮은 상태로 주행할 때 발생할 수 있는 주요 위험이 아닌 것은?

① 타이어의 과열
② 조향장치의 안정성
③ 조종성 불안정
④ 타이어의 파열

타이어 공기압이 너무 낮은 상태로 주행하면 타이어의 접지면이 불안정해지고, 측면이 과도하게 변형되어 타이어 내부 온도가 급격히 상승한다. 이는 타이어의 과열 및 갑작스러운 파열 위험을 증가시키며, 이륜자동차의 조종성을 불안정하게 만든다.

31 이륜자동차 TPMS 센서가 타이어 내부의 온도를 측정하는 주된 이론적 이유는?

① 타이어의 공기압 변화가 온도에 영향을 받으므로 이를 보정하기 위해
② 외부 대기 온도를 파악하기 위해
③ 엔진 과열 여부를 판단하기 위해
④ 노면의 상태를 감지하기 위해
①

타이어 내부의 공기압은 온도 변화에 따라 직접적으로 영향을 받는다. 온도가 상승하면 공기압도 상승하고, 온도가 하강하면 공기압도 하강한다. TPMS는 온도를 함께 측정하여 공기압 변화가 단순히 온도에 의한 것인지, 아니면 실제 공기 누출과 같은 문제인지를 판단하고 보다 정확한 공기압 정보를 제공하기 위해 온도를 측정한다.

32 이륜자동차 TPMS 센서를 교체한 후, 새로운 센서가 시스템에 인식되지 않아 경고등이 계속 켜져 있다면, 가장 먼저 시도해야 할 전문적인 조치는?

① 진단 장비를 이용하여 센서 ID를 ECU에 등록하거나 재학습시킨다.
② TPMS 모듈을 물리적으로 재장착한다.
③ 센서 배터리를 교체한다.
④ 타이어에 물을 뿌린다.

새로운 TPMS 센서로 교체한 경우, 이륜자동차의 TPMS ECU(전자 제어 장치)는 새로운 센서의 고유 ID를 인식하고 시스템에 등록하는 과정이 필요하다. 이는 일반적으로 전용 진단 장비를 연결하여 센서 ID를 수동으로 입력하거나, 이륜자동차를 일정 시간 주행하여 자동으로 센서를 재학습(relearn)시키는 방식으로 이루어진다.

정답 30.② 31.① 32.①

편의장치(크루즈시스템, 난방) 정비

01 이륜자동차 ACC 시스템의 레이더 센서가 오염되거나 가려졌을 때 발생할 수 있는 문제점은?
① 자동으로 감속
② 센서 불량으로 감지
③ 시스템 작동 해제
④ 센서가 앞차를 제대로 감지하지 못하거나 오작동

> 레이더 센서의 표면이 진흙, 먼지, 눈 등으로 오염되거나 물리적으로 가려지면, 전파의 송수신이 방해받아 앞차를 제대로 감지하지 못하거나 오인식하여 ACC 시스템이 오작동하거나 경고등을 점등할 수 있다.

02 이륜자동차 시트의 높이 조절 기능이 라이더의 편의성에 미치는 영향으로 가장 적절한 것은?
① 발 착지성과 편안한 라이딩 포지션을 찾을 수 있게 돕는다.
② 이륜자동차의 연비를 향상시킨다.
③ 시트의 내구성을 높인다.
④ 시트의 무게를 증가시킨다.

> 시트 높이 조절 기능은 라이더의 신장에 따라 발 착지성을 개선하고, 장거리 주행 시 피로도를 줄일 수 있는 최적의 라이딩 포지션을 설정할 수 있도록 돕는 중요한 편의 기능이다.

03 이륜자동차 시트 히팅 시스템에서 운전자가 원하는 온도를 설정하고, 시스템의 작동을 켜고 끄는 역할을 하는 부품은?
① 발열선   ② 시트 컨트롤러
③ 배터리   ④ 퓨즈 박스

> 시트 컨트롤러(또는 스위치, 조절기)는 운전자가 시트 히팅 시스템을 켜고 끄거나, 원하는 온도를 선택(강/중/약 등)할 수 있도록 전원 공급을 제어하는 사용자 인터페이스이자 제어 장치이다.

04 이륜자동차 시트가 차체에 제대로 고정되어 있지 않을 때 발생할 수 있는 안전 문제는?
① 주행 중 라이더의 자세를 불안정하게 만들 수 있다.
② 엔진 시동이 어려워진다.
③ 브레이크 성능이 저하된다.
④ 타이어 공기압이 낮아진다.

> 시트가 제대로 고정되지 않으면 주행 중 시트가 움직여 라이더가 불안정해지고, 이는 주행 안전을 저해할 수 있다.

05 이륜자동차 크루즈 컨트롤 시스템의 주된 목적은?
① 엔진 소음 감소
② 운전자가 스로틀을 조작하지 않고 설정 속도를 유지
③ 타이어 공기압 자동 조절
④ 브레이크 성능 향상

 정답   01.④   02.①   03.②   04.①   05.②

이륜자동차 크루즈 컨트롤 시스템은 운전자가 스로틀을 직접 조작하지 않고도 미리 설정해 놓은 속도를 자동으로 유지시켜 주는 편의 기능이다.

06 이륜자동차 탑 박스 또는 사이드 백 점검 시, 안전 및 편의에 관련된 주요 확인 사항은?

① 박스의 색깔이 이륜자동차와 어울리는지 여부
② 박스의 재질이 고급스러운지 여부
③ 박스의 무게가 가벼운지 여부
④ 박스의 주행 중 흔들림이나 소음 발생 여부

탑 박스나 사이드 백은 짐을 운반하는 편의 장치지만, 고정이 불안정하면 주행 중 이탈하여 사고를 유발할 수 있다. 튼튼한 고정 상태와 잠금 장치, 그리고 흔들림 없는 안정성이 중요하다.

07 이륜자동차 시트 히팅 시스템에서 열을 발생시키는 핵심 부품은?

① 발열선(히팅 엘리먼트)
② 냉각 팬
③ 연료 펌프
④ 스파크 플러그

시트 히팅 시스템은 시트 내부에 삽입된 '발열선(heating element)'에 전기를 흘려보내어 열을 발생시키는 방식으로 작동한다. 이 발열선은 일반적으로 안전과 내구성을 위해 특수 소재로 제작된다.

08 이륜자동차 동승자 시트가 라이더의 편의성에 간접적으로 영향을 미치는 경우는?

① 동승자 시트의 색깔이 마음에 들 때
② 동승자가 움직여 라이더의 주행 안정성에 영향을 줄 때
③ 동승자 시트가 방수될 때
④ 동승자 시트에 수납공간이 없을 때

동승자 시트 자체는 라이더의 직접적인 편의 장치는 아니지만, 동승자의 편안함과 안정성은 라이더의 주행 안정성과 편의성에 직결된다. 불편한 시트는 동승자의 움직임을 유발하여 라이더에게도 영향을 준다.

09 이륜자동차 USB 충전 포트 또는 12V 시거잭 점검 시, 확인해야 할 사항은?

① 포트의 디자인이 멋진지
② 포트의 색깔
③ 포트의 무게
④ 전원이 인가될 때 정상적으로 충전 또는 전원이 공급되는지 확인한다.

이러한 편의 장치는 휴대폰 충전이나 내비게이션 전원 공급 등에 사용되므로, 전원이 제대로 들어와 정상적으로 작동하는지 확인해야 한다.

10 이륜자동차 크루즈 컨트롤 시스템이 특히 유용한 주행 상황은?

① 복잡한 시내 주행
② 정체 구간 주행
③ 장거리 고속도로 정속 주행
④ 급커브 구간 주행

크루즈 컨트롤은 운전자의 피로도를 줄이고 연비 효율을 높이는 데 도움을 주므로, 속도 변화가 적고 비교적 일정한 속도로 주행하는 장거리 고속도로와 같은 상황에서 가장 유용하다.

11 이륜자동차 시트 히팅 시스템의 전원은 주로 어디에서 공급받는가?

① 엔진의 기계적 에너지
② 브레이크액 유압
③ 태양광 패널
④ 배터리 및 이륜자동차 전기 시스템

이륜자동차 시트 히팅 시스템은 전기로 작동하므로, 이륜자동차의 12V 배터리 및 발전기(제너레이터)를 포함하는 전체 전기 시스템으로부터 전력을 공급받는다.

12 이륜자동차 크루즈 컨트롤 시스템이 설정 속도를 유지하기 위해 주로 제어하는 것은?

① 브레이크 압력   ② 타이어 공기압
③ 클러치 유격   ④ 스로틀 밸브 개도

 06.④   07.①   08.②   09.④   10.③   11.④   12.④

크루즈 컨트롤 시스템은 차량의 현재 속도를 감지하고, 이 속도를 유지하기 위해 엔진의 스로틀(throttle valve) 개도(열림 정도)를 자동으로 조절하여 엔진 출력을 제어한다.

13 이륜자동차 크루즈 컨트롤 시스템 사용 시 주의해야 할 안전 사항 중 하나는?

① 연료를 가득 채운다.
② 타이어 공기압을 낮춘다.
③ 엔진 오일을 자주 교환한다.
④ 항상 전방 주시와 주변 교통 상황에 집중한다.

크루즈 컨트롤은 편의 기능이지만, 운전자는 항상 도로 상황과 주변 교통 흐름에 집중해야 한다. 예측 불가능한 상황에 즉각적으로 대응할 수 있도록 주의를 기울이는 것이 안전에 매우 중요하다.

14 이륜자동차 리어 뷰 미러 점검 시, 가장 중요하게 확인해야 할 사항은?

① 미러의 디자인이 최신 유행인지
② 미러의 충분한 후방 시야 확보 가능 여부
③ 미러의 무게가 가벼운지
④ 미러의 색깔이 이륜자동차와 어울리는지

백미러는 후방 상황을 확인하여 안전한 차선 변경 및 주행에 필수적인 안전 장치이다. 흔들리지 않게 고정되어 있고, 거울에 손상이 없으며, 충분한 후방 시야를 제공하는지 확인해야 한다.

15 이륜자동차 시트의 재질이 라이더의 편의성에 미치는 영향으로 가장 적절한 것은?

① 이륜자동차의 최고 속도를 결정한다.
② 통풍성 및 방수성에 영향을 주어 쾌적함을 제공한다.
③ 이륜자동차의 무게를 크게 줄인다.
④ 엔진의 출력을 높인다.

시트의 재질(예: 스펀지의 밀도, 표면 소재)은 장거리 주행 시 엉덩이의 편안함, 통기성, 그리고 비가 올 때의 방수성 등 라이더의 쾌적함과 피로도에 직접적인 영향을 준다.

16 이륜자동차 시트 히팅 시스템이 과열되는 것을 방지하기 위해 시트 컨트롤러가 수행하는 중요한 안전 기능은?

① 일정 온도 이상 시 전원 공급을 차단한다.
② 자동으로 엔진을 끈다.
③ 타이어 공기압을 낮춘다.
④ 브레이크를 자동으로 작동시킨다.

시트 컨트롤러나 시트 내부의 온도 센서는 시트가 과도하게 뜨거워지는 것을 감지하여 화상이나 장치 손상을 방지하기 위해 일정 온도 이상이 되면 발열선으로의 전원 공급을 자동으로 차단하는 안전 기능을 가지고 있다.

17 이륜자동차 ACC 시스템의 레이더 센서는 어떤 정보를 ECU에 전송하여 앞차와의 거리를 제어하는 데 사용하는가?

① 앞차의 색깔
② 앞차의 연료 종류
③ 앞차와의 거리 및 상대 속도
④ 앞차의 타이어 패턴

레이더 센서는 앞차에 대한 핵심적인 정보인 '거리'와 '상대 속도'를 정밀하게 측정하여 ACC ECU로 전송한다. ECU는 이 정보를 바탕으로 이륜자동차의 속도를 자동으로 조절하여 설정된 안전 거리를 유지하게 된다.

18 이륜자동차 크루즈 컨트롤 시스템이 작동 중일 때, 시스템을 해제하는 가장 일반적인 방법은?

① 스로틀을 완전히 닫는다.
② 비상등을 켠다.
③ 브레이크 레버를 잡거나 클러치 레버를 잡는다.
④ 라이트를 끈다.

대부분의 이륜자동차 크루즈 컨트롤 시스템은 안전을 위해 브레이크 레버를 조작하거나 클러치 레버를 잡으면 자동으로 해제된다. 별도의 해제 버튼(Cancel)을 누르는 것도 일반적인 방법이다.

13.④ 14.② 15.② 16.① 17.③ 18.③

19 이륜자동차 어댑티브 크루즈 컨트롤(ACC)에서 앞차와의 거리를 측정하기 위해 주로 사용되는 센서는?

① 초음파 센서
② 온도 센서
③ 레이더(Radar) 센서
④ 압력 센서

어댑티브 크루즈 컨트롤 시스템은 앞차와의 거리를 정확하게 측정하기 위해 주로 레이더(Radar) 센서를 사용한다. 이 센서는 전파를 발사하고 반사되는 신호를 분석하여 거리와 상대 속도를 파악한다.

20 이륜자동차의 도난 방지 장치 점검 시, 주로 확인해야 할 사항은?

① 장치의 크기가 작은지 확인한다.
② 장치의 제조사를 확인한다.
③ 장치의 경보음이 정상적으로 작동하는지 확인한다.
④ 장치의 설치 비용을 확인한다.

도난 방지 장치는 이륜자동차 도난을 예방하는 중요한 보안 및 편의 장치이다. 활성화 시 시동 차단, 경보음 발생 등의 기능이 정상적으로 작동하는지 확인해야 한다.

21 이륜자동차 어댑티브 크루즈 컨트롤(ACC)이 특히 유용한 주행 상황은?

① 정체 심한 시내 도로
② 차량 흐름이 있는 고속도로 주행
③ 급격한 경사로 주행
④ 좁은 골목길 주행

어댑티브 크루즈 컨트롤은 차량 흐름이 비교적 일정한 고속도로나 자동차 전용 도로에서 특히 유용하다. 앞차와의 거리를 신경 쓰지 않고도 일정한 흐름에 맞춰 주행할 수 있어 운전자의 피로도를 크게 줄여준다.

22 이륜자동차 어댑티브 크루즈 컨트롤 시스템의 레이더 센서가 위치하는 일반적인 곳은?

① 핸들 바 끝 ② 연료 탱크 위
③ 시트 아래 ④ 전면부

이륜자동차 ACC 시스템의 레이더 센서는 전방의 차량을 감지해야 하므로, 일반적으로 이륜자동차의 전면부, 즉 헤드라이트 아래나 프런트 페어링 내부에 위치한다. 이는 센서의 시야를 확보하고 외부 충격으로부터 보호하기 위함이다.

23 이륜자동차 크루즈 컨트롤이 작동 중인 상황에서, 이륜자동차가 정지할 수 있을 정도로 속도가 너무 낮아지면 시스템은 어떻게 되는가?

① 속도 미달 경고등 점등
② 자동으로 다시 가속한다.
③ 자동으로 해제된다.
④ 연료 공급을 중단한다.

속도가 너무 낮아져 설정 속도를 유지할 수 없거나 정지 위험이 있는 경우 자동으로 해제되어 운전자가 수동으로 제어할 수 있도록 한다.

24 일부 이륜자동차 시트 아래에 위치한 수납공간의 주된 편의성은?

① 간단한 물품을 보관할 수 있어 편리하다.
② 엔진의 열을 식힌다.
③ 이륜자동차의 무게 중심을 낮춘다.
④ 시트의 진동을 줄인다.

시트 아래 수납공간은 작은 물품들을 보관할 수 있도록 제공되어, 별도의 가방 없이도 편리하게 이륜자동차를 이용할 수 있도록 돕는 편의 장치이다.

25 이륜자동차 크루즈 시스템 중, 앞차와의 거리를 자동으로 조절하며 설정 속도를 유지하는 기능은?

① 어댑티브 크루즈 컨트롤(Adaptive Cruise Control)
② 일반 크루즈 컨트롤
③ 수동 크루즈 컨트롤
④ 자동 정지 시스템

어댑티브 크루즈 컨트롤(Adaptive Cruise Control, ACC)은 단순한 속도 유지 기능을 넘어, 전방의 차량을 감지하여 운전자가 설정한 속도 범위 내에서 앞차와의 안전 거리를 자동으로 유지하며 주행하는 첨단 기능이다.

19.③ 20.③ 21.② 22.④ 23.③ 24.① 25.①

26 이륜자동차 어댑티브 크루즈 컨트롤(ACC)이 앞차와의 설정 거리를 유지하는 방법은?

① 시스템이 자동으로 가속 또는 감속한다.
② 운전자가 직접 스로틀과 브레이크를 조작한다.
③ 경고음만 울려 운전자에게 알린다.
④ 앞차와의 통신을 통해 속도를 조절한다.

> 어댑티브 크루즈 컨트롤은 앞차와의 설정 거리를 유지하기 위해 필요에 따라 자동으로 스로틀 개도를 조절하여 가속하거나, 엔진 브레이크를 사용하거나 심지어 자동으로 브레이크를 작동시켜 감속하는 방식으로 속도를 제어한다.

27 이륜자동차 시트 점검 시, 편의성 및 안전에 영향을 미치는 주요 확인 사항은?

① 시트의 재질이 고급스러운지
② 시트 아래 수납공간의 잠금 장치 작동 여부
③ 시트의 무게가 가벼운지
④ 시트의 색깔이 이륜자동차와 어울리는지

> 시트는 운전자의 편의성과 안전에 직결된다. 시트가 제대로 고정되어 있지 않거나 손상되면 운전 중 불편함이나 안전 문제가 발생할 수 있으며, 수납공간의 잠금은 물품 도난 방지와 주행 중 열림 방지를 위해 중요하다.

28 일부 고급 이륜자동차 시트에 적용되는 열선 기능의 주된 편의성은?

① 시트의 수명을 늘린다.
② 시트의 디자인을 변경한다.
③ 시트의 무게를 줄인다.
④ 추운 날씨에 라이더의 체온을 유지하여 주행 쾌적성을 높인다.

> 열선 시트는 추운 계절에 라이더의 엉덩이와 허리를 따뜻하게 해주어 장거리 주행 시 체온 유지와 피로도 감소에 큰 도움을 주는 편의 장치이다.

29 이륜자동차 어댑티브 크루즈 컨트롤(ACC) 시스템에서 '레이더 센서'가 앞차와의 거리를 측정하는 주된 방식은?

① 소리를 이용하여 ② 전파를 이용하여
③ 빛을 이용하여   ④ 압력을 이용하여

> 레이더(Radar) 센서는 전파(무선 주파수 신호)를 발사하고, 이 전파가 앞차에 부딪혀 되돌아오는 시간을 측정하여 앞차와의 거리를 계산한다. 또한, 도플러 효과를 이용하여 상대 속도도 파악한다.

30 이륜자동차 비상 연료 밸브 또는 연료 경고등의 역할은?

① 연료의 온도를 조절한다.
② 연료 소모량을 줄인다.
③ 예비 연료통을 사용할 수 있도록 돕는다.
④ 연료를 더 많이 저장한다.

> 이 장치들은 주행 중 연료 부족 상황을 미리 알려주거나, 비상시 예비 연료를 사용하여 주유소까지 이동할 수 있도록 하는 안전 및 편의 기능이다.

31 이륜자동차 크루즈 컨트롤 시스템이 설정 속도를 유지하기 위해 사용하는 주요 정보는?

① 연료 잔량
② 엔진 오일 온도
③ 차량의 현재 속도
④ 배터리 전압

> 크루즈 컨트롤 시스템은 차량의 현재 속도를 지속적으로 감지하여, 설정된 속도와 비교하고 필요에 따라 스로틀 개도를 자동으로 조절하여 속도를 유지한다.

32 이륜자동차 시트 컨트롤러가 시트 온도를 조절하는 주된 이론적 방법은?

① 발열선에 공급되는 전압을 조절하여
② 발열선에 공급되는 연료량을 조절하여
③ 발열선에 공급되는 전류의 흐름을 조절하여
④ 발열선의 길이를 물리적으로 변경하여

> 시트 컨트롤러는 발열선에 공급되는 전류의 양이나 전기가 흐르는 시간을 조절(예: PWM 제어)하여 발열량을 변화시킴으로써 시트의 온도를 제어한다. 전압을 직접 조절하는 경우도 있지만, 대부분 전류 제어 방식을 사용한다.

26.① 27.② 28.④ 29.② 30.③ 31.③ 32.③

멀티미디어장치(오디오) 정비

01 이륜자동차 스피커에서 보이스 코일이 움직일 수 있는 안정적인 자기장을 형성하는 부품은?

① 터미널　② 진동판
③ 서라운드　④ 마그넷

> 마그넷(자석)은 스피커 후면에 위치하여 보이스 코일이 움직일 수 있는 강력하고 안정적인 자기장(자계)을 형성한다. 이 자기장과 보이스 코일의 전류가 상호작용하여 진동 운동이 발생한다.

02 이륜자동차 오디오 장치에 내비게이션 음성 안내 기능이 통합되어 있을 때의 편의성은?

① 별도의 내비게이션 장치 없이 주행 경로 안내를 음성으로 들을 수 있어 편리하다.
② 연료 소모량을 줄인다.
③ 이륜자동차의 제동 거리를 줄인다.
④ 엔진 소음을 줄인다.

> 오디오 시스템을 통해 내비게이션 음성 안내를 들으면, 시선을 분산시키지 않고 안전하게 경로를 파악할 수 있어 주행 편의성과 안전성이 높아진다.

03 이륜자동차 오디오 장치 점검 시, 스피커에서 잡음이 발생한다면 무엇을 의심해 볼 수 있는 항목이 아닌 것은?

① 스피커 배선 불량
② 오디오 장치의 디자인
③ 오디오 본체 문제
④ 스피커 자체 손상

> 스피커에서 잡음이 나는 경우, 가장 먼저 배선 연결 상태를 확인하고, 스피커 자체의 손상 여부나 오디오 본체의 내부 문제 등을 점검해야 한다.

04 이륜자동차 오디오 장치에서 블루투스 연결 기능의 주된 편의성은?

① 오디오 장치의 무게를 줄인다.
② 오디오 장치의 수명을 늘린다.
③ 스마트폰 등 외부 기기와 무선으로 연결하여 음악 재생, 내비게이션 음성 안내 등을 들을 수 있게 한다.
④ 오디오 장치의 디자인을 변경한다.

> 블루투스 기능은 유선 연결 없이 스마트폰의 음악이나 내비게이션 음성 등을 이륜자동차 스피커나 헬멧 내부 스피커로 편리하게 들을 수 있도록 해준다.

05 이륜자동차 디스플레이 모니터에 외부 온도 표시 기능이 있을 때의 편의성은?

① 엔진 온도를 측정한다.
② 연료 온도를 측정한다.
③ 타이어 온도를 측정한다.
④ 현재 외부 주행 환경에 대한 정보를 제공한다.

> 외부 온도 표시는 라이더가 현재 날씨 상황을 파악하고, 이에 대비하거나 주행 계획을 세우는 데 도움을 주는 기본적인 편의 기능이다.

정답 01.④　02.①　03.②　04.③　05.④

06 하나의 스피커 유닛 안에 우퍼(저음)와 트위터(고음)가 통합되어 있는 형태로, 장착이 간편한 이륜자동차 스피커의 종류는?

① 컴포넌트 스피커
② 서브우퍼
③ 코액셜 스피커
④ 혼 스피커

코액셜(Coaxial) 스피커는 하나의 중심축에 우퍼(저음)와 트위터(고음)가 동축으로 결합되어 있는 형태이다. 설치가 간편하고 공간 효율성이 좋아 이륜자동차에 많이 사용된다.

07 이륜자동차 오디오 장치에서 자동 볼륨 조절 기능의 주된 편의성은?

① 주행 소음 변화에도 불구하고 일정한 청취 환경을 제공한다.
② 오디오 장치의 전력 소모를 줄인다.
③ 오디오 장치의 음질을 향상시킨다.
④ 오디오 장치의 수명을 늘린다.

속도 감응형 볼륨 조절 기능은 주행 속도 증가에 따른 바람 소리나 엔진 소음 증가에 맞춰 자동으로 볼륨을 키워주어, 라이더가 매번 볼륨을 조절할 필요 없이 쾌적한 청취 환경을 유지할 수 있도록 돕는다.

08 별도의 우퍼와 트위터 유닛이 분리되어 있어, 각각의 유닛을 최적의 위치에 장착하여 더 섬세하고 입체적인 사운드를 구현할 수 있는 이륜자동차 스피커의 종류는?

① 컴포넌트 스피커
② 코액셜 스피커
③ 풀레인지 스피커 (Full-Range Speaker)
④ 내로우 밴드 스피커 (Narrow-Band Speaker)

컴포넌트 스피커는 우퍼와 트위터가 각각 독립된 유닛으로 분리되어 있으며, 별도의 크로스오버 네트워크를 통해 주파수를 분할하여 전달한다. 이를 통해 각 유닛을 최적의 위치에 배치하여 사운드 스테이지와 음질을 향상시킬 수 있다.

09 이륜자동차 스피커에서 전기 신호를 받아 자력을 발생시키고 진동판(콘)을 움직이게 하는 부품은?

① 자석
② 서라운드
③ 프레임
④ 보이스 코일

보이스 코일은 스피커의 핵심 부품으로, 앰프에서 증폭된 전기 신호가 흐르면 자석의 자기장 내에서 전류의 방향에 따라 앞뒤로 움직이는 힘(로렌츠 힘)을 발생시켜 진동판을 움직이게 한다.

10 이륜자동차 오디오 장치의 디스플레이 화면 점검 시, 확인해야 할 사항은?

① 화면의 크기가 큰지 확인한다.
② 화면이 선명하게 표시되는지 확인한다.
③ 화면의 색깔이 화려한지 확인한다.
④ 화면의 무게가 가벼운지 확인한다.

디스플레이 화면은 오디오 정보나 설정 등을 시각적으로 보여주는 중요한 편의 장치이다. 주간/야간 모두 시인성이 좋고, 기능 조작이 원활한지 확인해야 한다.

11 이륜자동차 스피커에서 진동판이 앞뒤로 움직일 때, 이를 지지하고 중심을 잡아주며 불필요한 진동을 억제하는 유연한 고무 또는 폼 재질의 부품은?

① 보이스 코일
② 더스트 캡
③ 서라운드(Surround)
④ 프레임

서라운드(Surround)는 진동판의 가장자리를 스피커 프레임에 연결하는 유연한 고무 또는 폼 재질의 링이다. 진동판이 앞뒤로 자유롭게 움직일 수 있도록 지지하면서도, 진동판의 움직임을 정확하게 제어하고 불필요한 가장자리 진동을 흡수하는 역할을 한다.

 정답 06.③ 07.① 08.① 09.④ 10.② 11.③

12 이륜자동차 오디오 장치에 USB 포트 또는 AUX 단자가 있을 때의 편의성은?

① 오디오 장치의 전력 소모를 줄인다.
② 오디오 장치의 음질을 향상시킨다.
③ 외부 저장 장치를 연결하여 음악을 재생할 수 있게 한다.
④ 오디오 장치의 설치를 쉽게 한다.

USB 포트나 AUX 단자는 다양한 외부 저장 장치나 플레이어를 연결하여 원하는 음악을 재생할 수 있도록 확장성을 제공하는 편의 기능이다.

13 이륜자동차 오디오 장치의 방수 기능이 중요한 주된 이유는?

① 오디오 장치의 무게를 줄인다.
② 장치의 수명을 연장하기 위함이다.
③ 오디오 장치의 디자인을 향상시킨다.
④ 오디오 장치의 음질을 향상시킨다.

이륜자동차는 외부 환경에 직접 노출되므로, 오디오 장치의 방수 기능은 비나 습기로 인한 고장을 막고 장치를 오래 사용할 수 있도록 하는 중요한 내구성 및 편의 요소이다.

14 이륜자동차 디스플레이 모니터의 백라이트 밝기가 약하거나 작동하지 않을 때 발생할 수 있는 문제는?

① 엔진 소음이 커진다.
② 타이어 마모가 빨라진다.
③ 브레이크 성능이 저하된다.
④ 야간에 주행 안전에 문제가 생긴다.

백라이트는 야간이나 터널 등 어두운 환경에서 디스플레이의 시인성을 확보해주는 필수적인 기능이다. 작동 불량 시 정보 확인이 어려워 위험할 수 있다.

15 이륜자동차 앰프에서 주로 전류를 제어하여 신호를 증폭하며, 일반적으로 바이폴라 접합 트랜지스터(BJT)가 사용되는 방식은?

① TR(트랜지스터) 방식
② 진공관 방식
③ FET(전계 효과 트랜지스터) 방식
④ IC(집적 회로) 방식

TR(Transistor) 방식은 주로 바이폴라 접합 트랜지스터(BJT)를 사용하여 입력 신호의 전류 변화를 증폭하여 출력 신호를 만들어낸다. 즉, 전류 제어를 통해 신호를 증폭하는 방식이다.

16 이륜자동차 스피커 시스템에서 음향 신호를 증폭하여 스피커를 구동할 수 있는 충분한 전력을 공급하는 장치는?

① 퓨즈
② 스로틀 케이블
③ 배선 하네스
④ 앰프 (Amplifier)

앰프(Amplifier)는 오디오 소스에서 오는 약한 전기 신호를 증폭하여 스피커가 충분한 음량으로 소리를 낼 수 있도록 강력한 전력을 공급하는 장치이다.

17 이륜자동차 디스플레이 모니터의 방수 및 방진 기능이 중요한 주된 이유는?

① 모니터의 디자인을 향상시킨다.
② 모니터의 음질을 향상시킨다.
③ 외부 환경에 따른 내구성을 확보하기 위함이다.
④ 모니터의 크기를 줄인다.

이륜자동차 모니터는 날씨와 도로 환경의 영향을 직접 받으므로, 방수 및 방진 성능은 장치의 수명과 안정적인 작동을 위해 매우 중요하다.

12.③ 13.② 14.④ 15.① 16.④ 17.③

18 이륜자동차 디스플레이 모니터의 가장 기본적인 역할은?

① 엔진의 온도를 조절한다.
② 타이어 공기압을 조절한다.
③ 차량 정보를 운전자에게 시각적으로 표시한다.
④ 브레이크 성능을 향상시킨다.

> 이륜자동차 디스플레이 모니터는 계기판의 확장된 형태로, 다양한 주행 정보를 한눈에 볼 수 있도록 시각적으로 제공하여 운전 편의성을 높인다.

19 이륜자동차 디스플레이 모니터에 스마트폰 미러링 기능이 지원될 때의 편의성은?

① 스마트폰 화면을 모니터에 그대로 표시하여 사용할 수 있다.
② 모니터의 수명을 늘린다.
③ 모니터의 무게를 줄인다.
④ 모니터의 디자인을 변경한다.

> 스마트폰 미러링 기능을 통해 스마트폰의 다양한 앱을 이륜자동차 모니터에 띄워 편리하게 활용할 수 있어, 확장성이 뛰어난 편의 기능이다.

20 이륜자동차 오디오 시스템에서 특히 강력한 저음(Bass) 재생을 목적으로 설계된 스피커의 종류는?

① 트위터
② 미드레인지 스피커
③ 풀레인지 스피커
④ 서브우퍼(Subwoofer)

> 서브우퍼(Subwoofer)는 매우 낮은 주파수 대역(저음)을 재생하는 데 특화된 스피커이다. 이륜자동차 오디오 시스템에서 강력하고 풍부한 베이스 사운드를 추가하기 위해 사용된다.

21 이륜자동차 앰프에서 전압을 제어하여 신호를 증폭하며, 입력 임피던스가 높아 민감한 신호 증폭에 유리한 반도체 소자 방식은?

① FET(전계 효과 트랜지스터) 방식
② TR(트랜지스터) 방식
③ 진공관 방식
④ SCR(실리콘 제어 정류기) 방식

> FET(Field-Effect Transistor, 전계 효과 트랜지스터) 방식은 입력 단자의 전압 변화에 의해 전류의 흐름을 제어하여 신호를 증폭한다. 입력 임피던스가 매우 높아 입력 신호원으로부터 거의 전류를 끌어오지 않아 민감한 신호 증폭에 유리하다.

22 일부 고급 이륜자동차 디스플레이 모니터에 적용되는 TFT LCD의 주된 장점은?

① 전력 소모가 매우 많다.
② 높은 해상도와 밝기로 주간에도 시인성이 뛰어나다.
③ 흑백 화면만 지원한다.
④ 터치 기능이 불가능하다.

> TFT LCD는 뛰어난 색감과 밝기, 높은 해상도로 다양한 정보를 선명하게 표현할 수 있어 주간에도 시인성이 좋고, 그래픽 인터페이스 구현에 유리하다.

23 이륜자동차 오디오 장치에서 핸들바에 장착된 컨트롤 버튼의 주된 편의성은?

① 오디오 장치의 음질을 향상시킨다.
② 오디오 장치의 전력 소모를 줄인다.
③ 주행 중 손을 떼지 않고 안전하게 볼륨 조절, 트랙 변경 등 오디오 기능을 조작할 수 있게 한다.
④ 오디오 장치의 설치를 쉽게 한다.

> 핸들바에 위치한 컨트롤 버튼은 라이더가 주행 중에도 시선을 분산시키지 않고 오디오 기능을 편리하고 안전하게 조작할 수 있도록 돕는다.

18.③ 19.① 20.④ 21.① 22.② 23.③

24 이륜자동차 앰프 중, 유리 진공관 내부에서 전자 흐름을 이용하여 신호를 증폭하며, 따뜻하고 풍부한 음색으로 특정 오디오 애호가들에게 선호되는 방식은?

① TR(트랜지스터) 방식
② 진공관 방식
③ FET(전계 효과 트랜지스터) 방식
④ 디지털 증폭 방식

> 진공관 방식 앰프는 유리 또는 금속 진공관 내부에서 필라멘트, 캐소드, 그리드, 플레이트 등의 전극 사이를 전자가 이동하는 원리를 이용하여 신호를 증폭한다. 특유의 따뜻하고 부드러운 음색(흔히 '진공관 사운드'라 불림)으로 오디오 애호가들에게 인기가 있다.

25 이륜자동차 스피커에서 보이스 코일의 진동을 공기 중으로 전달하여 소리를 직접 만들어내는 원뿔 모양의 부품은?

① 더스트 캡
② 터미널
③ 스파이더
④ 진동판

> 진동판(Diaphragm 또는 Cone)은 보이스 코일과 연결되어 함께 움직이는 원뿔형 또는 돔형의 부품이다. 보이스 코일의 진동을 받아 공기를 밀어내어 소리 파동(음파)을 만들어내는 역할을 한다

26 이륜자동차 오디오 장치의 가장 기본적인 편의 기능은?

① 이륜자동차의 속도를 측정한다.
② 음악, 라디오 등을 재생하여 라이더에게 즐거움을 제공한다.
③ 엔진의 온도를 조절한다.
④ 타이어 공기압을 표시한다.

> 오디오 장치는 주행 중 라이더가 음악을 듣거나 라디오를 청취하며 지루함을 해소하고 즐거움을 느낄 수 있도록 하는 대표적인 편의 장치이다.

27 이륜자동차 디스플레이 모니터에 내비게이션 기능이 통합되어 있을 때의 편의성은?

① 직접 주행 경로 지도를 확인할 수 있다.
② 연료 소모량을 줄인다.
③ 이륜자동차의 제동 거리를 줄인다.
④ 엔진 소음을 줄인다.

> 모니터에 내비게이션 기능이 통합되면 운전 중 시선 이동을 최소화하여 안전하고 편리하게 경로를 확인할 수 있다.

28 이륜자동차 오디오 장치에 인터콤 기능이 포함되어 있을 때의 편의성은?

① 동승자 또는 다른 이륜자동차 라이더와 주행 중 대화할 수 있게 한다.
② 오디오 장치의 무게를 줄인다.
③ 오디오 장치의 디자인을 변경한다.
④ 오디오 장치의 방수 기능을 강화한다.

> 인터콤 기능은 동승자와의 대화는 물론, 그룹 라이딩 시 다른 라이더들과도 소통할 수 있게 하여 주행의 즐거움과 안전성을 높여주는 편의 장치이다.

29 이륜자동차 스피커 중, 주로 이륜자동차 핸들바에 직접 장착되며, 올인원 형태로 간편하게 사용할 수 있는 종류는?

① 페어링 내장형 스피커
② 핸들바 장착형 스피커
③ 새들백 내장형 스피커
④ 헬멧 내장형 스피커

> 핸들바 장착형 스피커는 이륜자동차의 핸들바에 직접 고정하여 사용하는 스피커이다. 간편하게 설치할 수 있으며, 일부 제품은 앰프나 미디어 플레이어가 내장되어 있어 독립적인 오디오 시스템으로 활용된다.

24.② 25.④ 26.② 27.① 28.① 29.②

30 이륜자동차 디스플레이 모니터의 펌웨어 업데이트의 주된 목적은?

① 모니터의 물리적 크기를 변경한다.
② 모니터의 무게를 줄인다.
③ 모니터의 색깔을 변경한다.
④ 모니터의 최신 상태를 유지하고 사용자 경험을 개선한다.

> 펌웨어 업데이트는 모니터의 소프트웨어를 최신 상태로 유지하여 기능 개선, 문제 해결, 보안 강화 등을 통해 사용자 편의성을 지속적으로 높이는 중요한 유지보수 활동이다.

31 이륜자동차 디스플레이 모니터에 주행 모드 변경 기능이 통합되어 있을 때의 편의성은?

① 오디오 볼륨을 조절한다.
② 엔진 출력 특성, 서스펜션 설정 등을 손쉽게 변경할 수 있다.
③ 타이어 공기압을 조절한다.
④ 비상등을 켠다.

> 주행 모드 변경 기능은 스포츠, 레인, 투어 등 다양한 모드를 통해 이륜자동차의 주행 특성을 즉시 변경하여 다양한 상황에 최적화된 주행 경험을 제공하는 편의 기능이다.

32 TR 방식 앰프에 비해 진공관 방식 앰프가 가지는 일반적인 특성은?

① 낮은 발열과 높은 효율
② 빠른 응답 속도
③ 더 큰 크기와 높은 발열
④ 긴 수명과 적은 유지 보수

> 진공관 방식 앰프는 TR 방식 앰프에 비해 물리적인 크기가 더 크고, 진공관 내부의 필라멘트에서 상당한 양의 열이 발생하여 발열이 심하다. 또한, 진공관의 수명이 상대적으로 짧아 주기적인 교체가 필요할 수 있다.

30.④ 31.② 32.③

PART 06
이륜자동차 프레임 정비

1. 프레임 변형계측 수정작업
2. 프레임 패널 정비
3. 프레임 방청·방진 작업

프레임 변형계측 수정작업

01 이륜자동차 프레임의 가장 기본적인 역할은?
① 현가장치를 작동시킨다.
② 제동장치를 작동시킨다.
③ 이륜자동차의 모든 부품을 결합하는 구조물이다.
④ 라이더의 편의성을 높인다.

> 프레임은 이륜자동차의 뼈대와 같은 역할을 하며, 모든 부품의 기초가 되고 주행 중 발생하는 다양한 힘을 견디며 안정적인 움직임을 가능하게 한다.

02 프레임 형상에 따른 분류가 아닌 것은?
① 크레이들형　② 다이아몬드형
③ 백본형　　　④ 어퍼 본형

> 프레임의 종류는 크레이들형, 다이아몬드형, 백본형, 언더 본형이 있다.

03 프레임의 강도와 강성을 얻기 위해 엔진을 부재의 일부로 이용하는 구조의 프레임은 무엇인가?
① 크레이들형
② 언더 본형
③ 백본형
④ 다이아몬드형

> 엔진의 하부를 감싸는 부재를 생략한 것으로 프레임의 강도와 강성을 얻기 위해 엔진을 부재의 일부로 이용하는 구조의 프레임은 다이아몬드형 프레임이다.

04 이륜자동차를 세울 때 쓰는 다리 같은 장치는 무엇인가요?
① 핸들　　　　② 브레이크
③ 사이드 스탠드　④ 라이트

> 이륜자동차를 주차할 때 넘어지지 않도록 세우는 장치를 스탠드라고 한다.

05 이륜자동차 프레임의 알루미늄 재질에 대한 설명으로 옳은 것은?
① 강철 프레임보다 항상 무겁다.
② 녹이 전혀 슬지 않는다.
③ 강철보다 가볍지만, 수리가 까다롭다.
④ 용접이 매우 쉽다.

> 알루미늄 프레임은 경량화에 유리하지만, 강철에 비해 탄성이 적어 충격 시 휘어지기보다 금이 가거나 부러지는 경향이 있다. 또한, 용접 등 수리도 전문적인 기술과 장비가 필요하다.

06 이륜자동차 프레임이 가져야 할 가장 중요한 구조적 특징은?
① 유연성이 매우 뛰어나야 한다.
② 강성과 경량성을 동시에 갖추어야 한다.
③ 충격시 쉽게 구부러져야 한다.
④ 녹이 잘 슬어야 한다.

> 프레임은 주행 중 발생하는 다양한 힘을 견디면서도 무게는 가벼워야 주행 성능과 조작성이 좋다.

 정답 01.③　02.④　03.④　04.③　05.③　06.②

07 이륜자동차 프레임에서 스티어링 헤드 부분이 하는 역할은?
① 앞바퀴의 조향이 이루어지는 부분이다.
② 엔진이 장착되는 곳이다.
③ 뒷바퀴가 연결되는 곳이다.
④ 연료탱크가 놓이는 곳이다.

> 스티어링 헤드는 프레임의 가장 앞쪽에 위치하며, 핸들과 앞바퀴를 연결하는 프론트 포크가 회전할 수 있도록 지지하는 핵심 조향 부위이다.

08 이륜자동차 프레임에서 스윙암 피벗 부분이 하는 역할은?
① 엔진의 회전을 전달한다.
② 뒷바퀴를 상하 운동을 할 수 있도록 하는 회전축 부분이다.
③ 앞바퀴를 상하 운동을 할 수 있도록 하는 회전축 부분이다.
④ 브레이크를 장착하는 곳이다.

> 스윙암 피벗은 스윙암이 프레임에 연결되어 뒷바퀴가 노면의 충격에 따라 위아래로 움직일 수 있게 하는 고정점 역할을 한다.

09 이륜자동차 프레임의 주요 재료로 사용되는 것은?
① 강철 또는 알루미늄 합금
② 플라스틱 합금
③ 구리 합금
④ 황동 합금

> 프레임은 강하고 가벼워야 하므로, 주로 강철(크롬-몰리브덴 등)이나 알루미늄 합금 같은 금속 재료가 사용된다.

10 이륜자동차 백본 프레임의 특징은?
① 엔진을 아래쪽에서만 지지한다.
② 주로 대형 투어링 바이크에만 사용된다.
③ 스윙암이 앞쪽에 위치한다.
④ 엔진을 매달아 지지하는 구조이다.

> 백본 프레임은 이륜자동차의 등뼈처럼 중앙을 가로지르는 메인 튜브가 엔진을 매달아 지지하는 형태로, 주로 단순하고 공간 활용성이 좋은 설계에 사용된다.

11 이륜자동차 프레임 구조 중, 엔진을 프레임의 일부로 사용하여 강성을 높이고 무게를 줄이는 방식은?
① 더블 크래들 프레임
② 페리미터 프레임
③ 백본 프레임
④ 스트레스드-멤버 프레임

> 스트레스드-멤버 프레임은 엔진 자체를 프레임의 일부로서 차체 강성에 기여하도록 설계하여, 별도의 프레임 부재를 줄여 무게를 절감하는 방식이다.

12 이륜자동차 프레임의 한 종류인 더블 크래들 프레임의 특징은?
① 엔진이 프레임 외부에 완전히 노출되어 있다.
② 엔진을 양쪽에서 두 개의 파이프 또는 빔으로 구성되어 있다.
③ 오직 레이싱 바이크에만 사용된다.
④ 가장 가벼운 프레임 구조이다.

> 더블 크래들 프레임은 엔진을 아래쪽에서부터 양쪽으로 감싸 안는 형태의 프레임으로, 강성이 좋고 다양한 종류의 이륜자동차에 널리 사용된다.

13 이륜자동차 프레임에서 알루미늄 재질이 강철 재질보다 가지는 주요 장점은?
① 용접이 훨씬 쉽다.
② 충격에 의해 쉽게 휘어지지 않고 깨진다.
③ 무게가 가볍다.
④ 녹이 전혀 슬지 않는다.

> 알루미늄 합금은 강철보다 밀도가 낮아 동일한 강성을 얻으면서도 더 가볍게 프레임을 제작할 수 있다.

07.① 08.② 09.① 10.④ 11.④ 12.② 13.③

14 이륜자동차 프레임의 서브 프레임이 주로 하는 역할은?

① 엔진의 출력을 전달한다.
② 메인 프레임에 볼트로 고정되는 경우가 많다.
③ 앞바퀴를 지지한다.
④ 뒷바퀴를 지지한다.

> 서브 프레임은 메인 프레임에 보조적으로 연결되어 시트, 후미등, 머플러 등 주로 후방의 비구조적인 부품들을 지지하는 역할을 한다. 충격 시 메인 프레임 보호를 위해 파손되도록 설계되기도 한다.

15 일반적인 강철 프레임 패널의 가장 큰 장점은?

① 제조 비용이 비교적 저렴하다.
② 매우 가볍다.
③ 부식에 매우 강하다.
④ 진동이 전혀 없다.

> 강철은 비용 효율성과 견고함 때문에 여전히 많은 이륜자동차에 사용된다.

16 알루미늄 합금 프레임 패널의 가장 큰 장점은?

① 강철보다 무겁다.
② 부식에 취약하다.
③ 강철보다 가볍고 경량화에 유리하다.
④ 가공이 매우 어렵다.

> 알루미늄 프레임은 이륜자동차의 경량화를 통해 운동 성능 향상에 기여한다.

17 탄소 섬유 패널의 가장 큰 장점은?

① 제조 비용이 매우 저렴하다.
② 수리가 매우 쉽다.
③ 충격에 매우 유연하게 반응한다.
④ 동일 강도 대비 매우 가볍고 뛰어난 강성을 제공한다.

> 탄소 섬유는 경량화와 강성 면에서 압도적인 성능을 보여준다.

18 신소재 패널을 사용하는 이륜자동차의 일반적인 특징은?

① 저렴한 가격의 대중 모델
② 복잡한 정비가 필요 없는 모델
③ 고성능, 고가, 경량화를 추구하는 모델
④ 연비만 중요한 모델

> 신소재는 가공이 어렵고 비용이 많이 들지만, 성능 면에서 큰 이점을 제공한다.

19 강철 프레임 대비 알루미늄 프레임의 단점 중 하나는?

① 더 무겁다.
② 제조 비용이 상대적으로 높다.
③ 부식에 매우 취약하다.
④ 진동 흡수가 전혀 안 된다.

> 알루미늄 합금은 강철보다 가공 및 용접이 더 전문적인 기술을 요구하며 비용이 상승한다.

20 탄소 섬유 프레임 패널의 주요 단점 중 하나는 무엇인가?

① 매우 무겁다.
② 부식에 취약하다.
③ 충격에 약하며 수리가 까다롭다.
④ 가공이 매우 쉽다.

> 탄소 섬유는 강성이 높지만, 특정 방향의 충격에는 취약하며 수리 비용이 매우 높다.

21 이륜자동차 프레임에 다양한 재료의 패널을 혼합하여 사용하는 방식은?

① 단일 소재 프레임
② 트러스 프레임
③ 모노코크 프레임
④ 복합 소재 프레임

> 강성과 유연성, 비용 등 여러 특성을 고려하여 강철과 알루미늄, 또는 알루미늄과 탄소 섬유를 혼합하여 사용하는 경우도 있다.

 14.② 15.① 16.③ 17.④ 18.③ 19.② 20.③ 21.④

22 신소재 패널로 제작된 프레임이 사고로 손상되었을 때의 일반적인 수리 특징은 무엇인가?

① 일반 강철 프레임처럼 쉽게 용접하여 수리할 수 있다.
② 수리 비용이 매우 높거나 교체가 필요할 수 있다.
③ 어떤 수리도 필요 없다.
④ 아무나 쉽게 수리할 수 있다.

탄소 섬유 등의 신소재는 일반적인 금속 프레임과 수리 방법이 매우 달라 전문성이 요구된다.

23 이륜자동차 프레임 용접 작업 전, 가장 중요하게 확인해야 할 사항이 아닌 것은?

① 프레임의 구조
② 프레임의 재질
③ 용접 부위의 오염
④ 프레임의 손상 정도

프레임 재질(강철, 알루미늄 등)에 따라 적절한 용접 방법과 재료를 선택해야 하며, 오염은 용접 품질을 저하시킨다.

24 이륜자동차 프레임 용접 시, 용접공이 반드시 착용해야 하는 안전 장비가 아닌 것은?

① 장갑과 안전화
② 불연성 작업복
③ 앞치마
④ 귀마개

용접 시 발생하는 강한 빛, 고열, 스파크, 유해 가스 등으로부터 신체를 보호하기 위한 필수 안전 장비이다.

25 이륜자동차 프레임 용접 작업 중 가장 크게 주의해야 할 위험 요소는?

① 작업장 소음   ② 먼지 발생
③ 강한 아크 빛 ④ 진동

용접은 고온과 강한 에너지를 다루는 작업이므로, 심각한 안전사고 위험이 있다.

26 프레임 용접 후, 용접 부위의 강도와 내구성을 확보하기 위해 중요한 과정은?

① 충분한 냉각 및 필요시 후처리
② 바로 주행한다.
③ 물에 담근다.
④ 도색만 한다.

용접 부위는 급격한 냉각 시 취약해질 수 있으며, 필요에 따라 열처리나 추가적인 보강을 통해 강도를 높인다.

27 이륜자동차 프레임 용접 시, 전기 계통 손상을 방지하기 위해 반드시 해야 할 조치는?

① 배터리 단자를 분리한다.
② 타이어를 분리한다.
③ 연료 탱크를 가득 채운다.
④ 엔진 오일을 교환한다.

용접 전류가 이륜자동차의 민감한 전기 시스템으로 흐르는 것을 막아 ECU나 다른 전장 부품의 손상을 예방해야 한다.

28 이륜자동차 프레임 용접 작업은 어떤 경우에 주로 수행되는가?

① 정기적인 엔진 오일 교환 시
② 브레이크 패드 교환 시
③ 타이어 교체 시
④ 사고로 인한 프레임 손상 시

프레임 용접은 이륜자동차의 핵심 구조부를 수리하거나 변경할 때 이루어지는 전문 작업이다.

29 용접 작업 시 발생하는 유해 가스와 연기로부터 작업자를 보호하기 위해 중요한 것은?

① 마스크를 쓰지 않는다.
② 환기가 잘 되는 곳에서 작업한다.
③ 문을 닫고 작업한다.
④ 음식물을 섭취하며 작업한다.

유해 가스와 연기는 호흡기 질환을 유발할 수 있으므로, 적절한 환기가 필수적이다.

 정답 22.② 23.① 24.④ 25.③ 26.① 27.① 28.④ 29.②

30 프레임 용접 후, 용접 부위가 갈라지거나 취약해지는 현상을 무엇이라고 하는가?

① 담금질
② 열처리
③ 크랙 또는 취성 파괴
④ 연성 변형

> 부적절한 용접 조건이나 후처리 부족으로 인해 용접 부위가 약해져 균열이 발생할 수 있다.

31 이륜자동차 프레임 용접 작업은 전문적인 지식과 기술이 필요한 이유는?

① 작업 시간이 짧기 때문
② 용접 장비가 흔하기 때문
③ 잘못된 용접은 심각한 사고로 이어질 수 있기 때문
④ 누구든 쉽게 배울 수 있기 때문

> 프레임은 이륜자동차의 안정성과 직결되는 부품이므로, 반드시 숙련된 전문가가 정확한 방법으로 작업해야 한다.

32 용접봉이나 용접선과 같은 용접 재료를 선택할 때 가장 중요하게 고려할 점은?

① 프레임의 기본 재질
② 재료의 가격
③ 재료의 색상
④ 재료의 무게

> 프레임 재질에 맞지 않는 용접 재료를 사용하면 용접 부위의 강도가 약해지거나 결함이 발생할 수 있다.

33 이륜자동차 프레임 용접에 가장 흔하게 사용되며, 정밀하고 깨끗한 용접이 가능하여 고품질 작업에 선호되는 용접법은?

① TIG 용접　② 피복 아크 용접
③ MIG/MAG 용접　④ 가스 용접

> TIG 용접은 용접봉을 별도로 공급하며, 보호 가스(알곤 등)를 사용하여 용접 비드가 깨끗하고 정밀하며, 강도가 높아 이륜자동차 프레임과 같은 중요 부위에 많이 사용된다.

34 비교적 빠르고 간편하며 대량 생산에 적합하여 일부 제조사에서 사용되기도 하는 용접법은?

① MIG/MAG 용접
② TIG 용접
③ 레이저 용접
④ 마찰 교반 용접

> MIG/MAG 용접은 와이어가 자동으로 공급되어 작업 속도가 빠르고 배우기 비교적 쉬워, 일부 양산형 프레임 용접에 활용되기도 한다.

35 이륜자동차 프레임의 주요 재질로 사용되는 금속이 아닌 것은?

① 강철　　　② 알루미늄 합금
③ 티타늄　　④ 구리

> 이륜자동차 프레임은 높은 강성과 내구성이 요구되므로 주로 금속 재질로 만들어진다.

36 알루미늄 프레임을 용접할 때 주로 사용되는 용접법은?

① 피복 아크 용접
② TIG 용접
③ 가스 용접
④ 저항 용접

> 알루미늄은 특수 용접 조건(AC 전류, 순수 알곤 가스 등)이 필요하며, TIG 용접이 가장 적합하다.

37 강철 또는 크로몰리 프레임 용접 시에도 정밀하고 강력한 접합을 위해 널리 사용되는 용접법은?

① TIG 용접
② MIG 용접
③ 레이저 용접
④ 브레이징

> 강철 프레임에도 TIG 용접은 미려한 외관과 높은 강도를 제공하여 선호된다.

30.③　31.③　32.①　33.①　34.①　35.④　36.②　37.①

38 이륜자동차 프레임 용접 시, 용접 부위의 산화를 방지하고 아크를 안정화시키기 위해 사용되는 것은?

① 물 ② 보호 가스
③ 오일 ④ 페인트

보호 가스는 대기 중의 산소와 질소가 용접 부위에 침투하여 용접 품질을 저하시키는 것을 방지한다.

39 이륜자동차 프레임에 용접으로 수리하거나 커스텀 작업을 할 때, 최고의 강도와 신뢰성을 얻기 위해 가장 중요한 것은?

① 재질에 맞는 정확한 용접법과 숙련된 기술자의 작업
② 빠른 시간 내에 용접을 마치는 것
③ 용접 후 바로 도색하는 것
④ 특별한 도구 없이 작업하는 것

프레임 용접은 이륜자동차의 안전과 직결되므로, 전문적인 지식과 경험이 있는 숙련공의 정확한 작업이 필수적이다.

40 이륜자동차 프레임 재료 중, 강철보다 가볍고 알루미늄보다 강하며 내식성이 뛰어나지만 용접이 까다로운 것은?

① 탄소 섬유
② 구리
③ 마그네슘
④ 티타늄

티타늄은 뛰어난 물성을 가졌지만, 용접 시 특수 환경(산소 차단 등)과 높은 기술력이 요구된다.

41 이륜자동차 공장에서 프레임을 대량 생산할 때, 일관된 품질과 높은 생산성을 위해 주로 사용되는 용접 방식은?

① 수동 TIG 용접
② 로봇 용접
③ 산소-아세틸렌 용접
④ 브레이징

로봇 용접은 정교하고 반복적인 작업을 통해 일정한 품질의 용접을 대량으로 수행할 수 있다.

42 이륜자동차 프레임 정비 시, 용접 작업을 해야 할 경우 가장 중요하게 고려해야 할 사항은?

① 아무 용접기로나 작업해도 된다.
② 용접 부위를 예쁘게 만들면 된다.
③ 프레임의 재질에 적합한 용접 방법 및 재료를 사용한다.
④ 용접 후 바로 도색한다.

프레임 용접은 이륜자동차의 강성과 안전에 직접적인 영향을 미치므로, 반드시 프레임 재질(예: 강철, 알루미늄)에 맞는 전문적인 용접 기술과 장비가 필요하다. 잘못된 용접은 오히려 강성을 저해할 수 있다.

43 경미한 프레임 균열이나 손상이 발생했을 때, 수리 방법으로 고려될 수 있는 것은?

① 강력 접착제로 붙인다.
② 프레임 재질에 맞는 전문 용접을 실시한다.
③ 테이프를 감아서 보강한다.
④ 망치로 두드려 편다.

경미한 균열은 프레임 재질(강철, 알루미늄 등)에 적합한 용접 기술과 장비를 사용하여 보수할 수 있다. 하지만 이는 전문 기술이 필요한 작업이다.

44 프레임에 균열이 발견되었을 경우, 안전성을 확보하기 위해 반드시 수행해야 할 작업은?

① 균열 부위에 스티커를 붙인다.
② 브레이크를 더 강하게 잡는다.
③ 균열 부위를 망치로 두드려 편다.
④ 프레임 재질에 맞는 전문적인 용접 보수 또는 교체

프레임의 균열은 강성을 저해하고 주행 중 파손으로 이어질 수 있으므로, 반드시 해당 재질에 대한 전문적인 용접 보수 작업을 하거나, 손상이 심할 경우 프레임을 교체해야 한다.

정답 38.② 39.① 40.④ 41.② 42.③ 43.② 44.④

프레임 패널 정비

01 이륜자동차 프레임에 새로운 부품을 장착하거나 개조할 때, 중요하게 고려해야 할 사항은?
① 프레임의 강성 저하 여부, 무게 중심 변화를 확인한다.
② 어떤 부품이든 프레임에 구멍을 뚫어 고정해도 된다.
③ 부품의 색깔이 프레임과 어울리는지 확인한다.
④ 작업 시간을 최대한 단축한다.

> 프레임은 이륜자동차의 핵심 구조물이므로, 임의적인 구멍 가공이나 불필요한 개조는 강성을 약화시키거나 무게 중심을 변화시켜 주행 안정성을 해칠 수 있다. 또한, 구조 변경 관련 법규를 준수해야 한다.

02 이륜자동차 스티어링 헤드 베어링이 손상되었을 때, 어떤 문제가 발생할 수 있으며 프레임 점검과 왜 관련이 깊은가?
① 엔진 소음이 증가한다.
② 승차감이 나빠진다.
③ 브레이크가 밀린다.
④ 유격이 생겨 조향 불안정 발생한다.

> 스티어링 헤드 베어링은 프레임의 스티어링 헤드 부분에 장착되어 핸들의 회전을 담당한다. 이 베어링이 손상되면 조향이 불안정해지며, 이는 프레임 자체의 변형으로 오인되거나 프레임 손상의 원인이 될 수도 있다.

03 이륜자동차 프레임의 헤드 파이프가 굽거나 변형되었을 때, 가장 직접적으로 영향을 받는 주행 성능은?
① 엔진 출력 저하
② 제동성능 저하
③ 조향 안정성 및 직진성
④ 현가성능 저하

> 헤드 파이프는 핸들과 프론트 포크가 장착되는 프레임의 중요한 부분이다. 이 부분이 굽으면 앞바퀴와 핸들의 정렬이 틀어져 조향 안정성과 직진성에 치명적인 영향을 미친다.

04 프레임과 연결된 스티어링 헤드 베어링의 유격이 있거나 손상되었을 때, 반드시 수행해야 할 작업은?
① 베어링에 기름을 듬뿍 바른다.
② 베어링의 유격 조절 또는 손상된 베어링 교체
③ 타이어 공기압을 조절한다.
④ 핸들을 더 세게 잡는다.

> 스티어링 헤드 베어링은 핸들 조향에 직접적인 영향을 미치므로, 유격이 있거나 손상되면 주행 안정성이 저하된다. 정확한 조절 또는 교체 작업이 필수적이다.

 정답 01.① 02.④ 03.③ 04.②

05 이륜자동차의 프레임에 금이 가거나 심하게 휘었다면, 가장 위험한 상황은 무엇인가요?
① 주행 중 이륜자동차의 균형을 잃고 사고가 발생할 수 있다.
② 엔진 출력이 떨어진다.
③ 제동성능이 떨어진다.
④ 승차감이 저하된다.

프레임은 이륜자동차의 뼈대이자 모든 부품을 지탱하는 가장 중요한 구조물이다. 프레임이 손상되면 이륜자동차의 전체적인 균형과 강성이 무너져 주행 중 심각한 사고로 이어질 수 있다.

06 이륜자동차 프레임 점검 시, 가장 중요하게 확인해야 할 사항이 아닌 것은?
① 용접 부위의 균열 여부
② 차체 강성 저하 여부
③ 부식 발생 여부
④ 프레임의 무게 감소 여부

프레임의 균열, 휘어짐, 부식 등은 주행 안정성에 치명적인 영향을 미칠 수 있으므로, 육안으로 꼼꼼히 확인하는 것이 매우 중요하다.

07 이륜자동차 프레임이 심하게 휘어졌을 때 발생할 수 있는 가장 심각한 문제는?
① 엔진 소음이 커진다.
② 직진성 불량, 조향 불안정이 생긴다.
③ 브레이크 성능이 향상된다.
④ 연료 소모량이 감소한다.

프레임이 휘어지면 휠 얼라인먼트가 틀어져 직진이 어렵고, 핸들링이 불안정해지며, 타이어 마모 불균형 등의 문제가 발생하여 주행 안전에 심각한 위협이 된다.

08 이륜자동차 사고 후 프레임이 휘어졌다고 의심될 때, 가장 먼저 해야 할 조치는?
① 바로 엔진 오일을 교환한다.
② 오디오 볼륨을 최대로 높여본다.
③ 타이어 공기압을 조절한다.
④ 큰 변형이나 균열이 있는지 확인한다.

프레임 변형은 주행 안정성에 치명적이므로, 사고 후에는 즉시 운행을 멈추고 안전하게 정차한 뒤 프레임의 손상 여부를 확인해야 한다.

09 이륜자동차 사고 후 프레임이 손상되었을 때, 가장 먼저 고려해야 할 정비 방향은?
① 겉모습만 깨끗하게 도색한다.
② 손상 부위에 강력 본드를 바른다.
③ 정확한 진단 및 복원 여부를 판단한다.
④ 손상된 부품만 교체하고 프레임은 무시한다.

사고로 인한 프레임 손상은 눈에 보이지 않는 미세한 뒤틀림이나 균열을 포함할 수 있으므로, 반드시 전문 장비를 갖춘 곳에서 정밀 진단을 받고 복원 가능성을 판단해야 한다. 심한 경우 교체가 안전하다.

10 이륜자동차 프레임이 심하게 휘어졌을 때, 재사용을 권장하지 않는 가장 큰 이유는?
① 도색 비용이 비싸서
② 휘어진 프레임은 오일 교환이 어렵다.
③ 새로운 프레임이 더 멋있어서
④ 안전에 문제가 발생할 수 있기 때문에

프레임은 이륜자동차의 뼈대이자 안전의 핵심이다. 심하게 변형된 프레임을 교정하더라도 재질의 피로도 등으로 인해 원래의 강성을 완전히 회복하기 어려워 안전에 치명적인 문제가 될 수 있다.

11 이륜자동차 프레임 정비 시, 변형된 부분을 교정할 때 가장 중요하게 고려해야 할 사항은?
① 교정 작업 시간을 빠르게 한다.
② 도색 작업을 미리 완료한다.
③ 과도한 힘으로 인한 2차 손상을 방지한다.
④ 엔진을 분해한다.

프레임 교정은 금속의 특성을 이해하고 정밀하게 작업해야 한다. 무리한 힘을 가하면 재료가 파손되거나 숨겨진 균열이 생겨 오히려 더 큰 문제가 될 수 있다.

05.① 06.① 07.② 08.④ 09.③ 10.④ 11.③

12 이륜자동차 사고 후 프레임이 변형되었다면, 프레임과 함께 반드시 점검해야 할 주요 관련 부품이 아닌 것은?

① 프론트 포크
② 스윙암
③ 스티어링 헤드 베어링
④ 쇽업쇼버

프레임이 변형되면 프레임에 직접 연결된 프론트 포크, 스윙암, 휠, 베어링 등의 부품도 함께 손상되었을 가능성이 매우 높으므로, 반드시 함께 점검해야 한다.

13 프레임이 휘어진 것으로 진단되었을 때, 고려할 수 있는 정비 작업은?

① 프레임을 분해하여 세척한다.
② 프레임 교정 또는 프레임 전체 교체
③ 프레임에 새로운 액세서리를 장착한다.
④ 연료 탱크를 교환한다.

휘어진 프레임은 전문 장비를 이용한 교정 작업을 시도할 수 있으나, 변형 정도가 심하거나 안전을 최우선으로 고려할 때는 프레임 전체를 새것으로 교체하는 것이 가장 확실한 방법이다.

14 프레임 정비 시, 각 볼트와 너트의 체결 상태를 확인하고 조이는 작업이 중요한 이유는?

① 주행 중 부품이 풀리거나 이탈하는 것을 방지하기 위해
② 부품의 색깔을 맞추기 위해
③ 이륜자동차의 무게를 줄이기 위해
④ 엔진의 소음을 줄이기 위해

프레임에 연결된 모든 부품의 볼트와 너트는 정비 후 반드시 규정 토크로 단단히 조여야 한다. 느슨한 체결은 주행 중 부품 이탈이나 파손으로 이어져 매우 위험하다.

15 프레임 정비 후, 반드시 수행해야 할 최종 점검 중 가장 중요한 작업은?

① 동력전달장치를 확인한다.
② 휠 얼라인먼트 재확인 한다.
③ 쇽업쇼버 작동 여부 확인한다.
④ 엔진 출력을 확인한다.

프레임 정비 후에는 반드시 휠의 정렬 상태(얼라인먼트)를 다시 확인하고, 실제 주행을 통해 이륜자동차의 직진성, 코너링, 핸들링 등 주행 안정성이 완전히 회복되었는지 종합적으로 테스트해야 한다.

16 프레임 교체 후, 관련 법규에 따라 반드시 수행해야 할 행정 절차는?

① 보험 회사에 전화한다.
② 구조 변경 등록 또는 차량 등록 정보 업데이트 한다.
③ 이륜자동차 제조사에 통보한다.
④ 새로운 번호판을 신청한다.

프레임은 차대 번호가 각인된 이륜자동차의 본체이므로, 프레임을 교체하면 차량의 고유 정보가 변경된다. 반드시 관련 기관에 구조 변경 등록을 하여 법적인 문제를 방지해야 한다.

17 프레임 교체 시, 차대 번호(VIN)에 대한 처리 방법으로 올바른 것은?

① 새로운 프레임에 원래 차대 번호를 새긴다.
② 원래 차대 번호를 지운다.
③ 차대 번호는 중요하지 않으므로 무시한다.
④ 관련 법규에 따라 구조 변경 등록 절차를 진행해야 한다.

프레임은 이륜자동차의 고유 번호(VIN)가 각인된 부분이므로, 교체 시에는 새로운 프레임의 차대 번호를 기준으로 관련 기관에 구조 변경 등록을 반드시 진행해야 한다.

정답 12.④ 13.② 14.① 15.② 16.② 17.④

18 프레임 변형이 의심될 때, 육안 검사 외에 전문적인 진단을 위해 사용되는 장비는?

① 멀티미터
② 토크 렌치
③ 프레임 지그 또는 3차원 측정 시스템
④ 배터리 테스터

프레임 지그나 3차원 측정 시스템은 육안으로 확인하기 어려운 미세한 프레임의 휘어짐이나 뒤틀림을 정밀하게 측정하여 진단할 수 있는 전문 장비이다.

19 프레임 변형이나 손상으로 인한 얼라인먼트 불량이 발생했을 때, 나타날 수 있는 증상이 아닌 것은?

① 쇽업소버의 비정상 마모
② 핸들 쏠림
③ 타이어의 비정상적인 편마모
④ 직진 주행 시 불안정

프레임이 휘어지면 앞바퀴와 뒷바퀴, 또는 핸들과 바퀴의 정렬이 틀어져 이륜자동차가 똑바로 나가지 못하고 한쪽으로 쏠리거나 핸들링이 불안정해지며, 타이어도 불균일하게 닳게 된다.

20 이륜자동차 프레임 정비 시작 전, 가장 먼저 수행해야 할 작업이 아닌 것은?

① 프레임의 변형 확인
② 프레임의 균열 확인
③ 프레임의 부식 확인
④ 프레임의 종류 확인

프레임 정비의 가장 첫 단계이자 중요한 작업은 현재 프레임의 상태를 정확하게 파악하는 것이다. 손상의 종류와 정도를 알아야 올바른 정비 계획을 세울 수 있다.

정답 18.③ 19.① 20.③

프레임 방청, 방진 정비

01 이륜자동차 프레임에 발생한 심한 부식을 정비하는 가장 좋은 방법은?

① 부식된 부분에 페인트만 덧칠한다.
② 부식된 부분을 용접 후 실시한다.
③ 부식된 부분을 그대로 둔다.
④ 오일만 뿌려둔다.

> 심한 부식은 프레임의 강도를 약화시키므로, 단순히 겉에 페인트만 칠해서는 안 된다. 부식된 부분을 제거하고 구조적 강성을 복원하는 작업이 필요하며, 범위가 넓거나 중요 부위라면 교체를 고려해야 한다.

02 이륜자동차 프레임의 도장 상태 점검도 중요한 이유는?

① 이륜자동차의 속도를 높인다.
② 연비를 향상시킨다.
③ 프레임 본체의 부식 발생을 방지한다.
④ 타이어의 수명을 늘린다.

> 프레임의 도장은 단순한 미관 목적 외에 프레임 금속을 외부 환경으로부터 보호하여 부식을 방지하는 중요한 역할을 한다. 도장이 손상되면 내부 금속이 노출되어 부식이 진행될 수 있다.

03 이륜자동차 프레임에 부식이 심하게 발생했을 때, 발생할 수 있는 문제점은?

① 프레임의 색깔이 변한다.
② 엔진 온도가 낮아진다.
③ 프레임의 강도가 약해져 균열이 발생한다.
④ 타이어 공기압이 낮아진다.

> 녹은 금속의 강도를 약화시키므로, 프레임에 심한 부식이 발생하면 외부 충격에 취약해지고 균열이 생길 위험이 높아져 안전에 치명적이다.

04 프레임에 심한 부식이 발생했을 때, 반드시 수행해야 할 작업은?

① 녹 위에 바로 페인트를 칠한다.
② 타이어를 교환한다.
③ 엔진 오일을 교환한다.
④ 표면 처리 및 방청 작업 후 재 도장한다.

> 심한 부식은 프레임의 강도를 약화시키므로, 단순히 겉만 가리는 것이 아니라 부식된 부분을 제거하고 금속 표면을 보호하는 방청(녹 방지) 및 재도장 작업이 필수이다.

05 이륜자동차 프레임 정비에서 방청 작업의 가장 주된 목적은?

① 프레임의 색상을 아름답게 하기 위함
② 프레임의 수명과 안전성을 유지하기 위함
③ 프레임의 무게를 줄이기 위함
④ 프레임의 진동을 증가시키기 위함

> 방청은 프레임 금속이 녹는 것을 방지하여 구조적 무결성과 안전을 확보하는 핵심 작업이다.

06 이륜자동차 프레임의 부식을 일으키는 주요 원인이 아닌 것은?

① 윤활유　　② 염분(염화칼슘)
③ 산성비　　④ 습기

01.② 02.③ 03.③ 04.④ 05.② 06.①

금속은 물과 산소에 노출될 때 가장 쉽게 부식되며, 염분은 이 과정을 가속화한다.

07 이륜자동차 프레임에 방청 작업을 할 때 가장 일반적으로 사용되는 방법이 아닌 것은?

① 방청 페인트 도포
② 언더코팅
③ 왁스 코팅
④ 윤활유 도포

다양한 방청제나 코팅제를 사용하여 금속 표면에 보호막을 형성한다.

08 이륜자동차 프레임 정비에서 방진 작업의 주된 목적은?

① 프레임을 더 반짝이게 하기 위함
② 프레임 내부나 연결 부위에 쌓여 부식 방지하기 위함
③ 프레임의 온도를 높이기 위함
④ 프레임의 강도를 약화시키기 위함

②
방진은 프레임과 그 주변 부품을 외부 오염으로부터 보호하여 성능 유지와 수명 연장에 기여한다.

09 프레임의 방진 작업을 위해 가장 중요하게 고려해야 할 부분이 아닌 것은?

① 용접 부위
② 프레임 내부
③ 쇽업쇼버 더스트 커버
④ 볼트/너트 연결 부위

이러한 부위는 이물질이 축적되어 부식이나 기능 불량의 원인이 되기 쉽다.

10 겨울철 도로에 살포되는 염화칼슘이 이륜자동차 프레임에 미치는 가장 큰 영향은?

① 프레임을 더 단단하게 만든다.
② 프레임의 무게를 줄인다.
③ 프레임의 색상을 밝게 한다.
④ 프레임의 금속 부식을 빠르게 진행시킨다.

염화칼슘은 강력한 부식 촉진제로, 겨울철 이륜자동차 관리에 특히 주의해야 한다.

11 방청 작업을 위해 프레임 표면을 준비할 때, 가장 먼저 해야 할 일은?

① 오염 물질을 깨끗하게 제거한다.
② 바로 페인트를 칠한다.
③ 프레임을 분해한다.
④ 전기적인 접지 상태를 확인한다.

표면이 깨끗해야 방청제가 금속에 제대로 부착되어 효과를 발휘할 수 있다.

12 방청 및 방진 작업 후, 이륜자동차 관리에 대한 설명으로 가장 적절한 것은?

① 이륜자동차를 세척하고 코팅 상태를 확인한다.
② 비가 올 때만 세차한다.
③ 젖은 천으로 항상 덮어둔다.
④ 작업 후에는 다시는 만지지 않는다.

방청 방진 작업은 일회성으로 끝나지 않고, 지속적인 관리와 점검이 필요하다.

정답 07.④ 08.② 09.③ 10.④ 11.① 12.①

PART 07
전기이륜자동차 정비

1. 배터리·충전장치 정비
2. 직류전원장치 정비
3. 모터 정비

배터리 충전장치 정비

01 전기 이륜자동차의 배터리 관리 시스템의 주요 기능으로 가장 거리가 먼 것은?

① 각 셀의 전압 균형 유지
② 모터의 회전 속도 제어
③ 배터리 팩 온도 관리
④ 과충전 및 과방전 보호

> 배터리 관리 시스템(BMS)은 배터리 팩이 안전하고 효율적으로 작동하도록 각 셀의 전압, 전류, 온도 등을 감시하고 조절한다. 모터의 회전 속도는 모터 컨트롤러(인버터)가 제어한다.

02 전기 이륜자동차에서 회생 제동 시스템의 주된 목적은?

① 브레이크 패드의 마모를 줄이기 위해
② 주행 중 배터리를 충전하여 주행 거리를 늘리기 위해
③ 모터의 과열을 방지하기 위해
④ 급가속 성능을 향상시키기 위해

> 회생 제동은 감속 시 모터를 발전기처럼 작동시켜 운동 에너지를 전기 에너지로 변환하여 배터리를 충전함으로써 주행 거리를 늘리고 에너지 효율을 높이는 기술이다.

03 전기 이륜자동차의 배터리 용량이 72V 40Ah일 때, 이 배터리가 저장할 수 있는 총 에너지량은 약 몇 Wh(와트시)인가?

① 2880Wh ② 288Wh
③ 180Wh   ④ 28800Wh

> 에너지량(Wh)은 전압(V) × 용량(Ah)으로 계산한다.
> 72V×40Ah=2880 Wh

04 전기 이륜자동차의 고전압 배터리 팩을 점검하거나 분리할 때 가장 먼저 수행해야 할 안전 조치는?

① 고전압 차단 스위치 분리
② 타이어 공기압 점검
③ 브레이크 오일량 점검
④ 모터 냉각수량 점검

> 고전압 시스템을 다룰 때는 감전 위험이 매우 높다. 따라서 반드시 메인 서비스 플러그(MSD)를 분리하거나 고전압 차단 스위치를 작동시켜 시스템의 전원을 완전히 차단해야 한다.

05 전기 이륜자동차의 배터리 충전 시, 급속 충전 방식의 특징으로 옳은 것은?

① 일반 충전보다 높은 전압과 전류를 사용한다.
② 충전 시간이 매우 길다.
③ 배터리 수명에 긍정적인 영향을 미친다.
④ 가정용 220V 콘센트만으로 가능하다.

> 급속 충전은 짧은 시간 안에 배터리에 많은 에너지를 공급하기 위해 일반 충전보다 높은 전압과 전류를 사용한다. 이는 배터리 수명에 다소 부정적인 영향을 줄 수 있으며, 전용 충전 설비가 필요하다.

정답 01.② 02.② 03.① 04.① 05.①

06 전기 이륜자동차의 배터리 팩에서 열 관리가 중요한 주된 이유는?

① 배터리 내부 저항을 높이기 위해
② 배터리의 성능 저하 및 수명 단축을 방지하기 위해
③ 배터리 무게를 줄이기 위해
④ 충전 시간을 단축하기 위해

리튬이온 배터리는 특정 온도 범위에서 가장 효율적으로 작동한다. 너무 높거나 낮은 온도는 배터리 성능을 떨어뜨리고 수명을 줄인다. 심하면 발화와 같은 안전 문제도 생길 수 있으므로 정밀한 열 관리가 반드시 필요하다.

07 전기 이륜자동차의 충전 포트 주변에 파란색 또는 주황색의 고전압 케이블이 노출되어 있을 때, 해당 케이블을 만지기 전에 반드시 확인해야 할 사항은?

① 고전압 시스템의 전원 차단 여부
② 차량의 주행 모드
③ 타이어의 공기압 상태
④ 외부 온도 및 습도

전기 차량의 고전압 케이블은 매우 위험하다. 작업 전 반드시 고전압 시스템의 전원이 완전히 차단되었는지 확인하고, 필요하다면 절연 장갑 같은 안전 장비를 착용해야 한다.

08 전기 이륜자동차의 고전압 배터리 팩 내부에서 각 셀의 전압 불균형이 심화될 경우 발생할 수 있는 문제로 가장 적절한 것은?

① 배터리 팩의 전체 용량 감소
② 모터의 과열
③ BMS의 손상
④ OBC의 작동불량

배터리 셀 간의 전압 불균형은 충전 및 방전 효율을 떨어뜨리고, 가장 약한 셀이 전체 팩의 성능을 제한한다. 결국 배터리 팩의 전체 용량이 줄어들고 수명이 단축된다.

09 전기 이륜자동차의 고전압 시스템에서 주황색 케이블을 사용하는 주된 이유는?

① 고전압 시스템임을 시각적으로 경고하기 위해
② 낮은 전압을 나타내기 위해
③ 미관상 보기 좋기 때문에
④ 케이블의 내구성을 높이기 위해

전기차량 및 전기 이륜자동차의 고전압 케이블은 국제적으로 주황색으로 표준화되어 있다. 이는 정비사나 일반인이 고전압 시스템임을 쉽게 알아차리고 감전 위험에 대비하도록 시각적인 경고를 제공하기 위함이다.

10 전기 이륜자동차의 충전 중 발생하는 열을 관리하는 것이 중요한 주된 이유는?

① 충전 효율을 높이기 위해
② 충전 시간을 단축하기 위해
③ 배터리 수명 단축 및 안전 문제를 예방을 위해
④ 충전기 고장을 방지하기 위해

충전 중 배터리 내부에서 발생하는 열은 배터리 셀의 성능 저하, 수명 단축은 물론, 과열로 인한 화재나 폭발과 같은 심각한 안전 문제로 이어질 수 있다. 따라서 효율적인 열 관리가 반드시 필요하다.

11 전기 이륜자동차의 배터리 팩을 장기간 보관할 때 가장 적절한 관리 방법은?

① 완전히 방전된 상태로 보관한다.
② 100% 완전히 충전된 상태로 보관한다.
③ 약 50~70% 충전 상태로 서늘하고 건조한 곳에 보관한다.
④ 배터리 팩을 분리하여 물속에 보관한다.

리튬이온 배터리는 완전히 방전되거나 완전히 충전된 상태로 오래 보관하면 수명이 줄어들 수 있다. 일반적으로 약 50~70% 정도 충전 상태에서 서늘하고 건조한 곳에 보관하는 것이 배터리 수명을 유지하는 데 가장 좋다.

정답 06.② 07.① 08.① 09.① 10.③ 11.③

12 전기 이륜자동차의 전력 소비 효율을 나타내는 단위로 가장 적절한 것은?
① kW (킬로와트)
② V (볼트)
③ Ah (암페어시)
④ Wh/km (와트시/킬로미터)

전기 차량의 전력 소비 효율은 주로 1km 주행에 필요한 에너지량(Wh)으로 나타내며, Wh/km 단위를 사용한다. 이는 내연기관 차량의 연비(km/L)와 비슷한 개념이다.

13 전기 이륜자동차의 주행 중 배터리 잔량이 급격히 감소하거나 주행 거리가 현저히 짧아지는 현상이 발생할 때 가장 먼저 의심할 수 있는 부품은?
① 브레이크 패드
② 고전압 배터리 팩
③ 타이어
④ 라이트 전구

배터리 잔량이 줄어들거나 주행 거리가 짧아지는 현상은 배터리 팩 자체의 노화, 손상, 또는 셀 불균형 등 배터리 팩과 관련된 문제일 가능성이 가장 높다.

14 전기 이륜자동차의 동력원으로 사용되는 것은?
① 가솔린 ② 배터리
③ 디젤 ④ 천연가스

전기 이륜자동차는 배터리에 저장된 전기에너지를 사용하여 모터를 움직인다.

15 전기 이륜자동차의 움직임을 만드는 주요 부품은?
① 엔진 ② 라디에이터
③ 머플러 ④ 모터

전기 이륜자동차는 전기 모터의 회전력을 이용하여 주행한다. 엔진은 내연기관 차량에 사용된다.

16 전기 이륜자동차를 충전할 때 사용하는 것은?
① 주유기 ② 충전기
③ 에어건 ④ 발전기

전기 이륜자동차는 전용 충전기를 이용하여 배터리를 충전한다.

17 전기 이륜자동차의 배기가스 배출 여부는?
① 배출된다.
② 배출되지 않는다.
③ 약간 배출된다.
④ 주행 속도에 따라 다르다.

전기 이륜자동차는 전기 모터로 움직이기 때문에 주행 중에는 배기가스를 전혀 배출하지 않는다.

18 전기 이륜자동차에서 에너지를 저장하는 부품은?
① LDC ② 배터리
③ 모터 ④ MCU

전기 이륜자동차는 배터리에 전기 에너지를 저장하여 필요할 때 사용한다.

19 전기 이륜자동차의 브레이크를 잡을 때, 버려지는 에너지를 다시 전기로 바꾸어 배터리를 충전하는 기술은?
① 터보차저 ② ABS
③ 크루즈 컨트롤 ④ 회생 제동

회생 제동은 차량이 감속할 때 모터를 발전기처럼 사용하여 운동 에너지를 전기 에너지로 바꾸어 배터리로 다시 돌려보내는 기술이다.

20 전기 이륜자동차의 주행 거리에 가장 큰 영향을 미치는 요인은?
① 모터의 용량 ② BMS의 크기
③ MCU의 크기 ④ 배터리의 용량

배터리의 용량이 클수록 더 많은 에너지를 저장할 수 있어 주행 거리가 길어진다.

12.④ 13.② 14.② 15.④ 16.② 17.② 18.② 19.④ 20.④

21 전기 이륜자동차의 배터리 온도가 너무 높아지거나 낮아지는 것을 관리하는 시스템은?

① 공기압 모니터링 시스템
② 배터리 관리 시스템
③ 크루즈콘트롤 시스템
④ 모터 콘트롤러 시스템

배터리 관리 시스템(BMS)은 배터리 셀의 온도, 전압, 전류 등을 감시하고 관리하여 배터리를 안전하고 효율적으로 사용하도록 돕는다.

22 전기 이륜자동차를 충전할 때 감전 사고를 예방하기 위해 가장 중요하게 지켜야 할 것은?

① 장갑을 끼지 않는다.
② 젖은 손으로 충전기를 만진다.
③ 충전 중에는 시동을 걸어둔다.
④ 충전 케이블이 손상되지 않았는지 확인하고 올바르게 연결한다.

충전 중에는 고전압 전기가 흐르기 때문에 손상된 케이블이나 잘못된 연결은 감전 위험을 높인다. 항상 안전 수칙을 지키는 것이 중요하다.

23 전기 이륜자동차에서 소음이 적은 주된 이유는?

① 타이어가 부드럽기 때문에
② 브레이크가 잘 작동하기 때문에
③ 차체가 무겁기 때문에
④ 전기 모터로 작동하기 때문에

전기 모터는 내연기관 엔진에 비해 작동 시 소음이 거의 발생하지 않아 전기 이륜자동차는 매우 조용하다.

24 전기 이륜자동차가 주행 중 멈추는 가장 흔한 이유는?

① 타이어 펑크　② 엔진 과열
③ 연료 부족　　④ 배터리 방전

전기 이륜자동차는 배터리 전력을 사용하므로, 배터리가 모두 소모되면 주행을 멈추게 된다.

25 전기 이륜자동차의 배터리가 뜨거워지는 것을 막기 위한 방법은?

① 물을 뿌린다.
② 햇빛 아래에 둔다.
③ 충전을 멈춘다.
④ 냉각 시스템으로 온도를 조절한다.

전기 이륜자동차의 배터리는 적정 온도를 유지하기 위해 공랭식이나 수랭식 같은 냉각 시스템으로 온도를 관리한다.

26 전기 이륜자동차의 계기판에서 확인할 수 있는 중요한 정보 중 하나는?

① 엔진 회전수
② 배터리 잔량
③ 연료 잔량
④ 엔진 오일 압력

전기 이륜자동차에서는 배터리 잔량이 주행 가능 거리를 나타내는 핵심 정보이므로 계기판에 표시된다.

27 전기 이륜자동차의 충전 시간을 줄이는 방법 중 하나는?

① 배터리 용량을 줄인다.
② 완속 충전기를 사용한다.
③ 급속 충전기를 사용한다.
④ 주행 중 충전한다.

급속 충전기는 더 높은 전력으로 배터리를 충전하여 충전 시간을 단축시킨다.

28 전기 이륜자동차를 세척할 때, 고압수를 직접 분사하는 것을 피해야 하는 주요 부품은?

① 전기 커넥터
② 시트
③ 타이어
④ 손잡이

배터리 팩이나 전기 커넥터에 고압수를 직접 분사하면 방수 처리되어 있더라도 물이 스며들어 전기적 문제가 발생할 수 있으므로 주의해야 한다.

정답　21.②　22.④　23.④　24.④　25.④　26.②　27.③　28.①

29 전기 이륜자동차의 주행 중 배터리 잔량이 부족할 때 계기판에 표시되는 것은?

① 연료 부족 경고등
② 엔진 오일 경고등
③ 배터리 잔량 경고등
④ 수온 경고등

> 배터리 잔량이 부족해지면 운전자에게 충전이 필요하다는 것을 알리기 위해 배터리 잔량 경고등이 켜진다.

30 전기 이륜자동차를 운행할 때 소음이 적어 보행자가 차량의 접근을 인지하기 어려울 수 있다. 이러한 문제를 해결하기 위한 시스템은?

① AVIS (음향 차량 경고 시스템)
② ABS (잠김 방지 브레이크 시스템)
③ TCS (트랙션 컨트롤 시스템)
④ VDC (차량 자세 제어 시스템)

> AVIS(Acoustic Vehicle Alerting System)는 전기차나 전기 이륜자동차처럼 저속 주행 시 소음이 적은 차량이 보행자에게 자신의 존재를 알리기 위해 인위적인 소리를 발생시키는 시스템이다.

31 전기 이륜자동차 충전 시, 충전 케이블을 차량에 연결하기 전에 먼저 확인해야 할 사항은?

① 회생제동 상태
② 충전 케이블 및 충전 포트의 손상 여부
③ 배터리 잔량
④ 모터의 온도

> 손상된 충전 케이블이나 충전 포트를 사용하면 감전이나 화재의 위험이 있다. 따라서 연결 전에 반드시 육안으로 손상 여부를 확인해야 한다.

32 전기 이륜자동차의 배터리 팩에 사용되는 전압 단위는?

① 리터 (L) ② 킬로그램 (kg)
③ 볼트 (V) ④ 마력 (hp)

> 전압은 전기의 압력을 나타내는 단위이며, 볼트(V)로 표시된다.

33 전기 이륜자동차에서 전기에너지를 기계적인 움직임으로 바꾸는 부품은?

① 발전기
② 모터
③ 배터리
④ 컨버터

> 모터는 전기에너지를 이용하여 회전력을 발생시켜 차량을 움직이는 역할을 한다.

34 전기 이륜자동차의 배터리 충전 완료 후, 충전 케이블을 분리하는 올바른 순서는?

① 차량 측 커넥터 먼저 분리 후 충전기 측 플러그 분리
② 충전기 측 플러그 먼저 분리 후 차량 측 커넥터 분리
③ 순서는 상관 없다.
④ 급하게 당겨서 분리한다.

> 안전을 위해 충전이 완료되면 충전기 전원을 끄고, 충전기 측 플러그를 먼저 분리한 다음 차량 측 커넥터를 분리하는 것이 일반적인 안전 수칙이다. 이는 충전기나 케이블에 전류가 흐르는 상태에서 차량 측 커넥터를 분리할 때 발생할 수 있는 아크(스파크) 현상을 방지하기 위함이다.

35 전기 이륜자동차의 고전압 배터리 팩에 사용하는 절연 장갑의 점검 주기로 가장 적절한 것은?

① 매일 작업 전 육안으로 확인
② 한 달에 한 번 육안으로만 확인
③ 일 년에 한 번만 육안으로 확인
④ 절연 장갑은 소모품이므로 점검이 불필요

> 절연 장갑은 작업자의 안전과 직결된다. 따라서 매번 사용 전 찢어짐이나 손상 여부를 육안으로 확인해야 하며, 주기적으로 전문 검사를 통해 절연 성능이 유지되는지 확인해야 한다.

29.③　30.①　31.②　32.③　33.②　34.②　35.①

36 전기 이륜자동차의 친환경적인 장점 중 하나는?

① 공기 오염을 줄인다.
② 배기가스를 배출한다.
③ 소음이 크다.
④ 기름값이 저렴하다.

전기 이륜자동차는 배기가스를 배출하지 않아 대기 오염을 줄이는 데 기여한다.

37 전기 이륜자동차의 충전 중 발생할 수 있는 가장 위험한 사고는?

① 감전 또는 화재
② 타이어 펑크
③ 브레이크 파열
④ 계기판 고장

충전 중에는 고전압이 흐르고 배터리에서 열이 발생한다. 따라서 케이블 손상, 잘못된 연결, 배터리 이상 등으로 인해 감전이나 화재 사고가 발생할 위험이 있다.

38 전기 이륜자동차의 고전압 배터리 팩을 분리한 후, 안전하게 보관해야 할 장소의 조건으로 적절하지 않은 것은?

① 직사광선이 없는 서늘하고 건조한 곳
② 환기가 잘 되는 곳
③ 충격이나 물리적 손상이 없는 곳
④ 습기가 많고 온도가 높은 곳

배터리 팩은 습기와 고온에 약하다. 이런 환경은 배터리 성능을 떨어뜨리고 안전 문제(화재, 폭발)를 유발할 수 있으므로 피해야 한다.

39 전기 이륜자동차 고전압 배터리 팩을 탈거할 때 가장 먼저 분리해야 할 커넥터는?

① 저전압(12V) 커넥터
② 통신(CAN) 커넥터
③ 냉각 라인 커넥터
④ 메인 서비스 디스커넥트 또는 고전압 차단 스위치

고전압 작업 시에는 감전 위험이 매우 크다. 따라서 배터리 팩을 탈거하기 전에 반드시 MSD(Main Service Disconnect)나 고전압 차단 스위치를 분리하여 고전압 시스템의 전원을 완전히 차단해야 한다.

40 전기 이륜자동차의 고전압 배터리 팩을 다룰 때, 떨어뜨리거나 충격을 주지 않도록 주의해야 하는 주된 이유는?

① 배터리 내부 셀 손상으로 인한 화재 및 폭발 위험이 있기 때문에
② 배터리 용량이 감소하기 때문에
③ 배터리 무게가 증가하기 때문에
④ 외관이 손상되기 때문에

배터리 팩에 강한 충격을 주면 내부 셀이 손상되어 단락, 누액, 과열로 인한 화재나 폭발 등 심각한 안전 사고로 이어질 수 있다.

41 전기 이륜자동차 충전 중 충전 케이블이 손상된 것을 발견했을 때 가장 적절한 조치는?

① 충전을 즉시 중단하고 제조사 서비스센터에 연락한다.
② 테이프로 감아서 계속 충전한다.
③ 손상된 부분을 직접 수리한다.
④ 충전 속도를 늦춰서 충전한다.

손상된 충전 케이블은 감전 및 화재의 위험이 매우 높다. 따라서 즉시 충전을 중단하고 전문가에게 점검 및 수리를 의뢰해야 한다.

42 전기 이륜자동차의 충전 포트 주변에 이물질이 많거나 손상되었을 때 발생할 수 있는 위험은?

① 충전 불량
② 구동모터 소음 증가
③ BMS 작동 불량
④ OBC 작동불량

충전 포트는 고전압 전기가 흐르는 중요한 부분이다. 이물질이나 손상은 충전 연결 불량, 단락(Short Circuit)으로 인한 감전 또는 화재의 직접적인 원인이 될 수 있다.

 정답 36.① 37.① 38.④ 39.④ 40.① 41.① 42.①

43 전기 이륜자동차의 고전압 배터리 팩을 들어 올리거나 이동할 때 가장 중요한 안전 수칙은?

① 혼자서 빠르게 이동시킨다.
② 배터리 팩을 바닥에 끌어서 이동시킨다.
③ 배터리 팩의 낙하 및 충격을 방지한다.
④ 배터리 팩에 물을 뿌려 냉각시키면서 이동한다.

> 고전압 배터리 팩은 매우 무겁고, 떨어뜨리면 심각한 손상 및 안전 사고(화재, 폭발) 위험이 있다. 따라서 반드시 전용 장비를 사용하거나 여러 명이 협력하여 안전하게 이동시켜야 한다.

44 전기 이륜자동차 정비 시, 배터리 팩 내부에서 연기가 발생하거나 냄새가 날 때 사용해서는 안 되는 소화기는?

① ABC 분말 소화기
② 이산화탄소(CO_2) 소화기
③ 물 소화전
④ D급 소화기

> 리튬이온 배터리 화재에는 물 소화기를 사용하면 오히려 상황을 악화시키거나 감전 위험을 높일 수 있다. 건식 소화기(ABC 분말), CO_2 소화기 또는 D급 소화기(금속 화재용)가 더 적합하다.

45 전기 이륜자동차의 배터리 팩 냉각 시스템 점검 시, 냉각수 누수 여부를 확인해야 하는 주된 이유는?

① 냉각수 부족으로 인한 엔진 과열 방지
② 냉각수 누수로 인한 배터리 과열 및 성능 저하 방지
③ 냉각수 누수로 인한 브레이크 성능 저하 방지
④ 냉각수 누수로 인한 타이어 마모 가속화 방지

> 배터리 팩은 적정 온도를 유지하는 것이 성능과 수명, 안전에 매우 중요하다. 냉각수 누수는 배터리 팩의 냉각 효율을 떨어뜨려 과열을 유발하고, 이는 배터리 성능 저하 및 수명 단축, 심지어 화재로 이어질 수 있다.

46 전기 이륜자동차 정비 작업 중 배터리 팩에서 연기가 나거나 타는 냄새가 날 경우, 소화기로 진압을 시도하기 전에 가장 먼저 해야 할 조치는?

① 주변 사람들을 대피시키고 즉시 소방서에 신고한다.
② 차량을 안전한 곳으로 이동시킨다.
③ 배터리 팩에 물을 붓는다.
④ 배터리 팩 전압을 측정한다.

> 배터리 열 폭주나 화재 발생 시에는 매우 위험하다. 직접 진압을 시도하기보다는 인명 안전을 최우선으로 주변 대피 및 전문 인력(소방서)의 도움을 요청해야 한다. 리튬이온 배터리 화재는 물로 진압하기 어렵거나 오히려 위험할 수 있다.

47 전기 이륜자동차의 충전기에서 과열, 이상 소음, 타는 냄새 등이 발생할 때 가장 먼저 취해야 할 조치는?

① 충전기를 계속 사용한다.
② 충전기를 물에 담가 식힌다.
③ 충전기의 충전 케이블을 분리한다.
④ 충전기 내부를 직접 분해하여 확인한다.

> 충전기에서 이상 증상이 발생하면 화재나 감전의 위험이 있다. 따라서 즉시 전원을 차단하고 케이블을 분리하여 안전을 확보해야 한다.

48 전기 이륜자동차의 배터리 관리 시스템 고장 진단 시, 전용 진단 장비를 사용하는 주된 이유는?

① 배터리 팩의 무게를 측정하기 위해
② 배터리 팩의 외부 손상 여부를 육안으로 확인하기 위해
③ 각 셀의 전압, 온도, 전류 등 분석하기 위해
④ 배터리 팩의 충전 시간을 단축하기 위해

> BMS는 배터리 팩의 복잡한 데이터를 관리한다. 따라서 전용 진단 장비를 사용해야 각 셀의 상태, 이상 유무, 고장 코드 등을 정확하게 파악하여 문제점을 진단할 수 있다.

43.③ 44.③ 45.② 46.① 47.③ 48.③

49 전기 이륜자동차 정비 작업 중, 작업 공간에 환기를 충분히 해야 하는 주된 이유는?

① 작업자의 집중력을 높이기 위해
② 작업 장비의 온도를 낮추기 위해
③ 유해가스나 냄새를 외부로 배출하기 위해
④ 작업 공간의 습도를 조절하기 위해

배터리 충전 또는 이상 발생 시 유해가스나 냄새가 발생할 수 있다. 이는 작업자의 건강에 해롭거나 폭발 위험을 증가시킬 수 있으므로 충분한 환기를 통해 안전한 작업 환경을 유지해야 한다.

50 전기 이륜자동차의 충전 중, 충전기를 만졌을 때 찌릿한 느낌이 들었다면 가장 먼저 의심해야 할 것은?

① 충전 속도가 너무 빠르다.
② 감전 위험이 있다.
③ 충전 전압이 너무 낮다.
④ 배터리가 너무 뜨겁다.

충전 중 찌릿한 느낌은 누전이나 감전의 전조 증상일 수 있다. 매우 위험하므로 즉시 충전을 중단하고 전문가에게 점검을 받아야 한다.

51 전기 이륜자동차의 충전 케이블을 밟거나 무거운 물건으로 누르지 않아야 하는 주된 이유는?

① 충전 속도가 느려지기 때문에
② 배터리 용량이 줄어들기 때문에
③ 케이블이 손상되어 감전이나 화재 위험이 있기 때문에
④ 충전 요금이 더 많이 나오기 때문에

충전 케이블은 고전압 전기가 흐르므로, 물리적인 손상이 발생하면 피복이 벗겨져 감전 위험이 있거나 단락으로 인한 화재 위험이 있다.

52 전기 이륜자동차를 오래 세워둘 때, 배터리 관리를 위해 무엇을 해야 할까요?

① 배터리를 완전히 방전시킨다.
② 배터리를 100% 충전 상태로 둔다.
③ 배터리를 적당히 (50~70%) 충전하고 보관한다.
④ 배터리를 분리하여 물에 담가둔다.

리튬이온 배터리는 장기간 보관 시 완전 방전이나 완전 충전 상태보다는 50~70% 정도의 충전 상태를 유지하고 서늘한 곳에 보관하는 것이 수명 유지에 좋다.

53 전기 이륜자동차 세차 시, 고압 세척기를 사용할 때 특히 주의해야 할 부품은?

① 타이어
② 시트
③ 모터 및 배터리 팩 주변의 전기 부품
④ 손잡이

모터나 배터리 팩 주변의 전기 부품에 고압수를 직접 분사하면 방수 기능이 완벽하더라도 물이 침투하여 고장이나 안전 문제를 일으킬 수 있다.

54 전기 이륜자동차의 계기판에 배터리 경고등이 계속 켜져 있다면 무엇을 해야 할까요?

① 무시하고 계속 주행한다.
② 진단기로 진단내용을 삭제한다.
③ 속도를 더 높여본다.
④ 배터리 시스템에 문제가 있을 수 있으므로 점검을 받는다.

배터리 경고등은 배터리 시스템에 이상이 있음을 알려주는 중요한 신호이다. 따라서 무시하지 않고 전문가에게 점검을 받아야 한다.

 49.③ 50.② 51.③ 52.③ 53.③ 54.④

55 전기 이륜자동차의 충전 중, 충전기나 케이블에서 뜨거운 냄새가 나면 어떻게 해야 할까요?

① 냄새가 사라질 때까지 기다린다.
② 다른 콘센트에 연결해 본다.
③ 충전 속도를 더 빠르게 설정한다.
④ 즉시 충전을 중단하고 주변을 확인한다.

> 뜨거운 냄새는 과열이나 내부 손상의 징후일 수 있으며, 화재로 이어질 위험이 있다. 즉시 충전을 중단하고 안전을 확보해야 한다.

56 전기 이륜자동차의 배터리가 물에 잠겼을 경우, 가장 먼저 해야 할 안전 조치는?

① 차량에 절대 접근하지 말고, 즉시 소방서에 신고한다.
② 배터리를 직접 꺼내서 말린다.
③ 물을 더 부어 냉각시킨다.
④ 다른 사람에게 도움을 요청하여 함께 꺼낸다.

> 고전압 배터리가 물에 잠기면 감전 및 화재, 폭발 위험이 매우 커진다. 절대로 직접 접근하거나 만지지 말고 즉시 전문 기관(소방서 등)에 신고하여 도움을 받아야 한다.

57 전기 이륜자동차 배터리의 가장 주된 역할은?

① 엔진을 냉각시킨다.
② 연료를 연소실로 분사한다.
③ 전기 모터 구동 및 전력을 저장하고 공급한다.
④ 이륜자동차의 무게 중심을 조절한다.

> 배터리는 전기 이륜자동차의 유일한 에너지원으로, 전기 모터와 각종 전장품에 전기를 공급하고 저장한다.

58 전기 이륜자동차에 주로 사용되는 배터리 유형은?

① 납축전지 배터리
② 니켈-카드뮴 배터리
③ 리튬-이온 배터리
④ 알칼라인 배터리

> 리튬-이온 배터리는 높은 에너지 밀도, 가벼운 무게, 긴 수명 등의 장점으로 전기 이륜자동차에 가장 널리 사용된다.

59 배터리의 전압(Voltage)이 의미하는 것은?

① 전류를 흐르게 하는 전기적인 압력 또는 전위차
② 배터리가 저장할 수 있는 총 에너지량
③ 배터리가 최대로 공급할 수 있는 전류량
④ 배터리의 물리적인 크기

> 전압은 전자가 움직이게 하는 힘으로, 전류를 흐르게 하는 전기적인 압력 또는 전위차를 의미한다. 이는 이륜자동차의 최고 속도 및 토크와 관련이 깊다.

60 배터리의 용량(Capacity)을 나타내는 단위로 가장 일반적으로 사용되는 것은?

① 암페어시(Ah)   ② 볼트(V)
③ 와트(W)   ④ 킬로와트(kW)

> 암페어시(Ah)는 배터리가 일정 전류로 얼마나 오랫동안 전력을 공급할 수 있는지를 나타내는 단위이다 (예: 10Ah는 10A를 1시간 동안 공급 가능).

61 배터리 용량 외에 전기 이륜자동차의 주행 거리에 가장 직접적인 영향을 미치는 요소는?

① 배터리의 전압
② 배터리의 재활용 가능성
③ 배터리의 충전 시간
④ 배터리의 에너지 밀도 (Wh)

> 와트시(Wh = V x Ah)는 배터리가 저장할 수 있는 총 에너지량을 나타내므로, 주행 거리에 직접적인 영향을 미친다.

62 전기 이륜자동차 배터리 팩의 방수 및 방진 등급을 나타내는 국제 표준은?

① ISO   ② IP 등급
③ FCC   ④ CE

> IP 등급은 고체(먼지)와 액체(물)로부터의 보호 수준을 숫자로 나타내어 배터리 팩의 환경 저항성을 표시한다.

 55.④ 56.① 57.③ 58.③ 59.① 60.① 61.④ 62.②

63 전기 이륜자동차 배터리를 충전할 때 가장 주의해야 할 점은?

① 충전 중 배터리를 분리해야 한다.
② 충전 중에는 이륜자동차를 운행해도 된다.
③ 과충전, 과방전, 그리고 과도한 온도 변화를 피해야 한다.
④ 반드시 배터리 충전기를 사용하지 않아도 된다.

리튬-이온 배터리는 과충전, 과방전, 고온/저온에 약하다. 이는 배터리 수명 단축 및 안전 문제(화재, 폭발)로 이어질 수 있다.

64 배터리 팩 내부의 각 셀(Cell)의 전압과 온도를 모니터링하고, 과충전/과방전/과전류/과열 등으로부터 배터리를 보호하는 시스템은?

① 모터 컨트롤러
② 전력 변환 장치
③ 충전 컨트롤러
④ 배터리 관리 시스템

배터리 관리 시스템(BMS)은 배터리 팩 내부의 각 셀(Cell)의 전압과 온도를 감시하고, 과충전/과방전/과전류/과열 등으로부터 배터리를 보호하는 필수적인 전자 제어 시스템이다.

65 전기 이륜자동차의 충전 장치 중, 외부 전원(교류, AC)을 배터리가 필요로 하는 전원(직류, DC)으로 변환하는 주요 부품은?

① 모터 컨트롤러
② DC-DC 컨버터
③ 배터리 관리 시스템 (BMS)
④ 온보드 충전기 (On-board Charger)

온보드 충전기(On-board Charger)는 외부 전원(교류, AC)을 배터리가 필요로 하는 전원(직류, DC)으로 변환하여 배터리를 충전한다.

66 전기 이륜자동차 배터리의 수명에 가장 큰 영향을 미치는 요인은?

① 이륜자동차의 색상
② 타이어의 공기압
③ 브레이크 패드 교체 주기
④ 충방전 사이클 수, 온도, 충전 방식

배터리 수명은 주로 충방전 횟수, 극심한 온도 노출, 급속 충전/방전 습관 등에 의해 결정된다.

67 전기 이륜자동차 배터리의 잔량이 부족할 때 나타날 수 있는 현상은?

① 모터 소음 증가
② 핸들 조향 어려움
③ 제동력 증가
④ 출력 저하 및 주행 가능 거리 감소

배터리 잔량이 줄어들면 전압이 낮아지고 모터에 충분한 전력을 공급하기 어려워 출력과 주행 가능 거리가 줄어든다.

68 배터리를 충전할 때, 과충전으로부터 배터리를 보호하는 가장 중요한 시스템은?

① 충전 케이블
② 충전 포트
③ 배터리 관리 시스템
④ 냉각 팬

배터리 관리 시스템(BMS)은 배터리 셀의 전압을 감시하여 과충전을 방지하고 배터리 수명을 보호한다.

69 전기 이륜자동차 충전 시, 일반 가정용 220V 콘센트에서 주로 사용하는 충전 방식은?

① 급속 충전
② DC 충전
③ 완속 충전 (AC 충전)
④ 유도 충전

가정용 콘센트를 이용한 충전은 일반적으로 완속 AC 충전에 해당한다.

정답 63.③ 64.④ 65.④ 66.④ 67.④ 68.③ 69.③

70 전기 이륜자동차 충전 과정에서 가장 먼저 연결해야 하는 것은?

① 이륜자동차 시동을 건다.
② 충전 케이블을 먼저 충전 포트에 연결한다.
③ 배터리를 분리한다.
④ 타이어 공기압을 확인한다.

> 안전을 위해 충전 케이블을 먼저 충전 포트에 연결한 후 전원을 공급하는 것이 일반적인 절차이다.

71 전기 이륜자동차 충전 중 배터리 온도가 과도하게 상승했을 때, 충전 시스템이 취하는 조치는?

① 충전 속도를 높인다.
② 배터리 전압을 증가시킨다.
③ 충전 전류를 줄이거나 충전을 일시 중단한다.
④ 냉각수 온도를 낮춘다.

> 고온은 배터리 손상 및 안전 문제를 야기할 수 있다. 따라서 BMS나 충전기는 온도를 감지하여 충전 전류를 줄이거나 충전을 일시 중단한다.

72 전기 이륜자동차의 충전 시간에 가장 큰 영향을 미치는 요인은?

① 배터리 용량과 충전기의 출력(kW)
② 타이어의 종류
③ 이륜자동차의 색상
④ 운전자의 몸무게

> 배터리 용량과 충전기의 출력(kW)에 따라 충전 시간이 달라진다. 배터리 용량이 클수록, 충전기 출력이 낮을수록 충전 시간은 길어진다.

73 충전 포트 및 충전 케이블에 표시된 IP 등급이 의미하는 것은?

① 충전기의 효율성
② 먼지와 물로부터의 보호 수준
③ 충전기의 출력
④ 충전기의 무게

> IP(Ingress Protection) 등급은 충전 장비가 외부 환경(먼지, 물)에 얼마나 잘 견디는지를 나타낸다.

74 전기 이륜자동차 충전 장치 문제로 배터리가 제대로 충전되지 않을 때 나타나는 가장 흔한 증상은?

① 엔진 소음 증가
② 주행 가능 거리 감소 또는 시동 불가
③ 브레이크 성능 향상
④ 타이어 마모 증가

> 배터리가 충분히 충전되지 않으면 전기 모터에 전력 공급이 부족하여 주행 가능 거리가 줄어들거나 시동이 걸리지 않는 등 주행에 문제가 발생한다.

75 급속 충전 방식의 특징으로 옳은 것은?

① 일반 가정용 콘센트에서 주로 사용된다.
② AC 전력을 그대로 배터리에 공급한다.
③ 배터리 수명에 가장 긍정적인 영향을 미친다.
④ 높은 전력으로 단시간에 많은 양의 배터리 충전이 가능하다.

> 급속 충전은 높은 전력을 사용하여 짧은 시간 내에 배터리를 빠르게 충전한다.

76 전기 이륜자동차 충전 시, 가장 중요하게 지켜야 할 안전 수칙은?

① 충전 중에는 라디오를 크게 켠다.
② 충전 중에 충전 포트에 다른 물건을 넣는다.
③ 충전 중에는 이륜자동차 위에 앉아 있는다.
④ 젖은 손으로 충전 케이블을 만지지 않고, 지정된 충전기만 사용한다.

> 젖은 손으로 충전 케이블을 만지지 않고, 지정된 충전기만 사용하는 등 안전 수칙을 철저히 지키는 것이 매우 중요하다. 감전 및 화재의 위험이 있기 때문이다.

정답 70.② 71.③ 72.① 73.② 74.② 75.④ 76.④

02 직류전원장치 정비

01 전기 이륜자동차에서 시동을 위한 주 전원 공급 스위치 역할을 하며, 고전압 배터리와 모터 컨트롤러 사이의 전력 흐름을 제어하는 부품은?

① 퓨즈 박스
② 충전 포트
③ DC-DC 컨버터
④ 메인 릴레이

메인 릴레이(Main Relay)는 전기 이륜자동차의 시동 시 고전압 배터리의 전력을 모터 컨트롤러 및 기타 고전압 시스템으로 연결하고, 시동을 끌 때 차단하는 핵심 안전 및 제어 부품이다.

02 전기 이륜자동차의 메인 릴레이(Main Contactor) 점검 시, 릴레이 작동음이 들리지 않거나 비정상적인 소음이 발생한다면 의심할 수 있는 것은?

① 릴레이 자체의 고장 또는 제어 회로 문제
② 타이어 마모
③ 브레이크 오일 부족
④ 서스펜션 스프링 손상

메인 릴레이는 전기적으로 작동하는 부품이므로, 작동음이 없거나 비정상적인 소음은 릴레이 내부의 기계적/전기적 고장 또는 릴레이를 제어하는 회로에 문제가 있음을 나타낸다.

03 전기 이륜자동차의 모터 컨트롤러가 수행하는 주요 역할은?

① 주행 중 타이어의 미끄러짐을 방지한다.
② 배터리 셀의 전압 균형을 맞춘다.
③ 충전 전류와 전압을 조절한다.
④ 모터 구동에 필요한 교류 전력으로 변환한다.

모터 컨트롤러(인버터)는 배터리의 직류(DC) 전력을 모터 구동에 필요한 교류(AC) 전력으로 변환하고, 운전자의 스로틀 조작에 따라 모터의 속도와 토크를 정밀하게 제어하는 핵심 부품이다.

04 전기 이륜자동차의 구동 시스템에서 DC-DC 컨버터의 주된 역할은?

① 고전압 배터리의 직류 전력을 모터 구동용 교류 전력으로 변환한다.
② 회생 제동 시 발생한 전력을 배터리로 전달한다.
③ 외부 교류 전원을 배터리 충전용 직류 전원으로 변환한다.
④ 고전압 배터리의 직류 전력을 저전압(12V) 직류 전원으로 변환한다.

DC-DC 컨버터는 고전압 배터리의 직류(DC) 전압을 차량의 12V 보조 배터리나 기타 저전압 전기 장치(라이트, 방향지시등, 계기판 등)에 필요한 직류 전압으로 변환하여 공급하는 역할을 한다.

 정답 01.④ 02.① 03.④ 04.④

05 전기 이륜자동차의 모터 컨트롤러 고장 시 발생할 수 있는 현상으로 가장 거리가 먼 것은?

① 배터리 충전 불량
② 가속 불량 또는 출력 저하
③ 모터 작동 불능 또는 비정상 작동
④ 계기판 경고등 점등

> 모터 컨트롤러는 모터 구동을 제어하는 장치이며, 배터리 충전은 OBC(On-Board Charger)나 외부 충전기가 담당한다. 따라서 모터 컨트롤러 고장이 직접적으로 배터리 충전 불량을 유발하지는 않는다.

06 전기 이륜자동차의 충전 시스템에서 OBC(On-Board Charger)의 주된 역할은?

① 회생 제동 시 발생한 전력을 모터로 전달한다.
② 배터리 셀의 전압 균형을 맞춘다.
③ 모터의 회전 속도를 제어한다.
④ 외부 교류전원을 직류전원으로 변환한다.

> OBC(On-Board Charger)는 차량 내부에 탑재되어 외부의 교류(AC) 전원(가정용 콘센트 등)을 배터리 충전에 필요한 직류(DC) 전원으로 변환하는 역할을 한다.

07 전기 이륜자동차의 12V 보조 배터리 점검 시, 전압이 낮거나 방전된 상태일 때 발생할 수 있는 현상은?

① 주행 모터 작동 불능
② 고전압 배터리 충전 불량
③ 저전압 전기 장치 작동 불량
④ 회생 제동 시스템 작동 불량

> 12V 보조 배터리는 전기 이륜자동차의 시동(메인 릴레이 작동 등) 및 계기판, 라이트, 방향 지시등, 경적 등 저전압 전기 장치에 전원을 공급한다. 이 배터리가 방전되면 해당 장치들이 제대로 작동하지 않는다.

08 전기 이륜자동차에서 모터의 속도와 방향을 조절하는 전자 장치는?

① BMS   ② OBC
③ LDC   ④ MCU

> 모터 컨트롤러는 배터리의 전력을 모터가 원하는 형태로 변환하여 모터의 작동을 제어한다.

09 전기 이륜자동차의 고전압 케이블 색상이 주황색인 주된 이유는?

① 디자인적인 요소
② 고전압 위험을 시각적으로 경고하기 위함
③ 제조사별 통일된 규격
④ 햇빛에 강하기 때문

> 국제적으로 전기차량의 고전압 케이블은 주황색으로 표준화되어 있어, 정비사 및 작업자가 고전압임을 쉽게 인지하고 안전에 유의하도록 돕는 시각적 경고 역할을 한다.

10 전기 이륜자동차의 고전압 시스템 작업 시, 누전 감지 시 자동으로 전원을 차단하는 안전 장치는?

① 퓨즈   ② 릴레이
③ 누전 차단기   ④ 다이오드

> 누전 차단기(Circuit Breaker)는 전기 회로에서 누전이나 과부하가 발생했을 때 자동으로 전원을 차단하여 인명 및 재산 피해를 방지하는 안전 장치이다. 퓨즈는 과전류 보호에 주로 사용된다.

11 전기 이륜자동차 정비 시 감전 위험을 줄이기 위해 전도성 물질을 착용하지 않아야 하는 주된 이유는?

① 작업의 효율성을 높이기 위해
② 미관상 좋지 않기 때문에
③ 전류를 흘려 감전 위험을 증가시키기 때문에
④ 장비에 흠집이 날 수 있기 때문에

> 금속 물질은 전기가 잘 통하는 도체이므로, 고전압 시스템 작업 중 금속 장신구가 접촉하면 전류가 인체를 통해 흘러 심각한 감전을 유발할 수 있다.

정답 05.① 06.④ 07.③ 08.④ 09.② 10.③ 11.③

12 전기 이륜자동차에서 퓨즈(Fuse)의 주된 역할은?

① 전압을 조절한다.
② 전기 저항을 높인다.
③ 전류의 방향을 바꾼다.
④ 과전류로부터 전기 회로를 보호한다.

> 퓨즈는 전기 회로에 과도한 전류가 흐를 때 스스로 끊어져 회로의 다른 부품들이 손상되는 것을 방지하는 안전 장치이다.

13 전기 이륜자동차에서 고전압 부품을 점검하거나 정비할 때 반드시 착용해야 할 보호 장비는?

① 면장갑 ② 절연 장갑
③ 작업복 ④ 선글라스

> 고전압 시스템 작업 시 감전 위험이 매우 높으므로, 전기가 통하지 않는 특수 재질의 절연 장갑을 반드시 착용해야 한다.

14 전기 이륜자동차 정비 작업 전, 가장 먼저 확인해야 할 안전 조치는?

① 타이어 공기압 확인
② 고전압 시스템 전원 차단 여부 확인
③ 배터리 충전 상태 확인
④ 엔진 오일량 확인

> 전기 이륜자동차의 고전압 시스템은 감전 사고의 위험이 매우 높으므로, 작업 시작 전 반드시 전원이 완전히 차단되었는지 확인하는 것이 최우선 안전 조치이다.

15 전기 이륜자동차의 전원 차단 후에도 고전압 시스템 내부에 잔류 전압이 남아있을 수 있다. 이때 안전을 위해 필요한 조치는?

① 즉시 작업 시작
② 잔류 전압이 방전될 때까지 일정 시간 대기
③ 물을 뿌려 방전시킨다.
④ 배터리를 분리한다.

> 고전압 시스템은 전원을 차단해도 커패시터 등에 잔류 전압이 남아있을 수 있다. 안전을 위해 잔류 전압이 충분히 방전될 때까지 일정 시간(제조사 권장 시간)을 대기한 후 작업해야 한다.

16 전기 이륜자동차의 고전압 시스템 정비 시, 작업자가 반드시 착용해야 하는 보호구로 옳은 것은?

① 일반 안전화
② 면장갑
③ 팔 토시
④ 절연 안전화 및 절연 장갑

> 고전압으로부터 감전을 예방하기 위해서는 전기가 통하지 않는 특수 재질로 제작된 절연 안전화와 절연 장갑을 반드시 착용해야 한다.

17 전기 이륜자동차 정비 작업 후, 고전압 시스템의 전원을 다시 연결하기 전에 반드시 확인해야 할 사항은?

① 고전압 커넥터 체결 확인
② OBC 확인
③ 저전압 배터리 확인
④ 모터 작동상태 확인

> 고전압 시스템을 다시 활성화하기 전에 모든 고전압 커넥터가 제대로 체결되어 있는지 확인해야 한다. 느슨한 연결은 아크(스파크) 발생 및 고장, 화재의 원인이 될 수 있다.

18 전기 이륜자동차의 고전압 시스템 부품에 물이나 습기가 닿는 것을 피해야 하는 주된 이유는?

① 부품의 색상이 변하기 때문에
② 먼지가 잘 붙기 때문에
③ 단락 및 감전의 위험이 있기 때문에
④ 소음이 발생하기 때문에

> 물은 전기를 전도하는 성질이 있어, 고전압 부품에 닿을 경우 단락을 일으키거나 작업자가 감전될 위험을 크게 증가시킨다.

 12.④ 13.② 14.② 15.② 16.④ 17.① 18.③

19 전기 이륜자동차의 고전압 시스템 작업 시, 주변에 '고전압 위험' 표지판을 설치해야 하는 주된 이유는?

① 작업 공간을 꾸미기 위해
② 작업 장비를 보호하기 위해
③ 작업자의 집중력을 높이기 위해
④ 위험을 알려 안전사고를 예방하기 위해

> 고전압 위험 표지판은 비전문가나 다른 작업자들이 고전압 시스템이 활성화된 구역에 접근하지 않도록 경고하여 불의의 안전사고를 예방하는 중요한 역할을 한다.

20 전기 이륜자동차의 고전압 부품을 만질 때 반드시 착용해야 하는 장갑은?

① 절연 장갑 ② 고무장갑
③ 일반 목장갑 ④ 비닐장갑

> 고전압 시스템 작업 시 감전으로부터 몸을 보호하기 위해 전기가 통하지 않는 특수 재질의 절연 장갑을 착용해야 한다.

21 전기 이륜자동차 정비 후, 시동을 걸기 전에 고전압 시스템의 모든 커버 및 보호 장치가 올바르게 장착되었는지 확인해야 하는 주된 이유는?

① 감전 및 부품 손상 위험을 방지하기 위해
② 주행 성능을 향상시키기 위해
③ 외관을 깔끔하게 보이기 위해
④ 소음을 줄이기 위해

> 고전압 시스템의 커버나 보호 장치가 제대로 장착되지 않으면 고전압 부품이 노출되어 감전 위험이 있거나, 외부 이물질 유입으로 인한 부품 손상 및 단락이 발생할 수 있다.

22 전기 이륜자동차의 고전압 케이블을 점검할 때, 육안으로 확인해야 할 주요 손상 유형은?

① 케이블 피복의 벗겨짐 손상
② 케이블의 색상 변화
③ 케이블의 길이 변화
④ 케이블의 유연성 변화

> 고전압 케이블의 피복이 손상되면 내부 도체가 노출되어 감전 위험이 매우 높아진다. 따라서 피복의 벗겨짐, 균열, 눌림 등 물리적 손상 여부를 꼼꼼히 확인해야 한다.

23 전기 이륜자동차의 모터 컨트롤러 고장 진단 시, 가장 먼저 확인해야 할 사항은?

① OBC 전원공급 확인
② 배터리 충전 상태 및 고전압 시스템 전원 공급 여부
③ DC-DC컨버터 확인
④ 충전기 확인

> 모터 컨트롤러는 배터리로부터 전원을 공급받아 작동하므로, 컨트롤러 고장을 의심할 때는 전원 공급이 정상적인지, 즉 배터리 충전 상태와 고전압 시스템의 전원 공급 여부를 가장 먼저 확인해야 한다.

24 전기 이륜자동차의 회생 제동 시스템이 제대로 작동하지 않을 때, 운전자가 느낄 수 있는 변화는?

① 브레이크 페달이 더 부드러워진다.
② 모터 소음이 증가한다.
③ 배터리 충전 효율이 떨어진다.
④ 최고 속도가 증가한다.

> 회생 제동은 감속 시 모터가 발전기 역할을 하여 제동력을 보조하고 배터리를 충전한다. 이 시스템이 고장 나면 제동 시 발생하는 전기적 제동력이 약해져 브레이크 페달을 더 깊이 밟아야 하거나, 배터리 충전 효율이 저하되어 주행 거리가 짧아질 수 있다.

25 전기 이륜자동차의 연료 게이지에 해당하는 것은?

① 배터리 잔량 표시기
② 엔진 오일량 게이지
③ 냉각수 온도 게이지
④ 타이어 공기압 게이지

> 전기 이륜자동차는 배터리 전기로 작동하므로, 내연기관의 연료 게이지와 같이 배터리 잔량을 표시하여 남은 주행 가능 거리를 알려준다.

정답 19.④ 20.① 21.① 22.① 23.② 24.③ 25.①

26 전기 이륜자동차에서 직류 전원 장치의 가장 기본적인 역할은?

① 교류(AC) 전원을 생성한다.
② 배터리의 직류(DC) 전력을 이륜자동차의 다양한 전기 부품에 필요한 다른 직류 전압으로 변환하여 공급한다.
③ 엔진의 시동을 돕는다.
④ 연료를 분사한다.

전기 이륜자동차의 배터리는 고전압 직류를 사용하지만, 헤드라이트, 계기판, 컨트롤러 등은 저전압 직류를 필요로 하므로, 직류-직류 변환 장치가 필수적이다.

27 전기 이륜자동차에서 DC-DC 컨버터가 주로 사용되는 목적은?

① AC 전원을 DC 전원으로 변환하기 위해
② 배터리의 고전압 DC를 저전압 DC로 낮추기 위해
③ 모터의 회전 속도를 조절하기 위해
④ 배터리를 충전하기 위해

DC-DC 컨버터는 배터리의 주 전압(예: 48V, 60V)을 이륜자동차의 일반적인 12V 또는 5V 시스템 전압으로 변환하는 역할을 한다.

28 직류 전원 장치(DC-DC 컨버터)가 고장 났을 때, 전기 이륜자동차에서 나타날 수 있는 가장 흔한 증상은?

① 모터의 출력 증가
② 배터리 충전 속도 증가
③ 저전압 전기 장치 작동 불량 또는 꺼짐
④ OBC로 충전 불량

DC-DC 컨버터는 저전압 전장품에 전원을 공급하므로, 이 장치에 문제가 생기면 해당 부품들이 작동하지 않게 된다.

29 전기 이륜자동차의 직류 전원 장치는 주로 어떤 형태의 전력을 다루는가?

① 교류 (AC)
② 교류와 직류 모두
③ 직류 (DC)
④ 고주파 (RF)

이름 그대로 직류(DC) 전원을 다른 직류 전원으로 변환하거나 공급하는 장치이다.

30 직류 전원 장치의 효율이 낮을 때 발생할 수 있는 문제는?

① 배터리 소모 증가 및 주행 거리 감소
② 모터 소음 감소
③ 브레이크 성능 향상
④ 이륜자동차 무게 증가

효율이 낮다는 것은 전력 손실이 크다는 의미이므로, 배터리의 에너지가 낭비되어 주행 거리가 줄어들 수 있다.

31 전기 이륜자동차의 메인 배터리 전압이 48V일 때, 헤드라이트와 같은 일반 전장품에 공급되는 전압은 주로 몇 볼트(V)인가?

① 48V   ② 24V
③ 12V   ④ 5V

대부분의 이륜자동차 전장품은 자동차와 유사하게 12V 시스템을 사용하며, 이를 위해 DC-DC 컨버터가 필요하다.

32 직류 전원 장치가 과열되거나 과부하가 걸렸을 때, 장치를 보호하기 위해 내장된 기능은?

① 전압 증가 기능
② 과열/과전류 보호 기능
③ 배터리 충전 기능
④ 모터 제어 기능

안전과 장치 보호를 위해 과도한 열이나 전류가 감지되면 자동으로 작동을 멈추는 보호 회로가 내장되어 있다.

26.② 27.② 28.③ 29.③ 30.① 31.③ 32.②

03 모터 정비

01 전기 이륜자동차의 주행 모터로 가장 널리 사용되며, 효율이 높고 소음이 적어 각광받는 모터의 종류는?

① 브러시리스 직류 모터
② 직류 직권 모터
③ 유도 모터
④ 스테핑 모터

> 전기 이륜자동차에는 주로 BLDC(Brushless DC) 모터나 PMSM(Permanent Magnet Synchronous Motor)이 사용된다. 이들은 브러시가 없어 마모가 적고, 효율이 높으며, 소음이 적다는 장점이 있어 전기차량에 적합하다.

02 전기 이륜자동차의 구동 모터에서 홀 센서(Hall Sensor)의 주된 역할은?

① 모터 내부의 온도를 측정한다.
② 모터의 소음을 감지한다.
③ 모터의 전류량을 측정한다.
④ 모터의 회전 속도 및 위치 감지한다.

> 홀 센서는 BLDC 모터와 같은 전기 모터에서 로터의 정확한 위치와 회전 속도를 감지하여 모터 컨트롤러가 적절한 타이밍에 코일에 전류를 공급하도록 돕는 역할을 한다.

03 전기 이륜자동차가 정지 상태에서 출발할 때, 즉시 최대 토크를 낼 수 있는 동력원은?

① 가솔린 엔진   ② 디젤 엔진
③ 전기 모터   ④ 수소 연료전지

> 전기 모터는 특성상 정지 상태(0rpm)에서부터 최대 토크를 발생시킬 수 있어 빠른 초기 가속이 가능하다.

04 전기 이륜자동차의 구동 시스템에서 감속기를 사용하는 주된 이유는?

① 모터의 토크를 증가시켜 구동력을 확보하기 위해
② 모터의 회전 속도를 높이기 위해
③ 배터리 충전 효율을 높이기 위해
④ 모터의 소음을 줄이기 위해

> 전기 모터는 고속 회전이 가능하지만, 직접 바퀴를 구동하기에는 토크가 부족할 수 있다. 감속기는 모터의 높은 회전 속도를 줄이는 대신 토크를 증가시켜 바퀴에 충분한 구동력을 전달하는 역할을 한다.

05 전기 이륜자동차의 주행 모터에서 비정상적인 소음이나 진동이 발생할 때, 의심할 수 있는 원인으로 가장 거리가 먼 것은?

① 모터 내부 베어링 손상
② 모터 외관 불량
③ 모터 내부 코일 단락 또는 단선
④ 모터 고정 볼트 풀림

> 타이어 공기압 부족은 주행 안정성이나 연비에 영향을 주지만, 모터 자체의 비정상적인 소음이나 진동과는 직접적인 관련이 없다. 모터 소음/진동은 주로 모터 내부 부품의 손상이나 고정 불량으로 인해 발생한다.

 정답   01.①   02.④   03.③   04.①   05.②

06 전기 이륜자동차의 동력 전달 방식 중, 모터가 직접 바퀴와 연결되어 기어가 없는 방식은?

① 체인 구동 방식
② 벨트 구동 방식
③ 직결 구동 방식
④ 샤프트 구동 방식

허브 모터 방식은 모터가 바퀴 내부에 장착되어 기어 변속 없이 직접 바퀴를 구동하는 직결 구동 방식이다.

07 전기 이륜자동차의 모터가 과열되었을 때 발생할 수 있는 현상은?

① 모터 성능 저하 또는 손상
② 배터리 충전 속도 증가
③ 주행 거리 증가
④ 소음 감소

모터가 과열되면 효율이 떨어지고, 장기적으로 모터 내부의 코일이나 자석 등이 손상되어 성능 저하나 고장으로 이어질 수 있다.

08 전기 이륜자동차의 주행 모터에서 갑자기 큰 소음이 나기 시작했다면, 무엇을 해야 할까요?

① 모터가 고장 났을 수 있으므로 즉시 안전한 곳에 정차하고 점검을 받는다.
② 계속 주행하며 소음이 멈추기를 기다린다.
③ 속도를 더 높여 소음을 줄인다.
④ 배터리를 충전한다.

모터에서 발생하는 비정상적인 큰 소음은 내부 부품의 손상이나 고장의 신호일 수 있다. 계속 주행하면 더 큰 고장이나 사고로 이어질 수 있으므로 즉시 점검을 받아야 한다.

09 전기 모터의 출력(Power)을 나타내는 주요 단위는?

① 볼트(V)   ② 킬로와트(kW)
③ 암페어시(Ah) ④ 뉴턴미터(Nm)

모터의 출력은 주로 킬로와트(kW)나 마력(HP)으로 표시되며, 이는 이륜자동차의 최고 속도 및 가속 능력과 관련이 있다.

10 전기 이륜자동차에서 전기 모터의 가장 주된 역할은?

① 배터리를 충전한다.
② 연료를 연소시킨다.
③ 전기 에너지를 기계적인 회전 에너지로 변환한다.
④ 제동력을 발생시킨다.

전기 모터는 배터리의 전기를 받아 회전하여 바퀴를 구동시키는 핵심 부품이다.

11 전기 모터가 회전할 때 발생하는 회전력을 나타내는 단위는?

① 킬로와트(kW)
② 뉴턴미터(Nm) 또는 kgf·m(토크)
③ 암페어(A)
④ 볼트(V)

토크(Torque)는 모터의 회전력을 나타내며, 이는 이륜자동차의 가속력과 언덕 등판 능력에 영향을 준다.

12 전기 모터를 제어하여 이륜자동차의 속도, 가속, 감속 등을 조절하는 장치는?

① 배터리 관리 시스템
② 온보드 충전기
③ 모터 컨트롤러
④ DC-DC 컨버터

모터 컨트롤러는 운전자의 스로틀 조작에 따라 모터로 공급되는 전류와 전압을 조절하여 모터의 회전을 제어한다.

정답 06.③ 07.① 08.① 09.② 10.③ 11.② 12.③

13 전기 모터가 작동하면서 발생하는 열을 효과적으로 식히는 방법은?

① 공냉 또는 수냉 방식을 사용한다.
② 엔진 오일을 주입한다.
③ 모터를 천으로 감싼다.
④ 모터의 크기를 줄인다.

> 모터도 작동 시 열이 발생하므로, 공기나 냉각수를 이용하여 열을 발산시켜야 효율과 수명을 유지할 수 있다.

14 전기 이륜자동차 모터의 주요 유형 중, 일반적으로 효율이 높고 유지보수가 적어 많이 사용되는 것은?

① 직류(DC) 브러시 모터
② 유도 모터 (Induction Motor)
③ 스테퍼 모터 (Stepper Motor)
④ 브러시리스 직류(BLDC) 모터 또는 영구자석 동기 모터(PMSM)

> BLDC 모터와 PMSM은 브러시가 없어 마모가 적고 효율이 높아 전기차 및 전기 이륜자동차에 널리 적용된다.

15 전기 모터가 고장 났을 때, 이륜자동차에서 나타날 수 있는 가장 직접적인 증상은?

① 헤드라이트가 어두워진다.
② 연료가 새어 나온다.
③ 모터가 회전하지 않거나 비정상적인 소음, 진동 발생
④ 배터리 충전이 너무 빨라진다.

> 모터는 직접적으로 동력을 발생시키므로, 고장 시에는 구동력 상실 또는 비정상적인 작동이 나타난다.

16 전기 이륜자동차에서 모터와 바퀴를 연결하여 모터의 회전력을 바퀴에 전달하는 장치는?

① 서스펜션   ② 브레이크 시스템
③ 배터리 팩   ④ 구동 시스템

> 구동 시스템은 모터에서 발생한 회전력을 바퀴로 전달하여 이륜자동차가 실제 주행할 수 있도록 한다.

17 회생 제동 기능이 있는 전기 이륜자동차의 모터는 감속 시 어떤 역할을 하는가?

① 모터를 완전히 정지시킨다.
② 모터가 발전기처럼 작동, 배터리를 충전한다.
③ 모터에 추가 전력을 공급한다.
④ 모터의 수명을 단축시킨다.

> 회생 제동은 감속 시 운동 에너지를 전기 에너지로 변환하여 배터리를 충전함으로써 주행 거리를 늘리는 기술이다.

18 모터의 효율에 영향을 미치는 요인이 아닌 것은?

① 모터의 설계 및 재료
② 주변 소음 수준
③ 운전 온도
④ 모터 컨트롤러의 제어 방식

> 모터의 효율은 주로 에너지 변환 과정에서의 손실(열, 전기적 손실 등)과 관련되며, 주변 소음은 직접적인 영향을 주지 않는다.

19 BLDC(Brushless DC) 모터의 이름처럼, 이 모터의 가장 큰 특징 중 하나는 무엇이 없는 것인가?

① 고정자(Stator)
② 회전자(Rotor)
③ 코일(Coil)
④ 브러시(Brush)

> BLDC 모터는 기존 DC 모터의 브러시와 정류자 대신 전자적인 방식으로 전류 방향을 전환하여 회전한다. 이로 인해 마모가 적고 수명이 길어진다.

13.① 14.④ 15.③ 16.④ 17.② 18.② 19.④

20 BLDC 모터에서 회전자(Rotor)는 주로 어떤 방식으로 구성되어 있는가?

① 코일이 감긴 전자석
② 브러시가 연결된 부분
③ 단순한 철심
④ 영구자석

BLDC 모터의 회전자는 강력한 영구자석으로 이루어져 있으며, 고정자 코일의 전자석과 상호작용하여 회전력을 발생시킨다.

21 BLDC 모터에서 회전자의 현재 위치를 감지하여 모터 컨트롤러에 피드백하는 센서는?

① 온도 센서
② 홀 센서
③ 속도 센서
④ 압력 센서

홀 센서는 회전자의 자극 위치를 감지하여 컨트롤러가 고정자 코일에 정확한 타이밍으로 전류를 공급하도록 돕는 중요한 역할을 한다.

22 BLDC 모터에서 고정자(Stator)는 주로 어떤 방식으로 구성되어 있는가?

① 영구자석
② 브러시가 접촉하는 부분
③ 모터의 외피
④ 코일이 감겨 전자석을 만드는 부분

고정자는 여러 개의 코일로 이루어져 있으며, 여기에 전류를 흘려주면 전자석이 되어 회전자의 영구자석과 서로 밀고 당기면서 회전을 유도한다.

23 BLDC 모터에서 브러시 대신 전자적으로 전류의 방향을 전환하여 모터의 회전을 제어하는 핵심 장치는?

① 배터리 관리 시스템
② 온보드 충전기
③ 모터 컨트롤러
④ DC-DC 컨버터

모터 컨트롤러는 홀 센서 등의 정보를 받아 고정자 코일에 흐르는 전류의 방향과 타이밍을 정밀하게 제어하여 모터의 연속적인 회전을 가능하게 한다.

24 BLDC 모터의 주요 장점 중 하나는?

① 구조가 매우 복잡하여 쉽게 수리할 수 있다.
② 생산 비용이 매우 저렴하다.
③ 브러시 마모가 없어 수명이 길고, 소음이 적으며 효율이 높다.
④ 고속에서만 작동할 수 있다.

브러시가 없기 때문에 발생하는 마모, 소음, 스파크 등의 문제가 해결되어 내구성과 효율성이 향상된다.

25 BLDC 모터가 주로 사용되는 분야가 아닌 것은?

① 가솔린 엔진의 사동 모터
② 드론 및 RC 헬기
③ 전기 자전거 및 전기 이륜자동차
④ 로봇 및 정밀 기기

BLDC 모터는 고효율, 고정밀 제어가 필요한 분야에 주로 사용되며, 일반 내연기관 차량의 스타터 모터는 주로 브러시드 DC 모터가 사용된다.

26 BLDC 모터의 효율이 높은 주된 이유는?

① 모터가 매우 크기 때문이다.
② 물로 냉각되기 때문이다.
③ 알루미늄으로 제작되기 때문이다.
④ 전자적인 제어가 정밀하여 에너지 손실이 적기 때문이다.

브러시 마찰로 인한 에너지 손실이 없고, 컨트롤러가 최적의 타이밍으로 전류를 제어하여 전력 손실을 최소화한다.

20.④ 21.② 22.④ 23.③ 24.③ 25.① 26.④

27 BLDC 모터의 장점 중 하나인 긴 수명에 가장 큰 영향을 미치는 요인은?

① 브러시 및 정류자 마모가 없기 때문
② 모터의 색상
③ 이륜자동차의 운행 속도
④ 배터리 충전 시간

> 브러시와 정류자의 마모는 기존 DC 모터의 수명을 제한하는 주요 원인이었으나, BLDC 모터에서는 이 문제가 해결되었다.

28 BLDC 모터를 구동할 때, 모터 컨트롤러와 함께 반드시 필요한 센서는?

① 온도 센서   ② 홀 센서
③ 압력 센서   ④ 습도 센서

> 홀 센서는 회전자의 위치 정보를 컨트롤러에 제공하여 고정자 코일의 전류 스위칭 타이밍을 결정하는 데 필수적이다. (센서리스 제어는 홀 센서 없이 역기전력(Back EMF)을 이용하여 위치를 추정한다).

정답 27.① 28.②

PART 08
안전 및 법규

1. 관련 법규
2. 안전관리

관련 법규

동일성 확인, 관능검사

01 이륜자동차 번호판이 부착된 후, 번호판의 무단 탈거를 방지하고 정부의 승인을 나타내는 장치는?

① 봉인　　② 스티커
③ 자물쇠　④ 페인트

> 봉인(Seal)은 이륜자동차 번호판이 차량에 정식으로 부착되었음을 확인하고, 운전자가 임의로 번호판을 탈거하거나 교체할 수 없도록 하는 정부 승인의 증표입니다. 봉인이 없거나 훼손되면 불법으로 간주될 수 있다.

02 이륜자동차 번호판이 심하게 훼손되어 번호 식별이 어렵거나 봉인이 떨어져 나갔을 때, 운전자가 취해야 할 조치는?

① 관계 기관에 재교부 신청을 한다.
② 새로운 번호판을 임시로 만든다.
③ 직접 번호판을 수리한다.
④ 이륜자동차 운행을 중단한다.

> 이륜자동차 번호판이 심하게 훼손되어 식별이 어렵거나 봉인이 떨어져 나간 경우, 운전자는 가까운 차량등록사업소 등 관계 기관에 방문하여 번호판 또는 봉인의 재교부를 신청해야 한다.

03 이륜자동차 번호판과 봉인이 가져야 할 가장 중요한 특성은?

① 빛이 나야 한다.
② 쉽게 구부러져야 한다.
③ 특정 색상이어야 한다.
④ 항상 깨끗하고 식별 가능해야 한다.

> 이륜자동차 번호판과 봉인은 항상 깨끗하게 유지되어야 하며, 어떤 상황에서도 번호와 봉인의 상태가 명확하게 식별 가능해야 한다.

04 자동차관리법 및 관련 규정에서 이륜자동차의 종류를 분류하는 주요 기준 중 하나로 사용되는 엔진의 특성은?

① 엔진의 색상　② 엔진의 배기량
③ 엔진의 무게　④ 엔진의 제조사

> 자동차관리법에서는 이륜자동차(이륜자동차)의 등록 및 관리를 위해 '배기량'을 중요한 분류 기준으로 사용한다. 예를 들어, 50cc미만, 50cc이상 100cc미만, 100cc이상 등 배기량에 따라 운전면허 종류나 등록 기준 등이 달라질 수 있다.

05 자동차관리법에 따라 일정 기간마다 이륜자동차의 안전성 및 환경오염 물질 배출 여부 등을 확인하는 검사는?

① 신차 검사　② 정기 검사
③ 임시 검사　④ 주행 중 검사

> '자동차관리법'에 따라 이륜자동차(이륜자동차)는 일정 주기(예: 최초 등록 후 3년, 그 후 2년마다)로 '정기 검사'를 받아야 한다.

 01.① 02.① 03.④ 04.② 05.②

06 이륜자동차의 엔진 형식(예: 2행정, 4행정)과 관련된 환경 규제가 중요한 이유는?

① 배출가스 허용 기준 준수
② 엔진의 소음 조절
③ 엔진의 내구성 향상
④ 엔진의 연료 소모량 증가

> 이륜자동차 엔진의 형식(예: 2행정, 4행정)은 발생하는 배출가스의 종류와 양에 큰 영향을 미친다. 각 엔진 형식은 대기오염 방지를 위한 배출가스 허용 기준을 준수해야 하며, 이는 환경 관련 법규에 의해 엄격하게 관리된다.

07 이륜자동차 엔진의 형식승인 또는 인증이 중요한 법적 의미는?

① 엔진의 디자인이 아름답다는 것을 의미
② 엔진이 특별히 비싸다는 것을 의미
③ 엔진이 특정 색상으로 도색되었다는 것을 의미
④ 해당 엔진이 정부가 정한 안전 및 성능 기준을 충족했음을 의미

> 이륜자동차 엔진의 '형식승인' 또는 '인증'은 해당 엔진이 정부(환경부, 국토교통부 등)가 정한 안전성, 환경성(배출가스, 소음), 성능 등의 기술적 기준과 법적 요구사항을 모두 충족하였음을 공식적으로 인정받았다는 것을 의미한다.

08 이륜자동차 정기 검사 시 주로 확인하는 주요 항목이 아닌 것은?

① 배출가스 및 소음
② 운전자의 면허 갱신일
③ 제동장치 성능
④ 등화장치 작동 및 광도, 광축

> 이륜자동차 정기 검사 시에는 주로 차량의 안전 운행 및 환경 규제 준수와 관련된 항목들, 예를 들어 배출가스 및 소음, 등화장치(전조등, 방향지시등 등)의 작동 및 광도/광축, 제동장치의 성능, 차대 및 엔진의 동일성 여부 등을 확인한다. 운전자의 키는 검사 항목에 해당하지 않는다.

09 이륜자동차 번호판을 부착해야 하는 위치는 관련 법규에 명시되어 있다. 일반적으로 번호판은 이륜자동차의 어느 부분에 부착되어야 하는가?

① 엔진룸 내부 ② 연료 탱크 위
③ 핸들바 앞부분 ④ 뒷부분 중앙(후면)

> 이륜자동차 번호판은 차량의 후면 중앙에 부착하는 것이 일반적인 법적 요구사항이다. 이는 후방에서 이륜자동차의 번호를 명확하게 식별할 수 있도록 하기 위함이다.

10 이륜자동차의 번호판을 부착하지 않고 운행했을 때, 도로교통법상 발생할 수 있는 법적 결과는?

① 과태료 부과 및 운행 정지
② 경고 조치 후 즉시 운행 허용
③ 엔진 오일 교환 명령
④ 타이어 공기압 점검 명령

> 도로교통법 및 자동차관리법에 따라 이륜자동차(이륜자동차)는 반드시 번호판을 부착하고 운행해야 한다.

11 이륜자동차 정기 검사를 받아야 하는 주기는 일반적으로 무엇에 따라 달라지는가?

① 이륜자동차의 색상
② 이륜자동차의 배기량 및 용도
③ 운전자의 면허 갱신일자
④ 이륜자동차의 제조사

> 이륜자동차 정기 검사의 주기는 해당 이륜자동차의 '배기량'과 '용도'(예: 비사업용, 사업용)에 따라 법적으로 다르게 규정된다. 일반적으로 배기량이 크거나 사업용 차량일수록 검사 주기가 짧아질 수 있다.

12 이륜자동차의 차대번호는 총 몇 자리로 구성되어 있는가?

① 17자리 ② 12자리
③ 15자리 ④ 10자리

> 국제 표준 ISO 3779에 따라 모든 차량의 VIN은 17자리의 영문자와 숫자로 구성된다.

06.① 07.④ 08.② 09.④ 10.① 11.② 12.①

13 이륜자동차 정기 검사를 받는 주된 목적은?

① 이륜자동차의 디자인을 평가하기 위해
② 이륜자동차의 최고 속도를 측정하기 위해
③ 배출가스 및 소음 규제, 환경 기준 준수 여부를 확인하기 위해
④ 이륜자동차의 연료 효율을 높이기 위해

정기 검사는 이륜자동차가 도로에서 안전하게 운행될 수 있는지, 그리고 환경 기준을 잘 지키고 있는지 확인하여 운전자와 타인의 안전 및 환경 보호에 기여하는 데 목적이 있다.

14 이륜자동차의 동일성을 확인하고 개별 차량을 식별하는 데 사용되는 국제 표준 식별 번호는?

① 엔진 번호   ② 등록 번호
③ 차대번호   ④ 모델 번호

차대번호(VIN)는 차량의 생산 정보와 고유 식별 번호를 포함하는 국제 표준 번호로, 차량의 동일성 확인에 필수적이다.

15 차대번호에서 세계 제조사 식별 코드(WMI)를 나타내는 자리는?

① 마지막 3자리   ② 첫 3자리
③ 4~9자리   ④ 10번째 자리

WMI는 차량을 제조한 국가, 제조사, 제조사의 유형 등을 나타낸다.

16 차대번호에서 차량 특성 표기 코드(VDS)를 나타내는 자리는?

① 첫 3자리
② 4번째부터 9번째까지의 6자리
③ 10번째 자리
④ 마지막 8자리

VDS는 차량의 종류, 엔진 형식, 차체 형식, 안전 장치 등 차량의 일반적인 특성을 나타낸다.

17 차대번호에서 제조 연도를 나타내는 자리는?

① 10번째 자리   ② 9번째 자리
③ 11번째 자리   ④ 17번째 자리

10번째 자리는 해당 차량이 제조된 연도를 나타내는 문자와 숫자 조합이다. (예: 'A'는 2010년, 'B'는 2011년 등, 숫자는 2001-2009년)

18 차대번호에서 공장 위치(제조 공장)를 나타내는 자리는?

① 9번째 자리
② 10번째 자리
③ 12번째 자리
④ 11번째 자리

11번째 자리는 해당 차량이 최종 조립된 공장의 위치를 나타낸다.

19 차대번호(VIN)에서 생산 일련번호(VIS)를 나타내는 자리는?

① 첫 3자리
② 12번째부터 17번째까지의 마지막 6자리
③ 10~11자리
④ 4~9자리

VIS는 해당 차량의 생산 순서에 따른 고유 번호로, 차량 한 대마다 고유하게 부여된다.

20 이륜자동차의 차대번호는 일반적으로 어디에 각인되어 있는가?

① 연료 탱크 아래
② 시트 아래
③ 머플러 옆
④ 프레임의 스티어링 헤드 부분 또는 엔진 주변

차대번호는 위조나 변조를 막기 위해 프레임의 잘 보이는 곳에 영구적으로 각인된다.

13.③ 14.③ 15.② 16.② 17.① 18.④ 19.② 20.④

21 이륜자동차 정기 검사 시 차대번호를 확인하는 주된 이유는?

① 엔진 성능을 측정하기 위해
② 타이어 마모도를 확인하기 위해
③ 차량등록증의 정보와 실제 차량이 일치하는지 확인하기 위해
④ 운전자의 면허 상태를 확인하기 위해

차대번호 대조는 차량의 불법적인 변경이나 도난 여부를 확인하는 중요한 절차이다.

22 차대번호는 영문자와 숫자로 구성되지만, 혼동을 피하기 위해 사용하지 않는 영문자는?

① A, B, C
② D, E, F
③ X, Y, Z
④ I, O, Q

숫자 1, 0과 혼동될 수 있는 'I(아이)', 'O(오)', 'Q(큐)'는 VIN 구성에 사용되지 않는다.

23 이륜자동차 정기 검사에서 관능검사가 의미하는 것은?

① 이륜자동차의 육안이나 간단한 조작으로 확인하는 검사
② 첨단 장비로 정밀하게 측정하는 검사
③ 엔진 성능을 측정하는 검사
④ 배출가스 농도를 측정하는 검사

관능검사는 검사관의 시각, 청각, 촉각 등을 활용하여 차량의 전반적인 상태를 확인하는 육안 검사를 말한다.

24 다음 중 이륜자동차 정기 검사 관능검사 항목에 해당하지 않는 것은?

① 등화장치 작동 여부
② 배출가스 농도 측정
③ 차대번호 및 엔진번호 일치 여부
④ 경음기(혼) 작동 여부

배출가스 농도 측정은 별도의 측정 장비를 사용하는 항목으로, 관능검사에 해당하지 않는다.

25 이륜자동차 관능검사 시, 등화장치 검사에서 확인하는 것은?

① 라이트의 밝기만
② 등화장치의 작동 여부, 설치 상태 등
③ 라이트의 무게
④ 라이트의 제조사

모든 등화장치가 규정에 맞게 정상 작동하는지 여부를 육안으로 확인한다.

26 이륜자동차 관능검사에서 경음기 검사에서 확인하는 것은?

① 소리의 크기만
② 혼의 무게
③ 혼의 디자인
④ 정상적으로 소리가 나는지, 음량이 적정한지

경음기는 비상시 위험을 알리는 중요한 장치이므로 정상 작동 여부를 확인한다.

27 이륜자동차 관능검사 시, 조향장치 검사에서 확인하는 것은?

① 핸들의 높이
② 핸들의 유격, 조작 용이성
③ 핸들의 재질
④ 핸들의 색상

조향장치의 유격이 너무 크거나 조작이 원활하지 않으면 주행 안전에 문제가 될 수 있다.

28 이륜자동차 관능검사 프레임의 손상 및 변형을 확인하는 주된 이유는?

① 이륜자동차의 미관을 해치기 때문
② 부품 교체 비용이 비싸기 때문
③ 주행 안전성과 직결되며, 심각한 사고로 이어질 수 있기 때문
④ 무게가 증가하기 때문

프레임의 손상은 이륜자동차의 기본 구조적 안정성을 해쳐 심각한 안전 문제를 야기한다.

정답 21.③ 22.④ 23.① 24.② 25.② 26.④ 27.② 28.③

29 이륜자동차 관능검사에서 타이어 검사 시 주로 확인하는 것은?
① 타이어의 마모 상태
② 타이어의 브랜드
③ 타이어의 공기압
④ 타이어의 색상

타이어는 노면과 직접 접촉하는 부품으로, 마모 상태가 불량하면 제동력과 접지력이 저하되어 위험이다.

30 이륜자동차 관능검사 시 배기 소음을 확인하는 것은?
① 소리가 너무 작아서
② 불법 튜닝이나 소음기 불량 여부 확인
③ 엔진 소리를 듣기 위해서
④ 운전자의 귀를 보호하기 위해서

배기 소음은 환경 규제 및 주변 소음에 대한 민원과 관련하여 중요한 검사 항목이다.

31 이륜자동차 정기 검사의 관능검사 항목 중, 등록번호판에 대해 확인하는 것은?
① 번호판의 재질
② 번호판의 온도
③ 번호판의 무게
④ 부착 상태, 훼손 여부

등록번호판은 차량 식별의 기본이므로, 훼손 없이 정확하게 부착되어 식별 가능해야 한다.

32 이륜자동차 관능검사에서 사이드 스탠드 작동 여부를 확인하는 주된 이유는?
① 스탠드의 디자인을 보기 위해서
② 스탠드의 무게를 확인하기 위해서
③ 안정성 확보 및 주행 중 풀림 방지
④ 스탠드 교체 주기를 알기 위해서

스탠드가 제대로 작동하지 않으면 주차 시 이륜자동차가 넘어지거나, 주행 중 스탠드가 풀려 위험할 수 있다.

33 이륜자동차 검사 시, 소음 검사의 주된 목적은?
① 엔진의 성능 확인
② 머플러의 디자인 평가
③ 소음 공해를 방지
④ 오디오 시스템의 음량 확인

이륜자동차 소음은 주변 환경에 영향을 미치므로, 법적 기준을 초과하는 소음 발생 여부를 검사하여 소음 공해를 줄이는 데 목적이 있다.

34 이륜자동차 검사 시, 차대 및 차체 검사에서 주로 확인하는 사항은?
① 차체의 색상과 광택
② 핸들 그립의 재질
③ 시트의 편안함
④ 프레임의 휘어짐, 균열, 부식 여부

프레임은 이륜자동차의 뼈대이므로, 사고나 노후로 인한 변형, 손상, 부식 등이 없는지, 그리고 주요 부품이 단단히 고정되어 있는지 확인하여 구조적 안전성을 점검한다.

35 이륜자동차 검사에서 타이어 검사 시, 중요하게 확인하는 사항은?
① 타이어의 제조사
② 타이어의 마모 상태
③ 타이어의 색상
④ 타이어의 디자인

타이어는 노면과 직접 접촉하여 주행 안정성, 제동력에 큰 영향을 미치므로, 마모 상태, 적정 공기압 유지 여부, 손상 유무 등을 철저히 검사한다.

36 이륜자동차 검사 시, 경음기 검사에서 확인하는 사항은?
① 혼의 정상 작동 여부
② 혼의 제조사
③ 혼의 디자인
④ 혼 버튼의 위치

경음기는 위험 상황에서 주변에 경고를 주는 중요한 안전 장치이므로, 고장 없이 작동하며 충분한 음량을 내는지 확인한다.

정답 29.① 30.② 31.④ 32.③ 33.③ 34.④ 35.② 36.①

37 이륜자동차 검사 불합격 시, 운전자가 취해야 할 조치는?

① 다른 검사소를 찾아 다시 검사한다.
② 이륜자동차를 계속 운행한다.
③ 재검사를 신청하여 합격 판정을 받아야 한다.
④ 검사관에게 항의한다.

검사에서 불합격 판정을 받으면 해당 문제를 해결하여 이륜자동차의 안전성과 환경 규제 준수 상태를 개선한 후, 반드시 재검사를 통해 합격해야 한다.

38 이륜자동차 검사 시, 계기판의 각 경고등 점등 여부를 확인하는 이유는?

① 경고등의 색상이 아름다운지 확인하기 위해
② 경고등의 수명을 확인하기 위해
③ 경고등의 밝기를 조절하기 위해
④ 경고등의 주요 시스템에 이상 여부를 확인하기 위해

경고등은 이륜자동차의 중요한 시스템에 문제가 발생했을 때 운전자에게 시각적으로 알려주는 신호이다. 검사 시에는 이러한 경고등이 비정상적으로 점등되어 있는지 확인하여 차량의 잠재적인 문제를 파악한다.

39 이륜자동차 검사 시, 타이어의 마모 한계선을 확인하는 주된 이유는?

① 타이어의 수명을 예측하기 위해
② 타이어의 생산 날짜를 확인하기 위해
③ 타이어의 미끄러짐 및 제동 성능 저하를 방지하기 위해
④ 타이어의 공기압을 조절하기 위해

타이어 마모 한계선은 타이어의 안전한 사용을 위한 최소한의 트레드 깊이를 나타낸다. 이 한계선을 넘어서 마모된 타이어는 빗길 등에서 접지력이 현저히 떨어져 사고 위험이 높아진다.

40 이륜자동차 소음 검사에서 측정하는 소음의 종류는?

① 배기 소음과 경적 소음
② 엔진 내부에서 발생하는 소음
③ 타이어 마찰로 인한 소음
④ 브레이크 작동 시 발생하는 소음

이륜자동차 소음 검사는 주로 배기관에서 발생하는 배기 소음과 경음기(혼)에서 발생하는 경적 소음을 측정하여 법적 허용 기준을 초과하는지 확인한다.

41 이륜자동차 등화 장치 검사에서 확인해야 할 필수 항목이 아닌 것은?

① 실내등의 밝기 조절 기능
② 방향 지시등의 점멸 상태 및 색깔
③ 제동등 및 번호판 등의 점등 여부
④ 전조등의 밝기 및 조사 방향

등화 장치 검사는 이륜자동차의 외부 조명 및 신호등이 정상적으로 작동하여 다른 운전자나 보행자에게 이륜자동차의 위치와 주행 의도를 명확히 전달하는지 확인하는 것이 목적이다. 실내등은 이에 해당하지 않는다.

42 이륜자동차 차대 및 차체 검사에서 확인하는 구조적 안전성 관련 사항은?

① 차체의 도색 상태
② 시트의 재질
③ 프레임의 휘어짐, 균열, 부식 여부
④ 연료 탱크의 용량

프레임은 이륜자동차의 뼈대이므로, 사고나 노후로 인한 변형, 손상, 부식 등이 없는지, 그리고 엔진 등 핵심 부품이 안전하게 고정되어 있는지 확인하여 이륜자동차의 전반적인 구조적 안전성을 점검한다.

정답 37.③ 38.④ 39.③ 40.① 41.① 42.③

43 이륜자동차 검사 시, 후사경 검사에서 확인하는 사항은?

① 후사경의 디자인
② 후사경의 무게
③ 후사경의 색깔
④ 후사경의 파손 여부, 고정 상태

> 후사경은 운전자가 후방 및 측방 시야를 확보하여 안전하게 차선 변경 등을 할 수 있도록 돕는 중요한 안전 장치이므로, 파손 없이 견고하게 부착되어 운전자의 시야를 방해하지 않는지 확인한다.

44 이륜자동차 원동기 및 동력 전달 장치 검사에서 확인하는 사항은?

① 엔진의 색깔
② 엔진 오일의 브랜드
③ 엔진의 무게
④ 원동기 및 동력 전달 장치의 정상 작동 여부

> 엔진과 동력 전달 장치는 이륜자동차의 구동을 담당하는 핵심 부분이므로, 이상 소음, 오일 누유, 부품 손상 여부 등을 확인하여 정상적인 작동 상태를 점검한다.

45 이륜자동차 검사에서 불합격 판정을 받은 경우, 재검사를 받기 전에 반드시 해야 할 조치는?

① 이륜자동차를 세차한다.
② 이륜자동차의 연료를 가득 채운다.
③ 다른 검사소를 방문한다.
④ 불합격 사유에 해당하는 부분을 수리 또는 정비하여 문제를 해결한다.

> 검사에서 불합격 판정을 받으면, 해당 검사 항목의 문제점을 개선하지 않고는 재검사에 합격할 수 없다. 따라서 불합격 사유를 정확히 파악하고 필요한 수리 또는 정비를 완료해야 한다.

46 전기 이륜자동차 검사에서 내연기관 이륜자동차와 달리 적용되지 않는 주요 검사 항목은?

① 배출가스 검사
② 제동장치 검사
③ 소음 검사
④ 등화 장치 검사

> 전기 이륜자동차는 전기에너지를 동력원으로 사용하므로, 연료를 연소시켜 발생하는 배기가스가 없다. 따라서 대기환경보전법에 따른 배출가스 관련 검사 항목은 제외된다.

47 전기 이륜자동차도 내연기관 이륜자동차와 동일하게 반드시 받아야 하는 환경 관련 검사 항목은?

① 연료 누유 검사
② 엔진 오일 상태 검사
③ 소음 검사
④ 머플러 불법 개조 검사

> 전기 이륜자동차 또한 주행 시 발생하는 소음(모터 구동음, 타이어 마찰음 등)과 경음기 소음이 존재하며, 이는 '소음·진동관리법'에 따라 규제를 받으므로 검사 대상에 포함된다.

48 이륜자동차 안전도 검사에서, 전기 이륜자동차 검사 시 특히 중점적으로 다루는 안전 관련 항목이 아닌 것은?

① 충전 장치의 정상 작동 여부
② 외관 손상 여부
③ 고전원 배터리 시스템의 고정 상태
④ 배터리의 용량 상태

> 전기 이륜자동차의 핵심이자 안전과 직결되는 부분이 고전압 배터리 시스템이다. 화재, 감전 등의 위험을 예방하기 위해 배터리 및 관련 전기 부품의 안전성은 매우 중요하게 검사된다.

43.④　44.④　45.④　46.①　47.③　48.③

배출가스 검사

01 한국에서 이륜자동차 배기가스 규제를 관장하는 주요 법규는?

① 도로교통법
② 소음·진동관리법
③ 자동차관리법
④ 대기환경보전법

> 이륜자동차의 배출가스는 대기 오염 물질에 해당하므로, 환경부가 관장하는 「대기환경보전법」 및 하위 법규(시행령, 시행규칙)에 따라 규제된다.

02 이륜자동차 배기가스 검사 항목에 포함되는 주요 오염 물질은?

① 산소(O_2)
② 이산화탄소(CO_2)
③ 일산화탄소(CO), 탄화수소(HC), 질소산화물(NOx)
④ 수증기(H_2O)

> 이륜자동차 배출가스 검사에서는 주로 인체에 유해하고 대기 오염을 유발하는 일산화탄소(CO), 탄화수소(HC), 질소산화물(NOx) 등의 배출량을 측정한다.

03 과거 이륜자동차 배기가스 규제에서 농도 규제 방식에서 중량 규제 방식으로 변경된 주된 이유는?

① 검사 비용을 줄이기 위해
② 측정 장비가 더 저렴해져서
③ 배기량별 규제를 쉽게 하기 위해
④ 실제 주행 환경에서의 오염 물질 배출량을 보다 정확하게 반영하기 위해

> 농도 규제는 특정 조건에서의 배출 농도만을 측정했지만, 중량 규제는 주행 거리당 배출되는 오염 물질의 총량(g/km)을 측정하여 실제 주행 시의 환경 영향을 더 현실적으로 반영한다.

04 한국의 이륜자동차 배출가스 허용 기준은 주로 어느 지역의 규제 기준을 따르거나 유사하게 적용하고 있는가?

① 유럽 (Europe, EURO 기준)
② 중국 (China)
③ 북미 (North America)
④ 일본 (Japan)

> 한국은 한-EU FTA 협정 등에 따라 유럽 연합(EU)의 배출가스 규제 기준인 '유로(EURO)' 단계를 참고하여 이륜자동차 배출가스 기준을 강화해 왔다. 현재는 유로 5 기준이 적용되고 있다.

05 이륜자동차 배기량에 따라 배출가스 허용 기준이 다르게 적용되는 주된 이유는?

① 배기량이 큰 이륜자동차가 일반적으로 더 많은 연료를 소모하고 더 많은 배출가스를 발생시킬 수 있기 때문에
② 디자인을 통일하기 위해
③ 제조사의 편의를 위해
④ 정비의 용이성을 위해

> 배기량이 큰 엔진은 연소되는 연료량이 많으므로, 배기량에 따라 오염 물질 배출량에 차이가 발생할 수 있어 규제 기준도 차등을 둔다.

06 이륜자동차 배출가스 보증 기간이 정해져 있는 주된 목적은?

① 이륜자동차의 수명을 제한하기 위해
② 이륜자동차의 판매를 촉진하기 위해
③ 운전자가 오일을 주기적으로 교환하도록 유도하기 위해
④ 제작사가 해당 기간 또는 주행 거리 내에 배출가스 허용 기준을 만족함을 보증하고, 문제가 발생 시 수리 책임을 지도록 하기 위해

> 배출가스 보증 기간은 제작사가 이륜자동차가 일정 기간 또는 주행 거리 동안 배출가스 관련 부품의 성능을 보증하고, 문제가 생기면 무상 수리 등의 책임을 지도록 하여 소비자를 보호하고 환경 오염을 줄이려는 목적이 있다.

정답 01.④ 02.③ 03.④ 04.① 05.① 06.④

07 이륜자동차 배기가스 검사 시, 촉매 변환 장치의 역할과 이상 여부 확인의 중요성은?

① 엔진의 냉각 기능을 돕는다.
② 이륜자동차의 무게 중심을 낮춘다.
③ 배기가스 중 유해 물질(CO, HC, NOx)을 무해한 물질로 변환시키는 역할을 하므로, 손상 시 배출가스 기준 초과로 이어진다.
④ 타이어의 마모를 줄인다.

> 촉매 변환 장치는 배기가스 정화의 핵심 부품이다. 이 장치가 손상되면 정화 능력이 떨어져 배출가스 허용 기준을 초과하게 되므로, 검사 시 그 기능 이상 여부를 확인하는 것이 중요하다.

08 이륜자동차 배출가스 검사 불합격 시, 발생할 수 있는 불이익은?

① 과태료 부과 및 운행 제한 등의 행정 처분, 환경 오염 유발
② 이륜자동차 판매 가격이 올라간다.
③ 보험료가 인상된다.
④ 타이어 교체 비용이 증가한다.

> 배출가스 검사에서 불합격하거나 기한 내에 검사를 받지 않으면 「대기환경보전법」에 의거하여 과태료가 부과될 수 있으며, 운행이 제한될 수도 있다.

09 이륜자동차 배기가스 규제 강화 추세에 따라, 향후 기대되는 이륜자동차 엔진 기술의 변화 방향은?

① 더 효율적인 연료 분사 시스템(예: 전자 제어 연료 분사), 정교한 배기가스 후처리 장치, 하이브리드/전기 구동계 도입 확대
② 2행정 엔진의 사용 증가
③ 기화기 방식 엔진으로의 회귀
④ 배기량 증대에만 집중

> 배기가스 규제가 강화될수록 제조사들은 더욱 깨끗한 배기가스를 배출하기 위해 전자 제어 연료 분사(EFI), 촉매 시스템 개선, 심지어는 하이브리드 또는 순수 전기 이륜자동차 개발에 더 많은 투자를 하게 된다.

10 이륜자동차 검사 시, 배출가스 검사에서 주로 측정하는 유해 물질은?

① 산소(O_2)와 이산화탄소(CO_2)
② 일산화탄소(CO), 탄화수소(HC), 질소산화물(NOx)
③ 수증기(H_2O)와 질소(N_2)
④ 오존(O_3)과 황산화물 (SOx)

> 이륜자동차 배기가스 검사는 대기 오염의 주범인 일산화탄소(CO), 탄화수소(HC), 질소산화물(NOx)의 배출량을 법적 허용 기준치와 비교하여 측정한다.

11 이륜자동차 정기 검사에서 주로 측정하는 배출가스 항목은?

① 질소산화물(NOx) 및 황산화물(SOx)
② 미세먼지(PM) 및 오존(O_3)
③ 일산화탄소(CO) 및 탄화수소(HC)
④ 이산화탄소(CO_2) 및 산소(O_2)

> 이륜자동차는 주로 일산화탄소와 탄화수소 배출량을 측정하여 환경 기준에 적합한지 확인한다.

12 2009년 1월 1일 이후 제작된 이륜자동차의 일산화탄소(CO) 배출가스 한계값은?

① 4.5% 이하   ② 3.0% 이하
③ 3.5% 이하   ④ 1.0% 이하

> 「대기환경보전법 시행규칙」 [별표 21] 운행차 배출허용 기준에 따라 2009년 1월 1일 이후 제작된 이륜자동차의 CO 배출 허용기준은 3.0% 이하이다.

13 2009년 1월 1일 이후 제작된 이륜자동차의 탄화수소(HC) 배출가스 한계값은?

① 1,500ppm 이하
② 1,200ppm 이하
③ 400ppm 이하
④ 1,000ppm 이하

> 동일한 법규에 따라 2009년 1월 1일 이후 제작된 이륜자동차의 HC 배출 허용기준은 1,000ppm 이하이다.

정답 07.③ 08.① 09.① 10.② 11.③ 12.② 13.④

14 이륜자동차의 배출가스 검사 시 엔진 공회전 속도 기준에 대한 설명으로 옳은 것은?

① 배기량과 관계없이 1,000rpm으로 고정된다.
② 500cc 이하 이륜차는 2,000rpm 이하, 500cc 초과 이륜차는 1,500rpm 이하
③ 모든 이륜차는 3,000rpm 이상을 유지해야 한다.
④ 엔진 회전수는 배출가스 검사에 영향을 미치지 않는다.

검사 시 정해진 공회전 속도를 유지해야 하며, 이는 배기량에 따라 차이가 있다.

15 배출가스 한계값을 초과하여 부적합 판정을 받은 이륜자동차가 취해야 할 조치는?

① 즉시 폐차해야 한다.
② 배출가스 관련 부품을 수리 또는 교체 후 재검사받아야 한다.
③ 과태료만 납부하면 된다.
④ 다른 검사소로 가서 다시 검사받으면 된다.

부적합 판정 시 정해진 기간 내에 수리하여 재검사에 합격해야 한다.

16 이륜자동차 배출가스 검사는 어떤 모드에서 측정되는가?

① 저속 공회전 검사모드
② 고속 주행 모드
③ 풀 스로틀 가속 모드
④ 정지 상태에서 시동을 끈 후

시료채취관을 배기관 내에 삽입한 후, 공회전 상태에서 측정한다.

17 이륜자동차의 제작연도가 오래될수록 배출가스 한계값은 어떻게 되는가?

① 더 엄격해진다.
② 배기량에만 영향을 받는다.
③ 변화가 없다.
④ 더 완화된다 (허용치가 높다).

환경 규제가 점차 강화되어 왔으므로, 오래된 이륜자동차일수록 배출가스 허용 기준이 비교적 높다.

18 이륜자동차의 배출가스 검사에 영향을 미치는 주요 요인은?

① 타이어의 종류
② 이륜자동차의 색상
③ 엔진의 연소 상태, 연료 시스템, 배기 시스템(촉매 등)
④ 운전자의 몸무게

엔진의 정상적인 작동과 배출가스 저감 장치의 성능이 배출가스 수치에 직접적인 영향을 미친다.

19 이륜자동차 정기 검사에서 배출가스 기준 위반 시, 어떤 법에 근거하여 처벌받을 수 있는가?

① 자동차관리법
② 대기환경보전법
③ 도로교통법
④ 소음·진동관리법

배출가스 관련 기준은 「대기환경보전법」에 명시되어 있다.

 14.② 15.② 16.① 17.④ 18.③ 19.②

검사결과 판정(검사기간산정)

01 이륜자동차(이륜자동차)의 일반적인 정기 검사 주기는?
① 1년마다 ② 5년마다
③ 3년마다 ④ 2년마다

> 대부분의 이륜자동차는 최초 사용신고 후 3년이 지난 시점부터 2년마다 정기 검사를 받아야 한다.

02 새로 제작되어 사용 등록 신고된 이륜자동차의 최초 정기 검사 주기는?
① 3년 ② 2년
③ 1년 ④ 4년

> 신조차는 최초 사용신고일로부터 3년이 되는 날의 전후 31일 이내에 첫 정기 검사를 받는다.

03 이륜자동차 정기 검사는 언제까지 받아야 하는가?
① 아무 때나 상관없다.
② 검사 유효기간 만료일 전후 각각 31일 이내
③ 검사 유효기간 만료일 다음 날부터 10일 이내
④ 검사 통보를 받은 날부터 7일 이내

> 정해진 기간 내에 검사를 받지 않으면 과태료가 부과될 수 있다.

04 이륜자동차 정기 검사를 받지 않을 경우 발생할 수 있는 불이익은?
① 운전 면허 정지
② 과태료 부과
③ 엔진 오일 교환 필수
④ 주행 중 자동 정지

> 검사 지연 기간에 따라 과태료가 단계적으로 부과된다.

05 이륜자동차 정기 검사를 받을 수 있는 기관은?
① 아무 정비소나 가능
② 한국교통안전공단 검사소 또는 지정된 민간 검사소
③ 이륜자동차 판매점
④ 경찰서

> 공식적으로 지정된 검사소에서만 정기 검사를 받을 수 있다.

06 정기 검사 시 주로 확인하는 항목이 아닌 것은?
① 배출가스 (일산화탄소, 탄화수소)
② 운전자의 운전 능력
③ 소음 (배기소음, 경적소음)
④ 차량의 외관 및 주요 장치 상태 (육안 검사)

> 정기 검사는 차량의 환경 및 안전 관련 상태를 확인하는 것이 목적이다.

07 다음 중 이륜자동차 정기 검사 대상에서 제외되는 경우는?
① 배기량 50cc 미만인 이륜자동차
② 배기량 50cc 이상 260cc 이하로 2018년 이후 제작된 이륜자동차
③ 대형 이륜자동차 (260cc 초과)
④ 대형 전기 이륜자동차

> 특정 배기량 미만의 이륜자동차나 2017년 12월 31일 이전에 제작된 50cc 이상 260cc 이하의 이륜자동차는 검사 대상에서 제외될 수 있다.

08 정기 검사 시 필요한 서류 중 하나는?
① 이륜자동차 사용신고필증
② 주민등록증 사본
③ 여권 사본
④ 건강 검진 기록

> 이륜자동차 사용신고필증과 보험가입증명서 등이 필요하다.

정답 01.④ 02.① 03.② 04.② 05.② 06.② 07.① 08.①

09 정기 검사 유효기간 만료일이 겨울철(12월 1일 ~ 다음 해 2월 말)인 경우, 검사 기간이 연장되거나 유예될 수 있는 사유는?

① 이륜자동차가 지저분할 때
② 연료가 부족할 때
③ 운전자가 바쁠 때
④ 동절기 등 부득이한 사유가 인정될 때

천재지변, 도난, 사고, 동절기 등 불가피한 사유가 인정될 경우 유효기간 연장이나 유예 신청이 가능하다.

10 정기 검사에서 부적합 판정을 받은 경우, 어떻게 해야 하는가?

① 다시는 검사를 받을 수 없다.
② 즉시 이륜자동차를 폐차해야 한다.
③ 부적합 판정을 받은 날의 다음 날부터 10일 이내에 재검사를 받아야 한다.
④ 과태료만 납부하면 된다.

부적합 판정을 받으면 정해진 기간 내에 수리 후 다시 검사를 받아야 한다.

11 이륜자동차 검사 시, 제동장치 검사에서 주로 확인하는 사항은?

① 브레이크 레버의 색깔
② 브레이크 캘리퍼의 무게
③ 브레이크 오일의 냄새
④ 앞/뒷브레이크의 제동력, 작동 유격, 브레이크 등 점등 여부, 패드 마모 상태 등

제동장치는 이륜자동차의 가장 중요한 안전 장치 중 하나이므로, 검사 시 제동 성능과 관련 부품의 상태를 면밀히 확인한다.

12 이륜자동차의 제동능력 기준을 시험할 때 사용되는 노면의 주된 종류는?

① 젖은 노면　② 비포장 노면
③ 얼음 노면　④ 고마찰로

이륜자동차의 제동능력 시험은 '고마찰로' (0.9 이상의 최대제동계수를 가지며 깨끗하고 건조한 평탄 노면) 또는 '저마찰로' (0.45 이하의 최대제동계수를 가지며 깨끗하고 평탄 노면)에서 수행된다.

13 이륜자동차는 앞바퀴와 뒷바퀴에 대해 어떤 제동장치를 갖추어야 하는가?

① 앞바퀴와 뒷바퀴가 서로 독립적으로 작동하는 주제동장치 또는 분할제동장치
② 뒷바퀴에만 제동장치
③ 앞바퀴에만 제동장치
④ 제동장치는 선택 사항이다.

자동차 및 자동차부품의 성능과 기준에 관한 규칙'에 따르면, 이륜형 이륜자동차 및 측차를 붙인 삼륜형 이륜자동차는 앞바퀴와 뒷바퀴가 서로 독립적으로 작동하는 주제동장치 또는 앞바퀴와 뒷바퀴 각각 1개 이상의 브레이크가 작동하는 분할제동장치를 갖추어야 한다.

14 이륜자동차의 제동능력 시험 시, 법적 기준에 따라 제동 시 각 바퀴는 어떤 상태가 발생해서는 안 되는가?

① 바퀴잠김이 발생하지 않을 것
② 바퀴가 완전히 멈추지 않을 것
③ 바퀴가 반대 방향으로 회전할 것
④ 바퀴가 헛돌 것

이륜자동차의 제동능력 기준에는 제동 시 각 바퀴에서 '바퀴잠김(Wheel Lock-up)'이 발생하지 않아야 한다는 조건이 명시되어 있다. 이는 제동 안정성과 조종성을 확보하기 위함이다.

15 이륜자동차 검사 시, 등화 장치 검사에서 확인하는 사항이 아닌 것은?

① 전조등의 밝기 및 조사 방향
② 방향 지시등의 점멸 상태 및 색깔
③ 계기판 백라이트의 밝기 조절 기능
④ 제동등 및 번호판 등의 점등 여부

등화 장치 검사는 이륜자동차의 외부 조명 및 신호등의 정상 작동 여부를 확인하여 다른 차량 및 보행자에게 이륜자동차의 존재와 의도를 알리는 안전 기능을 점검하는 것이 주 목적이다. 계기판 백라이트는 편의 기능에 가깝다.

정답　09.④　10.③　11.④　12.④　13.①　14.①　15.③

16 이륜자동차 제동능력 시험 시, 고마찰로에서 제동을 시작하는 초기 속도는 법적으로 일반적으로 얼마인가?

① 40 km/h ② 60 km/h
③ 100 km/h ④ 80 km/h

> 이륜자동차의 제동능력 시험 시, 고마찰로에서의 제동초속도는 80km/h 또는 최고속도의 80% 중에서 낮은 속도로 규정된다.

17 이륜자동차 전조등의 광축과 관련하여, 법적으로 전조등의 빛이 향해야 하는 방향의 일반적인 기준은?

① 좌측으로만 향할 것
② 최대한 높이 상부로 향할 것
③ 전조등의 높이보다 상부로 향하지 않을 것
④ 우측으로만 향할 것

> 전조등은 전방을 비춰야 하며, 설치된 등화장치의 높이보다 상부로 향하지 않는 구조여야 한다. 이는 마주 오는 차량 운전자에게 눈부심을 주지 않고 안전한 시야를 확보하기 위함이다.

18 이륜자동차 전조등의 색상은 법적으로 어떤 색상이어야 하는가?

① 노란색 ② 파란색
③ 백색 ④ 붉은색

19 전기 이륜자동차 등화 장치 검사에서 확인하는 전조등의 허용 기준은?

① 전조등의 디자인이 미려한지
② 전조등의 광도가 법적 기준을 충족하는지
③ 전조등의 색깔이 회색인지
④ 전조등의 크기

> 전조등은 야간 시야 확보와 타인에게 차량의 존재를 알리는 필수 안전 장치이다. 빛의 밝기와 조사 각도가 법규에 명시된 허용 기준(예: 광도 범위, 상하좌우 조사 범위)을 충족해야 한다.

20 소음·진동관리법 시행규칙에 따라, 2006년 1월 1일 이후에 제작된 이륜자동차의 경음기 소음 허용 기준은 몇 데시벨(dB) 이하인가?

① 90 dB ② 110 dB
③ 100 dB ④ 120 dB

> 소음·진동관리법 시행규칙' 별표 13에 따르면, 2006년 1월 1일 이후 제작된 이륜자동차의 경적소음 허용기준은 110 데시벨(dB) 이하이다.

21 경음기 소음 측정 시, 측정 장소의 풍속이 얼마를 초과할 경우 측정해서는 안 되는가?

① 2 m/s ② 3 m/s
③ 5 m/s ④ 4 m/s

> 운행차 소음 측정방법에 따르면, 마이크로폰 설치 위치의 높이에서 측정한 풍속이 5m/sec를 초과할 때에는 측정을 하여서는 안 된다.

22 이륜자동차 경음기 소음 측정 시, 소음측정기는 이륜자동차 차체 전방에서 몇 미터 떨어진 지점에서, 지상으로부터의 높이는 몇 미터에 설치해야 하는가?

① 1미터, 0.5미터 높이
② 4미터, 2.0미터 높이
③ 3미터, 1.5미터 높이
④ 2미터, 1.2미터 높이

> 자동차 및 자동차부품의 성능과 기준에 관한 규칙' 제53조 및 '운행차 소음측정방법' 관련 규정에 따라, 경음기 소음은 차체 전방 2미터 떨어진 지점, 지상으로부터 1.2 ± 0.05 미터 높이에서 측정한다.

23 이륜자동차 경음기 소음 측정 시, 이륜자동차는 어떤 상태여야 하는가?

① 주행 중
② 시동을 끄고 정차 상태
③ 시동을 켜고 아이들링 상태
④ 엔진 최고 회전수 상태

> 경음기 소음 시험은 자동차의 엔진을 가동시키지 않은 '정차 상태'에서 경음기를 작동시켜 측정한다.

 정답 16.④ 17.③ 18.③ 19.② 20.② 21.③ 22.④ 23.②

24 전기 이륜자동차 차대 및 차체 검사 시, 특히 중요하게 확인하는 허용 기준은?

① 차체의 광택 정도
② 차체 도색의 균일성
③ 프레임의 휘어짐(변형)이나 균열이 없는지, 주요 부품(배터리 팩, 모터 등)이 견고하게 고정되어 있는지(구조적 안정성)
④ 시트의 디자인

> 프레임의 변형이나 손상은 이륜자동차의 전반적인 안전에 치명적이므로, 제조사의 설계 기준(예: 각 부위의 치수 허용 오차)에 따라 휘어짐, 균열, 부식 등이 없어야 하며, 중요 부품의 고정 상태 또한 법적 기준을 만족해야 한다.

25 전기 이륜자동차 소음 검사 시, 정지상태 소음의 허용 기준은 무엇을 기준으로 하는가?

① 이륜자동차의 배기량(또는 정격 출력) 및 형식 승인 당시의 소음 기준
② 배기량
③ 이륜자동차의 색상
④ 타이어의 종류

> 정지상태 소음은 이륜자동차의 엔진(모터) 공회전 시 발생하는 소음으로, 차량의 형식 승인 시 결정된 기준(예: 데시벨, dB)에 따라 허용 기준이 정해지며, 배기량 또는 정격 출력에 따라 기준이 다를 수 있다.

26 전기 이륜자동차 타이어 검사 시, 트레드 마모 한계선 허용 기준은?

① 5mm 미만
② 타이어의 종류에 따라 마모 기준이 없다.
③ 10mm 미만
④ 「자동차 및 자동차부품의 성능과 기준에 관한 규칙」에서 정하는 최소 트레드 깊이 (예: 1.6mm 미만)

> 타이어는 노면 접지력과 제동력에 직접적인 영향을 미치므로, 일정 수준 이하로 마모되면 안전 운행에 지장을 준다. 법규에서 정한 최소 트레드 깊이(일반적으로 1.6mm) 이상을 유지해야 한다.

27 전기 이륜자동차 검사에서 불합격 판정을 받았을 경우, 재검사 합격을 위해 반드시 선행되어야 할 조치는?

① 검사관에게 재량으로 합격을 요청한다.
② 불합격 판정의 원인이 된 해당 항목의 정비 또는 수리를 규정 기준에 맞춰 완료한다.
③ 이륜자동차의 외관을 깨끗하게 청소한다.
④ 배터리를 완전히 충전한다.

> 검사 불합격은 해당 항목이 법적 허용 기준을 만족하지 못했음을 의미한다. 재검사에서 합격하려면 반드시 불합격 사유를 해결하여 이륜자동차가 안전 및 환경 기준을 충족하도록 해야 한다.

28 전기 이륜자동차 검사 시, 배터리 시스템에 대한 검사 항목이 존재하는 주된 이유는?

① 배터리 충전 시간을 줄이기 위해
② 배터리 제조사를 확인하기 위해
③ 배터리의 디자인을 평가하기 위해
④ 배터리 관련 화재, 감전, 폭발 등 안전사고를 예방하고, 정상적인 작동 상태를 확인하기 위해

> 고전압 배터리는 전기 이륜자동차의 핵심 동력원이자 잠재적인 위험 요소이므로, 안전하고 안정적인 운행을 위해 철저한 검사가 필수적이다.

29 전기 이륜자동차 배터리 팩 외관 검사 시, 가장 중요하게 확인해야 할 사항은?

① 배터리 케이스의 파손, 균열, 변형, 누액(누수) 등 물리적 손상 여부
② 배터리 팩의 색상
③ 배터리 팩의 무게
④ 배터리 팩의 제조 일자

> 배터리 팩 케이스의 손상은 내부 배터리 셀 손상이나 누액, 단락 등으로 이어져 화재나 감전 위험을 높이므로, 외관 손상 여부를 꼼꼼히 확인해야 한다.

24.③ 25.① 26.④ 27.② 28.④ 29.①

30 전기 이륜자동차 배터리 팩의 고정 상태를 검사하는 주된 목적은?

① 배터리 충전 효율을 높이기 위해
② 배터리 수명을 늘리기 위해
③ 주행 중 진동이나 충격으로 인해 배터리 팩이 이탈하거나 손상되어 사고로 이어지는 것을 방지하기 위해
④ 배터리 온도 상승을 막기 위해

배터리 팩은 이륜자동차의 가장 무거운 부품 중 하나이므로, 주행 중 흔들림 없이 차체에 단단히 고정되어 있어야 안전하다.

31 전기 이륜자동차 충전 포트 검사 시, 중요하게 확인해야 할 사항은?

① 충전 포트의 디자인
② 충전 포트의 색깔
③ 충전 포트의 위치
④ 충전 포트의 손상(파손, 변형), 이물질 유입, 방수/방진 커버의 정상 작동 여부

충전 포트의 손상은 충전 중 감전 위험이나 단락을 유발할 수 있으며, 방수/방진 기능 상실은 습기 유입으로 인한 고장을 초래할 수 있다.

32 전기 이륜자동차 검사에서 배터리 관리 시스템의 경고등 점등 여부를 확인하는 주된 이유는?

① 배터리의 과충전, 과방전, 과열 등 심각한 이상 징후를 운전자에게 알려주는 시스템이 정상 작동하는지 확인하기 위해
② 경고등의 디자인을 평가하기 위해
③ 경고등의 밝기를 조절하기 위해
④ 경고등의 수명을 확인하기 위해

BMS는 배터리 안전과 성능 유지에 필수적인 전자 제어 시스템이다. 관련 경고등이 점등되어 있다면 배터리 시스템에 심각한 문제가 있음을 의미하므로, 이를 확인하는 것은 매우 중요하다.

33 전기 이륜자동차 배터리 관련 고전압 케이블 검사 시, 가장 중요하게 확인해야 할 사항은?

① 케이블 피복의 손상(까짐, 갈라짐), 절연 불량, 연결 단자의 부식 또는 풀림 여부
② 케이블의 색깔
③ 케이블의 길이
④ 케이블의 굵기

고전압 케이블의 손상은 감전 사고나 단락으로 인한 화재의 직접적인 원인이 될 수 있으므로, 피복 손상이나 절연 불량 여부를 철저히 확인해야 한다.

34 전기 이륜자동차 검사 시, 접지 상태를 확인하는 주된 이유는?

① 오디오 시스템의 음질을 향상시키기 위해
② 엔진의 소음을 줄이기 위해
③ 타이어의 수명을 늘리기 위해
④ 전기 시스템의 안정성을 확보하고, 누전으로 인한 감전 사고 위험을 방지하기 위해

올바른 접지는 전기 시스템의 오작동을 방지하고, 만약의 누전 발생 시 전류를 안전하게 흘려보내 감전 사고를 예방하는 데 필수적이다.

35 전기 이륜자동차 검사에서 배터리 관련 문제가 발견되어 불합격 판정을 받았을 때, 재검사를 위해 가장 먼저 해야 할 조치는?

① 배터리를 완전히 방전시킨다.
② 다른 검사소에서 재검사를 시도한다.
③ 배터리 전문 정비 업체 또는 제조사 서비스 센터에서 해당 문제 진단 및 수리/교체 후 관련 서류를 확보한다.
④ 배터리를 분해하여 스스로 수리한다.

전기 이륜자동차의 고전압 배터리 시스템은 전문적인 지식과 장비가 필요하므로, 반드시 해당 분야의 전문 업체나 제조사 서비스 센터를 통해 안전하고 정확하게 수리/교체를 받아야 한다.

정답 30.③ 31.④ 32.① 33.① 34.④ 35.③

36 전기 이륜자동차의 배터리 팩 누액 발생 시, 발생할 수 있는 가장 위험한 상황은?

① 타이어 공기압이 낮아진다.
② 엔진 오일이 부족해진다.
③ 감전, 화재 또는 유독 물질 노출로 인한 인명 피해 및 차량 손상
④ 브레이크 성능이 저하된다.

배터리 내부의 전해액(액상 배터리)이나 기타 화학 물질이 누액될 경우, 감전, 화재, 유독가스 발생 등 매우 위험한 상황을 초래할 수 있다.

37 전기 이륜자동차 배터리 검사 시, 충전 시스템에 대한 확인 항목은?

① 충전 중 비정상적인 발열, 이상 소음, 충전 표시등의 작동 상태, 충전 케이블 및 플러그 손상 여부
② 충전기의 무게
③ 충전기의 제조사
④ 충전기의 디자인

충전 시스템의 이상은 과충전, 과열, 화재 등으로 이어질 수 있으므로, 충전 과정에서의 이상 징후와 충전 관련 부품의 손상 여부를 확인해야 한다.

38 이륜자동차 검사 불합격 시, 재검사 유효 기간이 존재하는 주된 이유는?

① 불합격 차량의 도로 운행으로 인한 위험 및 환경 오염을 최소화하고, 신속한 정비를 유도하기 위해
② 운전자가 이륜자동차를 빨리 처분하도록 유도하기 위해
③ 검사소의 업무 부담을 줄이기 위해
④ 재검사 비용을 절감하기 위해

재검사 유효 기간(보통 10일 이내)은 불합격된 차량이 잠재적인 위험을 안고 도로를 운행하는 기간을 줄이고, 운전자가 조속히 정비를 완료하도록 하기 위함이다.

39 이륜자동차 정기 검사에서 불합격 판정을 받았을 때, 운전자가 가장 먼저 해야 할 조치는?

① 즉시 다른 검사소에 가서 다시 검사받는다.
② 검사 결과 통보서에 명시된 불합격 사유를 정확히 확인한다.
③ 이륜자동차를 다른 사람에게 판매한다.
④ 검사 비용을 환불받는다.

재검사를 위해서는 불합격 원인을 알아야 한다. 검사 결과 통보서에는 불합격된 항목과 그 사유가 명확히 기재되어 있으므로, 이를 먼저 파악해야 한다.

40 이륜자동차 검사 불합격 후, 재검사를 받기 전에 필수적으로 수행해야 할 작업은?

① 이륜자동차를 깨끗하게 세차한다.
② 새로운 번호판을 신청한다.
③ 엔진 오일을 교환한다.
④ 불합격 사유에 해당하는 부분을 수리 또는 정비하여 법적 허용 기준에 적합하도록 조치한다.

재검사의 목적은 불합격된 사항이 개선되었는지 확인하는 것이다. 따라서 해당 문제를 해결하지 않고서는 재검사에 합격할 수 없다.

41 이륜자동차 검사 불합격으로 재검사를 받을 때, 원칙적으로 재검사 비용은 어떻게 되는가?

① 정기 검사 비용을 다시 전액 지불해야 한다.
② 재검사 유효 기간 내에는 별도의 재검사 비용이 발생하지 않거나, 소액의 수수료만 부과될 수 있다.
③ 불합격 항목 수에 따라 비용이 부과된다.
④ 최초 검사 비용의 50%를 지불해야 한다.

대부분의 경우, 정해진 재검사 유효 기간 내에 동일 검사소에서 재검사를 받을 경우 추가 비용이 없거나 최소한의 수수료만 부과된다. 이는 운전자의 신속한 정비를 독려하기 위함이다.

 정답 36.③ 37.① 38.① 39.② 40.④ 41.②

42. 재검사 시, 불합격되었던 항목 외에 다른 항목도 다시 검사하는 경우가 있는가?
① 절대 없다. 불합격 항목만 검사한다.
② 재검사 접수 시 불합격 항목 위주로 검사하나, 필요에 따라 다른 안전 관련 항목도 재확인할 수 있다.
③ 매번 모든 항목을 처음부터 다시 검사한다.
④ 오직 배출가스 항목만 재검사한다.

일반적으로는 불합격 항목을 중점적으로 재검사하지만, 해당 불합격 항목이 다른 부분의 안전성에 영향을 미칠 수 있다고 판단될 경우 관련 항목을 추가로 점검할 수 있다.

43. 이륜자동차 검사 불합격 후, 지정된 재검사 기간 내에 재검사를 받지 않을 경우 발생할 수 있는 불이익은?
① 과태료가 부과되지 않는다.
② 이륜자동차 면허가 취소된다.
③ 「자동차관리법」 등에 따라 과태료 부과 및 운행 정지 등 행정 처분을 받을 수 있다.
④ 다음 검사 시 검사 비용이 할인된다.

재검사 기간을 준수하지 않으면 법규 위반으로 간주되어 과태료 처분을 받게 되며, 안전 문제가 해결되지 않은 차량의 운행은 제한될 수 있다.

44. 검사 불합격 후 재검사 시, 제출해야 할 서류는?
① 운전면허증 사본
② 이륜자동차 구매 계약서
③ 최초 검사 시 발급받은 검사 결과 통보서 (불합격 판정서)
④ 정비소의 사업자 등록증

검사 결과 통보서에는 불합격 사유가 명시되어 있어, 재검사 시 어떤 항목을 중점적으로 확인해야 하는지 검사관에게 정보를 제공한다.

구조 변경

01. 이륜자동차 구조변경을 하려는 경우, 가장 먼저 취해야 할 법적 절차는?
① 변경하고자 하는 부품을 미리 장착한다.
② 경찰서에 신고한다.
③ 한국교통안전공단 등에 구조변경 승인 신청을 한다.
④ 주변 이륜자동차 센터에 가서 바로 작업을 의뢰한다.

구조변경은 반드시 사전에 승인을 받아야 하는 사항이다. 임의로 변경하면 불법 개조에 해당한다.

02. 이륜자동차 구조변경 승인 신청 시, 필수적으로 제출해야 하는 서류 또는 자료가 아닌 것은?
① 변경하고자 하는 구조 장치의 설계 도면
② 튜닝 전/후 이륜자동차 외관도
③ 이륜차 사용 신고필증
④ 부품 가격과 사업자등록증

구조변경 신청 시에는 이륜자동차의 현재 상태와 변경될 내용, 그리고 변경 부품에 대한 상세한 정보를 담은 서류와 도면을 제출하여 승인 여부를 심사받아야 한다.

03. 이륜자동차 구조변경 후 구조변경 검사를 받는 주된 목적은?
① 변경된 이륜자동차의 디자인을 평가하기 위해
② 변경된 부품의 제조사를 확인하기 위해
③ 변경된 구조 및 장치가 안전 기준에 적합한지 확인하기 위해
④ 변경된 이륜자동차의 최고 속도를 측정하기 위해

구조변경 검사는 튜닝된 이륜자동차가 안전 기준을 충족하며 도로를 운행해도 되는지 최종적으로 확인하는 절차이다.

42.② 42.③ 44.③ / 01.③ 02.③ 03.③

04 다음 중, 구조변경 승인이 필요한 대표적인 튜닝 항목은?

① 스마트폰 거치대 장착
② 브레이크 레버 교체
③ 탑박스 또는 사이드백 장착
④ 머플러 교체

> 머플러는 배기 소음과 배출가스에 직접적인 영향을 미치며, 이륜자동차의 전반적인 성능 및 환경 기준과 관련이 깊기 때문에 구조변경 승인 대상이다.

05 이륜자동차 불법 구조변경 시, 「자동차관리법」에 따라 받을 수 있는 처벌은?

① 벌점이 부과된다.
② 1년 이하의 징역 또는 1천만원 이하의 벌금
③ 경고 처분된다.
④ 이륜자동차 운행이 일시 정지된다.

> 승인 없이 임의로 구조를 변경하는 행위는 「자동차관리법」 위반으로, 강력한 처벌 대상이 된다. 이는 불법 개조로 인한 안전 문제 및 환경 오염을 방지하기 위함이다.

06 이륜자동차 머플러를 구조변경 할 때, 가장 중요하게 적용되는 허용 기준은?

① 머플러의 길이
② 머플러의 재질
③ 배기 소음 허용 기준
④ 머플러의 디자인

> 머플러 구조변경의 핵심은 소음 규제를 준수하는 것이다. 변경된 머플러가 법적 허용 소음 기준을 초과하면 불합격 처리된다.

07 이륜자동차 조향장치(핸들)를 변경하고자 할 때, 구조변경 승인 기준에 해당할 수 있는 사항은?

① 기존 차량 제원에 영향을 주거나 조작에 지장을 주는 경우
② 핸들 그립의 재질을 교체하는 경우
③ 핸들에 스마트폰 거치대를 장착하는 경우
④ 핸들바 끝에 바엔드 미러를 장착하는 경우

> 핸들은 이륜자동차의 조향에 직접적인 영향을 미치며, 높이나 너비가 크게 변하면 차량의 제원(길이, 너비, 높이) 변경에 해당되어 구조변경 승인 대상이 될 수 있다.

08 이륜자동차 프레임의 절단 또는 용접을 통한 변형은 일반적으로 구조변경 승인이 매우 어렵거나 불가능한 경우가 많은데, 그 주된 이유는?

① 도색 비용이 많이 들어서
② 타이어 교체가 번거로워져서
③ 엔진을 다시 장착하기 어려워서
④ 기본 안전 기준을 만족하기 어렵기 때문에

> 프레임은 이륜자동차의 뼈대이자 안전의 핵심이다. 프레임의 절단이나 용접은 강성을 약화시키고 사고 시 심각한 위험을 초래할 수 있으므로, 대부분 불법 또는 승인 불가로 간주된다.

09 이륜자동차 구조변경 검사 합격 후, 운전자가 해야 할 최종 행정 절차는?

① 구조변경 사항을 등록하고 이륜차 사용 신고필증을 재교부 받는다.
② 이륜자동차 보험을 재가입한다.
③ 이륜자동차 제조사에 변경 사항을 통보한다.
④ 이륜자동차에 새로운 번호판을 부착한다.

> 구조변경 검사에 합격하면, 변경된 차량의 정보가 공식적으로 등록될 수 있도록 관련 관청에 신고하고, 변경된 내용이 반영된 새로운 사용 신고필증을 받아야 모든 절차가 완료된다.

10 다음 중 이륜자동차 구조변경 승인이 일반적으로 필요 없는 항목은?

① 핸들의 높이 및 너비 변경
② 서스펜션의 종류 변경
③ 프레임의 절단 또는 연장
④ 외장 카울의 디자인 변경

> 외장 카울의 단순한 디자인 변경이나 도색은 이륜자동차의 길이, 너비, 높이, 중량 등 주요 제원이나 안전 성능에 직접적인 영향을 주지 않으므로 구조변경 승인 대상이 아니다.

04.④ 05.② 06.③ 07.① 08.④ 09.① 10.④

11 이륜자동차 구조변경 시, 원동기 변경이 허용되는 일반적인 경우는?

① 아무 엔진이나 교체해도 된다.
② 배출가스 및 소음 기준에 적합한 범위 내에서의 변경
③ 더 크거나 작은 엔진으로만 변경 가능하다.
④ 전기 이륜자동차를 내연기관 이륜자동차로 변경한다.

> 원동기 변경은 차량의 성능과 환경 기준에 큰 영향을 미치므로, 법적 허용 범위 내에서만 가능하며, 특히 동일 형식이나 유사 배기량/출력 범위 내에서 환경 기준을 준수해야 한다.

12 이륜자동차 프레임에 구멍을 뚫거나 용접하여 새로운 부품을 장착할 경우, 구조변경 승인과 관련하여 가장 주의해야 할 사항은?

① 부품의 색깔이 어울리는지
② 작업 비용이 저렴한지
③ 프레임의 강성 저하
④ 부품의 무게가 가벼운지

> 프레임은 이륜자동차의 뼈대이므로, 임의적인 가공이나 용접은 프레임의 고유 강도를 약화시켜 주행 중 파손 등 심각한 안전 문제를 초래할 수 있다. 대부분의 경우 불법 개조로 간주된다.

13 이륜자동차 소음기를 구조변경할 때, 소음 측정은 어떤 조건에서 이루어지는가?

① 정지상태 소음 또는 가속 주행 소음 측정 규정 준수
② 주행 중 가장 빠른 속도로 달릴 때 측정한다.
③ 이륜자동차 정지 상태에서만 측정한다.
④ 주변 소음이 전혀 없는 곳에서 측정한다.

> 머플러 구조변경 후 소음 검사는 단순히 시끄러운지 아닌지를 넘어, 법적으로 정해진 표준화된 측정 방법(예: 엔진 회전수 기준의 정지상태 소음, 특정 속도 구간에서의 가속 주행 소음)에 따라 이루어진다.

14 이륜자동차 탑박스 또는 사이드백을 장착할 때, 구조변경 승인이 필요한 경우는?

① 어떤 탑박스나 사이드백이든 무조건 승인이 필요하다.
② 탑박스나 사이드백의 제조사가 다를 때
③ 탑박스나 사이드백의 색상이 이륜자동차와 다를 때
④ 이륜자동차의 너비, 길이, 높이 등 제원이 법적 허용 범위를 초과하는 경우

> 일반적으로 제조사에서 제공하는 순정품이나 규격에 맞는 탑박스/사이드백은 승인 없이 장착 가능하지만, 차량의 전체 제원(길이, 너비, 높이)을 크게 변화시켜 법적 기준을 초과하면 구조변경 승인 대상이 된다.

15 이륜자동차 HID 또는 LED 전조등으로 교체할 때, 구조변경 승인이 필요한 경우는?

① 모든 HID/LED 전조등 교체 시
② 전조등의 밝기가 너무 밝을 때
③ 전조등의 색상이 바뀔 때
④ 기존 전구와 다른 광원으로 변경되어 승인 절차를 거쳐야 할 경우

> 등화 장치의 광원 변경은 법적 광도(밝기) 및 조사 각도 기준을 준수해야 한다. 규격에 맞지 않거나, 안전에 영향을 미칠 정도로 밝기나 빛의 패턴이 달라지면 구조변경 승인 대상이 될 수 있다.

16 이륜자동차 구조변경 승인을 받지 않은 상태에서 교통 단속에 적발되었을 때, 발생할 수 있는 즉각적인 조치는?

① 바로 집으로 귀가 조치
② 불법 구조변경 원상복구 명령 및 과태료 부과
③ 이륜자동차 면허 취득 권고
④ 이륜자동차 연료 강제 주입

> 불법 구조변경 적발 시에는 해당 불법 개조 부분을 원상복구하도록 명령하며, 「자동차관리법」에 따라 과태료를 부과받을 수 있다.

11.② 12.③ 13.① 14.④ 15.④ 16.②

17 이륜자동차 구조변경 검사에 필요한 튜닝 전/후 외관도에 포함되어야 할 내용은?

① 튜닝 전/후 이륜자동차의 운전 모습
② 튜닝에 사용된 공구 사진
③ 이륜자동차의 정면, 측면, 후면 사진과 주요 제원 표기
④ 튜닝 비용 내역

튜닝 전/후 외관도는 변경된 부분이 이륜자동차 전체 제원에 어떤 영향을 미치는지 육안으로 확인할 수 있도록 명확한 사진과 함께 변경된 제원을 표기해야 한다.

18 전기 이륜자동차의 배터리 용량 증대 또는 모터 출력 변경과 같은 개조는 구조변경 대상이 될 수 있는데, 그 주된 이유는?

① 배터리 무게가 증가해서
② 외관이 변하지 않아서
③ 충전 시간이 길어져서
④ 안전 및 환경 기준에 영향을 주기 때문에

배터리 용량이나 모터 출력 변경은 이륜자동차의 동력 성능, 중량, 주행 가능 거리 등 차량의 핵심 제원을 변화시키므로, 안전성과 직결되어 구조변경 승인 대상이 된다.

19 이륜자동차 구조변경 승인 신청 시, 필수적으로 포함되어야 하는 내용은?

① 라이더의 운전 경력 증명서
② 이륜자동차 연비 기록
③ 이륜자동차 유지 보수 기록
④ 변경 전·후의 이륜자동차 제원 및 변경 사유

구조변경은 이륜자동차의 기본적인 제원에 영향을 미치므로, 변경 전후의 정확한 제원과 변경의 필요성을 명확히 제시해야 한다.

20 이륜자동차 핸들의 폭을 넓히는 구조변경을 할 때, 적용되는 허용 기준은 주로 어디에 명시되어 있는가?

① 도로교통법 ② 환경부 고시
③ 소음·진동관리법 ④ 자동차관리법

이륜자동차의 길이, 너비, 높이 등 제원에 대한 허용기준은 주로 '자동차 및 자동차부품의 성능과 기준에 관한 규칙'에 명시되어 있다. 핸들 폭의 변화는 너비 제원에 영향을 미친다.

21 다음 중, 이륜자동차 구조변경 승인이 필요한 서스펜션 튜닝은?

① 서스펜션 스프링의 색상 변경
② 리어 서스펜션의 링크 구조를 변경하여 차고가 크게 달라지는 경우
③ 서스펜션 오일 교체
④ 서스펜션 청소

서스펜션의 종류나 구조 변경은 이륜자동차의 전체적인 높이, 주행 안정성, 조향 특성 등에 영향을 미치므로 구조변경 승인 대상이 된다.

22 이륜자동차 주요 부품을 교체하면서 차량 총 중량이 크게 변화하는 경우, 구조변경 승인 대상이 될 수 있는데 그 이유는?

① 이륜자동차의 색상이 변하기 때문에
② 가속 성능 및 주행 안정성에 영향을 미치기 때문에
③ 타이어 마모가 빨라지기 때문에
④ 연료 소모량이 증가하기 때문에

차량의 총 중량은 이륜자동차의 기본 성능과 안전 기준에 영향을 미치므로, 중량이 일정 기준 이상 변하는 경우 승인 대상이 된다.

23 이륜자동차 구조변경 시, LED 등화류(전조등, 방향지시등 등) 교체 시 승인이 필요한 경우는?

① 광도, 색상, 조사 각도 등이 법적 기준을 벗어나는 경우
② LED 전구로 교체하는 모든 경우
③ LED 전구의 가격이 비쌀 때
④ LED 전구의 수명이 길 때

등화류 변경은 광원(빛)의 특성(밝기, 색상, 빛의 퍼짐)이 중요하다. 법적 기준을 벗어나거나, 차량에 과부하를 주어 안전에 영향을 미치는 경우 승인 대상이 된다.

 정답 17.③ 18.④ 19.④ 20.④ 21.② 22.② 23.①

24 이륜자동차 구조변경 검사를 받을 때, 검사관이 주로 확인하는 내용은?

① 이륜자동차의 도색 상태
② 운전자의 헬멧 착용 여부
③ 승인된 변경 내용과 안전 기준을 충족하는지
④ 이륜자동차의 최고 속도

구조변경 검사는 신청하여 승인받은 내용대로 튜닝이 이루어졌는지, 그리고 변경된 부분이 법적 안전 기준에 부합하는지를 최종적으로 확인하는 절차이다.

25 이륜자동차 구조변경 승인 없이 불법으로 머플러를 변경했을 때, 배기가스 검사에 어떤 영향을 미치는가?

① 배출가스 농도가 낮아진다.
② 배출가스 허용 기준을 초과할 가능성이 매우 높아진다.
③ 배출가스 검사를 받을 필요가 없어진다.
④ 배출가스 검사 비용이 할인된다.

불법 개조된 머플러는 환경 기준에 맞지 않는 경우가 많으며, 특히 촉매 장치 등을 제거하면 유해 물질 배출량이 급증하여 배출가스 검사 불합격의 주된 원인이 된다.

26 이륜자동차 구조변경 후 안전도 검사를 통과하지 못했을 때, 운전자가 취해야 할 조치는?

① 변경된 부분을 그대로 유지한다.
② 다른 검사소에 가서 다시 검사를 시도한다.
③ 원상복구 후 재검사를 신청해야 한다.
④ 이륜자동차를 판매한다.

구조변경 검사에서 불합격하면, 해당 변경 사항이 안전 기준을 충족하지 못했다는 의미이므로, 반드시 문제를 해결하거나 원상복구하여 재검사에 합격해야 한다.

27 이륜자동차 구조변경 승인 절차에서, 승인서 발급 후 다음 단계는?

① 이륜자동차의 구조 변경 작업을 진행한다.
② 바로 이륜자동차를 운행한다.
③ 이륜자동차 보험을 재가입한다.
④ 타이어 공기압을 조절한다.

구조변경 승인서는 '변경을 해도 좋다'는 허가를 의미한다. 승인서를 받은 후 실제 튜닝 작업을 진행해야 한다.

28 이륜자동차 계기판을 디지털 방식에서 아날로그 방식으로, 또는 그 반대로 변경하는 것은 일반적으로 구조변경 승인 대상이 될 수 있는데, 그 이유는?

① 정보 표시 방식 및 정확도에 영향을 주기 때문에
② 계기판의 디자인이 변하기 때문에
③ 계기판의 무게가 변하기 때문에
④ 계기판의 색상이 변하기 때문에

계기판은 운행에 필요한 필수 정보를 제공하며, 그 표시 방식이나 신뢰성은 안전 운행에 중요한 영향을 미치므로 변경 시 승인 절차를 거쳐야 한다.

29 이륜자동차 구조변경 승인 없이 임의로 LED 튜닝을 했을 때, 어떤 문제가 발생할 수 있는가?

① 이륜자동차의 연비가 좋아진다.
② 엔진 소음이 줄어든다.
③ 불법 튜닝으로 단속될 수 있다.
④ 타이어의 수명이 늘어난다.

등화 장치의 LED 튜닝은 밝기나 색상이 법적 허용 기준을 넘어설 경우, 눈부심을 유발하여 다른 운전자의 안전을 위협할 수 있으며, 불법 개조로 단속 대상이 된다.

30 이륜자동차 시트를 구조변경할 때, 승인이 필요한 일반적인 경우는?

① 시트 커버의 색상만 변경하는 경우
② 시트에 젤 패드를 추가하는 경우
③ 이륜자동차의 제원에 영향을 주거나 승차 정원이 달라지는 경우
④ 시트의 재질을 변경하는 경우

시트의 높이나 길이가 크게 변하면 이륜자동차의 전반적인 제원(특히 높이)이 달라지며, 승차 정원 변경은 매우 중요한 구조변경 사항이므로 승인을 받아야 한다.

24.③ 25.② 26.③ 27.① 28.① 29.③ 30.③

31 이륜자동차 휠의 크기나 재질을 변경하는 것은 구조변경 승인 대상이 될 수 있는데, 그 주된 이유는?

① 휠의 디자인이 변하기 때문에
② 휠의 색상이 변하기 때문에
③ 휠의 크기 변화는 재질 변화는 중량 및 강성에 영향을 주기 때문에
④ 타이어 교체가 쉬워지기 때문에

휠의 크기는 이륜자동차의 실제 속도와 계기판 속도의 오차를 유발할 수 있으며, 휠의 중량과 강성은 주행 안정성과 제동 성능에 큰 영향을 미친다.

32 이륜자동차 핸들바의 재질만 변경하는 것은 일반적으로 구조변경 승인 대상이 아닌데, 그 이유는?

① 핸들바의 강성이 변하지 않기 때문에
② 핸들바의 색상이 변하지 않기 때문에
③ 안전 성능에 직접적인 영향을 주지 않기 때문에
④ 핸들바의 무게가 변하지 않기 때문에

핸들바의 재질만 변경하고 형태나 크기, 작동 방식에 변화가 없다면 이륜자동차의 제원이나 안전 성능에 직접적인 영향을 주지 않아 구조변경 승인이 필요하지 않다.

33 이륜자동차 엔진의 냉각 방식을 변경하는 것은 구조변경 승인 대상이 될 수 있는데, 그 주된 이유는?

① 엔진의 소음이 변하기 때문에
② 엔진 오일의 종류가 변하기 때문에
③ 성능 및 차량의 전반적인 안전성에 영향을 미치기 때문에
④ 엔진의 색상이 변하기 때문에

냉각 방식 변경은 엔진과 직접적으로 관련되며, 추가 부품(라디에이터, 워터펌프 등)으로 인해 중량 변화, 구조 변경, 성능 변화가 발생하여 안전성 검토가 필요하다.

34 이륜자동차 차대 번호(VIN)가 각인된 프레임 자체를 교체하는 것은 가장 큰 규모의 구조변경에 해당하는데, 이 경우 특히 중요하게 다뤄지는 법적 절차는?

① 이륜자동차 보험 재가입
② 구조변경 승인 및 등록변경 절차
③ 이륜자동차 제조사에 통보
④ 이륜자동차의 엔진 오일 교환

프레임은 이륜자동차의 고유 식별 번호인 차대 번호가 각인된 부분이므로, 교체 시에는 사실상 새로운 이륜자동차로 등록되는 것과 같아 매우 엄격한 승인 및 등록 절차를 거쳐야 한다.

35 이륜자동차 브레이크 시스템을 변경할 때, 구조변경 승인이 필요한 경우는?

① 브레이크 캘리퍼를 변경하여 제동 성능에 영향을 주는 경우
② 브레이크 패드만 교체하는 경우
③ 브레이크 레버의 색상을 변경하는 경우
④ 브레이크 오일을 교환하는 경우

브레이크 시스템의 핵심 부품 교체는 이륜자동차의 제동 성능에 직접적인 영향을 미치므로, 안전을 위해 구조변경 승인 대상이 된다.

36 이륜자동차 리어 펜더를 제거하거나 짧게 변경하는 것은 일반적으로 구조변경 승인 대상이 될 수 있는데, 그 주된 이유는?

① 이륜자동차의 무게가 가벼워지기 때문에
② 차량이나 보행자의 안전에 영향을 미치고, 제원 변경에 해당할 수 있기 때문에
③ 이륜자동차의 디자인이 변하기 때문에
④ 타이어 교체가 쉬워지기 때문에

흙받이는 빗물이나 흙이 튀는 것을 방지하여 후방 시야를 보호하는 기능을 한다. 이를 임의로 제거하거나 너무 짧게 만들면 이러한 안전 기능이 상실되어 법규 위반이 될 수 있다.

 31.③ 32.③ 33.③ 34.② 35.① 36.②

37 이륜자동차 사고 후 프레임를 교체할 때, 구조변경으로 간주될 수 있는데 그 이유는?

① 수리 비용이 비싸서
② 엔진을 내려야 해서
③ 도색 작업이 필요해서
④ 새로운 차량 등록과 유사한 절차가 필요하기 때문에

> 프레임은 이륜자동차의 고유 식별 번호가 각인된 부분이며, 프레임 교체는 단순히 부품을 바꾸는 것을 넘어 차량의 동일성을 변경하는 중대한 사항이므로 구조변경에 해당한다.

38 이륜자동차 구조변경 검사 합격 후, 등록원부에 변경 사항을 기재하는 주된 목적은?

① 법적인 효력을 갖추고, 검사시 혼란을 방지하기 위해
② 이륜자동차의 가치를 높이기 위해
③ 세금을 더 많이 내기 위해
④ 이륜자동차 보험료를 할인받기 위해

> 등록원부는 이륜자동차의 모든 법적 정보를 담고 있는 문서이다. 구조변경 내용은 공식적으로 등록원부에 기재되어야만 법적인 효력을 가지며, 향후 소유권 변경, 검사 등 모든 차량 관련 절차에서 문제가 발생하지 않는다.

39 다음 중, 머플러 구조변경 시 배기 소음 허용 기준을 초과할 가능성이 가장 높은 행위는?

① 순정 머플러를 세척한다.
② 소음기 내부 구조를 제거 또는 변경하는 행위
③ 순정 머플러를 도색한다.
④ 순정 머플러의 볼트가 풀렸을 때 다시 조인다.

> 소음기는 배기음을 줄이는 핵심 장치이다. 이를 제거하거나 변경하면 배기음이 비정상적으로 커져 허용 기준을 초과하게 되며, 촉매 제거는 배출가스 기준 초과로도 이어진다.

40 이륜자동차 소음기를 구조변경 하려는 가장 흔한 이유는?

① 연료 효율을 높이기 위해
② 타이어 수명을 늘리기 위해
③ 배기음 사운드 변경을 위해
④ 브레이크 성능을 높이기 위해

> 머플러는 배기음, 외관, 그리고 미미하지만 성능에 영향을 미치므로, 이러한 요소들을 변경하고자 하는 목적으로 구조변경을 시도한다.

41 이륜자동차 머플러 구조변경 시, 가장 핵심적으로 적용되는 법적 기준은?

① 머플러의 길이 제한
② 머플러의 재질 제한
③ 머플러의 배기 소음 허용 기준
④ 머플러의 무게 제한

> 머플러는 소음을 직접적으로 발생시키는 부품이므로, 구조변경 시 반드시 법으로 정해진 배기 소음 허용 기준을 준수해야 합니다. 이 기준을 초과하면 불합격 처리된다.

42 이륜자동차 경음기를 구조변경 하려는 주된 이유는?

① 특색 있는 소리로 변경하기 위해
② 혼의 색깔을 바꾸기 위해
③ 혼의 무게를 줄이기 위해
④ 혼의 배터리 소모량을 줄이기 위해

> 혼은 위험 상황에서 경고음을 내는 장치이므로, 운전자가 자신의 안전을 위해 더 크거나 독특한 소리를 내는 혼으로 교체하려는 경우가 많다.

43 이륜자동차 경음기 구조변경 시, 주로 적용되는 법적 기준은?

① 혼의 크기 제한
② 경적 소음 허용 기준
③ 혼의 디자인 제한
④ 혼의 작동 방식 제한

37.④ 38.① 39.② 40.③ 41.③ 42.① 43.②

혼은 너무 작거나 너무 커서 다른 운전자에게 불쾌감을 주지 않도록 법적으로 허용되는 소음 기준 범위(데시벨, dB)가 정해져 있다.

44 이륜자동차 머플러 구조변경 시, 촉매 변환 장치를 제거했을 때 발생할 수 있는 가장 심각한 문제는?

① 이륜자동차의 무게가 증가한다.
② 연료 소모량이 증가한다.
③ 엔진 소음이 줄어든다.
④ 배출가스 허용 기준을 초과한다

촉매는 배기가스 정화의 핵심 부품이다. 이를 제거하면 유해 물질 배출량이 급증하여 환경 오염을 유발하고, 「대기환경보전법」 위반으로 강력한 처벌을 받게 된다.

45 이륜자동차 경음기을 여러 개 장착하거나, 에어혼 등으로 교체하는 것은 구조변경 승인 대상이 될 수 있는데, 그 주된 이유는?

① 혼의 디자인이 독특해서
② 혼의 무게가 무거워져서
③ 경음기 소음 허용 기준을 초과해서
④ 혼의 설치가 복잡해서

여러 개의 혼을 장착하거나 에어혼 같은 비순정 혼은 음량이 과도하게 커져 법적 소음 기준을 초과하거나, 전기 시스템에 과부하를 줄 수 있어 승인 대상이 된다.

46 이륜자동차 머플러 또는 혼 구조변경 후, 최종적으로 구조변경 검사를 받아야 하는 주된 이유는?

① 이륜자동차의 디자인을 평가하기 위해
② 안전 기준을 모두 충족하는지 공식적으로 확인받기 위해
③ 검사소의 수익 증대를 위해
④ 이륜자동차의 성능을 측정하기 위해

구조변경 검사는 튜닝된 머플러나 혼이 소음, 배출가스(머플러), 안전성 등 모든 법적 기준을 만족하는지 최종적으로 확인하여, 합법적인 운행을 위한 필수 절차이다.

47 이륜자동차 불법 구조변경을 했을 때 적용되는 가장 주된 법률은?

① 도로교통법 ② 국민건강보험법
③ 형법 ④ 자동차관리법

이륜자동차의 구조 및 장치 변경에 관한 사항은 「자동차관리법」 에서 규정하고 있으며, 이를 위반하는 경우 해당 법률에 따라 처벌된다.

48 이륜자동차 불법 구조변경을 한 자에 대한 자동차관리법 상 처벌 규정은?

① 벌점 부과
② 50만원 이하의 과태료
③ 1년 이하의 징역 또는 1천만원 이하의 벌금
④ 봉사 활동 명령

「자동차관리법」 제81조(벌칙) 제3호에 따르면, 제34조(자동차의 튜닝) 제2항을 위반하여 튜닝 승인을 받지 아니하고 튜닝을 한 자는 1년 이하의 징역 또는 1천만원 이하의 벌금에 처해진다.

49 불법 구조변경 된 이륜자동차를 운행하다가 적발되었을 때, 운전자에게 부과될 수 있는 행정 처분은?

① 구금
② 원상복구 명령 및 과태료 부과
③ 이륜자동차 면허 취득 권고
④ 이륜자동차 점검

불법 개조된 차량은 운행을 중지하고 원상복구해야 하며, 해당 기간 내에 조치하지 않으면 과태료가 부과될 수 있다.

50 불법 구조변경 중, 특히 머플러를 불법 개조하여 소음 허용 기준을 초과했을 때 추가로 적용될 수 있는 법률은?

① 형법 ② 환경정책기본법
③ 소음·진동관리법 ④ 도로교통법

머플러 불법 개조로 인한 소음 문제는 「소음·진동관리법」에 따라 처벌되며, 과태료 또는 벌금 대상이 될 수 있다.

정답 44.④ 45.③ 46.② 47.④ 48.③ 49.② 50.③

51 불법 구조변경 된 이륜자동차로 사고가 발생했을 경우, 보험 처리 및 법적 책임에 미칠 수 있는 영향은?

① 보험료가 할인된다.
② 사고 책임이 더 가중될 수 있다.
③ 사고 처리가 더 빨라진다.
④ 보험 가입이 자동 갱신된다.

불법 구조변경은 사고 발생 시 차량의 안전성이 검증되지 않은 것으로 간주되어, 보험사로부터 보험금 지급 거절 또는 제한, 그리고 운전자의 법적 책임이 더욱 가중될 수 있다.

52 불법 구조변경 차량에 대한 원상복구 명령을 이행하지 않았을 때의 처벌은?

① 추가적인 과태료 부과
② 운전면허 취득 기회 제공
③ 이륜자동차 검사 면제
④ 엔진 오일 무상 교환

원상복구 명령은 반드시 이행해야 하며, 이를 거부하거나 기한 내에 이행하지 않을 경우 추가적인 행정 처분과 함께 강제적인 제재를 받을 수 있다.

53 불법 구조변경 된 이륜자동차의 판매 행위도 법적 처벌 대상이 될 수 있는가?

① 불법 구조변경된 차량을 알면서 판매하는 행위는 처벌 대상이 될 수 있다.
② 판매는 전혀 처벌 대상이 아니다.
③ 판매 시 세금이 감면된다.
④ 판매 후에는 모든 책임이 사라진다.

불법 구조변경 차량을 알면서도 판매하는 것은 관련 법규 위반으로 간주될 수 있으며, 판매자 또한 법적 책임을 질 수 있다.

54 이륜자동차 구조변경 승인을 받은 후, 작업 완료 시까지의 유효 기간은 보통 얼마인가?

① 60일 이내　② 1일 이내
③ 1년 이내　④ 5년 이내

구조변경 승인 후에는 60일 이내에 작업을 완료하고 구조변경 검사를 받아야 한다. 이는 불필요한 지연을 막고 안전성 문제를 조기에 해결하기 위함이다.

55 다음 중, 이륜자동차 불법 구조변경으로 인한 환경 오염과 직접적으로 관련된 처벌은?

① 주차 위반 과태료
② 대기환경보전법 상 배출가스 관련 벌칙
③ 소음·진동관리법 상 혼 소음 관련 벌칙
④ 교통사고 특례법

머플러 불법 개조 등으로 인해 배출가스 허용 기준을 초과하는 경우, 「대기환경보전법」에 따라 과태료 또는 벌금 등의 처벌을 받을 수 있다.

56 이륜자동차 불법 구조변경에 대한 신고 및 단속 기관은 주로 어디인가?

① 소방서
② 세무서
③ 보건소
④ 경찰청 및 한국교통안전공단

경찰청은 도로에서의 불법 개조 차량 단속을, 한국교통안전공단은 정기 검사 및 구조변경 검사를 통해 불법 개조 여부를 확인하고 있다. 시민들의 신고 또한 불법 개조 단속의 중요한 역할을 한다.

57 다음 중, 이륜자동차 구조변경 승인 대상이 아닌 단순 부품 교체에 해당하는 것은?

① 엔진의 종류를 변경하는 것
② 순정 머플러를 제거하고 직관형 머플러로 교체하는 것
③ 프레임을 절단하여 길이를 변경하는 것
④ 마모된 브레이크 패드를 동일 규격의 새 패드로 교체하는 것

단순 소모품 교체나 동일 규격의 부품 교체는 이륜자동차의 제원이나 성능에 구조적인 변화를 주지 않으므로 구조변경 승인 대상이 아니다.

정답　51.②　52.①　53.①　54.①　55.②　56.④　57.④

58 이륜자동차 구조변경 승인 신청 시, 어떤 기관에 신청해야 하는가?

① 관할 경찰서
② 한국교통안전공단 또는 지정된 검사소
③ 차량 제조사 서비스센터
④ 이륜자동차 판매점

이륜자동차의 구조변경 승인 업무는 한국교통안전공단에서 담당하며, 해당 공단 또는 지정된 검사소에 신청해야 한다.

59 이륜자동차 최저 지상고를 변경하는 것은 구조변경 승인 대상이 될 수 있는데, 그 이유는?

① 주행 안정성, 노면 간섭 등 안전에 영향을 미치기 때문에
② 이륜자동차의 색상이 변하기 때문에
③ 타이어 공기압이 변하기 때문에
④ 엔진 오일량이 변하기 때문에

최저 지상고는 이륜자동차의 무게 중심과 노면 간섭에 직접적인 영향을 주므로, 크게 변하면 주행 안정성과 안전성에 영향을 미쳐 구조변경 승인 대상이 된다.

60 이륜자동차 차량 중량 측정 시, 허용 기준을 초과하는 불법 장치 장착이 적발될 경우 받을 수 있는 처벌은?

① 단순 경고
② 세금 감면
③ 과태료 부과 및 원상복구 명령
④ 면허 취소

차량의 중량 초과는 제동 성능 저하 등 안전 문제와 직결되므로, 허용 기준을 초과하는 불법 장치 장착은 「자동차관리법」 위반으로 처벌된다.

61 이륜자동차에서 구조변경을 할 수 없는 가장 핵심적인 부위는?

① 머플러   ② 핸들
③ 휠   ④ 프레임

차대(프레임)는 이륜자동차의 기본 골격이자 차량의 동일성을 나타내는 차대번호가 각인된 부위로, 법적으로 구조변경이 엄격히 제한되거나 불가능하다.

62 이륜자동차 구조변경 시, 변경 작업은 누가 수행해야 하는가?

① 자동차정비업 등록을 한 자 또는 해당 자동차 제작자 등 전문성을 갖춘 자
② 운전자 본인만 가능
③ 이륜자동차 판매점 직원
④ 아무나 할 수 있다.

이륜자동차의 구조 변경은 전문적인 기술과 지식을 요구하므로, 안전과 법적 효력을 위해 반드시 전문 정비업자 또는 제작자가 수행해야 한다.

63 이륜자동차 배기량이 다른 엔진으로 교체하는 것은 구조변경 승인 대상이 되는데, 이때 가장 중요하게 검토되는 사항은?

① 엔진의 디자인
② 변경되는 엔진의 배출가스 및 소음 기준 적합 여부
③ 엔진의 색상
④ 엔진의 무게

배기량이 다른 엔진으로의 교체는 이륜자동차의 성능, 중량, 그리고 가장 중요한 환경(배출가스, 소음) 기준에 큰 영향을 미치므로, 이에 대한 적합성 여부가 엄격하게 검토된다.

64 이륜자동차 구조변경 검사 합격 후, 변경 사항이 기재된 새로운 이륜차 사용 신고필증을 재교부 받지 않았을 경우 발생하는 문제는?

① 이륜자동차의 외관이 변하지 않는다.
② 정기 검사, 중고 거래 시 법적 문제가 발생할 수 있다.
③ 연료 소모량이 증가한다.
④ 엔진 소음이 커진다.

이륜차 사용 신고필증은 이륜자동차의 신분증과 같으므로, 변경된 내용이 반영된 최신 신고필증을 보유해야 법적 효력을 가지며 모든 행정 절차에 문제가 없다.

58.② 59.① 60.③ 61.④ 62.① 63.② 64.②

65 이륜자동차 서스펜션의 감쇠력만 조절하는 것은 일반적으로 구조변경 승인 대상이 아닌데, 그 이유는?

① 서스펜션의 허용된 범위 내에서 성능을 조절하는 행위이기 때문에
② 서스펜션의 높이가 변하지 않기 때문에
③ 서스펜션 오일 교체와 같기 때문에
④ 서스펜션의 색상이 변하지 않기 때문에

감쇠력 조절은 서스펜션의 내부 설정을 변경하는 것으로, 이륜자동차의 전체 제원이나 주요 구조를 변경하는 것이 아니므로 구조변경 승인 대상에 해당하지 않는다.

66 이륜자동차 불법 구조변경 차량을 신고할 수 있는 방법은?

① 차량 정보와 사진 등을 첨부하여 신고한다.
② 이륜자동차 제조사에 전화한다.
③ 친구에게 이야기한다.
④ 이륜자동차 동호회에 글을 올린다.

불법 구조변경 차량은 공공의 안전과 환경에 위협이 되므로, 국민신문고와 같은 공식적인 채널을 통해 정확한 정보와 함께 신고할 수 있다.

67 다음 중 구조변경 승인 없이 자유롭게 교체 또는 장착이 가능한 부품은?

① 엔진
② 프레임의 일부 절단 또는 용접
③ 백미러
④ 제동장치의 형식 변경

백미러와 같이 외관을 소폭 변경하거나, 안전 및 성능에 직접적인 영향을 주지 않는 범위 내의 단순 부품 교체는 구조변경 승인이 필요 없다.

68 이륜자동차에서 구조변경 승인 대상이 되는 부위가 아닌 것은?

① 제동장치 ② 엔진
③ 동력전달장치 ④ 타이어

이륜자동차의 성능, 안전, 환경에 큰 영향을 미치는 주요 장치는 구조변경 시 반드시 교통안전공단의 승인을 받아야 한다.

69 이륜자동차 구조변경 시, 불법으로 간주되는 가장 대표적인 행위는?

① 배기 소음 허용 기준치를 초과하는 소음기 장착 또는 소음기 제거
② 순정 머플러를 다른 순정형 머플러로 교체
③ LED 등화장치 추가
④ 휴대폰 거치대 장착

소음 기준 위반은 「소음·진동관리법」에 저촉되는 불법 행위이다.

70 이륜자동차 구조변경 승인 없이 구조를 변경했을 때의 불이익은?

① 운전 면허증 취소
② 보험료 인하
③ 연료비 할인
④ 원상복구 명령, 과태료 또는 형사 처벌

불법 구조변경은 법적인 처벌을 받을 수 있으며, 안전 문제로 이어질 수 있다.

71 프레임를 구조변경할 수 없는 주된 이유는?

① 안전과 직결되기 때문
② 프레임이 너무 무거워져서
③ 도색이 어려워서
④ 바퀴가 잘 안 굴러가서

프레임은 이륜자동차의 뼈대이자 차량의 고유 식별 정보가 담긴 부분이므로, 함부로 변경할 수 없다.

72 다음 중 구조변경 승인 없이 교체하더라도 안전 문제가 발생할 수 있는 부품은?

① 사이드 스탠드 ② 브레이크 패드
③ 연료 탱크 캡 ④ 배터리 커버

브레이크 패드 자체의 교체는 구조변경이 아니지만, 규격에 맞지 않는 저품질 패드는 제동 성능에 심각한 문제를 야기할 수 있다.

65.① 66.① 67.③ 68.④ 69.① 70.④ 71.① 72.②

73 이륜자동차의 엔진을 다른 종류나 더 큰 배기량의 엔진으로 교체할 경우 필요한 절차는?

① 그냥 교체하고 타면 된다.
② 자동차 보험사에만 통보하면 된다.
③ 교통안전공단에 구조변경 승인을 받고 검사를 받아야 한다.
④ 경찰서에 신고만 하면 된다.

엔진 교체는 차량의 성능과 제원에 큰 변화를 주기 때문에 반드시 구조변경 승인 및 검사가 필요하다.

74 이륜자동차 차폭등의 위치나 개수를 임의로 변경하는 것은 주로 어느 법규와 관련하여 제한되는가?

① 소음·진동관리법
② 대기환경보전법
③ 자동차 및 자동차부품의 성능과 기준에 관한 규칙
④ 관세법

등화장치의 설치 위치, 개수, 색상, 밝기 등은 「자동차 및 자동차부품의 성능과 기준에 관한 규칙」에 엄격하게 규정되어 있다.

75 이륜자동차의 제동능력 시험 시 제동 초속도(브레이크 작동 시작 시 속도)는 일반적으로 얼마로 하는가? (단, 최고속도의 90% 중 낮은 속도)

① 60km/h ② 40km/h
③ 30km/h ④ 80km/h

기준 시험 시 제동 초속도는 60km/h 또는 해당 이륜자동차 최고속도의 90% 중 낮은 속도를 적용한다.

76 이륜자동차의 주제동장치(앞 또는 뒤 개별 제동)의 평균 최대 감속도 기준은 마른 노면에서 최소 얼마 이상이어야 하는가? (단, 특별한 규격의 이륜자동차는 제외)

① $2.50m/s^2$ 이상 ② $2.00m/s^2$ 이상
③ $1.50m/s^2$ 이상 ④ $3.00m/s^2$ 이상

「자동차 및 자동차부품의 성능과 기준에 관한 규칙」[별표 5의13]에 따라 이륜형 이륜자동차의 평균최대 감속도는 일반적으로 $2.50 m/s^2$ 이상이어야 한다.

77 이륜자동차의 불법 구조변경이 적발되었을 때, 가장 우선적으로 취해지는 조치는?

① 벌금만 부과하고 끝난다.
② 운전자를 구속한다.
③ 이륜자동차를 압수한다.
④ 원상복구 명령 및 과태료 부과

불법 개조된 부분은 원상복구하고, 관련 과태료나 벌칙을 부과한다.

78 이륜자동차 정기 검사 시 제동력을 측정하는 주된 목적은?

① 이륜자동차의 최고 속도를 확인하기 위해
② 타이어의 마모도를 측정하기 위해
③ 안전한 주행과 비상 상황 시 적절한 제동 성능을 확보하기 위해
④ 연료 효율성을 평가하기 위해

제동력은 운전자와 타인의 안전에 직결되는 가장 중요한 차량 성능 중 하나이다.

79 이륜자동차의 제동 시험 시, 바퀴 잠김이 발생하지 아니할 것 이라는 조건이 있는 주된 이유는?

① 타이어 마모를 줄이기 위해
② 브레이크 패드 수명을 늘리기 위해
③ 제동 거리를 늘리기 위해
④ 제동 시 차량의 조향성 상실 및 전복 위험을 방지하기 위해

바퀴 잠김은 이륜자동차의 제어력을 상실시켜 매우 위험한 상황을 초래할 수 있다. ABS(바퀴잠김방지제동장치)는 이를 방지하는 역할을 한다.

73.③ 74.③ 75.① 76.① 77.④ 78.③ 79.④

80 이륜자동차 제동력 부족의 주요 원인이 아닌 것은?

① 브레이크 패드의 마모
② 브레이크액 부족 또는 오염
③ 브레이크 디스크 또는 드럼의 손상
④ 엔진 오일 과다 주입

엔진 오일량은 엔진 성능에는 영향을 주지만, 제동력과는 직접적인 관련이 없다.

81 이륜자동차가 젖은 노면에서 제동 시에는 마른 노면보다 제동 성능이 어떻게 되는가?

① 더 좋아진다.
② 변화가 없다.
③ 상대적으로 저하된다.
④ 제동거리가 짧아진다.

수막 현상 등으로 인해 노면과의 마찰력이 줄어들어 제동 거리가 길어지고 제동 성능이 저하된다. 젖은 브레이크에 대한 별도 기준도 있다.

82 이륜자동차 제동력 검사 시, 시험 노면의 조건으로 옳은 것은?

① 0.9 이상의 최대제동계수를 가진 깨끗하고 건조한 평탄한 노면
② 자갈이 많은 비포장도로
③ 급경사면
④ 물이 고여 있는 노면

정확한 제동력 측정을 위해 표준화된 노면 조건에서 시험을 진행한다.

83 이륜자동차의 제동장치는 연동제동장치(CBS) 또는 바퀴잠김방지제동장치(ABS)가 설치될 수 있다. 이 장치들의 주된 목적은?

① 제동 안정성을 높이고 운전자의 제동 부담을 줄이기 위해
② 연료 효율을 높이기 위해
③ 이륜자동차의 무게를 줄이기 위해
④ 엔진 소음을 줄이기 위해

CBS는 앞뒤 브레이크를 함께 작동시켜 제동 균형을 돕고, ABS는 바퀴 잠김을 방지하여 미끄럼을 줄여준다.

84 정기 검사에서 제동력 부적합 판정을 받은 이륜자동차에 대한 조치로 옳은 것은?

① 제동장치를 점검 및 수리하여 기준에 적합하게 만든 후 재검사를 받아야 한다.
② 당장 폐차해야 한다.
③ 다른 검사소로 가서 다시 검사받으면 된다.
④ 과태료만 납부하면 된다.

제동력은 안전에 필수적인 요소이므로, 기준 미달 시 반드시 수리 후 재검사를 통해 합격해야 한다.

85 이륜자동차 정기 검사 시, 전조등의 광도(밝기)를 측정하는 주된 이유는?

① 전조등의 색상을 확인하기 위해
② 전조등의 무게를 측정하기 위해
③ 전조등의 제조사를 확인하기 위해
④ 전조등이 다른 운전자에게 눈부심을 주지 않기 위해

전조등 광도는 운전자와 타인의 안전에 직결되는 중요한 요소이다.

86 이륜자동차의 전조등 빛의 등광색은 무엇이어야 하는가?

① 황색   ② 백색
③ 적색   ④ 청색

전조등은 도로교통법 및 관련 규칙에 따라 백색이어야 한다.

87 전조등 광도 측정 시, 일반적으로 측정 지점과 전조등 간의 거리는 얼마로 설정되는가?

① 25미터   ② 10미터
③ 50미터   ④ 100미터

전조등 광도 측정은 등화장치 광원에서 25미터 거리에 위치한 시험 스크린에서 이루어진다.

80.④ 81.③ 82.① 83.① 84.① 85.④ 86.② 87.①

88 이륜자동차 전조등의 광도 기준을 규정하는 주요 법규는?

① 도로교통법
② 자동차 및 자동차부품의 성능과 기준에 관한 규칙
③ 소음·진동관리법
④ 대기환경보전법

차량의 구조 및 장치와 관련된 기술적인 기준은 주로 이 규칙에 명시되어 있다.

89 전조등 광도가 합격 기준에 미달될 때, 주된 원인이 아닌 것은?

① 전조등 램프의 수명 저하 또는 불량
② 엔진 오일 부족
③ 전조등 내부 반사경 손상 또는 오염
④ 배터리 전압 부족 또는 충전 시스템 불량

엔진 오일은 엔진 내부 윤활과 관련되며, 전조등 밝기와는 직접적인 관계가 없다.

90 불법 튜닝으로 인해 전조등의 광도가 너무 밝아질 경우 발생할 수 있는 문제점은?

① 배터리 방전이 빨라진다.
② 전조등 램프의 수명이 길어진다.
③ 마주 오는 운전자에게 심각한 눈부심을 유발하여 사고 위험을 높인다.
④ 연료 소모량이 증가한다.

과도하게 밝은 전조등은 다른 운전자의 시야를 방해하여 매우 위험하다.

91 전조등 광도가 기준에 미달하여 부적합 판정을 받았을 때, 운전자가 취해야 할 조치는?

① 즉시 폐차한다.
② 검사관에게 사정한다.
③ 벌금만 납부하고 운행한다.
④ 전조등 또는 관련 전기 시스템을 점검 및 수리 후 재검사받는다.

안전과 직결된 문제이므로, 반드시 수리 후 기준에 맞게 재검사를 받아야 한다.

92 이륜자동차의 전조등은 주간주행등(DRL) 설치 시에도 반드시 갖춰야 하는 작동 조건은?

① 주간주행등이 설치된 경우에는 그러하지 아니하다.
② 시동과 동시에 주간주행등과 전조등이 동시에 점등될 것.
③ 운전자가 수동으로만 조작할 것.
④ 후진 시에만 점등될 것.

「자동차 및 자동차부품의 성능과 기준에 관한 규칙」 제75조에 따르면, 주간주행등이 있다면 전조등의 시동 동시 점등 의무에서 예외가 될 수 있다.

93 이륜자동차 정기 검사에서 배기 소음을 측정하는 주된 목적은?

① 엔진의 성능을 확인하기 위해
② 이륜자동차의 최고 속도를 확인하기 위해
③ 연료 효율성을 측정하기 위해
④ 환경 소음을 줄이고 불법 튜닝 여부를 확인하기 위해

배기 소음은 주변 환경 및 시민들에게 미치는 소음 공해와 직접적인 관련이 있다.

94 이륜자동차의 배기 소음 허용 기준을 규정하는 주요 법규는?

① 도로교통법
② 자동차관리법
③ 대기환경보전법
④ 소음·진동관리법

차량의 소음 관련 기준은 「소음·진동관리법」에 명시되어 있다.

정답 88.② 89.② 90.③ 91.④ 92.① 93.④ 94.④

95 2006년 1월 1일 이후에 제작된 이륜자동차의 일반적인 배기 소음 허용 기준은?

① 95dB(A) 이하
② 105dB(A) 이하
③ 100dB(A) 이하
④ 110dB(A) 이하

2006년 1월 1일 이후 제작된 이륜자동차의 배기 소음 허용 기준은 105dB(A) 이하이다.

96 2023년 7월 1일 이후 제작되었거나 소음방지장치 튜닝을 한 이륜자동차의 배기 소음 허용 기준은 무엇을 기준으로 하는가?

① 무조건 95dB(A) 이하
② 배기소음 인증 결과값에 5데시벨(dB(A))을 더한 값 이하
③ 무조건 100dB(A) 이하
④ 이전 연도 모델의 평균값

2023년 7월 1일 이후부터는 개별 차량의 인증 값을 기준으로 더 엄격한 관리가 이루어진다.

97 이륜자동차 배기 소음 측정 시, 마이크로폰은 배기관 끝으로부터 몇 미터 떨어진 지점에 설치하는가?

① 0.5미터   ② 0.2미터
③ 1미터   ④ 2미터

배기관 끝으로부터 0.5m 떨어진 지점에서 측정하는 것이 일반적인 규정이다.

98 배기 소음 측정 시, 엔진 회전수는 원동기 최고출력 시 회전수의 몇 퍼센트로 유지하는가? (단, 5,000rpm 초과 시 5,000rpm)

① 50%   ② 60%
③ 90%   ④ 75%

최고출력 시 회전수의 75% ± 100rpm 범위에서 측정하며, 75% 회전수가 5,000rpm을 초과하면 5,000rpm에서 측정한다.

99 이륜자동차의 소음기나 소음 덮개를 떼어버리거나 불법적으로 추가 경음기를 부착했을 때 발생할 수 있는 불이익은?

① 경고만 받는다.
② 정기 검사 주기가 단축된다.
③ 엔진 출력이 증가한다.
④ 과태료가 부과될 수 있으며, 형사처벌 대상이 될 수 있다.

이러한 행위는 「소음·진동관리법」 위반으로 200만원 이하의 과태료 대상이며, 불법 개조에 대한 추가 처벌도 가능하다.

100 배기 소음 허용 기준을 초과하여 부적합 판정을 받은 경우, 운전자에게 주어지는 재검사 유예 기간은 얼마인가?

① 즉시 재검사   ② 10일 이내
③ 30일 이내   ④ 60일 이내

부적합 판정 시 다음 날부터 10일 이내에 수리 후 재검사를 받아야 한다.

101 이륜자동차 배기 소음에 영향을 미치는 주요 요인이 아닌 것은?

① 소음기의 구조 및 상태
② 엔진의 배기량 및 회전수
③ 타이어의 종류 및 공기압
④ 촉매 변환 장치의 유무 및 상태

타이어는 노면과의 마찰 소음에 영향을 주지만, 배기 소음과는 직접적인 관련이 없다.

102 경음기 소음 측정 시, 마이크로폰은 경음기의 가장 외부면으로부터 몇 미터 떨어진 지점에 설치하는가?

① 0.5미터   ② 1미터
③ 2미터   ④ 5미터

경음기 소음 측정은 경음기의 가장 외부면으로부터 2미터 떨어진 지점에서 이루어진다.

정답   95.② 96.② 97.① 98.④ 99.④ 100.② 101.③ 102.③

103 이륜자동차 소음 측정 시, 측정 장소의 조건으로 적합하지 않은 것은?

① 주위로부터 음의 반사나 흡수 영향을 받지 않는 개방된 장소
② 마이크로폰 설치 중심으로부터 반경 3m 이내에 돌출 장애물이 없는 곳
③ 아스팔트 또는 콘크리트 등으로 평탄하게 포장된 곳
④ 주위 암소음이 측정 소음보다 10dB(A) 이상 커야 한다.

주위 암소음은 자동차로 인한 소음의 크기보다 가능한 10dB(A) 이하여야 측정의 정확성이 확보된다.

104 이륜자동차 경음기의 소음 허용 기준치는?

① 90dB(A) 이상 112dB(A) 이하
② 90dB(A) 이상 105dB(A) 이하
③ 80dB(A) 이상 100dB(A) 이하
④ 100dB(A) 이상 120dB(A) 이하

「자동차 및 자동차부품의 성능과 기준에 관한 규칙」 제49조 제2항에 따라 경음기의 소리 크기는 90dB(A) 이상 112dB(A) 이하이어야 한다.

105 이륜자동차 경음기의 소리가 지속적이지 않고 끊기거나 불안정할 때 나타나는 문제점은?

① 엔진 출력이 증가한다.
② 경음기로서의 경고 기능이 저하되어 사고 위험이 높아진다.
③ 연료 소모량이 증가한다.
④ 이륜자동차의 최고 속도가 줄어든다.

경음기는 안정적인 소리를 내야 제 역할을 할 수 있다.

106 이륜자동차 경음기 불량으로 정기 검사에서 부적합 판정을 받았을 때 운전자가 취해야 할 조치는?

① 경음기를 아예 제거한다.
② 운전 습관을 바꾼다.
③ 과태료만 납부하고 운행한다.
④ 정상 작동하는 경음기로 수리 또는 교체 후 재검사받는다.

경음기는 안전 관련 필수 장치이므로, 반드시 수리 후 기준에 맞게 재검사를 받아야 한다.

107 다음 중 이륜자동차 경음기 작동에 영향을 미치는 요인이 아닌 것은?

① 배터리 전압
② 경음기 스위치 상태
③ 이륜자동차의 무게
④ 경음기 자체의 고장

이륜자동차의 무게는 경음기 작동에 직접적인 영향을 주지 않는다.

108 이륜자동차 운행 중 정당한 사유 없이 경음기를 연속적으로 사용하는 것은 도로교통법 위반에 해당하는가?

① 아니오, 항상 사용해도 된다.
② 예, 정당한 사유 없는 경음기 사용은 위반이다.
③ 상황에 따라 다르다.
④ 주간에만 허용된다.

도로교통법은 불필요한 소음 발생을 금지하며, 경음기는 위험 방지를 위한 목적으로만 사용해야 한다.

 정답 103.④ 104.① 105.② 106.④ 107.③ 108.②

안전관리

01 이륜자동차 정비 작업 시 개인 보호 장비 착용에 대한 설명으로 올바른 것은?

① 맨손으로 작업하는 것이 효율적이다.
② 안전화를 신을 필요는 없다.
③ 보호 장갑은 필수가 아니다.
④ 보호 안경을 반드시 착용해야 한다.

이륜자동차 정비 작업 시에는 부품 파편, 먼지, 오일 등이 튀어 눈에 들어갈 위험이 있다. 따라서 안전 사고를 방지하기 위해 보호 안경을 반드시 착용해야 한다.

02 배기 가스에 의한 질식 위험을 방지하기 위한 안전 수칙으로 가장 적절한 것은?

① 엔진을 시동한 채 작업해야 한다.
② 밀폐된 공간에서 작업해야 한다.
③ 환기가 잘 되는 곳에서 작업해야 한다.
④ 작업장 문을 닫고 작업해야 한다.

이륜자동차 엔진에서 배출되는 배기 가스에는 일산화탄소(CO) 등 유해 가스가 포함되어 있다. 밀폐된 공간에서 작업할 경우 질식의 위험이 있으므로 환기가 잘 되는 곳에서 작업해야 한다.

03 뜨거운 엔진이나 머플러에 의한 화상 방지를 위해 사용해야 하는 장비는?

① 절연 장갑
② 내열 장갑
③ 목장갑
④ 라텍스 장갑

뜨거운 엔진, 머플러, 냉각수 등에 접촉하면 심각한 화상을 입을 수 있다. 열을 차단하는 기능이 있는 내열 장갑을 착용하여 화상 사고를 예방해야 한다. 절연 장갑은 감전 방지용이다.

04 이륜자동차 정비 중 화재 위험이 있는 상황은?

① 불꽃이 있는 곳에서 인화성 세척제 사용
② 소화기를 비치해 둔 곳에서 작업
③ 물을 뿌려가며 작업
④ 환풍기를 틀어놓고 작업

이륜자동차 연료나 일부 세척제는 인화성이 매우 높다. 불꽃이나 열원 근처에서 이러한 물질을 사용하면 폭발이나 화재가 발생할 수 있어 매우 위험하다.

05 이륜자동차 부품을 세척할 때의 안전 수칙으로 올바르지 않은 것은?

① 인화성 세척제 사용을 피한다.
② 불꽃이나 열원으로부터 멀리 떨어진 곳에서 작업한다.
③ 밀폐된 공간에서 작업한다.
④ 환기가 잘 되는 곳에서 작업한다.

부품 세척 시 사용하는 세척제에는 휘발성이 강한 유기 용제가 포함되어 있는 경우가 많다. 밀폐된 공간에서 작업하면 증기 중독이나 화재의 위험이 커지므로 환기가 잘 되는 곳에서 작업해야 한다.

 정답 01.④ 02.③ 03.② 04.① 05.③

06 전기 시스템 점검 시 감전 사고를 방지하기 위해 가장 먼저 해야 할 일은?

① 전선 피복을 벗긴다.
② 배터리 단자를 분리한다.
③ 시동을 켜둔다.
④ 전선을 만져본다.

이륜자동차의 전기 시스템을 점검하거나 정비할 때에는 합선으로 인한 화재나 감전 사고를 예방하기 위해 전원 공급을 차단해야 한다. 이때 배터리 단자를 분리하는 것이 가장 먼저 해야 할 안전 수칙이다.

07 이륜자동차 작업장 정리정돈의 중요성으로 가장 거리가 먼 것은?

① 작업 능률 향상
② 사고 예방
③ 부품 분실 방지
④ 공구의 빠른 마모 유도

작업장 정리정돈은 사고 예방, 작업 효율성 증대, 부품 분실 방지 등 안전하고 효율적인 작업을 위해 매우 중요하다. 공구의 마모와는 관련이 없다.

08 정비 작업 중 발생할 수 있는 소음으로부터 청력을 보호하기 위한 장비는?

① 귀마개 또는 귀덮개
② 보호 안경
③ 방진 마스크
④ 안전화

정비 작업 시 발생하는 엔진 소음이나 공구 소음은 지속적으로 노출될 경우 청력 손상을 유발할 수 있다. 귀마개 또는 귀덮개를 착용하여 소음으로부터 청력을 보호해야 한다.

09 이륜자동차 정비 작업 시 발생할 수 있는 분진으로부터 호흡기를 보호하기 위한 장비는?

① 보안경   ② 안전화
③ 방진 마스크   ④ 내열 장갑

정비 작업 중에는 브레이크 패드 분진, 먼지, 연마 가루 등이 발생할 수 있다. 이러한 미세 분진이 호흡기로 들어가는 것을 막기 위해 방진 마스크를 착용해야 한다.

10 이륜자동차 작업 시 발생하는 폐유나 폐기물 관리에 대한 설명으로 올바른 것은?

① 아무 곳에나 버려도 된다.
② 일반 쓰레기와 함께 버린다.
③ 지정된 폐기물 용기에 분리하여 처리한다.
④ 하수구에 흘려보내도 된다.

이륜자동차에서 발생하는 폐유, 폐기물, 폐배터리 등은 환경 오염을 유발하는 지정 폐기물이다. 일반 쓰레기와 분리하여 지정된 용기에 모아 전문 처리 업체에 위탁해야 한다.

11 이륜자동차 정비 작업 시 동력 장치 안전관리에 대한 설명으로 올바른 것은?

① 엔진이 작동 중인 상태에서 체인 장력을 조정한다.
② 동력 전달부(체인, 벨트 등)에 손을 넣어 부품을 만진다.
③ 엔진을 끄고 모든 회전부가 멈춘 것을 확인한 후 작업한다.
④ 엔진의 회전 속도를 높여가며 이상 여부를 점검한다.

이륜자동차의 엔진이 작동 중이거나 회전부가 움직이는 상태에서 작업하는 것은 매우 위험하다. 회전하는 부품에 손, 옷, 공구 등이 말려 들어가 심각한 부상을 입을 수 있다. 반드시 엔진을 끄고 모든 회전부가 완전히 멈춘 것을 확인한 후에 작업해야 한다.

12 폐유나 폐부동액과 같은 폐기물 처리 시 올바른 방법은?

① 일반 쓰레기통에 버린다.
② 하수구나 배수로에 흘려보낸다.
③ 땅에 묻는다.
④ 지정된 폐기물 용기에 분리하여 배출한다.

이륜자동차에서 나오는 폐유, 폐부동액 등은 환경 오염을 유발하는 유해 물질이다. 법규에 따라 지정된 폐기물 용기에 분리하여 배출하고, 전문 처리 업체를 통해 안전하게 처리해야 한다.

정답   06.②   07.④   08.①   09.③   10.③   11.③   12.④

13 이륜자동차 차체를 들어 올리는 리프트(자키) 사용 시 안전 수칙으로 가장 거리가 먼 것은?

① 리프트의 최대 하중을 초과하여 사용하지 않는다.
② 이륜자동차의 중심을 잡아 균형이 잡힌 상태에서 들어 올린다.
③ 리프트 사용 중에는 이륜자동차 아래에서 작업하지 않는다.
④ 리프트로 들어 올린 후에는 다른 지지대 없이 리프트만으로 고정한다.

> 리프트만으로 이륜자동차를 고정하는 것은 불안정할 수 있다. 리프트의 유압이 빠지거나 기계적 결함이 발생할 경우 이륜자동차가 떨어질 위험이 있으므로, 안전 스탠드나 추가 지지대를 사용하여 이중으로 안전을 확보해야 한다.

14 이륜자동차 연료계통 작업 시 가장 중요한 안전 수칙은?

① 작업장 내에서 흡연을 허용한다.
② 연료탱크는 불꽃이나 열원이 없는 곳에서 열어야 한다.
③ 휘발유를 엎질렀을 때 물을 뿌려 닦는다.
④ 인화성 증기가 가득한 곳에서 작업한다.

> 이륜자동차 연료는 휘발성이 매우 강하며, 작은 불꽃에도 쉽게 인화될 수 있다. 연료탱크를 열거나 연료계통을 정비할 때는 반드시 화재 위험이 없는 안전한 장소에서 작업해야 한다.

15 정비 작업 중 발생할 수 있는 소음으로부터 청력 보호를 위한 올바른 행동은?

① 이어폰으로 음악을 들으며 작업한다.
② 작업장 소음에 지속적으로 노출된다.
③ 귀마개나 귀덮개를 착용한다.
④ 소음이 심할수록 작업 속도를 높인다.

> 이륜자동차 정비 작업 중 발생하는 소음은 지속적으로 노출될 경우 청력 손상을 유발할 수 있다. 따라서 귀마개나 귀덮개 등 청력 보호 장비를 착용하여 소음 노출을 최소화해야 한다.

16 정비 작업장의 정리정돈 및 청결 유지에 대한 설명으로 올바르지 않은 것은?

① 공구와 부품을 정해진 위치에 보관한다.
② 바닥에 오일이 묻어 미끄러울 경우 즉시 닦아낸다.
③ 작업장 바닥에 공구나 부품을 늘어놓는다.
④ 전선이나 호스는 작업 통로를 가로지르지 않게 정리한다.

> 작업장 바닥에 공구나 부품을 늘어놓을 경우, 작업자가 걸려 넘어지거나 다른 안전 사고가 발생할 위험이 높아진다. 항상 작업장은 깨끗하게 정리정돈 해야 한다.

17 전기 시스템 점검 시 감전 사고 예방을 위해 가장 먼저 해야 할 일은?

① 엔진을 시동시킨다.
② 전압을 측정한다.
③ 배터리의 (−) 단자를 분리한다.
④ 전선 피복을 벗긴다.

> 전기 시스템 정비 전에는 감전이나 합선으로 인한 화재를 방지하기 위해 반드시 배터리의 (−) 단자를 먼저 분리해야 한다. (+) 단자를 먼저 분리하면 공구 접촉 시 스파크가 발생할 수 있다.

18 이륜자동차 브레이크액 교환 작업 시 주의사항으로 올바른 것은?

① 브레이크액은 페인트나 플라스틱 부품에 닿아도 상관없다.
② 브레이크액은 흡습성이 강하므로 공기 중에 오래 노출시켜도 된다.
③ 브레이크액이 피부에 닿았을 경우 즉시 닦아내고 흐르는 물에 씻는다.
④ 오래된 브레이크액은 하수구에 버려도 된다.

> 브레이크액은 피부에 자극을 줄 수 있고, 페인트나 플라스틱을 부식시키는 성질이 있다. 따라서 피부나 차체에 묻었을 경우 즉시 깨끗이 닦아내야 한다. 폐기물 처리도 지정된 방법으로 해야 한다.

정답   13.④   14.②   15.③   16.③   17.③   18.③

19 이륜자동차 정비 중 화학 약품 사용 시 안전 수칙으로 올바르지 않은 것은?

① 제품 안전 데이터 시트(MSDS)를 확인한다.
② 환기가 잘 되는 곳에서 사용한다.
③ 맨손으로 약품을 만져도 된다.
④ 보호 장갑과 보호 안경을 착용한다.

대부분의 화학 약품은 피부에 자극을 주거나 유해할 수 있다. 반드시 보호 장갑을 착용하여 피부 접촉을 막아야 한다.

20 이륜자동차 엔진을 시동하여 성능을 점검할 때의 안전 수칙으로 올바른 것은?

① 밀폐된 공간에서 시동을 건다.
② 핸들을 잡고 시동을 건다.
③ 작업 통로에 이륜자동차를 세워둔 채 시동을 건다.
④ 엔진 작동 중에는 주변에 인화성 물질이 없도록 한다.

엔진이 작동할 때 발생하는 열과 배기 가스는 화재의 원인이 될 수 있다. 엔진 시동 시에는 주변에 연료통, 인화성 세척제 등 화재를 유발할 수 있는 물질이 없는지 확인해야 한다.

21 이륜자동차 정비 작업 시 동력 전달 장치에 대한 안전 수칙으로 올바른 것은?

① 엔진이 작동 중일 때 체인 장력을 조정한다.
② 동력 전달부(체인, 벨트 등)를 맨손으로 만진다.
③ 엔진을 끄고 회전부가 완전히 멈춘 것을 확인한 후 작업한다.
④ 시동을 건 상태에서 기어를 바꾸어 본다.

엔진이 작동 중이거나 바퀴, 체인 등 동력 전달 장치가 회전하는 상태에서 작업하는 것은 매우 위험하다. 손이나 옷 등이 말려 들어가는 사고를 예방하기 위해 반드시 엔진을 끄고 모든 움직임이 멈춘 후 작업해야 한다.

22 이륜자동차 리프트(자키) 사용 시 가장 위험한 행동은?

① 리프트의 최대 하중을 확인한다.
② 리프트로 들어 올린 이륜자동차 아래에서 작업한다.
③ 이륜자동차의 균형을 잡은 후 들어 올린다.
④ 안전 스탠드를 추가로 설치한다.

리프트로 이륜자동차를 들어 올린 상태에서 그 아래로 들어가 작업하는 것은 매우 위험하다. 리프트의 유압이 빠지거나 기계적 결함이 발생할 경우 이륜자동차가 떨어져 심각한 부상을 입을 수 있다.

23 연료 탱크나 연료 라인 작업 시 가장 먼저 해야 할 안전 조치는?

① 환풍기를 끈다.
② 소화기를 다른 곳으로 옮긴다.
③ 주변의 불꽃이나 열원을 모두 제거한다.
④ 작업장 문을 닫는다.

휘발유는 휘발성이 강하고 인화성이 높다. 연료 계통을 작업할 때는 작은 불꽃이나 정전기로도 화재가 발생할 수 있으므로, 주변의 모든 불꽃이나 열원을 제거하는 것이 가장 중요하다.

24 폐유, 폐부동액 등 이륜자동차 폐기물 처리 방법으로 올바른 것은?

① 일반 쓰레기와 함께 버린다.
② 하수구에 흘려보낸다.
③ 지정된 폐기물 용기에 분리하여 배출한다.
④ 작업장 바닥에 묻는다.

폐유, 폐부동액 등은 환경 오염을 유발하는 유해 물질이다. 일반 쓰레기와 분리하여 지정된 폐기물 용기에 모은 후, 전문 처리 업체를 통해 배출해야 한다.

25 정비 작업 중 발생하는 분진, 쇳가루 등으로부터 호흡기를 보호하기 위한 장비는?

① 보안경   ② 안전모
③ 방진 마스크   ④ 귀덮개

정답 19.③ 20.④ 21.③ 22.② 23.③ 24.③ 25.③

정비 작업 중 발생하는 미세 분진이나 쇳가루는 호흡기 질환을 유발할 수 있다. 이를 막기 위해 반드시 방진 마스크를 착용해야 한다.

26 정비 작업장의 정리정돈이 중요한 이유로 가장 거리가 먼 것은?

① 작업 공간을 넓게 확보한다.
② 작업 능률을 향상시킨다.
③ 공구의 빠른 마모를 유도한다.
④ 미끄러짐이나 넘어짐 사고를 예방한다.

작업장을 항상 정리정돈하면 공구와 부품을 쉽게 찾을 수 있어 작업 효율이 높아지고, 바닥에 놓인 물건에 걸려 넘어지는 사고를 예방할 수 있다. 공구의 빠른 마모와는 관련이 없다.

27 이륜자동차 전기 배선 작업 시 합선 방지를 위해 가장 먼저 해야 할 일은?

① 엔진을 시동시킨다.
② 전선을 모두 자른다.
③ 배터리의 (-) 단자를 분리한다.
④ 전압 측정기로 전압을 확인한다.

전기 배선 작업을 하기 전에는 합선으로 인한 스파크, 화재, 감전 사고를 예방하기 위해 배터리의 (-) 단자를 먼저 분리하여 전원 공급을 차단해야 한다.

28 화학 약품(세척제, 브레이크액 등) 사용 시 안전 수칙으로 올바르지 않은 것은?

① 제품 안전 데이터 시트(MSDS)를 확인한다.
② 보호 장갑, 보호 안경 등 개인 보호 장비를 착용한다.
③ 맨손으로 약품을 만져도 된다.
④ 환기가 잘 되는 곳에서 사용한다.

대부분의 화학 약품은 피부에 직접 닿으면 자극을 주거나 유해할 수 있다. 따라서 반드시 보호 장갑을 착용하여 피부 접촉을 막아야 한다.

29 이륜자동차 브레이크액 교환 시 주의해야 할 점으로 올바른 것은?

① 브레이크액은 페인트에 묻어도 상관없다.
② 브레이크액은 흡습성이 있으므로 공기 중에 오래 노출시킨다.
③ 피부에 묻었을 경우 즉시 흐르는 물에 씻는다.
④ 폐 브레이크액은 하수구에 버린다.

브레이크액은 페인트나 플라스틱을 부식시키는 성질이 있고, 피부에 자극을 줄 수 있다. 피부에 묻었을 경우 즉시 흐르는 물에 씻어내야 한다. 또한 습기를 잘 흡수하므로 공기 중에 오래 노출시키지 않아야 한다.

30 이륜자동차 엔진을 시동하여 점검할 때의 안전 수칙은?

① 밀폐된 공간에서 시동을 건다.
② 주변에 인화성 물질을 두고 시동을 건다.
③ 이륜자동차를 작업 통로에 둔 채 시동을 건다.
④ 엔진 작동 중에는 주변에 인화성 물질이 없는지 확인한다.

엔진이 작동할 때 발생하는 열과 배기 가스는 주변의 인화성 물질에 불이 붙을 위험이 있다. 따라서 엔진 시동 전에는 주변에 위험 물질이 없는지 확인하는 것이 중요하다.

31 이륜자동차 정비 시 발생할 수 있는 화상 사고를 예방하기 위한 조치로 올바른 것은?

① 배기 시스템이 식을 때까지 기다리지 않고 바로 작업한다.
② 뜨거운 부품을 만질 때 절연 장갑을 착용한다.
③ 뜨거운 부품을 만질 때 내열 장갑을 착용한다.
④ 엔진이 켜진 상태에서 작업을 시작한다.

엔진이나 머플러 등 뜨거운 부품을 만질 경우 화상 위험이 있으므로, 열에 강한 내열 장갑을 착용해야 한다. 절연 장갑은 감전 방지용이며, 엔진이 식을 때까지 기다리는 것이 가장 안전하다.

정답 26.③ 27.③ 28.③ 29.③ 30.④ 31.③

32 이륜자동차 배터리 작업 시 주의사항으로 올바르지 않은 것은?

① 배터리액이 피부에 묻으면 즉시 씻어낸다.
② 배터리 단자를 분리하기 전에 시동을 끈다.
③ (+) 단자를 먼저 분리한 후 (-) 단자를 분리한다.
④ 배터리 작업 시 스파크가 발생하지 않도록 주의한다.

배터리 단자를 분리할 때는 합선으로 인한 스파크 발생 위험을 줄이기 위해 (-) 단자를 먼저 분리하고, 연결할 때는 (+) 단자를 먼저 연결해야 한다.

33 이륜자동차 엔진을 정비하기 전 가장 먼저 확인해야 할 안전 조치는?

① 연료탱크에 연료가 가득 차 있는지 확인한다.
② 엔진이 뜨거운지 확인하고, 충분히 식힌 후 작업한다.
③ 시동을 켜서 이상 소음을 확인한다.
④ 배터리 충전 상태를 확인한다.

뜨거운 엔진이나 배기 시스템은 화상의 원인이 될 수 있다. 정비 전에는 반드시 엔진이 충분히 식었는지 확인하고, 안전한 상태에서 작업해야 한다.

34 이륜자동차 차체를 리프트로 들어 올리기 전 점검해야 할 사항은?

① 이륜자동차의 모든 볼트가 단단히 조여져 있는지 확인한다.
② 리프트의 하중 한도를 확인하고 이륜자동차의 무게를 고려한다.
③ 타이어 공기압을 낮춘다.
④ 엔진 오일을 교환한다.

리프트로 이륜자동차를 들어 올릴 때는 리프트의 최대 하중 한도를 확인하고, 이륜자동차의 무게를 고려해야 안전하게 작업할 수 있다. 하중 초과 시 리프트가 파손되거나 이륜자동차가 떨어질 수 있다.

35 이륜자동차 작업장에서 전기 용접 시 가장 중요한 안전 수칙은?

① 보호 안경 대신 일반 안경을 착용한다.
② 주변에 인화성 물질을 두고 작업해도 된다.
③ 용접 불꽃이 튀지 않도록 주의하고, 주변에 소화기를 비치한다.
④ 전선을 바닥에 어지럽게 늘어놓는다.

용접 시 발생하는 불꽃은 주변 인화성 물질에 불이 붙을 위험이 매우 높다. 따라서 주변을 정리하고, 화재 발생에 대비하여 소화기를 반드시 비치해야 한다.

36 이륜자동차 타이어 공기압을 측정하거나 조절할 때 올바른 행동은?

① 이륜자동차를 리프트에 올려놓고 작업한다.
② 타이어 공기압 측정기를 사용하여 적정 공기압을 확인한다.
③ 공기압이 낮아도 바로 작업하지 않는다.
④ 이륜자동차 운행 직후에 공기압을 측정한다.

타이어 공기압은 안전한 주행에 매우 중요하므로, 정기적으로 공기압 측정기를 사용하여 적정 공기압을 유지해야 한다. 이륜자동차 운행 직후 타이어 온도가 높을 때는 정확한 측정이 어려울 수 있으므로 주의해야 한다.

37 이륜자동차 정비 작업 후 발생한 폐기물 중 오염된 오일 필터는 어떻게 처리해야 하는가?

① 일반 쓰레기통에 버린다.
② 하수구에 버린다.
③ 폐유와 함께 지정된 용기에 모아 처리한다.
④ 작업장 구석에 방치한다.

오일 필터에는 폐유가 남아있어 환경 오염을 유발할 수 있다. 따라서 폐유와 함께 지정된 폐기물 용기에 모아 전문업체에 위탁하여 처리해야 한다.

 32.③ 33.② 34.② 35.③ 36.② 37.③

38 이륜자동차 정비 작업장 바닥이 미끄러울 때의 대처 방법으로 올바른 것은?

① 그대로 방치하고 작업한다.
② 톱밥이나 흡착포를 사용하여 즉시 닦아낸다.
③ 더 많은 기름을 뿌려 미끄러움을 줄인다.
④ 바닥에 물을 뿌려 오일을 희석시킨다.

오일이나 그리스로 인해 작업장 바닥이 미끄러워지면 넘어짐 사고로 이어질 수 있다. 톱밥이나 흡착포를 사용하여 즉시 오염 물질을 제거하고, 바닥을 깨끗하게 유지해야 한다.

39 이륜자동차 정비 중 화학 약품 사용 시, 피부 접촉 시 가장 먼저 해야 할 일은?

① 약품을 닦아내지 않고 작업한다.
② 오염된 부위를 마른 수건으로 문질러 닦는다.
③ 즉시 흐르는 물에 오염 부위를 충분히 씻어낸다.
④ 물을 뿌린 후 다른 작업으로 넘어간다.

화학 약품이 피부에 닿았을 경우, 화상이나 피부 질환을 유발할 수 있다. 즉시 흐르는 물에 충분히 씻어내어 약품을 제거해야 한다.

40 이륜자동차 정비 시 발생할 수 있는 화상 사고를 예방하기 위한 조치로 올바른 것은?

① 배기 시스템이 식을 때까지 기다리지 않고 바로 작업한다.
② 뜨거운 부품을 만질 때 절연 장갑을 착용한다.
③ 뜨거운 부품을 만질 때 내열 장갑을 착용한다.
④ 엔진이 켜진 상태에서 작업을 시작한다.

엔진이나 머플러 등 뜨거운 부품을 만질 경우 화상 위험이 있으므로, 열에 강한 내열 장갑을 착용해야 한다. 절연 장갑은 감전 방지용이며, 엔진이 식을 때까지 기다리는 것이 가장 안전하다.

41 이륜자동차 정비용 공구 사용 시 안전 수칙으로 올바른 것은?

① 공구가 손상되었어도 그냥 사용한다.
② 작업에 적합한 크기와 종류의 공구를 사용한다.
③ 공구를 바닥에 던져 놓는다.
④ 공구에 오일이나 그리스를 묻힌 채로 보관한다.

작업에 부적합하거나 손상된 공구를 사용하면 부품이나 공구가 파손되어 부상을 입을 수 있다. 항상 작업에 맞는 안전한 공구를 사용해야 한다.

42 이륜자동차 배터리 작업 시 주의사항으로 올바르지 않은 것은?

① 배터리액이 피부에 묻으면 즉시 씻어낸다.
② 배터리 단자를 분리하기 전에 시동을 끈다.
③ (+) 단자를 먼저 분리한 후 (−) 단자를 분리한다.
④ 배터리 작업 시 스파크가 발생하지 않도록 주의한다.

배터리 단자를 분리할 때는 합선으로 인한 스파크 발생 위험을 줄이기 위해 (−) 단자를 먼저 분리하고, 연결할 때는 (+) 단자를 먼저 연결해야 한다.

43 이륜자동차 엔진을 정비하기 전 가장 먼저 확인해야 할 안전 조치는?

① 연료탱크에 연료가 가득 차 있는지 확인한다.
② 엔진이 뜨거운지 확인하고, 충분히 식힌 후 작업한다.
③ 시동을 켜서 이상 소음을 확인한다.
④ 배터리 충전 상태를 확인한다.

뜨거운 엔진이나 배기 시스템은 화상의 원인이 될 수 있다. 정비 전에는 반드시 엔진이 충분히 식었는지 확인하고, 안전한 상태에서 작업해야 한다.

정답 38.② 39.③ 40.③ 41.② 42.③ 43.②

44 이륜자동차 작업장에서 전기 용접 시 가장 중요한 안전 수칙은?

① 보호 안경 대신 일반 안경을 착용한다.
② 주변에 인화성 물질을 두고 작업해도 된다.
③ 용접 불꽃이 튀지 않도록 주의하고, 주변에 소화기를 비치한다.
④ 전선을 바닥에 어지럽게 늘어놓는다.

용접 시 발생하는 불꽃은 주변 인화성 물질에 불이 붙을 위험이 매우 높다. 따라서 주변을 정리하고, 화재 발생에 대비하여 소화기를 반드시 비치해야 한다.

45 이륜자동차 타이어 공기압을 측정하거나 조절할 때 올바른 행동은?

① 이륜자동차를 리프트에 올려놓고 작업한다.
② 타이어 공기압 측정기를 사용하여 적정 공기압을 확인한다.
③ 공기압이 낮아도 바로 작업하지 않는다.
④ 이륜자동차 운행 직후에 공기압을 측정한다.

타이어 공기압은 안전한 주행에 매우 중요하므로, 정기적으로 공기압 측정기를 사용하여 적정 공기압을 유지해야 한다. 이륜자동차 운행 직후 타이어 온도가 높을 때는 정확한 측정이 어려울 수 있으므로 주의해야 한다.

46 이륜자동차 차체를 리프트로 들어 올리기 전 점검해야 할 사항은?

① 이륜자동차의 모든 볼트가 단단히 조여져 있는지 확인한다.
② 리프트의 하중 한도를 확인하고 이륜자동차의 무게를 고려한다.
③ 타이어 공기압을 낮춘다.
④ 엔진 오일을 교환한다.

리프트로 이륜자동차를 들어 올릴 때는 리프트의 최대 하중 한도를 확인하고, 이륜자동차의 무게를 고려해야 안전하게 작업할 수 있다. 하중 초과 시 리프트가 파손되거나 이륜자동차가 떨어질 수 있다.

47 이륜자동차 정비 작업 후 발생한 폐기물 중 오염된 오일 필터는 어떻게 처리해야 하는가?

① 일반 쓰레기통에 버린다.
② 하수구에 버린다.
③ 폐유와 함께 지정된 용기에 모아 처리한다.
④ 작업장 구석에 방치한다.

오일 필터에는 폐유가 남아있어 환경 오염을 유발할 수 있다. 따라서 폐유와 함께 지정된 폐기물 용기에 모아 전문 업체에 위탁하여 처리해야 한다.

48 이륜자동차 정비 작업장 바닥이 미끄러울 때의 대처 방법으로 올바른 것은?

① 그대로 방치하고 작업한다.
② 톱밥이나 흡착포를 사용하여 즉시 닦아낸다.
③ 더 많은 기름을 뿌려 미끄러움을 줄인다.
④ 바닥에 물을 뿌려 오일을 희석시킨다.

오일이나 그리스로 인해 작업장 바닥이 미끄러워지면 넘어짐 사고로 이어질 수 있다. 톱밥이나 흡착포를 사용하여 즉시 오염 물질을 제거하고, 바닥을 깨끗하게 유지해야 한다.

49 이륜자동차 정비 중 화학 약품 사용 시, 피부 접촉 시 가장 먼저 해야 할 일은?

① 약품을 닦아내지 않고 작업한다.
② 오염된 부위를 마른 수건으로 문질러 닦는다.
③ 즉시 흐르는 물에 오염 부위를 충분히 씻어낸다.
④ 물을 뿌린 후 다른 작업으로 넘어간다.

화학 약품이 피부에 닿았을 경우, 화상이나 피부 질환을 유발할 수 있다. 즉시 흐르는 물에 충분히 씻어내어 약품을 제거해야 한다.

정답   44.③   45.②   46.②   47.③   48.②   49.③

50 이륜자동차 정비용 공구 사용 시 안전 수칙으로 올바른 것은?

① 공구가 손상되었어도 그냥 사용한다.
② 작업에 적합한 크기와 종류의 공구를 사용한다.
③ 공구를 바닥에 던져 놓는다.
④ 공구에 오일이나 그리스를 묻힌 채로 보관한다.

작업에 부적합하거나 손상된 공구를 사용하면 부품이나 공구가 파손되어 부상을 입을 수 있다. 항상 작업에 맞는 안전한 공구를 사용해야 한다.

51 이륜자동차 정비 작업 시 발생할 수 있는 소음으로부터 청력을 보호하기 위한 가장 효과적인 조치는?

① 이어폰을 꽂고 음악을 듣는다.
② 귀마개 또는 귀덮개를 착용한다.
③ 소음이 발생하면 작업장을 벗어난다.
④ 소음에 익숙해지도록 노력한다.

정비 작업 시 발생하는 높은 소음은 지속적으로 노출될 경우 영구적인 청력 손상을 유발할 수 있다. 이를 예방하기 위해 귀마개나 귀덮개를 착용하여 소음 노출을 최소화해야 한다.

52 이륜자동차 체인 청소 및 윤활 작업 시 가장 안전한 방법은?

① 엔진을 켜고 기어를 넣은 상태에서 청소한다.
② 이륜자동차를 스탠드로 세우고 엔진을 끈 상태에서 청소한다.
③ 타이어를 손으로 돌려가며 청소한다.
④ 체인에 손을 대고 엔진을 작동시켜 청소한다.

체인 청소 및 윤활 작업 시에는 손가락이나 옷이 체인에 끼이는 사고가 발생할 수 있다. 따라서 반드시 엔진을 끄고 안전하게 이륜자동차를 스탠드로 고정한 상태에서 작업해야 한다. 타이어를 손으로 돌려가며 작업하면 더 안전하게 청소할 수 있다.

53 이륜자동차 부품을 세척할 때 유독성 증기 발생을 막기 위한 조치는?

① 밀폐된 공간에서 세척한다.
② 증기 흡입을 위해 마스크를 착용한다.
③ 세척제를 바닥에 뿌린다.
④ 환기가 잘 되는 곳에서 작업한다.

일부 세척제는 유독성 증기를 발생시킨다. 밀폐된 공간에서 작업하면 증기 중독의 위험이 있으므로, 항상 환기가 잘 되는 곳에서 작업해야 한다.

54 이륜자동차 정비 작업 후 발생한 폐기물 중 폐배터리 처리 방법으로 올바른 것은?

① 일반 쓰레기통에 버린다.
② 배터리액을 버리고 분리하여 버린다.
③ 지정된 폐기물 수거함에 분리하여 배출한다.
④ 땅에 묻는다.

폐배터리에는 납, 황산 등 환경에 유해한 물질이 포함되어 있다. 반드시 지정된 폐기물 수거함에 분리하여 배출하고, 전문 처리 업체에 위탁해야 한다.

55 이륜자동차 작업장에서 전기 기구 사용 시 가장 위험한 행동은?

① 젖은 손으로 전기 콘센트를 만진다.
② 전선 피복이 벗겨지지 않았는지 확인한다.
③ 전선이 작업 통로를 가로지르지 않게 정리한다.
④ 사용하지 않는 전기 기구는 전원을 끈다.

물은 전기를 잘 통하게 하므로, 젖은 손으로 전기 기구 또는 콘센트를 만지는 것은 감전 사고의 주된 원인이 된다.

50.② 51.② 52.② 53.④ 54.③ 55.①

56 이륜자동차 정비 작업 중 발생할 수 있는 쇳가루, 분진 등으로부터 호흡기를 보호하기 위한 장비는?

① 보호 안경
② 안전모
③ 방진 마스크
④ 내열 장갑

쇳가루나 분진은 호흡기 질환을 유발할 수 있다. 이를 막기 위해 방진 마스크를 착용하는 것이 가장 올바른 방법이다.

57 이륜자동차 연료를 보충할 때 가장 중요한 안전 수칙은?

① 엔진을 끈 상태에서 보충한다.
② 엔진이 뜨거워도 바로 보충한다.
③ 주변에서 흡연해도 괜찮다.
④ 휘발유를 흘려도 바로 닦지 않는다.

연료 보충 시 발생하는 유증기는 인화성이 매우 높다. 따라서 엔진을 끄고, 주변에 불꽃이나 열원이 없는지 확인한 후 보충해야 한다.

58 이륜자동차 정비 중 화학 약품이 눈에 들어갔을 때 가장 먼저 해야 할 일은?

① 마른 수건으로 눈을 비빈다.
② 깨끗한 물로 충분히 씻어낸다.
③ 그대로 방치하고 병원에 간다.
④ 약품이 들어간 눈을 감고 있는다.

화학 약품이 눈에 들어갔을 경우 즉시 심각한 손상을 입을 수 있으므로, 깨끗한 물로 15분 이상 충분히 씻어낸 후 즉시 병원으로 가야 한다.

59 이륜자동차의 브레이크 시스템 정비 시 안전 수칙으로 올바른 것은?

① 브레이크 패드 교체 시 브레이크액을 교환할 필요는 없다.
② 브레이크액은 페인트에 묻어도 괜찮다.
③ 브레이크액 교환 시 공기 유입을 허용한다.
④ 브레이크액은 흡습성이 있으므로 밀폐된 용기에 보관한다.

브레이크액은 공기 중의 수분을 흡수하여 성능이 저하된다. 따라서 밀폐된 용기에 보관하고, 오래된 브레이크액은 사용하지 않아야 한다.

 정답 56.③ 57.① 58.② 59.④ 60.②

PART 09 실전 모의고사

1회 실전 모의고사

01 이륜자동차 전자제어 엔진에서 크랭크 포지션 센서 / 캠 포지션 센서의 주된 역할은?
① 냉각수 온도를 측정한다.
② 크랭크축, 캠축의 회전 속도와 위치를 감지한다.
③ 연료 압력을 측정한다.
④ 배기가스 온도를 측정한다.

02 센서와 액추에이터 모두에 문제가 발생했을 때, 공통적으로 이륜자동차 운전자에게 가장 먼저 나타나는 징후 중 하나는?
① 타이어 펑크 ② 시트 가열
③ 연료 탱크 누유 ④ 엔진 경고등 점등

03 실린더 헤드에서 캠 베어링의 주된 역할은?
① 밸브의 열을 흡수한다.
② 캠축이 회전하도록 지지한다.
③ 스파크 플러그를 고정한다.
④ 냉각수를 순환시킨다.

04 엔진 오일 교환 시, 오일 필터를 함께 교환해야 하는 주된 이유는?
① 필터의 색상을 변경하기 위해
② 엔진 오일의 불순물을 걸러내는 역할을 위해
③ 필터의 무게를 줄이기 위해
④ 필터의 디자인을 평가하기 위해

05 이륜자동차 엔진에서 실린더 블록의 가장 주된 역할은?
① 엔진 오일을 저장하는 공간이다.
② 엔진의 주요 회전 및 왕복 운동 부품들을 지지한다.
③ 흡기 및 배기 밸브를 장착하는 부분이다.
④ 배기가스를 외부로 배출하는 통로이다.

06 라디에이터 캡에 장착된 압력 밸브의 역할은?
① 냉각수의 색상을 조절한다.
② 냉각수의 끓는점을 높인다.
③ 냉각수의 흐름 방향을 전환한다.
④ 라디에이터의 누수를 자동으로 막는다.

07 배터리 팩 내부의 각 셀(Cell)의 전압과 온도를 모니터링하고, 과충전 / 과방전 / 과전류 / 과열 등으로부터 배터리를 보호하는 시스템은?
① 모터 컨트롤러
② 전력 변환 장치
③ 배터리 관리 시스템
④ 충전 컨트롤러

08 전기 이륜자동차의 충전 포트 주변에 이물질이 많거나 손상되었을 때 발생할 수 있는 위험은?
① 충전 불량
② 구동모터 소음 증가
③ BMS 작동 불량
④ OBC 작동 불량

09 이륜자동차의 배선 하네스가 다른 부품이나 프레임에 마찰되어 손상되는 것을 방지하기 위한 가장 효과적인 방법은?
① 배선 하네스를 풀로 고정한다.
② 배선 하네스에 케이블 타이를 사용하여 고정한다.
③ 배선 하네스를 늘어뜨려 놓는다.
④ 배선 하네스를 뜨거운 물로 세척한다.

10 배터리 용량 외에 전기 이륜자동차의 주행 거리에 가장 직접적인 영향을 미치는 요소는?
① 배터리의 전압
② 배터리의 에너지 밀도 (Wh)
③ 배터리의 충전 시간
④ 배터리의 재활용 가능성

11 전기 이륜자동차의 직류 전원 장치는 주로 어떤 형태의 전력을 다루는가?
① 직류 (DC)
② 교류 (AC)
③ 교류와 직류 모두
④ 고주파 (RF)

12 전기 이륜자동차의 충전 장치 중, 외부 전원(교류, AC)을 배터리가 필요로 하는 전원(직류, DC)으로 변환하는 주요 부품은?
① 모터 컨트롤러
② 온보드 충전기 (On-board Charger)
③ 배터리 관리 시스템 (BMS)
④ DC-DC 컨버터

13 전기 이륜자동차의 배터리 관리 시스템의 주요 기능으로 가장 거리가 먼 것은?
① 각 셀의 전압 균형 유지
② 과충전 및 과방전 보호
③ 배터리 팩 온도 관리
④ 모터의 회전 속도 제어

14 이륜자동차의 전압을 측정하기 위해 멀티미터를 사용할 때, 멀티미터의 테스트 리드를 어떻게 연결해야 하는가?
① 측정하고자 하는 부품에 직렬로 연결한다.
② 측정하고자 하는 부품에 병렬로 연결한다.
③ 하나의 리드만 연결한다.
④ 전압 측정 시에는 연결하지 않는다.

15 전기 이륜자동차의 브레이크를 잡을 때, 버려지는 에너지를 다시 전기로 바꾸어 배터리를 충전하는 기술은?
① 터보차저
② 회생 제동
③ 크루즈 컨트롤
④ ABS

16 전기 모터가 작동하면서 발생하는 열을 효과적으로 식히는 방법은?
① 엔진 오일을 주입한다.
② 공냉 또는 수냉 방식을 사용한다.
③ 모터를 천으로 감싼다.
④ 모터의 크기를 줄인다.

17 이륜자동차의 LED 등화장치를 일반 전구로 교체할 경우 발생할 수 있는 문제는?
① 전구의 밝기가 너무 밝아진다.
② 전력 소모가 증가한다.
③ 전구의 수명이 길어진다.
④ 배터리 충전 속도가 빨라진다.

18 내연기관 이륜자동차의 시동 모터가 계속 작동하지만 엔진이 시동되지 않고, '크르릉' 하는 소리만 난다면 무엇을 의심할 수 있는가?
① 배터리 방전
② 시동 모터 기어의 마모 또는 고착
③ 점화 코일 불량
④ 연료 부족

19 내연기관 이륜자동차의 점화 플러그가 젖어 있거나 오염되어 있을 때 나타날 수 있는 현상은?
① 배터리 충전이 빨라진다.
② 브레이크가 잘 듣지 않는다.
③ 타이어 공기압이 낮아진다.
④ 시동 불량, 출력 저하, 연비 불량

20 내연기관 이륜자동차의 점화 시기가 너무 늦을 때 발생할 수 있는 현상은?
① 엔진 출력이 증가하고 연비가 좋아진다.
② 엔진 출력이 저하된다.
③ 시동이 매우 잘 걸린다.
④ 배터리 충전이 빨라진다.

21 이륜자동차의 방향 지시등 스위치가 고장 났을 때, 발생할 수 있는 현상은?
① 방향 지시등이 계속 켜져 있다.
② 방향 지시등이 아예 작동하지 않거나 한쪽만 작동한다.
③ 브레이크 등이 함께 켜진다.
④ 엔진 시동이 불가능하다.

22 이륜자동차의 전조등이 어둡거나 흐릿하게 보이는 경우, 전구와 퓨즈가 정상이라면 어떤 부분을 점검해야 하는가?
① 타이어 공기압
② 브레이크 오일량
③ 엔진 냉각수량
④ 배선 또는 커넥터의 부식이나 저항 증가

23 이륜자동차 서스펜션 시스템에서 고유 진동수가 너무 높을 때 주행 중 나타날 수 있는 현상은?
① 승차감이 부드러워진다.
② 노면 충격 흡수가 잘 된다.
③ 노면의 작은 요철에도 차체가 심하게 흔들려 승차감이 딱딱하게 느껴진다.
④ 타이어 마모가 줄어든다.

24 이륜자동차 휠 얼라인먼트를 점검해야 하는 주된 상황은?
① 타이어 공기압이 낮을 때
② 타이어 편마모가 발생했을 때
③ 엔진 오일을 교환할 때
④ 헤드라이트 전구가 나갔을 때

25 이륜자동차 서스펜션의 리바운드 댐핑 조절이 너무 약하게 설정되었을 때, 나타날 수 있는 현상은?
① 서스펜션이 압축된 후 너무 빠르게 원위치로 돌아와 불안정한 승차감을 준다.
② 서스펜션이 압축된 후 천천히 늘어나 승차감이 단단해진다.
③ 브레이크 성능이 저하된다.
④ 연료 소모가 증가한다.

26 이륜자동차 서스펜션의 압축 댐핑 조절이 너무 약하게 설정되었을 때, 나타날 수 있는 현상은?
① 서스펜션이 천천히 압축되어 충격을 잘 흡수하지 못한다.
② 서스펜션이 충격을 받으면 너무 쉽게 깊이 압축된다.
③ 엔진의 출력이 감소한다.
④ 타이어의 마모가 감소한다.

27 이륜자동차 프론트 포크에서 오일이 새어 나올 때 나타날 수 있는 현상은?
① 엔진 소음이 커진다.
② 서스펜션의 충격 흡수 능력이 떨어진다.
③ 배터리 충전이 빨라진다.
④ 타이어 공기압이 낮아진다.

28 이륜자동차 서스펜션에서 쇼크 업소버의 주된 역할은?
① 이륜자동차의 무게를 지지한다.
② 스프링의 진동을 적절히 억제한다.
③ 이륜자동차의 높이를 조절한다.
④ 타이어의 공기압을 조절한다.

29 이륜자동차 서스펜션 포크 씰에서 오일이 누유될 때, 나타날 수 있는 현상은?
① 엔진 소음 증가
② 브레이크 레버가 딱딱해진다.
③ 서스펜션 감쇠력 저하
④ 타이어 수명 연장

30 이륜자동차 타이어의 제조 일자를 확인하는 주된 이유는?
① 타이어의 색깔을 확인하기 위해
② 타이어의 생산 시기를 파악하기 위해
③ 타이어의 무게를 측정하기 위해
④ 타이어의 브랜드명을 확인하기 위해

31 이륜자동차 자동변속기에서 일반적으로 클러치 페달이 없는 주된 이유는?
① 브레이크를 더 쉽게 잡기 위함
② 자동으로 동력을 연결, 차단하는 방식을 사용하기 때문
③ 연료 소모를 줄이기 위함
④ 이륜자동차의 속도를 제한하기 위함

32 이륜자동차 수동변속기에서 시프트 업을 하는 주된 이유는?
① 이륜자동차의 가속력을 높이기 위해
② 연비를 감소시키고 엔진 출력을 향상 시키기 위해
③ 높은 속도에서 낮은 엔진 회전수를 유지하기 위해
④ 클러치 디스크를 마모시키기 위해

33 이륜자동차 수동변속기에서 클러치의 가장 기본적인 역할은?
① 엔진의 회전수를 높인다.
② 변속기로 연결, 차단하여 기어 변속을 가능하게 한다.
③ 바퀴에 직접 동력을 전달한다.
④ 변속 기어의 마모를 줄인다.

34 이륜자동차 변속기 내부의 기어가 마모되었을 때, 나타나는 주된 증상이 아닌 것은?
① 클러치의 차단, 연결이 않된다.
② 기어 이빨 마모로 인해 소음이 발생한다.
③ 특정 기어 단수가 잘 들어가지 않을 수 있다.
④ 변속 시 헛돌거나 소음이 심해진다.

35 변속기의 구동력이 가장 큰 변속단은 무엇인가?
① 1단 ② 2단
③ 3단 ④ 4단

36 이륜자동차 체인 장력 조절 시, 주의해야 할 사항은?
① 체인을 최대한 팽팽하게 조절해야 한다.
② 체인을 규정 유격으로 확인하고 조절해야 한다.
③ 체인에 물을 뿌리며 조절한다.
④ 체인 커버를 제거하지 않고 조절한다.

37 이륜자동차 클러치 시스템 정비 후, 클러치 레버를 여러 번 작동시켜야 하는 주된 이유는?
① 클러치 케이블의 길이를 늘리기 위해
② 클러치 시스템 내부에 공기를 제거하기 위해
③ 클러치 오일의 온도를 높이기 위해
④ 클러치 커버를 닫기 위해

38 이륜자동차 클러치 시스템에서 클러치 바스켓의 역할은?
① 클러치 오일을 저장한다.
② 엔진의 크랭크샤프트와 연결되어 동력을 전달하는 부품이다.
③ 클러치 레버의 장력을 조절한다.
④ 클러치 케이블을 보호한다.

39 이륜자동차 시트의 높이 조절 기능이 라이더의 편의성에 미치는 영향으로 가장 적절한 것은?
① 이륜자동차의 연비를 향상시킨다.
② 발 착지성과 편안한 라이딩 포지션을 찾을 수 있게 돕는다.
③ 시트의 내구성을 높인다.
④ 시트의 무게를 증가시킨다.

40 이륜자동차 탑 박스 또는 사이드 백 점검 시, 안전 및 편의에 관련된 주요 확인 사항은?
① 박스의 색깔이 이륜자동차와 어울리는지 여부
② 박스의 주행 중 흔들림이나 소음 발생 여부
③ 박스의 무게가 가벼운지 여부
④ 박스의 재질이 고급스러운지 여부

41 일부 고급 이륜자동차 시트에 적용되는 열선 기능의 주된 편의성은?
① 시트의 수명을 늘린다.
② 시트의 무게를 줄인다.
③ 시트의 디자인을 변경한다.
④ 추운 날씨에 라이더의 체온을 유지하여 주행 쾌적성을 높인다.

42 이륜자동차 디스플레이 모니터의 백라이트 밝기가 약하거나 작동하지 않을 때 발생할 수 있는 문제는?
① 엔진 소음이 커진다.
② 야간에 주행 안전에 문제가 생긴다.
③ 브레이크 성능이 저하된다.
④ 타이어 마모가 빨라진다.

43 이륜자동차 디스플레이 모니터의 방수 및 방진 기능이 중요한 주된 이유는?
① 모니터의 디자인을 향상시킨다.
② 외부 환경에 따른 내구성을 확보하기 위함이다.
③ 모니터의 음질을 향상시킨다.
④ 모니터의 크기를 줄인다.

44 일부 이륜자동차 시트 아래에 위치한 수납공간의 주된 편의성은?
① 엔진의 열을 식힌다.
② 간단한 물품을 보관할 수 있어 편리하다.
③ 이륜자동차의 무게 중심을 낮춘다.
④ 시트의 진동을 줄인다.

45 이륜자동차 오디오 장치 점검 시, 스피커에서 잡음이 발생한다면 무엇을 의심해 볼 수 있는 항목이 아닌 것은?
① 전원 공급 불량
② 스피커 배선 불량
③ 스피커 자체 손상
④ 오디오 본체 문제

46 이륜자동차 디스플레이 모니터에 내비게이션 기능이 통합되어 있을 때의 편의성은?
① 연료 소모량을 줄인다.
② 직접 주행 경로 지도를 확인할 수 있다.
③ 이륜자동차의 제동 거리를 줄인다.
④ 엔진 소음을 줄인다.

47 이륜자동차 프레임 정비 시, 변형된 부분을 교정할 때 가장 중요하게 고려해야 할 사항은?
① 교정 작업 시간을 빠르게 한다.
② 과도한 힘으로 인한 2차 손상을 방지한다.
③ 도색 작업을 미리 완료한다.
④ 엔진을 분해한다.

48 이륜자동차 프레임의 서브 프레임이 주로 하는 역할은?
① 엔진의 출력을 전달한다.
② 메인 프레임에 볼트로 고정되는 경우가 많다.
③ 앞바퀴를 지지한다.
④ 뒷바퀴를 지지한다.

49 이륜자동차 경음기가 너무 약하거나 소리가 변질되었을 때, 이는 어떤 문제를 시사할 수 있는가?
① 연료 분사 문제
② 경음기 내부 부식, 고장, 또는 배선 접촉 불량
③ 서스펜션 불량
④ 변속기 문제

50 이륜자동차 프레임 정비 시, 용접 작업을 해야 할 경우 가장 중요하게 고려해야 할 사항은?

① 아무 용접기로나 작업해도 된다.
② 용접 부위를 예쁘게 만들면 된다.
③ 용접 후 바로 도색한다.
④ 프레임의 재질에 적합한 용접 방법 및 재료를 사용한다.

51 프레임 정비 시, 각 볼트와 너트의 체결 상태를 확인하고 조이는 작업이 중요한 이유는?

① 부품의 색깔을 맞추기 위해
② 주행 중 부품이 풀리거나 이탈하는 것을 방지하기 위해
③ 이륜자동차의 무게를 줄이기 위해
④ 엔진의 소음을 줄이기 위해

52 프레임 정비 후, 반드시 수행해야 할 최종 점검 중 가장 중요한 작업은?

① 동력전달장치를 확인한다.
② 휠 얼라인먼트 재확인 한다.
③ 쇽업쇼버 작동 여부 확인한다.
④ 엔진 출력을 확인한다.

53 강철 프레임 대비 알루미늄 프레임의 단점 중 하나는?

① 더 무겁다.
② 제조 비용이 상대적으로 높다.
③ 부식에 매우 취약하다.
④ 진동 흡수가 전혀 안 된다.

54 이륜자동차 휠의 크기나 재질을 변경하는 것은 구조변경 승인 대상이 될 수 있는데, 그 주된 이유는?

① 휠의 크기 변화는 재질 변화는 중량 및 강성에 영향을 주기 때문에
② 휠의 디자인이 변하기 때문에
③ 휠의 색상이 변하기 때문에
④ 타이어 교체가 쉬워지기 때문에

55 프레임에 심한 부식이 발생했을 때, 반드시 수행해야 할 작업은?

① 녹 위에 바로 페인트를 칠한다.
② 표면 처리 및 방청 작업 후 재 도장한다.
③ 엔진 오일을 교환한다.
④ 타이어를 교환한다.

56 이륜자동차 구조변경 승인 없이 불법으로 머플러를 변경했을 때, 배기가스 검사에 어떤 영향을 미치는가?

① 배출가스 농도가 낮아진다.
② 배출가스 허용 기준을 초과할 가능성이 매우 높아진다.
③ 배출가스 검사를 받을 필요가 없어진다.
④ 배출가스 검사 비용이 할인된다.

57 불법 구조변경 중, 특히 머플러를 불법 개조하여 소음 허용 기준을 초과했을 때 추가로 적용될 수 있는 법률은?

① 형법 ② 소음·진동관리법
③ 환경정책기본법 ④ 도로교통법

58 이륜자동차 정기 검사에서 배출가스 기준 위반 시, 어떤 법에 근거하여 처벌받을 수 있는가?

① 자동차관리법 ② 도로교통법
③ 대기환경보전법 ④ 소음·진동관리법

59 이륜자동차의 차대번호는 총 몇 자리로 구성되어 있는가?

① 10자리 ② 12자리
③ 15자리 ④ 17자리

60 이륜자동차 배출가스 검사는 어떤 모드에서 측정되는가?

① 고속 주행 모드
② 저속 공회전 검사모드
③ 풀 스로틀 가속 모드
④ 정지 상태에서 시동을 끈 후

실전 모의고사 2회

01 ECU는 운전 상황에 따라 엔진 제어 값을 변경하는데, 이는 주로 어떤 목적을 위함인가?
① 엔진의 색상을 변경하기 위해
② 최적의 연비, 배기 가스 감소하기 위해
③ 엔진의 소음을 항상 최대로 유지하기 위해
④ 이륜자동차의 무게를 증가시키기 위해

02 전자제어 엔진에서 연료 펌프가 생성하는 연료 압력의 가장 주된 목적은?
① 연료 인젝터가 연료를 미세하게 분사하기 위함
② 연료 필터를 깨끗하게 유지하기 위함
③ 연료 탱크의 수명을 연장하기 위함
④ 엔진 오일 순환을 돕기 위함

03 이륜자동차 전자제어 엔진에서 가변 밸브 타이밍 시스템의 액추에이터가 하는 역할은?
① 엔진 오일 압력을 조절한다.
② 밸브의 열림/닫힘 시기(타이밍)를 최적화한다.
③ 연료 펌프를 제어한다.
④ 냉각 팬의 속도를 조절한다.

04 내연기관 이륜자동차의 시동 불량 원인 진단 시, 엔진 압축 압력을 측정하는 주된 이유는?
① 배터리 충전 상태를 확인하기 위해
② 점화 코일의 성능을 확인하기 위해
③ 피스톤 링, 밸브 등 손상 여부를 진단하기 위해
④ 연료 펌프의 압력을 확인하기 위해

05 연료 펌프 압력에 문제가 발생했을 때, 계기판에 점등될 수 있는 경고등은?
① 배터리 경고등 ② 오일 압력 경고등
③ 엔진 경고등   ④ ABS 경고등

06 실린더 블록에서 메인 베어링의 주된 역할은?
① 피스톤의 상하 운동을 지지한다.
② 크랭크축이 부드럽게 회전하도록 마찰을 줄여준다.
③ 밸브를 개폐한다.
④ 냉각수를 여과한다.

07 디젤 엔진과 비교했을 때, 가솔린 엔진의 특징으로 옳지 않은 것은?
① 압축 착화 방식이다.
② 점화 플러그를 사용한다.
③ 압축비가 상대적으로 낮다.
④ 소음과 진동이 상대적으로 적다.

08 엔진의 밸브 간극을 측정할 때 주로 사용하는 공구는?
① 버니어 캘리퍼스
② 마이크로미터
③ 필러 게이지(Feeler Gauge)
④ 다이얼 게이지

09 전기 이륜자동차에서 전기 모터의 가장 주된 역할은?
① 배터리를 충전한다.
② 전기 에너지를 기계적인 회전 에너지로 변환한다.
③ 연료를 연소시킨다.
④ 제동력을 발생시킨다.

10 BLDC 모터의 장점 중 하나인 긴 수명에 가장 큰 영향을 미치는 요인은?

① 모터의 색상
② 브러시 및 정류자 마모가 없기 때문
③ 이륜자동차의 운행 속도
④ 배터리 충전 시간

11 전기 이륜자동차의 배터리 관리 시스템의 주요 기능으로 가장 거리가 먼 것은?

① 각 셀의 전압 균형 유지
② 과충전 및 과방전 보호
③ 배터리 팩 온도 관리
④ 모터의 회전 속도 제어

12 직류 전원 장치의 고장 시, 이륜자동차 운행에 가장 치명적인 영향을 미치는 경우는?

① 경적 소리가 작아지는 경우
② 전기 모터로의 전력 공급이 완전히 중단되는 경우
③ USB 충전 포트가 작동하지 않는 경우
④ 방향 지시등이 깜빡이지 않는 경우

13 전기 이륜자동차의 고전압 시스템 작업 시, 누전 감지 시 자동으로 전원을 차단하는 안전장치는?

① 퓨즈　　② 릴레이
③ 누전 차단기　　④ 다이오드

14 전기 이륜자동차에서 모터와 바퀴를 연결하여 모터의 회전력을 바퀴에 전달하는 장치는?

① 서스펜션　　② 브레이크 시스템
③ 구동 시스템　　④ 배터리 팩

15 전기 이륜자동차의 계기판에 배터리 경고등이 계속 켜져 있다면 무엇을 해야 할까요?

① 무시하고 계속 주행한다.
② 배터리 시스템에 문제가 있을 수 있으므로 점검을 받는다.
③ 속도를 더 높여본다.
④ 진단기로 진단내용을 삭제한다.

16 이륜자동차의 LED 헤드라이트가 켜지지 않을 때, 멀티미터로 전원 공급 단자에서 12V 전압이 정상적으로 측정된다면, 다음 중 가장 유력한 고장 원인은?

① LED 모듈 내부의 드라이버 회로 고장
② 헤드라이트 퓨즈 단선
③ 배터리 방전
④ 헤드라이트 스위치 접점 불량

17 내연기관 이륜자동차의 점화 플러그가 젖어 있거나 오염되어 있을 때 나타날 수 있는 현상은?

① 배터리 충전이 빨라진다.
② 시동 불량, 출력 저하, 연비 불량
③ 브레이크가 잘 듣지 않는다.
④ 타이어 공기압이 낮아진다.

18 이륜자동차의 전기 배선에서 피복이 벗겨진 부분이 프레임 등 금속 부분에 닿아 발생할 수 있는 가장 위험한 상황은?

① 소음이 발생한다.
② 단락으로 인한 화재 또는 감전
③ 연비가 나빠진다.
④ 최고 속도가 줄어든다.

19 이륜자동차의 방향 지시등 스위치가 고장 났을 때, 발생할 수 있는 현상은?

① 방향 지시등이 계속 켜져 있다.
② 방향 지시등이 아예 작동하지 않거나 한쪽만 작동한다.
③ 브레이크 등이 함께 켜진다.
④ 엔진 시동이 불가능하다.

20 이륜자동차의 배선 하네스 점검 시, 배선이 마모되어 노출되었거나 단선된 경우, 가장 적절한 정비 조치는?

① 노출된 배선을 잘라낸다.
② 임시로 절연 테이프만 감고 사용한다.
③ 전문적인 방법으로 절연 처리 및 수리한다.
④ 물을 뿌려 단락을 유도한다.

21 이륜자동차의 전기 회로도에서 접지 또는 접지 기호가 의미하는 것은?
① 전압이 가장 높은 지점
② 전류가 흐르지 않는 지점
③ 회로의 기준 전위(0V) 또는 접지 연결점
④ 퓨즈가 연결된 지점

22 이륜자동차의 배터리 단자 주변에 하얀 가루가 많이 있다면 무엇을 해야 할까요?
① 물을 뿌려 씻어낸다.
② 배터리 단자를 깨끗하게 닦아낸다.
③ 그대로 두고 사용한다.
④ 더 큰 배터리로 교체한다.

23 이륜자동차의 스티어링이 무겁거나 뻑뻑할 때, 가장 먼저 의심해야 할 부품은?
① 엔진 오일 부족
② 스티어링 헤드 베어링 손상
③ 브레이크 패드 마모
④ 타이어 공기압 과다

24 이륜자동차 서스펜션 포크 씰에서 오일이 누유될 때, 나타날 수 있는 현상은?
① 엔진 소음 증가
② 브레이크 레버가 딱딱해진다.
③ 서스펜션 감쇠력 저하
④ 타이어 수명 연장

25 이륜자동차 리어 쇼크 업소버의 스프링 프리로드를 조절하는 도구는 주로 무엇인가?
① 십자 드라이버
② 스패너 또는 전용 후크 렌치
③ 플라이어
④ 망치

26 이륜자동차 변속기 내부에서 변속비를 결정하는 주요 부품은?
① 클러치 디스크 ② 기어 톱니수
③ 체인 ④ 변속기 카운터 축

27 이륜자동차 휠 림의 변형을 육안으로 확인하는 방법 중 가장 일반적인 것은?
① 엔진 소리를 듣는다.
② 좌우 또는 상하로 흔들리는지 확인한다.
③ 타이어 공기압을 측정한다.
④ 브레이크 패드 두께를 측정한다.

28 이륜자동차 프론트 포크 오일 점검 시, 가장 중요하게 확인해야 할 사항은?
① 오일의 색깔이 투명한지
② 오일의 양과 점도 누유 여부
③ 오일의 냄새
④ 오일의 가격

29 이륜자동차 바퀴에 바람을 너무 적게 넣으면 어떻게 될까요?
① 바퀴가 더 단단해진다.
② 바퀴가 빨리 닳고 운전하기 힘들어진다.
③ 바퀴가 더 튼튼해진다.
④ 바퀴가 자동으로 수리된다.

30 이륜자동차 브레이크 캘리퍼의 피스톤이 고착되었을 때, 발생할 수 있는 문제점은?
① 브레이크 레버가 부드러워진다.
② 타이어 공기압이 낮아진다.
③ 엔진 시동이 어려워진다.
④ 과열 및 패드/디스크의 비정상적인 마모

31 DCT의 장점으로 옳지 않은 것은?
① 변속 시간이 매우 짧다.
② 변속 충격이 적어 부드러운 주행이 가능하다.
③ 운전자가 수동 모드로 기어를 직접 조작할 수 있다.
④ 일반 수동변속기보다 구조가 훨씬 간단하고 가볍다.

32 이륜자동차의 앞바퀴가 좌우로 흔들리거나 불안정할 때, 가장 먼저 점검해야 할 부품은?
① 프론트 포크의 상태
② 연료탱크의 조리상태 헐거움
③ 시트 조립상태 헐거움
④ 브레이크 패드 마모도

33 일반적인 이륜자동차 수동변속기에서 기어 변속 시 운전자가 밟거나 당겨야 하는 것은?
① 브레이크 페달
② 클러치 레버와 변속 페달
③ 엑셀러레이터
④ 시동 버튼

34 이륜자동차 수동변속기에서 중립 기어의 기능은?
① 이륜자동차가 가장 빠르게 달릴 수 있는 기어이다.
② 정지한 상태에서도 시동이 꺼지지 않게 한다.
③ 이륜자동차를 후진하게 한다.
④ 브레이크 성능을 최대로 높인다.

35 이륜자동차의 앞바퀴 스프로킷이나 뒷바퀴 스프로킷의 이빨이 뾰족하게 닳았다면 무엇을 해야 할까요?
① 그대로 계속 탄다.
② 뾰족한 부분을 줄로 갈아낸다.
③ 기름만 듬뿍 바른다.
④ 체인과 스프로킷을 모두 새것으로 바꾼다.

36 이륜자동차 체인 스프로킷 마모 상태를 점검할 때, 가장 먼저 확인해야 할 부분은?
① 스프로킷의 색상
② 스프로킷의 제조사 각인
③ 스프로킷 이빨의 날카로움
④ 스프로킷의 전체적인 크기

37 이륜자동차 자동변속기 장착 모델에서 변속 충격이 심해진다면 점검 항목가 거리가 먼 것은?
① 변속기 케이블 불량
② 변속기 오일양의 부족
③ 변속기 오일의 오염
④ 변속기 제어 시스템의 이상

38 이륜자동차 ABS 시스템의 휠 속도 센서가 하는 주된 역할은?
① 브레이크 패드의 마모도 측정
② 바퀴의 회전 속도 감지
③ 브레이크액의 압력 조절
④ 엔진의 RPM 측정

39 이륜자동차 오디오 장치 점검 시, 스피커에서 잡음이 발생한다면 무엇을 의심해 볼 수 있는 항목이 아닌 것은?
① 스피커 배선 불량
② 스피커 자체 손상
③ 오디오 본체 문제
④ 전원 공급 불량

40 이륜자동차 디스플레이 모니터에 내비게이션 기능이 통합되어 있을 때의 편의성은?
① 연료 소모량을 줄인다.
② 직접 주행 경로 지도를 확인할 수 있다.
③ 이륜자동차의 제동 거리를 줄인다.
④ 엔진 소음을 줄인다.

41 ABS의 주된 기능은 무엇인가?
① 브레이크 작동 시 바퀴가 잠기는 것을 방지한다.
② 브레이크 패드의 마모를 줄인다.
③ 브레이크 오일의 온도를 낮춘다.
④ 브레이크 레버의 유격을 자동으로 조절한다.

42 이륜자동차의 스마트키 시스템에서 키가 인식되지 않아 시동이 불가능할 때, 일반적인 점검 순서로 가장 적절한 것은?
① 타이어 공기압 확인 → 엔진 오일 교환 → 브레이크 점검
② 스마트키 배터리 확인/교체 → 안테나 및 수신기 모듈 점검 → 관련 퓨즈 및 배선 점검
③ 연료 탱크 잔량 확인 → 스파크 플러그 교체 → 점화 코일 점검
④ 서스펜션 오버홀 → 휠 밸런스 조정 → 체인 장력 조절

43 이륜자동차 리어 뷰 미러 점검 시, 가장 중요하게 확인해야 할 사항은?
① 미러의 디자인이 최신 유행인지
② 미러의 무게가 가벼운지
③ 미러의 색깔이 이륜자동차와 어울리는지
④ 미러의 충분한 후방 시야 확보 가능 여부

44 이륜자동차 디스플레이 모니터의 가장 기본적인 역할은?
① 엔진의 온도를 조절한다.
② 차량 정보를 운전자에게 시각적으로 표시한다.
③ 타이어 공기압을 조절한다.
④ 브레이크 성능을 향상시킨다.

45 프레임 변형이 의심될 때, 전문적인 장비를 사용하여 치수 및 정렬 상태를 측정하는 작업은?
① 엔진 출력 테스트
② 프레임 지그를 이용한 정밀 측정 또는 3차원 측정
③ 브레이크 성능 테스트
④ 서스펜션 오일 교환

46 이륜자동차 사고 후 프레임이 휘어졌다고 의심될 때, 가장 먼저 해야 할 조치는?
① 바로 엔진 오일을 교환한다.
② 큰 변형이나 균열이 있는지 확인한다.
③ 타이어 공기압을 조절한다.
④ 오디오 볼륨을 최대로 높여본다.

47 강철 프레임 대비 알루미늄 프레임의 단점 중 하나는?
① 더 무겁다.
② 제조 비용이 상대적으로 높다.
③ 부식에 매우 취약하다.
④ 진동 흡수가 전혀 안 된다.

48 이륜자동차 사고 후 프레임이 손상되었을 때, 가장 먼저 고려해야 할 정비 방향은?
① 겉모습만 깨끗하게 도색한다.
② 정확한 진단 및 복원 여부를 판단한다.
③ 손상 부위에 강력 본드를 바른다.
④ 손상된 부품만 교체하고 프레임은 무시한다.

49 이륜자동차 프레임 정비 시작 전, 가장 먼저 수행해야 할 작업이 아닌 것은?
① 프레임의 변형 확인
② 프레임의 균열 확인
③ 프레임의 부식 확인
④ 프레임의 종류 확인

50 이륜자동차 프레임의 작은 흠집이나 도장 손상 부위가 부식으로 이어지는 것을 막기 위해 가장 빠르게 할 수 있는 조치는?
① 전체 프레임을 교체한다.
② 방청 처리 후 재 도장한다.
③ 흠집 난 채로 방치한다.
④ 뜨거운 물을 붓는다.

51 이륜자동차 프레임 정비 시, 변형된 부분을 교정할 때 가장 중요하게 고려해야 할 사항은?
① 교정 작업 시간을 빠르게 한다.
② 과도한 힘으로 인한 2차 손상을 방지한다.
③ 도색 작업을 미리 완료한다.
④ 엔진을 분해한다.

52 겨울철 도로에 살포되는 염화칼슘이 이륜자동차 프레임에 미치는 가장 큰 영향은?
① 프레임을 더 단단하게 만든다.
② 프레임의 금속 부식을 빠르게 진행시킨다.
③ 프레임의 색상을 밝게 한다.
④ 프레임의 무게를 줄인다.

53 이륜자동차 전조등의 광축과 관련하여, 법적으로 전조등의 빛이 향해야 하는 방향의 일반적인 기준은?
① 전조등의 높이보다 상부로 향하지 않을 것
② 최대한 높이 상부로 향할 것
③ 좌측으로만 향할 것
④ 우측으로만 향할 것

54 배기 소음 허용 기준을 초과하여 부적합 판정을 받은 경우, 운전자에게 주어지는 재검사 유예 기간은 얼마인가?
① 10일 이내
② 30일 이내
③ 60일 이내
④ 즉시 재검사

55 다음 중 구조변경 승인 없이 교체하더라도 안전 문제가 발생할 수 있는 부품은?
① 사이드 스탠드
② 브레이크 패드
③ 연료 탱크 캡
④ 배터리 커버

56 이륜자동차 최저 지상고를 변경하는 것은 구조변경 승인 대상이 될 수 있는데, 그 이유는?
① 이륜자동차의 색상이 변하기 때문에
② 타이어 공기압이 변하기 때문에
③ 엔진 오일량이 변하기 때문에
④ 주행 안정성, 노면 간섭 등 안전에 영향을 미치기 때문에

57 프레임를 구조변경할 수 없는 주된 이유는?
① 프레임이 너무 무거워져서
② 안전과 직결되기 때문
③ 도색이 어려워서
④ 바퀴가 잘 안 굴러가서

58 이륜자동차 구조변경 검사를 받을 때, 검사관이 주로 확인하는 내용은?
① 이륜자동차의 도색 상태
② 승인된 변경 내용과 안전 기준을 충족하는지
③ 운전자의 헬멧 착용 여부
④ 이륜자동차의 최고 속도

59 이륜자동차 구조변경(튜닝)이란 무엇인가?
① 이륜자동차의 색상을 바꾸는 행위
② 이륜자동차의 총 중량, 원동기, 동력전달장치를 변경하는 행위
③ 헬멧이나 보호 장구를 교체하는 행위
④ 이륜자동차 제조사를 변경하는 행위

60 이륜자동차 검사 시, 경음기 검사에서 확인하는 사항은?
① 혼의 디자인
② 혼의 제조사
③ 혼의 정상 작동 여부
④ 혼 버튼의 위치

실전 모의고사

3회

01 이륜자동차 전자제어 엔진에서 산소 센서의 주된 역할은?
① 엔진 오일 온도를 측정한다.
② 외부 기압을 측정한다.
③ 타이어 공기압을 측정한다.
④ 배기 가스 내의 산소 농도를 측정하여 연료의 희박/농후 상태를 ECU에 전송한다.

02 이륜자동차 수랭식 엔진에서 라디에이터의 가장 주된 역할은?
① 엔진 오일을 냉각시킨다.
② 냉각수를 외부 공기와 접촉시켜 온도를 낮춘다.
③ 연료를 냉각시킨다.
④ 배기 가스를 정화한다.

03 실린더 보어의 내벽에 마모 또는 손상이 발생했을 때 나타날 수 있는 주요 문제점은?
① 엔진의 냉각수 누수
② 압축 누설, 오일 소모량 증가
③ 브레이크 제동력 약화
④ 배터리 방전 가속화

04 엔진에서 에어 필터의 주된 역할은?
① 엔진 오일을 정화한다.
② 냉각수를 순환시킨다.
③ 먼지나 이물질을 걸러낸다.
④ 배기 가스를 배출한다.

05 전기 이륜자동차가 주행 중 멈추는 가장 흔한 이유는?
① 타이어 펑크   ② 배터리 방전
③ 연료 부족   ④ 엔진 과열

06 수냉식 엔진에서 라디에이터의 주된 역할은?
① 냉각수를 저장한다.
② 뜨거워진 냉각수를 식혀 엔진으로 다시 공급한다.
③ 냉각수를 순환시키는 펌프 역할을 한다.
④ 냉각수의 불순물을 여과한다.

07 이륜자동차 전자제어 엔진에서 ECU의 가장 주된 역할은?
② 연료 분사, 점화 시기 등을 정밀하게 제어한다.
② 이륜자동차의 브레이크를 제어한다.
③ 배터리를 충전한다.
④ 이륜자동차의 타이어 공기압을 조절한다.

08 이륜자동차 엔진에서 실린더 블록의 가장 주된 역할은?
① 엔진 오일을 저장하는 공간이다.
② 흡기 및 배기 밸브를 장착하는 부분이다.
③ 배기 가스를 외부로 배출하는 통로이다.
④ 엔진의 주요 회전 및 왕복 운동 부품들을 지지한다.

09 전기 이륜자동차의 배터리 충전 완료 후, 충전 케이블을 분리하는 올바른 순서는?
① 차량 측 커넥터 먼저 분리 후 충전기 측 플러그 분리
② 충전기 측 플러그 먼저 분리 후 차량 측 커넥터 분리
③ 순서는 상관 없다
④ 급하게 당겨서 분리한다.

10 전기 이륜자동차에서 에너지를 저장하는 부품은?
① LDC
② 배터리
③ 모터
④ MCU

11 직류 전원 장치의 고장 시, 이륜자동차 운행에 가장 치명적인 영향을 미치는 경우는?
① 전기 모터로의 전력 공급이 완전히 중단되는 경우
② 경적 소리가 작아지는 경우
③ USB 충전 포트가 작동하지 않는 경우
④ 방향 지시등이 깜빡이지 않는 경우

12 전기 이륜자동차의 주행 거리에 가장 큰 영향을 미치는 요인은?
① 모터의 용량
② 배터리의 용량
③ MCU의 크기
④ BMS의 크기

13 전기 이륜자동차의 고전압 배터리 팩을 다룰 때, 떨어뜨리거나 충격을 주지 않도록 주의해야 하는 주된 이유는?
① 배터리 용량이 감소하기 때문에
② 배터리 내부 셀 손상으로 인한 화재 및 폭발 위험이 있기 때문에
③ 배터리 무게가 증가하기 때문에
④ 외관이 손상되기 때문에

14 전기 이륜자동차 배터리의 잔량이 부족할 때 나타날 수 있는 현상은?
① 모터 소음 증가
② 출력 저하 및 주행 가능 거리 감소
③ 제동력 증가
④ 핸들 조향 어려움

15 점화 코일의 구성 요소 중, 배터리 전압을 직접 받아 자기장을 형성하는 코일은?
① 1차 코일
② 2차 코일
③ 접지 코일
④ 유도 코일

16 전기 이륜자동차의 메인 릴레이(Main Contactor) 점검 시, 릴레이 작동음이 들리지 않거나 비정상적인 소음이 발생한다면 의심할 수 있는 것은?
① 타이어 마모
② 브레이크 오일 부족
③ 서스펜션 스프링 손상
④ 릴레이 자체의 고장 또는 제어 회로 문제

17 이륜자동차의 배선 하네스 점검 시, 배선이 마모되어 노출되었거나 단선된 경우, 가장 적절한 정비 조치는?
① 노출된 배선을 잘라낸다.
② 임시로 절연 테이프만 감고 사용한다.
③ 전문적인 방법으로 절연 처리 및 수리한다.
④ 물을 뿌려 단락을 유도한다.

18 내연기관 이륜자동차의 충전 시스템에서 레귤레이터가 고장 났을 때 나타날 수 있는 현상으로 옳은 것은?
① 엔진이 과열된다.
② 배터리가 과충전되거나 충전이 불량해진다.
③ 점화 불꽃이 강해진다.
④ 연료 소비량이 증가한다.

19 이륜자동차의 전기 배선을 점검할 때, 피복이 벗겨지거나 손상된 부분을 발견했다면 가장 적절한 조치는?
① 그대로 두고 사용한다.
② 절연 테이프로 감거나, 필요시 배선을 교체한다.
③ 물을 뿌려 냉각시킨다.
④ 날카로운 도구로 긁어낸다.

20 이륜자동차의 후미등과 번호판 등이 함께 작동하지 않을 때, 가장 먼저 의심해야 할 공통적인 원인은?
① 개별 전구의 단선
② 관련 퓨즈 단선 또는 공통 배선 문제
③ 브레이크 스위치 고장
④ 헤드라이트 전구 단선

21 이륜자동차의 등화장치 정비 후, 모든 등화장치가 제대로 작동하는지 점검해야 하는 주된 이유는?
① 외관을 더 멋지게 보이기 위해
② 배터리 충전 속도를 높이기 위해
③ 엔진 출력을 높이기 위해
④ 다른 차량으로부터 인지도를 높여 안전을 확보하기 위해

22 이륜자동차의 퓨즈 박스에 없는 메인 퓨즈가 끊어졌을 때, 전체 전기 시스템이 작동하지 않는 이유를 잘 설명한 것은?
① 메인 퓨즈는 모든 전기 장치의 접지선을 연결하기 때문이다.
② 메인 퓨즈는 전기 회로의 주 전원을 직접 연결하는 장치이기 때문이다.
③ 메인 퓨즈는 배터리의 음극(-) 단자를 보호하기 때문이다.
④ 메인 퓨즈는 각 전구의 전류를 조절하기 때문이다.

23 이륜자동차의 상향등이 작동하지 않을 때, 하향등은 정상 작동한다면, 다음 중 어떤 부품을 우선적으로 점검해야 하는가?
① 방향 지시등 릴레이
② 상향등 전구 필라멘트
③ 브레이크 스위치
④ 퓨즈 박스 전체

24 이륜자동차 서스펜션에서 프리로드를 조절하는 주된 목적은?
① 서스펜션 오일의 점도를 변경하기 위해
② 서스펜션 스프링의 압축 강도를 조절하기 위해
③ 서스펜션의 길이를 늘리기 위해
④ 서스펜션의 작동 소음을 줄이기 위해

25 이륜자동차 휠 림이 심하게 휘었을 때, 주행 중 발생할 수 있는 가장 위험한 상황은?
① 엔진 출력 증가
② 브레이크 패드 수명 연장
③ 연료 효율 증가
④ 타이어 편마모 및 주행 불안정성

26 이륜자동차 앞 서스펜션 오일 누유 시 발생할 수 있는 문제로 가장 거리가 먼 것은?
① 제동력 저하
② 주행 중 소음 증가
③ 승차감 저하
④ 타이어 편마모 발생

27 이륜자동차 프론트 포크 오일을 주기적으로 교환해야 하는 주된 이유는?
① 엔진의 성능을 높이기 위해
② 오일이 오염되거나 점도가 변하기 때문
③ 브레이크 성능을 향상시키기 위해
④ 타이어의 수명을 연장하기 위해

28 이륜자동차 리어 스윙암의 피벗 부분에 유격이 발생했을 때, 주행 중 나타날 수 있는 현상은?
① 직진 안정성 저하
② 핸들 조작이 부드러워진다.
③ 프레임이 출렁거린다.
④ 배터리 충전이 안된다.

29 이륜자동차 브레이크 캘리퍼의 피스톤 고착으로 인해 발생할 수 있는 문제점은?
① 브레이크 레버가 부드러워진다.
② 과열 및 패드/디스크의 비정상적인 마모
③ 타이어 공기압이 낮아진다.
④ 엔진 시동이 어려워진다.

30 이륜자동차 브레이크를 잡을 때 '끼익' 하는 소리가 심하게 나면 무엇을 의심해야 할까요?
① 타이어 공기압
② 엔진 오일량
③ 백미러가 흔들리는지
④ 브레이크 패드가 다 닳았는지

31 이륜자동차 클러치 케이블에 윤활제를 도포하는 주된 이유는?
① 케이블의 색깔을 유지하기 위해
② 케이블의 마찰을 줄여 작동감을 유지하기 위해
③ 케이블의 무게를 늘리기 위해
④ 케이블이 더 뻑뻑하게 움직이게 하기 위해

32 수동 변속기에서 운전자가 기어를 변경할 때, 엔진 동력을 일시적으로 차단하여 부드러운 변속을 돕는 것은?
① 브레이크 ② 클러치
③ 휠 ④ 서스펜션

33 이륜자동차 구동 체인 중, 가장 긴 수명을 기대할 수 있으며 유지보수 주기가 긴 체인 종류는?
① 표준 체인
② X-링 체인
③ O-링 체인
④ 레이싱용 표준 체인

34 이륜자동차 수동변속기에서 시프트 다운을 하는 주된 이유는?
① 엔진 브레이크를 사용하여 감속하기 위해
② 연비를 향상시키기 위해
③ 클러치 레버의 유격을 조절하기 위해
④ 체인 장력을 느슨하게 하기 위해

35 이륜자동차 수동변속기에서 레브 매칭을 하는 주된 이유는?
① 엔진 시동을 더 빨리 걸기 위해
② 변속 시 부드러운 변속과 충격 감소를 위해
③ 브레이크를 더 세게 잡기 위해
④ 연료 소모를 증가시키기 위해

36 이륜자동차 클러치 시스템에서 클러치 바스켓의 역할은?
① 클러치 오일을 저장한다.
② 클러치 레버의 장력을 조절한다.
③ 엔진의 크랭크샤프트와 연결되어 동력을 전달하는 부품이다.
④ 클러치 케이블을 보호한다.

37 이륜자동차 디스플레이 모니터에 외부 온도 표시 기능이 있을 때의 편의성은?
① 엔진 온도를 측정한다.
② 현재 외부 주행 환경에 대한 정보를 제공한다.
③ 타이어 온도를 측정한다.
④ 연료 온도를 측정한다.

38 이륜자동차 디스플레이 모니터에 스마트폰 미러링 기능이 지원될 때의 편의성은?
① 모니터의 수명을 늘린다.
② 스마트폰 화면을 모니터에 그대로 표시하여 사용할 수 있다.
③ 모니터의 무게를 줄인다.
④ 모니터의 디자인을 변경한다.

39 이륜자동차 CAN 통신에서 여러 ECU가 동시에 메시지를 전송하려고 할 때, 어떤 메시지가 먼저 전송될지를 결정하는 것은?
① 가장 큰 메시지 크기
② 메시지의 ID (우선순위)
③ 가장 최근에 전송된 메시지
④ 가장 멀리 있는 ECU의 메시지

40 이륜자동차 디스플레이 모니터에 내비게이션 기능이 통합되어 있을 때의 편의성은?
① 연료 소모량을 줄인다.
② 이륜자동차의 제동 거리를 줄인다.
③ 엔진 소음을 줄인다.
④ 직접 주행 경로 지도를 확인할 수 있다.

41 이륜자동차 오디오 장치의 방수 기능이 중요한 주된 이유는?
① 오디오 장치의 무게를 줄인다.
② 장치의 수명을 연장하기 위함이다.
③ 오디오 장치의 디자인을 향상시킨다.
④ 오디오 장치의 음질을 향상시킨다.

42 일부 고급 이륜자동차 시트에 적용되는 열선 기능의 주된 편의성은?
① 시트의 수명을 늘린다.
② 추운 날씨에 라이더의 체온을 유지하여 주행 쾌적성을 높인다.
③ 시트의 무게를 줄인다.
④ 시트의 디자인을 변경한다.

43 이륜자동차 오디오 장치에서 핸들바에 장착된 컨트롤 버튼의 주된 편의성은?
① 주행 중 손을 떼지 않고 안전하게 볼륨 조절, 트랙 변경 등 오디오 기능을 조작할 수 있게 한다.
② 오디오 장치의 음질을 향상시킨다.
③ 오디오 장치의 전력 소모를 줄인다.
④ 오디오 장치의 설치를 쉽게 한다.

44 바퀴잠김방지식 주제동장치(ABS)를 갖춘 이륜자동차에는 어떤 색상의 경고등이 설치되어야 하는가?
① 적색 경고등   ② 녹색 경고등
③ 황색 경고등   ④ 청색 경고등

45 이륜자동차 프레임이 심하게 휘어졌을 때 발생할 수 있는 가장 심각한 문제는?
① 엔진 소음이 커진다.
② 직진성 불량, 조향 불안정이 생긴다.
③ 브레이크 성능이 향상된다.
④ 연료 소모량이 감소한다.

46 이륜자동차 프레임의 알루미늄 재질에 대한 설명으로 옳은 것은?
① 강철 프레임보다 항상 무겁다.
② 녹이 전혀 슬지 않는다.
③ 용접이 매우 쉽다.
④ 강철보다 가볍지만, 수리가 까다롭다.

47 프레임 변형이나 손상으로 인한 얼라인먼트 불량이 발생했을 때, 나타날 수 있는 증상이 아닌 것은?
① 직진 주행 시 불안정
② 핸들 쏠림
③ 타이어의 비정상적인 편마모
④ 쇽업소버의 비정상 마모

48 이륜자동차 프레임에 방청 작업을 할 때 가장 일반적으로 사용되는 방법이 아닌 것은?
① 방청 페인트 도포
② 언더코팅
③ 윤활유 도포
④ 왁스 코팅

49 이륜자동차 불법 구조변경을 했을 때 적용되는 가장 주된 법률은?
① 도로교통법   ② 자동차관리법
③ 형법   ④ 국민건강보험법

50 이륜자동차 사고 후 프레임이 변형되었다면, 프레임과 함께 반드시 점검해야 할 주요 관련 부품이 아닌 것은?

① 프론트 포크
② 스윙암
③ 스티어링 헤드 베어링
④ 쇽업쇼버

51 프레임의 방진 작업을 위해 가장 중요하게 고려해야 할 부분이 아닌 것은?

① 쇽업쇼버 더스트 커버
② 프레임 내부
③ 용접 부위
④ 볼트/너트 연결 부위

52 이륜자동차 프레임에서 스티어링 헤드 부분이 하는 역할은?

① 앞바퀴의 조향이 이루어지는 부분이다.
② 엔진이 장착되는 곳이다.
③ 뒷바퀴가 연결되는 곳이다.
④ 연료탱크가 놓이는 곳이다.

53 이륜자동차 프레임의 헤드 파이프가 굽거나 변형되었을 때, 가장 직접적으로 영향을 받는 주행 성능은?

① 엔진 출력 저하
② 조향 안정성 및 직진성
③ 제동성능 저하
④ 현가성능 저하

54 프레임를 구조변경할 수 없는 주된 이유는?

① 프레임이 너무 무거워져서
② 안전과 직결되기 때문
③ 도색이 어려워서
④ 바퀴가 잘 안 굴러가서

55 이륜자동차의 전조등 빛의 등광색은 무엇이어야 하는가?

① 황색   ② 청색
③ 적색   ④ 백색

56 이륜자동차 경음기를 여러 개 장착하거나, 에어혼 등으로 교체하는 것은 구조변경 승인 대상이 될 수 있는데, 그 주된 이유는?

① 혼의 디자인이 독특해서
② 경음기 소음 허용 기준을 초과해서
③ 혼의 무게가 무거워져서
④ 혼의 설치가 복잡해서

57 이륜자동차 구조변경 승인 신청 시, 필수적으로 제출해야 하는 서류 또는 자료가 아닌 것은?

① 이륜차 사용 신고필증
② 변경하고자 하는 구조 장치의 설계 도면
③ 튜닝 전/후 이륜자동차 외관도
④ 부품 가격과 사업자등록증

58 이륜자동차 검사 불합격 후, 지정된 재검사 기간 내에 재검사를 받지 않을 경우 발생할 수 있는 불이익은?

① 과태료가 부과되지 않는다.
②「자동차관리법」등에 따라 과태료 부과 및 운행 정지 등 행정 처분을 받을 수 있다.
③ 이륜자동차 면허가 취소된다.
④ 다음 검사 시 검사 비용이 할인된다.

59 이륜자동차의 엔진을 다른 종류나 더 큰 배기량의 엔진으로 교체할 경우 필요한 절차는?

① 그냥 교체하고 타면 된다.
② 자동차 보험사에만 통보하면 된다.
③ 경찰서에 신고만 하면 된다.
④ 교통안전공단에 구조변경 승인을 받고 검사를 받아야 한다.

60 차대번호는 영문자와 숫자로 구성되지만, 혼동을 피하기 위해 사용하지 않는 영문자는?

① A, B, C   ② D, E, F
③ I, O, Q   ④ X, Y, Z

실전모의고사 정답 및 해설

제 1 회

01. ②	02. ④	03. ②	04. ②	05. ②
06. ②	07. ③	08. ①	09. ②	10. ②
11. ①	12. ②	13. ④	14. ②	15. ②
16. ②	17. ②	18. ②	19. ④	20. ②
21. ②	22. ④	23. ②	24. ②	25. ①
26. ②	27. ②	28. ②	29. ③	30. ②
31. ②	32. ③	33. ②	34. ①	35. ①
36. ②	37. ②	38. ②	39. ②	40. ②
41. ④	42. ②	43. ②	44. ②	45. ①
46. ②	47. ②	48. ②	49. ②	50. ④
51. ②	52. ②	53. ②	54. ①	55. ②
56. ②	57. ②	58. ③	59. ④	60. ②

01. ②
이 센서들은 점화 시기와 연료 분사 타이밍을 결정하는 데 필수적인 엔진의 '심장 박동' 정보를 ECU에 전달한다.

02. ④
ECU는 센서 또는 액추에이터에서 비정상적인 신호나 작동을 감지하면, 운전자에게 이상을 알리기 위해 엔진 경고등을 점등시킨다.

03. ②
캠 베어링은 캠축의 회전을 원활하게 하여 밸브 작동의 정확성과 엔진의 수명에 영향을 미친다.

04. ②
오일 필터는 엔진 오일의 수명을 연장하고 엔진 부품의 마모를 줄이는 데 필수적인 부품입니다. 오일만 교환하고 필터를 교환하지 않으면 새 오일도 금방 오염된다.

05. ②
실린더 블록은 엔진의 '몸통' 역할을 하며, 엔진의 핵심 부품들이 장착되고 작동하는 기본적인 구조를 제공한다.

06. ②
가압 상태에서는 냉각수의 끓는점이 상승하여 고온에서도 액체 상태를 유지하며 더 효율적인 냉각이 가능해진다.

07. ③
BMS는 배터리 팩의 안전하고 효율적인 작동을 위한 필수적인 전자제어 시스템이다.

08. ①
충전 포트는 고전압 전기가 흐르는 중요한 부분입니다. 이물질이나 손상은 충전 연결 불량, 단락(Short Circuit)으로 인한 감전 또는 화재의 직접적인 원인이 될 수 있다.

09. ②
배선 하네스를 올바른 위치에 케이블 타이 등으로 고정하고, 마찰이 예상되는 부분에는 보호 튜브나 고무 부싱을 추가하여 물리적 손상을 예방해야 한다.

10. ②
와트시(Wh = V x Ah)는 배터리가 저장할 수 있는 총 에너지량을 나타내므로, 주행 거리에 직접적인 영향을 미친다.

11. ①
이름 그대로 직류(DC) 전원을 다른 직류 전원으로 변환하거나 공급하는 장치이다.

12. ②
온보드 충전기는 AC 전력을 DC 전력으로 변환하여 배터리를 충전한다.

13. ④
배터리 관리 시스템(BMS)은 배터리 팩의 안전하고 효율적인 작동을 위해 각 셀의 전압, 전류, 온도 등을 모니터링하고 제어한다. 모터의 회전 속도 제어는 모터 컨트롤러(인버터)의 역할이다.

14. ②
전압은 회로의 두 지점 간의 전위차를 측정하는 것이므로, 멀티미터를 측정하고자 하는 부품이나 전원에 병렬로 연결해야 한다. 전류 측정은 직렬연결이다.

15. ②
회생 제동은 차량이 감속할 때 모터를 발전기처럼 사용하여 운동 에너지를 전기 에너지로 변환, 배터리로 다시 돌려보내는 기술이다.

16. ②
모터도 작동 시 열이 발생하므로, 공기나 냉각수를 이용하여 열을 발산시켜야 효율과 수명을 유지할 수 있다.

17. ②
LED는 일반 전구보다 전력 소모가 훨씬 적습니다. LED 전용으로 설계된 회로에 일반 전구를 장착하면 전력 소모가 크게 늘어나고, 회로의 과부하, 발열, 릴레이 오작동 등을 유발할 수 있다.

18. ②
시동 모터가 회전하지만 엔진과 제대로 맞물리지 못하고 헛도는 소리가 나는 경우, 시동 모터 내부의 기어(피니언 기어)나 원웨이 클러치(오버러닝 클러치)의 마모 또는 고착을 의심할 수 있다.

19. ④
점화 플러그가 젖거나 오염되면 불꽃이 약해지거나 아예 발생하지 않아 혼합 가스의 연소가 제대로 이루어지지 않으므로, 시동이 어렵거나 엔진 출력이 저하되고 연비가 나빠질 수 있다.

20. ②
점화 시기가 너무 늦으면 혼합 가스가 피스톤이 하강하는 도중에 연소되어 폭발력이 제대로 전달되지 않아 엔진 출력이 저하된다. 또한, 연소 가스가 배기 밸브가 열린 상태에서 빠져나가 배기가스 온도가 높아지고 엔진 과열을 유발할 수 있다.

21. ②
방향 지시등 스위치는 좌우 방향 지시등 회로에 전원을 공급하는 역할을 한다. 스위치가 고장 나면 전원이 제대로 공급되지 않아 방향 지시등이 작동하지 않거나, 특정 방향만 작동하지 않을 수 있다.

22. ④
전구와 퓨즈가 정상임에도 불빛이 약하다면, 전원 공급 경로(배선, 커넥터, 스위치 등)에 부식이나 접촉 불량으로 인한 저항 증가가 발생하여 전압 강하가 심해지는 경우를 의심할 수 있다.

23. ②
범프 스톱은 서스펜션이 최대한 압축되었을 때, 내부 부품들이 서로 부딪혀 손상되는 것을 방지하고 충격을 한 번 더 흡수하여 완화시키는 고무 또는 플라스틱 부품이다.

24. ②
오토바이가 사고로 충격을 받거나, 타이어에 비정상적인 편마모가 나타나거나, 핸들링에 이상이 느껴질 때 휠 얼라인먼트를 점검해야 한다.

25. ①
리바운드 댐핑은 서스펜션이 압축된 후 다시 늘어나는 속도를 조절한다. 너무 약하게 설정되면 스프링이 반동으로 인해 과도하게 빠르게 늘어나면서 오토바이가 튀어 오르는 듯한 불안정한 느낌을 주어 노면 추종성이 떨어진다.

26. ②
압축 댐핑은 서스펜션이 충격을 받아 압축되는 속도를 조절한다. 너무 약하게 설정되면 서스펜션이 과도하게 빠르게 압축되어 요철에서 쉽게 바닥에 닿는 '바텀 아웃' 현상이 발생할 수 있다.

27. ②
프론트 포크 오일은 충격을 흡수하고 감쇠력을 조절하는 역할을 한다. 오일이 새면 이 기능이 약해져 승차감이 나빠지고, 심하면 새어 나온 오일이 브레이크 디스크나 패드에 묻어 제동력을 잃게 할 수 있어 매우 위험하다.

28. ②
스프링은 충격을 흡수하지만 진동을 계속 발생시키므로, 댐퍼가 이 진동을 줄여 오토바이가 출렁거리지 않고 안정적으로 노면을 따라가게 한다.

29. ③
포크 씰에서 오일이 새면 서스펜션의 감쇠력이 약해져 승차감과 조종 안정성이 저하된다. 또한 누유된 오일이 브레이크 디스크나 패드에 묻으면 제동 시 심각한 미끄러움을 유발하여 위험할 수 있다.

30. ②
타이어는 주행 거리가 짧더라도 시간이 지나면 고무가 경화되거나 갈라지는 등 노화가 진행된다. 제조 일자를 확인하여 타이어의 노화 상태를 예측하고 안전한 교체 시기를 판단하는 것이 중요하다.

31. ②
자동변속기는 운전자의 개입 없이 자동으로 동력을 연결하고 끊는 장치(예: 토크 컨버터, CVT)를 내장하고 있으므로 별도의 클러치 페달이 필요하지 않다.

32. ③
시프트 업(고단 변속)은 엔진의 회전수를 낮춰 같은 속도를 유지하게 함으로써 연료 효율을 높이고 엔진의 불필요한 고회전 부담을 줄여준다.

33. ②
클러치는 엔진과 변속기 사이의 동력 전달을 끊거나 이어주는 역할을 하여, 기어 변속 시 엔진의 부담을 줄이고 부드러운 변속을 가능하게 한다.

34. ①
변속기 내부의 기어 이빨이 마모되면 기어가 정확히 맞물리지 않아 변속 시 헛도는 느낌을 주거나, 심한 소음이 발생하고 특정 기어 단수가 제대로 들어가지 않는 등의 문제가 발생한다.

35. ①
1단은 기어비가 커서 엔진의 구동력을 최대한 바퀴에 전달할 수 있다. 2단, 3단, 4단으로 갈수록 구동력은 감소한다.

36. ②
체인 장력은 오토바이 모델별로 규정된 유격이 있다. 이 유격을 벗어나면 체인 및 스프로킷의 마모 가속화, 동력 손실, 심하면 체인 이탈 등의 문제가 발생할 수 있다.

37. ②
클러치 시스템, 특히 유압식 클러치의 경우 정비 후 라인 내에 공기가 유입되었을 수 있다. 레버를 반복적으로 작동시켜 공기를 빼내고, 유압 시스템의 압력을 정상화해야 한다. 케이블식도 초기 유격 등을 확인하기 위해 필요하다.

38. ②
클러치 바스켓은 클러치 디스크와 플레이트가 삽입되는 큰 원통형 부품으로, 엔진의 크랭크샤프트와 직접 연결되어 엔진의 회전력을 클러치 디스크로 전달하는 역할을 한다.

39. ②
시트 높이 조절 기능은 라이더의 신장에 따라 발 착지성을 개선하고, 장거리 주행 시 피로도를 줄일 수 있는 최적의 라이딩 포지션을 설정할 수 있도록 돕는 중요한 편의 기능이다.

40. ②
탑 박스나 사이드 백은 짐을 운반하는 편의장치지만, 고정이 불안정하면 주행 중 이탈하여 사고를 유발할 수 있다. 튼튼한 고정 상태와 잠금 장치, 그리고 흔들림 없는 안정성이 중요하다.

41. ④
열선 시트는 추운 계절에 라이더의 엉덩이와 허리를 따뜻하게 해주어 장거리 주행 시 체온 유지와 피로도 감소에 큰 도움을 주는 편의 장치이다.

42. ②
백라이트는 야간이나 터널 등 어두운 환경에서 디스플레이의 시인성을 확보해주는 필수적인 기능이다. 작동 불량 시 정보 확인이 어려워 위험할 수 있다.

43. ②
오토바이 모니터는 날씨와 도로 환경의 영향을 직접 받으므로, 방수 및 방진 성능은 장치의 수명과 안정적인 작동을 위해 매우 중요하다.

44. ②
시트 아래 수납공간은 작은 물품들을 보관할 수 있도록 제공되어, 별도의 가방 없이도 편리하게 오토바이를 이용할 수 있도록 돕는 편의 장치이다.

45. ①
스피커에서 잡음이 나는 경우, 가장 먼저 배선 연결 상태를 확인하고, 스피커 자체의 손상 여부나 오디오 본체의 내부 문제 등을 점검해야 한다.

46. ②
모니터에 내비게이션 기능이 통합되면 운전 중 시선 이동을 최소화하여 안전하고 편리하게 경로를 확인할 수 있다.

47. ②
프레임 교정은 금속의 특성을 이해하고 정밀하게 작업해야 한다. 무리한 힘을 가하면 재료가 파손되거나 숨겨진 균열이 생겨 오히려 더 큰 문제가 될 수 있다.

48. ②
서브 프레임은 메인 프레임에 보조적으로 연결되어 시트, 후미등, 머플러 등 주로 후방의 비구조적인 부품들을 지지하는 역할을 한다. 충격 시 메인 프레임 보호를 위해 파손되도록 설계되기도 한다.

49. ②
소리의 변화는 경음기 자체의 성능 저하 또는 전기적 문제의 신호일 수 있다.

50. ④
프레임 용접은 오토바이의 강성과 안전에 직접적인 영향을 미치므로, 반드시 프레임 재질(예: 강철, 알루미늄)에 맞는 전문적인 용접 기술과 장비가 필요합니다. 잘못된 용접은 오히려 강성을 저해할 수 있다.

51. ②
프레임에 연결된 모든 부품의 볼트와 너트는 정비 후 반드시 규정 토크로 단단히 조여야 한다. 느슨한 체결은 주행 중 부품 이탈이나 파손으로 이어져 매우 위험하다.

52. ②
프레임 정비 후에는 반드시 휠의 정렬 상태(얼라인먼트)를 다시 확인하고, 실제 주행을 통해 오토바이의 직진성, 코너링, 핸들링 등 주행 안정성이 완전히 회복되었는지 종합적으로 테스트해야 한다.

53. ②
알루미늄 합금은 강철보다 가공 및 용접이 더 전문적인 기술을 요구하며 비용이 상승한다.

54. ①
휠의 크기는 오토바이의 실제 속도와 계기판 속도의 오차를 유발할 수 있으며, 휠의 중량과 강성은 주행 안정성과 제동 성능에 큰 영향을 미친다.

55. ②
심한 부식은 프레임의 강도를 약화시키므로, 단순히 겉만 가리는 것이 아니라 부식된 부분을 제거하고 금속 표면을 보호하는 방청(녹 방지) 및 재도장 작업이 필수이다.

56. ②
불법 개조된 머플러는 환경 기준에 맞지 않는 경우가 많으며, 특히 촉매 장치 등을 제거하면 유해 물질 배출량이 급증하여 배출가스 검사 불합격의 주된 원인이 된다.

57. ②
머플러 불법 개조로 인한 소음 문제는 「소음·진동관리법」에 따라 처벌되며, 과태료 또는 벌금 대상이 될 수 있다.

58. ③
배출가스 관련 기준은 「대기환경보전법」에 명시되어 있다.

59. ④
국제 표준 ISO 3779에 따라 모든 차량의 VIN은 17자리의 영문자와 숫자로 구성된다.

60. ②
시료채취관을 배기관 내에 삽입한 후, 공회전 상태에서 측정한다.

제 2 회

01. ②	02. ①	03. ②	04. ③	05. ③
06. ②	07. ①	08. ③	09. ②	10. ②
11. ④	12. ②	13. ③	14. ③	15. ②
16. ①	17. ②	18. ②	19. ②	20. ③
21. ③	22. ②	23. ②	24. ②	25. ②
26. ②	27. ②	28. ②	29. ②	30. ④
31. ④	32. ③	33. ②	34. ②	35. ④
36. ②	37. ②	38. ②	39. ④	40. ②
41. ①	42. ②	43. ④	44. ②	45. ②
46. ②	47. ②	48. ②	49. ②	50. ②
51. ②	52. ②	53. ②	54. ①	55. ②
56. ④	57. ②	58. ②	59. ②	60. ③

01. ②
ECU는 엔진의 효율성, 성능, 환경 친화성 등 여러 목표를 동시에 만족시키기 위해 끊임없이 제어 값을 조절한다.

02. ①
고압의 연료는 인젝터가 균일하고 미세한 입자 형태로 연료를 분사하여 효율적인 연소를 가능하게 한다.

03. ②
VVT 시스템은 엔진의 저속 및 고속 영역 모두에서 최적의 흡기/배기 효율을 달성하여 전반적인 엔진 성능을 개선한다.

04. ③
엔진의 압축 압력은 엔진 실린더 내부의 기밀 상태를 나타낸다. 압축 압력이 낮으면 피스톤 링 마모, 밸브 손상, 실린더 헤드 가스켓 손상 등을 의심할 수 있으며, 이는 시동 불량 및 출력 저하의 직접적인 원인이 된다.

05. ③
ECU는 연료 압력 계통에 이상이 감지되면 엔진 경고등을 점등시켜 운전자에게 문제를 알린다.

06. ②
메인 베어링은 크랭크축의 회전을 지지하여 엔진의 원활한 동력 전달을 가능하게 하는 중요한 윤활 부품이다.

07. ①
가솔린 엔진은 점화 플러그를 이용한 불꽃 점화 방식이며, 압축 착화 방식은 디젤 엔진의 특징이다.

08. ③
필러 게이지는 얇은 금속판으로 이루어져 있어 좁은 틈새의 간극을 정밀하게 측정하는 데 사용된다. 밸브와 로커 암 또는 캠 사이의 간극을 측정할 때 주로 사용된다.

09. ②
전기 모터는 배터리의 전기를 받아 회전하여 바퀴를 구동시키는 핵심 부품이다.

10. ②
브러시와 정류자의 마모는 기존 DC 모터의 수명을 제한하는 주요 원인이었으나, BLDC 모터에서는 이 문제가 해결되었다.

11. ④
배터리 관리 시스템(BMS)은 배터리 팩의 안전하고 효율적인 작동을 위해 각 셀의 전압, 전류, 온도 등을 모니터링하고 제어한다. 모터의 회전 속도 제어는 모터 컨트롤러(인버터)의 역할이다.

12. ②
직류 전원 장치는 모터 컨트롤러에 전원을 공급하거나, 모터 자체에 직접 전력을 공급하는 역할을 하므로, 이 부분에 문제가 생기면 주행이 불가능해진다.

13. ③
누전 차단기(Circuit Breaker)는 전기 회로에서 누전이나 과부하가 발생했을 때 자동으로 전원을 차단하여 인명 및 재산 피해를 방지하는 안전 장치이다. 퓨즈는 과전류 보호에 주로 사용된다.

14. ③
구동 시스템은 모터에서 발생한 회전력을 바퀴로 전달하여 오토바이가 실제 주행할 수 있도록 한다.

15. ②
배터리 경고등은 배터리 시스템에 이상이 있음을 알려주는 중요한 신호이므로, 무시하지 않고 전문가에게 점검을 받아야 한다.

16. ①
전원 공급(12V)이 정상인데 LED가 켜지지 않는다면, 전원을 LED 소자에 맞게 변환하고 제어하는 LED 드라이버 회로에 문제가 있거나, LED 소자 자체에 단선 등의 고장이 발생했을 가능성이 가장 높다. 퓨즈 단선이나 스위치 불량은 전원 공급 자체를 막는다.

17. ②
점화 플러그가 젖거나 오염되면 불꽃이 약해지거나 아예 발생하지 않아 혼합 가스의 연소가 제대로 이루어지지 않으므로, 시동이 어렵거나 엔진 출력이 저하되고 연비가 나빠질 수 있다.

18. ②
벗겨진 배선이 차체(접지)에 닿으면 단락이 발생하여 과도한 전류가 흐르고, 이는 배선 과열, 화재, 퓨즈 단선, 심하면 감전 사고로 이어질 수 있다.

19. ②
방향 지시등 스위치는 좌우 방향 지시등 회로에 전원을 공급하는 역할을 한다. 스위치가 고장 나면 전원이 제대로 공급되지 않아 방향 지시등이 작동하지 않거나, 특정 방향만 작동하지 않을 수 있다.

20. ③
손상된 배선은 전기적 문제와 안전사고의 직접적인 원인이 된다. 임시 조치보다는 정확한 진단 후 배선을 교체하거나, 표준 절차에 따라 안전하고 완벽하게 수리해야 한다.

21. ③
전기 회로도에서 'GND'(Ground) 또는 접지 기호는 회로의 기준 전위인 0볼트를 나타내며, 보통 차량의 프레임이나 배터리 음극(-) 단자에 연결되어 전류가 순환하는 경로를 완성한다.

22. ②
배터리 단자의 하얀 가루는 부식된 것이므로, 전류 흐름을 방해한다. 깨끗하게 닦아내야 전기 연결이 좋아진다.

23. ②
핸들 조향이 무겁거나 뻑뻑하다면, 핸들과 차체를 연결하는 스티어링 헤드 베어링이 손상되었거나 너무 강하게 조여져 마찰이 심해졌을 가능성이 높다.

24. ③
포크 씰에서 오일이 새면 서스펜션의 감쇠력이 약해져 승차감과 조종 안정성이 저하된다. 또한 누유된 오일이 브레이크 디스크나 패드에 묻으면 제동 시 심각한 미끄러움을 유발하여 위험할 수 있다.

25. ②
리어 쇼크 업소버의 스프링 프리로드는 스프링 하단에 있는 너트를 돌려 조절하며, 이를 위해서는 스패너나 서스펜션 전용 후크 렌치(C-스패너)가 필요하다.

26. ②
변속기는 크기가 다른 여러 개의 기어 톱니바퀴들이 서로 맞물리면서 회전수의 비율(변속비)을 변화시켜 원하는 속도와 토크를 만들어낸다.

27. ②
휠 림의 변형(휨)은 오토바이를 스탠드에 세우고 휠을 천천히 돌려보면서 림의 가장자리 부분이 좌우 또는 상하로 일정하게 움직이는지 확인하여 진단할 수 있다.

28. ②
포크 오일은 댐퍼 기능에 필수적이므로, 적정량이 들어있는지, 오랫동안 사용하여 점도가 변했거나 오염되지 않았는지, 그리고 외부로 새는 곳은 없는지 주기적으로 확인해야 한다.

29. ②
타이어에 바람이 너무 적으면 닿는 면적이 넓어져 마찰이 심해지고, 바퀴가 빨리 닳아서 운전도 불안정해진다.

30. ④
캘리퍼 피스톤이 고착되면 브레이크 패드가 디스크에서 제대로 떨어지지 않아 항상 브레이크가 잡힌 상태가 되거나, 제동 시 패드가 한쪽으로만 밀착되어 제동 불량, 과열, 그리고 패드와 디스크의 비정상적인 마모를 유발한다.

31. ④
DCT는 일반 수동변속기보다 구조가 더 복잡하고 무게가 더 나가는 경향이 있다.

32. ③
앞바퀴의 좌우 흔들림은 주로 프론트 포크의 비정상적인 작동이나 핸들과 차체를 연결하는 스티어링 베어링의 과도한 유격 또는 손상으로 인해 발생한다.

33. ②
수동변속 오토바이는 기어를 바꿀 때 먼저 클러치 레버를 당겨 동력을 끊고, 변속 페달을 조작하여 원하는 기어로 바꾼 다음 클러치 레버를 서서히 놓아 다시 동력을 연결하는 과정을 거친다.

34. ②
중립 기어는 엔진과 변속기 사이의 동력을 완전히 차단하여, 오토바이가 멈춰 있을 때도 엔진이 시동을 유지할 수 있도록 한다.

35. ④
스프로킷 이빨이 닳았다면 체인도 같이 닳았을 가능성이 높다. 둘 다 함께 바꿔야 안전하고, 새 부품도 오래 쓸 수 있다.

36. ②
체인 장력이 너무 느슨하면 주행 중 체인이 빠질 수 있고, 너무 팽팽하면 체인과 스프로킷, 그리고 변속기 부품의 마모를 가속화시키므로 적절한 장력 유지가 중요하다.

37. ②
자동변속기에서 변속 충격이 심해지는 것은 대부분 변속기 오일의 문제(양 부족, 오염, 점도 변화)이거나, 자동변속을 제어하는 센서나 밸브 등 전자 제어 시스템에 문제가 발생했을 때 나타난다.

38. ②
ABS 시스템은 휠 스피드 센서의 신호를 기반으로 작동한다. 휠 스피드 센서나 그 배선에 문제가 생기면 ABS ECU가 정확한 휠 속도 정보를 받지 못해 경고등이 점등된다. 물론 퓨즈도 중요한 점검 대상이다.

39. ④
스피커에서 잡음이 나는 경우, 가장 먼저 배선 연결 상태를 확인하고, 스피커 자체의 손상 여부나 오디오 본체의 내부 문제 등을 점검해야 한다.

40. ②
모니터에 내비게이션 기능이 통합되면 운전 중 시선 이동을 최소화하여 안전하고 편리하게 경로를 확인할 수 있다.

41. ①
ABS는 급제동 시 바퀴가 완전히 잠겨 미끄러지는 것을 막아준다. 이를 통해 제동 중에도 운전자가 방향을 조절할 수 있도록 도와주어 안전성을 크게 높여준다.

42. ②
스마트키 시스템 문제는 대부분 키 자체의 배터리 방전, 차량 내 안테나/수신기 모듈의 고장, 또는 이와 관련된 퓨즈나 배선의 문제로 인해 발생한다.

43. ④
백미러는 후방 상황을 확인하여 안전한 차선 변경 및 주행에 필수적인 안전장치이다. 흔들리지 않게 고정되어 있고, 거울에 손상이 없으며, 충분한 후방 시야를 제공하는지 확인해야 한다.

44. ②
오토바이 디스플레이 모니터는 계기판의 확장된 형태로, 다양한 주행 정보를 한눈에 볼 수 있도록 시각적으로 제공하여 운전 편의성을 높인다.

45. ②
육안으로 확인하기 어려운 미세한 프레임의 휘어짐이나 뒤틀림을 정확하게 진단하기 위해서는 프레임 지그나 3차원 측정 시스템과 같은 전문 장비가 필수적으로 사용되어야 한다.

46. ②
프레임 변형은 주행 안정성에 치명적이므로, 사고 후에는 즉시 운행을 멈추고 안전하게 정차한 뒤 프레임의 손상 여부를 확인해야 한다.

47. ②
알루미늄 합금은 강철보다 가공 및 용접이 더 전문적인 기술을 요구하며 비용이 상승한다.

48. ②
사고로 인한 프레임 손상은 눈에 보이지 않는 미세한 뒤틀림이나 균열을 포함할 수 있으므로, 반드시 전문 장비를 갖춘 곳에서 정밀 진단을 받고 복원 가능성을 판단해야 한다. 심한 경우 교체가 안전하다.

49. ③
프레임 정비의 가장 첫 단계이자 중요한 작업은 현재 프레임의 상태를 정확하게 파악하는 것이다. 손상의 종류와 정도를 알아야 올바른 정비 계획을 세울 수 있다.

50. ②
작은 손상이라도 방치하면 부식이 확산될 수 있으므로, 조기에 수리하는 것이 중요하다.

51. ②
프레임 교정은 금속의 특성을 이해하고 정밀하게 작업해야 한다. 무리한 힘을 가하면 재료가 파손되거나 숨겨진 균열이 생겨 오히려 더 큰 문제가 될 수 있다.

52. ②
염화칼슘은 강력한 부식 촉진제로, 겨울철 오토바이 관리에 특히 주의해야 한다.

53. ②
전조등은 야간 시야 확보와 타인에게 차량의 존재를 알리는 필수 안전 장치이다. 빛의 밝기와 조사 각도가 법규에 명시된 허용 기준(예: 광도 범위, 상하좌우 조사 범위)을 충족해야 한다.

54. ①
부적합 판정 시 다음 날부터 10일 이내에 수리 후 재검사를 받아야 한다.

55. ②
브레이크 패드 자체의 교체는 구조변경이 아니지만, 규격에 맞지 않는 저품질 패드는 제동 성능에 심각한 문제를 야기할 수 있다.

56. ④
최저 지상고는 오토바이의 무게 중심과 노면 간섭에 직접적인 영향을 주므로, 크게 변하면 주행 안정성과 안전성에 영향을 미쳐 구조변경 승인 대상이 된다.

57. ②
프레임은 오토바이의 뼈대이자 차량의 고유 식별 정보가 담긴 부분이므로, 함부로 변경할 수 없다.

58. ②
구조변경 검사는 신청하여 승인받은 내용대로 튜닝이 이루어졌는지, 그리고 변경된 부분이 법적 안전 기준에 부합하는지를 최종적으로 확인하는 절차이다.

59. ②
오토바이 구조변경은 단순한 외관 변경을 넘어, 차량의 성능이나 안전에 직접적인 영향을 미치는 주요 부분들을 변경하는 것을 의미하며, 법적 승인 절차를 거쳐야 한다.

60. ③
경음기는 위험 상황에서 주변에 경고를 주는 중요한 안전 장치이므로, 고장 없이 작동하며 충분한 음량을 내는지 확인한다.

제 3 회

01. ④	02. ②	03. ②	04. ③	05. ②
06. ②	07. ①	08. ④	09. ②	10. ②
11. ①	12. ②	13. ②	14. ②	15. ①
16. ④	17. ③	18. ②	19. ②	20. ②
21. ④	22. ②	23. ②	24. ②	25. ④
26. ②	27. ②	28. ①	29. ②	30. ④
31. ②	32. ②	33. ②	34. ①	35. ②
36. ③	37. ②	38. ②	39. ③	40. ④
41. ②	42. ②	43. ①	44. ②	45. ②
46. ④	47. ④	48. ③	49. ②	50. ④
51. ①	52. ①	53. ②	54. ②	55. ④
56. ②	57. ①	58. ②	59. ④	60. ③

01. ④
O2 센서는 연료 분사량을 피드백 제어하여 배기 가스 배출량을 최적화하고 연비를 향상시키는 데 기여한다.

02. ②
라디에이터는 냉각수가 엔진에서 흡수한 열을 대기 중으로 방출하는 핵심적인 열교환기이다.

03. ②
보어의 손상은 피스톤 링이 실린더 벽에 제대로 밀착되지 못하게 하여 연소 효율을 떨어뜨리고 오일을 태우게 한다.

04. ③
에어 필터는 엔진의 폐 역할을 하며, 깨끗한 공기 공급은 엔진의 수명과 성능에 직접적인 영향을 미친다.

05. ②
전기 오토바이는 배터리 전력을 사용하므로, 배터리가 모두 소모되면 주행을 멈추게 된다.

06. ②
라디에이터는 냉각 시스템의 핵심 부품으로, 냉각수가 흡수한 열을 대기 중으로 방출하여 엔진 과열을 막는다.

07. ①
ECU는 엔진의 '두뇌' 역할을 하며, 실시간으로 엔진 상태를 모니터링하고 제어하여 최적의 성능과 효율을 끌어낸다.

08. ④
실린더 블록은 엔진의 '몸통' 역할을 하며, 엔진의 핵심 부품들이 장착되고 작동하는 기본적인 구조를 제공한다.

09. ②
안전을 위해 충전이 완료되면 충전기 전원을 끄고, 충전기 측 플러그를 먼저 분리한 다음 차량 측 커넥터를 분리하는 것이 일반적인 안전 수칙이다. 이는 충전이나 케이블에 전류가 흐르는 상태에서 차량 측 커넥터를 분리할 때 발생할 수 있는 아크(스파크) 현상을 방지하기 위함이다.

10. ②
전기 오토바이는 배터리에 전기 에너지를 저장하여 필요할 때 사용한다.

11. ①
직류 전원 장치는 모터 컨트롤러에 전원을 공급하거나, 모터 자체에 직접 전력을 공급하는 역할을 하므로, 이 부분에 문제가 생기면 주행이 불가능해진다.

12. ②
배터리의 용량이 클수록 더 많은 에너지를 저장할 수 있어 주행 거리가 길어진다.

13. ②
배터리 팩에 강한 충격을 주면 내부 셀이 손상되어 단락, 누액, 과열로 인한 화재나 폭발 등 심각한 안전 사고로 이어질 수 있다.

14. ②
배터리 잔량이 줄어들면 전압이 낮아지고 모터에 충분한 전력을 공급하기 어려워 출력과 주행 가능 거리가 줄어든다.

15. ①
1차 코일에 전류가 흐르면서 철심 주위에 자기장을 형성하는 것이 점화 코일 작동의 시작점이다.

16. ④
메인 릴레이는 전기적으로 작동하는 부품이므로, 작동음이 없거나 비정상적인 소음은 릴레이 내부의 기계적/전기적 고장 또는 릴레이를 제어하는 회로에 문제가 있음을 나타낸다.

17. ③
손상된 배선은 전기적 문제와 안전사고의 직접적인 원인이 된다. 임시 조치보다는 정확한 진단 후 배선을 교체하거나, 표준 절차에 따라 안전하고 완벽하게 수리해야 한다.

18. ②
레귤레이터는 발전기에서 생산된 전압을 배터리 충전에 적합한 수준으로 조절하는 역할을 한다. 이 부품이 고장 나면 전압이 너무 높아져 배터리가 과충전되거나, 반대로 너무 낮아 충전 불량이 발생할 수 있다.

19. ②
전기 배선의 피복이 벗겨지면 단락(Short Circuit)으로 인한 퓨즈 단선, 부품 손상, 심하면 화재나 감전의 위험이 있다. 따라서 즉시 절연 조치를 하거나 배선을 교체해야 한다.

20. ②
여러 등화장치가 동시에 작동하지 않는다면, 이들 장치에 공통적으로 전원을 공급하는 퓨즈가 단선되었거나, 이들을 연결하는 공통 배선에 문제가 발생했을 가능성이 높다.

21. ④
등화장치는 오토바이의 야간 주행 안전에 직접적으로 관련되어 있다. 운전자의 시야 확보는 물론, 다른 운전자와 보행자가 오토바이를 쉽게 인지할 수 있도록 하여 사고를 예방하는 중요한 역할을 한다.

22. ②
메인 퓨즈는 오토바이 배터리의 양극(+)에서 시작하여 전체 오토바이의 전기 시스템으로 전원을 분배하기 전, 가장 먼저 위치하는 핵심 안전장치이다. 이 퓨즈가 끊어지면 모든 전기 회로로의 전원 공급이 완전히 차단되므로, 오토바이의 모든 전기 장치가 작동을 멈추게 된다.

23. ②
하향등은 정상 작동하므로 헤드라이트 전체에 대한 전원 공급 문제는 아닐 가능성이 높다. 따라서 상향등 전구 내부의 필라멘트가 끊어졌거나, 상향등 전환 스위치 자체의 고장을 우선적으로 점검해야 한다.

24. ②
프리로드 조절은 서스펜션 스프링이 얼마나 압축된 상태에서 시작하는지를 결정한다. 이를 통해 오토바이의 차고(Ride Height)와 초기 서스펜션의 단단함(승차감)을 라이더의 체중이나 주행 조건에 맞게 조절할 수 있다.

25. ④
휠 림이 휘면 타이어가 불균형하게 장착되어 편마모를 유발하고, 심한 경우 타이어 튜브를 손상시키거나 고속 주행 중 휠이 파손되어 대형 사고로 이어질 수 있다.

26. ②
스프링은 오토바이의 무게를 지지하고 충격을 1차적으로 흡수하는 역할을 한다. 스프링이 약해지면 오토바이의 차고가 낮아지고, 작은 충격에도 과도하게 압축되어 출렁거리는 현상이 발생한다.

27. ②
포크 오일은 열과 사용으로 인해 점도가 변하거나 오염될 수 있다. 오염된 오일은 감쇠력을 떨어뜨려 서스펜션의 성능을 저하시키므로 주기적인 교환이 필요하다.

28. ①
스윙암 피벗 유격은 후륜과 차체 간의 연결에 불안정성을 초래하여 주행 중 특히 코너링 시 후륜의 흔들림을 유발하고 직진 안정성을 저하시킨다.

29. ②
캘리퍼 피스톤이 고착되면 브레이크 패드가 디스크에서 제대로 떨어지지 않거나, 한쪽으로만 눌려 항상 브레이크가 잡힌 상태가 되거나 제동 시 불균형이 발생하여 과열, 제동력 저하, 패드와 디스크의 비정상적인 마모를 유발한다.

30. ④
브레이크에서 소리가 심하게 나는 것은 브레이크 패드가 다 닳아서 금속 부분이 닿을 때 나는 소리일 수 있다.

31. ②
클러치 케이블 내부에 윤활제를 도포하면 케이블과 아우터 케이스 사이의 마찰이 줄어들어 레버 조작감이 부드러워지고, 케이블의 수명을 연장할 수 있다.

32. ②
클러치는 엔진의 회전력을 변속기로 전달하거나 끊어주는 역할을 하여, 운전자가 부드럽게 기어를 바꾸거나 정지할 때 엔진 시동이 꺼지지 않도록 돕는다.

33. ②
X-링 체인은 뛰어난 밀봉력과 낮은 마찰 저항 덕분에 오토바이 구동 체인 중에서 가장 긴 수명을 자랑하며, 유지보수(윤활) 주기도 가장 길어 편리하다.

34. ①
시프트 다운(저단 변속)은 더 낮은 기어로 바꿔 엔진의 회전수를 높여 가속력을 확보하거나, 엔진의 저항(엔진 브레이크)을 사용하여 오토바이의 속도를 줄이는 데 사용된다.

35. ②
레브 매칭은 기어 변속 시 엔진 회전수를 다음 기어 단수에 맞게 조절하여 변속 충격을 줄이고, 부드럽게 동력을 연결하여 차체의 안정성을 높이는 고급 운전 기술이다. 특히 시프트 다운(기어 내리기) 시 중요하다.

36. ③
클러치 바스켓은 클러치 디스크와 플레이트가 삽입되는 큰 원통형 부품으로, 엔진의 크랭크샤프트와 직접 연결되어 엔진의 회전력을 클러치 디스크로 전달하는 역할을 한다.

37. ②
외부 온도 표시는 라이더가 현재 날씨 상황을 파악하고, 이에 대비하거나 주행 계획을 세우는 데 도움을 주는 기본적인 편의 기능이다. (NCS 모듈: 오토바이 전기장치 점검)

38. ②
스마트폰 미러링 기능을 통해 스마트폰의 다양한 앱을 오토바이 모니터에 띄워 편리하게 활용할 수 있어, 확장성이 뛰어난 편의 기능이다.

39. ③
LIN 또는 K-Line은 데이터를 주고받으며 전압이 변동하는 통신선이다. 통신 불량 시에는 정상적인 데이터 전송이 이루어지지 않으므로, 이러한 불규칙적인 전압 변화가 나타나지 않고 고정된 전압(예: 높은 풀업 전압)이 측정되거나 전압 변동이 매우 미미하게 나타난다.

40. ④
모니터에 내비게이션 기능이 통합되면 운전 중 시선 이동을 최소화하여 안전하고 편리하게 경로를 확인할 수 있다.

41. ②
오토바이는 외부 환경에 직접 노출되므로, 오디오 장치의 방수 기능은 비나 습기로 인한 고장을 막고 장치를 오래 사용할 수 있도록 하는 중요한 내구성 및 편의 요소이다.

42. ②
열선 시트는 추운 계절에 라이더의 엉덩이와 허리를 따뜻하게 해주어 장거리 주행 시 체온 유지와 피로도 감소에 큰 도움을 주는 편의 장치이다.

43. ①
핸들바에 위치한 컨트롤 버튼은 라이더가 주행 중에도 시선을 분산시키지 않고 오디오 기능을 편리하고 안전하게 조작할 수 있도록 돕는다.

44. ②
ABS는 급제동 시 바퀴가 잠기려 할 때 브레이크 압력을 미세하게 풀었다 잡았다를 반복한다. 이때 브레이크 레버나 페달에서 '득득득' 하는 미세한 진동이 느껴지는 것이 정상 작동의 한 신호이다.

45. ②
프레임이 휘어지면 휠 얼라인먼트가 틀어져 직진이 어렵고, 핸들링이 불안정해지며, 타이어 마모 불균형 등의 문제가 발생하여 주행 안전에 심각한 위험이 된다.

46. ④
알루미늄 프레임은 경량화에 유리하지만, 강철에 비해 탄성이 적어 충격 시 휘어지기보다 금이 가거나 부러지는 경향이 있다. 또한, 용접 등 수리도 전문적인 기술과 장비가 필요하다.

47. ④
프레임이 휘어지면 앞바퀴와 뒷바퀴, 또는 핸들과 바퀴의 정렬이 틀어져 오토바이가 똑바로 나아가지 못하고 한쪽으로 쏠리거나 핸들링이 불안정해지며, 타이어도 불균일하게 닳게 된다.

48. ③
다양한 방청제나 코팅제를 사용하여 금속 표면에 보호막을 형성한다.

49. ②
오토바이의 구조 및 장치 변경에 관한 사항은 「자동차관리법」에서 규정하고 있으며, 이를 위반하는 경우 해당 법률에 따라 처벌된다.

50. ④
프레임이 변형되면 프레임에 직접 연결된 프론트 포크, 스윙암, 휠, 베어링 등의 부품도 함께 손상되었을 가능성이 매우 높으므로, 반드시 함께 점검해야 한다.

51. ①
이러한 부위는 이물질이 축적되어 부식이나 기능 불량의 원인이 되기 쉽다.

52. ①
스티어링 헤드는 프레임의 가장 앞쪽에 위치하며, 핸들과 앞바퀴를 연결하는 프론트 포크가 회전할 수 있도록 지지하는 핵심 조향 부위이다.

53. ②
헤드 파이프는 핸들과 프론트 포크가 장착되는 프레임의 중요한 부분이다. 이 부분이 굽으면 앞바퀴와 핸들의 정렬이 틀어져 조향 안정성과 직진성에 치명적인 영향을 미친다.

54. ②
프레임은 오토바이의 뼈대이자 차량의 고유 식별 정보가 담긴 부분이므로, 함부로 변경할 수 없다.

55. ④
전조등은 도로교통법 및 관련 규칙에 따라 백색이어야 한다.

56. ②
여러 개의 혼을 장착하거나 에어혼 같은 비순정 혼은 음량이 과도하게 커져 법적 소음 기준을 초과하거나, 전기 시스템에 과부하를 줄 수 있어 승인 대상이 된다.

57. ①
구조변경 신청 시에는 오토바이의 현재 상태와 변경될 내용, 그리고 변경 부품에 대한 상세한 정보를 담은 서류와 도면을 제출하여 승인 여부를 심사받아야 한다.

58. ②
재검사 기간을 준수하지 않으면 법규 위반으로 간주되어 과태료 처분을 받게 되며, 안전 문제가 해결되지 않은 차량의 운행은 제한될 수 있다.

59. ④
엔진 교체는 차량의 성능과 제원에 큰 변화를 주기 때문에 반드시 구조변경 승인 및 검사가 필요하다.

60. ③
숫자 1, 0과 혼동될 수 있는 'I(아이)', 'O(오)', 'Q(큐)'는 VIN 구성에 사용되지 않다.

 **내용관련 Q&A**

 **네이버 카페[도서출판 골든벨]**

※ 이 책의 내용과 관련된 질문은 **카페[묻고 답하기]** 게시판을 이용해 주시기 바랍니다. 문의는 이 책에 수록된 내용에 한합니다.
전화로 질문에 답할 수 없음을 양해해 주시기 바랍니다.

이륜자동차정비기능사 1300제 필기

초 판 인 쇄 ┃ 2026년 1월 5일
초 판 발 행 ┃ 2026년 1월 10일

지 은 이 ┃ GB자격시험특위
발 행 인 ┃ 김 길 현
발 행 처 ┃ ㈜ 골든벨
등   록 ┃ 제 1987-000018호
I S B N ┃ 979-11-5806-449-5
가   격 ┃ 20,000원

㈜ 04316 서울특별시 용산구 원효로 245(원효로1가 53-1) 골든벨빌딩 6F
• TEL : 도서 주문 및 발송 02-713-4135 / 회계 경리 02-713-4137
  기획디자인본부 02-713-7452 / 해외 오퍼 및 광고 02-713-7453
• FAX : 02-718-5510   • http : // www.gbbook.co.kr   • E-mail : 7134135@ naver.com

이 책에서 내용의 일부 또는 도해를 다음과 같은 행위자들이 사전 승인없이 인용할 경우에는 저작권법 제93조 「손해배상청구권」에 적용 받습니다.
  ① 단순히 공부할 목적으로 부분 또는 전체를 복제하여 사용하는 학생 또는 복사업자
  ② 공공기관 및 사설교육기관(학원, 인정직업학교), 단체 등에서 영리를 목적으로 복제·배포하는 대표, 또는 당해 교육자
  ③ 디스크 복사 및 기타 정보 재생 시스템을 이용하여 사용하는 자

  ※ 파본은 구입하신 서점에서 교환해 드립니다.